组合箱形钢板剪力墙结构

金天德　郭兰慧　叶再利　著

中国建筑工业出版社

图书在版编目（CIP）数据

组合箱形钢板剪力墙结构 /金天德，郭兰慧，叶再利著. —北京：中国建筑工业出版社，2021.10（2022.7重印）
ISBN 978-7-112-26566-4

Ⅰ.①组… Ⅱ.①金…②郭…③叶… Ⅲ.①箱形结构-剪力墙结构 Ⅳ.①TU398

中国版本图书馆 CIP 数据核字（2019）第 188828 号

本书主要介绍组合箱形钢板剪力墙的相关研究成果和工程实例。第 1 章介绍各种剪力墙的优缺点和组合箱形钢板剪力墙的研究现状；第 2 章介绍组合箱形钢板剪力墙的轴压性能研究成果，T 形组合构件的轴压性能试验研究与有限元模拟分析，在此基础上提出适用于组合箱形钢板剪力墙的轴压承载力计算方法；第 3 章在组合箱形钢板剪力墙轴压性能的基础上进行了压弯构件的性能分析，在试验研究与理论分析的基础上提出了压弯构件的稳定承载力计算方法；第 4 章对组合箱形钢板剪力墙的抗震性能进行研究，完成“一”字形和 T 形压弯构件的滞回性能试验，并分析了不同参数对构件受力性能的影响，基于理论分析推导出不同抗震设防烈度下的轴压比限值；第 5 章介绍了此类剪力墙的新型节点连接方式，节点的相关设计方法和相应构造措施；第 6 章介绍了组合箱形钢板剪力墙的典型工程应用状况。

本书可供土木工程专业高年级本科生、研究生及相关研究人员和工程设计人员参考。

责任编辑：刘婷婷
责任校对：李美娜

组合箱形钢板剪力墙结构
金天德 郭兰慧 叶再利 著
*
中国建筑工业出版社出版、发行（北京海淀三里河路 9 号）
各地新华书店、建筑书店经销
北京科地亚盟排版公司制版
北京建筑工业印刷厂印刷
*
开本：787 毫米×1092 毫米 1/16 印张：15¼ 字数：381 千字
2021 年 9 月第一版 2022 年 7 月第二次印刷
定价：**68.00** 元
ISBN 978-7-112-26566-4
（37900）

前　言

近年来，高层与超高层建筑越来越多地采用钢结构设计与建造，在传统的高层与超高层的钢结构建筑中，主要的抗侧力体系基本采用传统的钢筋混凝土剪力墙（核心筒），只是外框架采用钢结构。传统钢筋混凝土剪力墙延性差，其延性与抗震性能优越的钢框架不太匹配，特别在应用过程中，存在钢筋混凝土剪力墙与钢框架连接困难的问题；为进一步提高结构体系的抗震性能，同时便于与钢框架或组合框架连接，作者2013年提出了一种组合箱形钢板剪力墙结构，它是通过两块钢板中间焊接竖向肋板或者多个宽翼缘工字钢拼焊而成的多腔体内灌注混凝土形成的组合构件，在结构体系中代替钢筋混凝土剪力墙承担竖向荷载和水平荷载。此类结构体系于2014年在珠海横琴国贸大厦的超高层建筑设计中首次采用，经过专家论证，一致同意采用此类新型体系。珠海横琴国贸大厦经历了2018年百年一遇的超强台风的考验，完全达到设计要求。为了更进一步地了解组合箱形钢板剪力墙的力学性能，杭州市城建设计研究院有限公司联合哈尔滨工业大学，对各种不同形状的组合箱形钢板剪力墙进行了相关试验研究，进一步验证组合箱形钢板墙的设计与计算的可靠性，完善了在不同受力状态下的计算方法。

近十年来，通过不断的创新实践，组合箱形钢板剪力墙结构体系陆续在公共建筑、住宅、学校、医院、剧院等高层与超高层建筑设计中成功应用，总建筑面积超过300万m^2。此类组合结构体系充分利用钢材和混凝土两种材料的优越性能，具有承载力高、抗震性能好、施工速度快等优点，显著降低了高层建筑的结构造价；作者统计了7度地震区多幢100m高层建筑的结构造价，基本与传统的钢筋混凝土结构持平，在大力推广装配式建筑的今天，组合箱形钢板剪力墙结构体系的全套设计方法与关键建造技术的推广应用显得尤为必要，不仅可以创造良好的经济效益，也具有非常广泛的社会效益。

在本书出版之际，向参与相关研究工作的研究生王云鹤、李宏达、王浩屹、黄真锋、张雄雄等同学表示感谢，他们参与了本书部分内容的试验研究和数值模拟分析，进一步完善了组合箱形钢板剪力墙结构研究成果，同时，感谢曾尚红、丁斌、周胜兵和程亮高级工程师，他们参与了部分工程案例的整理。本书的出版有助于设计人员对这种新型结构体系的认识和理解，有助于进一步推动此类新型结构体系的推广与应用。

金天德

2020年11月6日于杭州

目　　录

第 1 章　绪论 …… 1
1.1　概述 …… 1
1.2　钢筋混凝土剪力墙 …… 2
1.3　型钢混凝土剪力墙 …… 4
1.4　钢板剪力墙 …… 6
1.5　防屈曲钢板剪力墙 …… 11
1.6　钢板-混凝土组合剪力墙 …… 15
参考文献 …… 18
第 2 章　组合箱形钢板剪力墙轴压性能研究 …… 21
2.1　引言 …… 21
2.2　试件概况 …… 21
2.3　试验装置与加载方案 …… 25
2.4　试验现象 …… 27
2.5　有限元模型的建立 …… 38
2.6　典型构件的轴压受力性能分析 …… 42
2.7　组合箱形钢板剪力墙轴压力学性能参数分析 …… 52
2.8　组合箱形钢板剪力墙截面承载力计算方法 …… 63
2.9　轴压构件的整体稳定 …… 70
2.10　板件的局部稳定 …… 72
参考文献 …… 74
第 3 章　组合箱形钢板剪力墙压弯性能研究 …… 75
3.1　引言 …… 75
3.2　试验准备 …… 75
3.3　试验现象 …… 83
3.4　试验结果分析 …… 92
3.5　有限元模型的建立与验证 …… 98
3.6　截面承载力参数分析 …… 99
3.7　截面压弯承载力计算公式 …… 108
3.8　组合箱形钢板剪力墙压弯承载力设计 …… 115
参考文献 …… 118
第 4 章　组合箱形钢板剪力墙滞回性能研究 …… 119
4.1　引言 …… 119
4.2　试件设计与加工 …… 119

4.3 试验方案 …… 123
4.4 试验现象 …… 125
4.5 试验结果分析 …… 132
4.6 有限元模型的建立与验证 …… 140
4.7 有限元模型的验证 …… 142
4.8 组合箱形钢板剪力墙参数分析 …… 144
4.9 组合箱形钢板剪力墙层间位移角（轴压比）限值 …… 158
参考文献 …… 158
第 5 章 组合箱形钢板剪力墙节点设计 …… 159
5.1 前言 …… 159
5.2 钢管与核心混凝土协同工作性能分析 …… 159
5.3 组合箱形钢板剪力墙与钢梁连接节点的设计与构造 …… 163
5.4 组合箱形钢板剪力墙与钢梁内隔板连接节点的设计与构造 …… 166
5.5 墙脚节点的设计与构造 …… 167
5.6 组合箱形钢板剪力墙与楼板的连接节点 …… 169
参考文献 …… 169
第 6 章 组合箱形钢板剪力墙典型工程应用 …… 170
6.1 前言 …… 170
6.2 珠海横琴国贸大厦 …… 170
6.3 重庆忠县电竞馆 …… 182
6.4 盈都商业广场 …… 193
6.5 威海创新经济产业园一期 …… 205
6.6 杭州美睿金座 …… 212
6.7 台安县中医院 …… 219
6.8 中赢云际 …… 223
6.9 住宅项目 1——宁波某住宅项目 3 号楼 …… 227
6.10 住宅项目 2——杭州某住宅项目 2 号楼 …… 232
6.11 西昌市春城学校教师周转房 …… 234

第1章 绪 论

1.1 概述

中国正处在一个城市化高速发展时期，目前我国城市人口刚达到 6.1 亿人，城市化率约为 47%，每年增长将近一个百分点，在未来 20～30 年中国城市人口将达到总人口的 75%左右，中国将会出现巨大的人口变迁过程，将有 6 亿农业人口走进城市，城市化是当前和未来相当长时期内中国的发展趋势，由此可见在未来 30 年中城市化将是中国社会变迁和转型的主流。而我国现实的状况是人多地少、土地紧缺，可耕地面积 1.38hm^2，人均耕地占有面积不足世界平均水平的 1/3，致使城市建设用地稀缺。据此，国家支持节能省地型建筑的研发工作，大力发展高层建筑，提高建筑的容积率，以缓解用地紧缺和建筑面积需求不断增长的矛盾。根据世界高层建筑与都市人居学会（CT-BUH）的调查数据表明，截至 2020 年，全球高度超过 50m 的高层建筑相比于 2000 年以前将增长 117.5%，高度超过 200m 乃至 300m 的超高层建筑近年来呈爆炸式增长，如图 1-1 所示[1]。

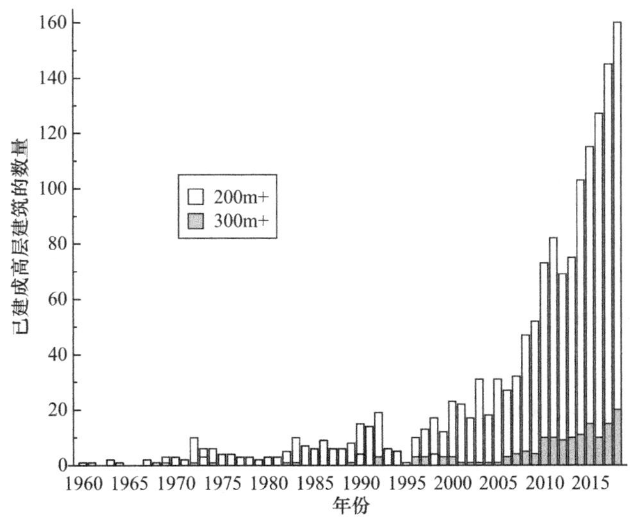

图 1-1 世界高层建筑数目发展趋势

结构除了满足建筑功能需求外，还必须满足安全性和耐久性要求。对于低层、多层或高层建筑，其竖向和水平结构体系设计的基本原理类似，随着结构高度增加，风、地震等侧向荷载将成为结构体系设计中的控制因素。与竖向荷载相比，侧向荷载对建筑物的效应不是线性的，而是随建筑物的增高而迅速增大，地震的效应甚至更加显著。我国属于地震频发国家，大部分地区的结构需要进行抗震设计。建筑结构除需满足承载力的要求外，还应具备足够的抗侧刚度及延性，以使其具备较大的抗变形能力和耗能能力，满足结构的抗震和抗风需求。根据结构高度和功能不同，可选择不同的结构体系。目前主要采用的结构体系有：框架结构体系、框架-支撑结构体系、框架-剪力墙结构体系、剪力墙结构体系、筒体结构体系（包括框筒结构体系、筒中筒结构体系、多筒体结构体系等）以及巨型结构体系等。剪力墙是一种有效的抗侧力构件，在当今的建筑结构中仍被广泛采用。尽管随着科学技术的发展，性能更加优越的新型剪力墙构件不断推陈出新，但根据其组成的材料和工作性能而言，剪力墙总体可分为以下几类：钢筋混凝土剪力墙、型钢混凝土剪力墙、钢板剪力墙、防屈曲钢板剪力墙和钢板-混凝土组合剪力墙，以下将分别简要介绍上述几类剪力墙的性能。

1.2 钢筋混凝土剪力墙

钢筋混凝土剪力墙是应用最早且较为常用的剪力墙形式，在高层建筑结构中被广泛采用。以其整体性能好、侧向刚度大，侧向变形小，抵抗风荷载及中小级别地震效果好和防火性能好等优点，受到广大设计人员的青睐[2]。然而，钢筋混凝土剪力墙结构因其刚度大，混凝土的极限拉应力较低，在地震荷载作用下承受水平力较大，致使其裂缝产生较早，后期以剪切破坏为主，延性和耗能能力差，呈脆性破坏，震后不易修复。同时，钢筋混凝土剪力墙因自重大，导致其地震荷载增加，结构造价和基础造价明显增加。此外，由于钢筋混凝土剪力墙的结构尺寸较大，占用宝贵的使用空间，因此降低了其经济效益。

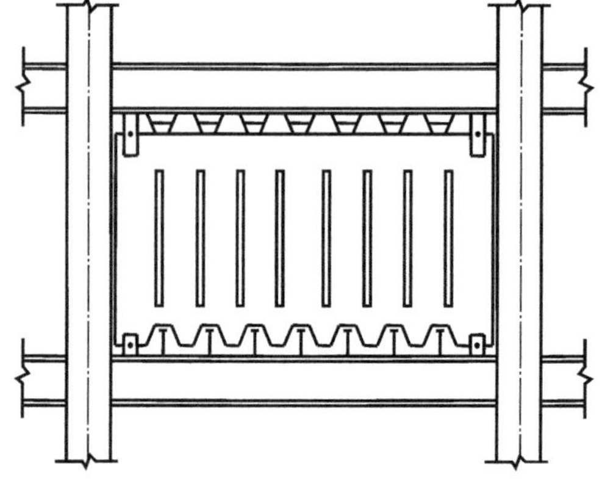

图 1-2 带缝钢筋混凝土剪力墙

为了改善钢筋混凝土剪力墙的延性，使其具备良好的耗能能力，多年来众多学者创新性地提出了诸多改进方法，从而涌现了许多新型的钢筋混凝土剪力墙形式。日本的武藤清教授于 1965 年提出了一种带竖缝混凝土剪力墙板（图 1-2）[3]，通过在混凝土整体墙板上设置若干条平行的竖向通缝，使墙板在承受水平荷载时，由未开缝的整体墙板剪切变形为主转变为各缝间墙的弯曲变形为主，其破坏形式由脆性破坏变为延性较好的弯曲破坏。开缝后的剪力墙在受力性能和机理上发生明显改变，改善了钢筋混凝土剪力墙的延性和耗能性能。该种剪力墙在无地震发生时，在风荷载作用下处于弹性阶段工作，具有足够强的抗侧刚度。而在地震发生时，墙板会因为缝间墙的弯曲屈服刚度迅速降低，从而可大大减小房屋的地震作用，是一种较理想的抗侧力构件。该种剪力墙已在日本霞关大厦、东京世界贸易中心、新宿的三井大厦等工程中得到了应用。日本的鹿岛建设技术研究所最早在试验研究的基础上，首先提出了此种墙板的设计方法，并将其用于实际工程设计。但该方法计算繁复，有些公式在量纲上不尽合理。我国原哈尔滨建筑大学（现哈尔滨工业大学）的廉晓飞、邹超英于 1995 年对该种剪力墙在低周反复荷载作用下的工作性能进行了试验研究[4]，基于使缝间墙的弯曲破坏先于缝间墙及墙板实体部分发生剪切破坏的设计思想，提出了与我国规范可以对接的实用设计方法，给出了墙板承载能力计算公式、构造规定和水平荷载作用下的骨架曲线[5]。

为了克服带通缝混凝土剪力墙承载力和刚度较低的缺点，东南大学的夏晓东于1989年提出了一种改进的缝槽剪力墙[6]，在墙板上设置若干条竖向半通缝，半通缝处的混凝土厚度为墙体厚度的一半，中间的钢筋不截断。该种剪力墙同时具有整体墙和通缝墙的优点，当水平荷载不大时，墙板以整体墙的形式处于弹性阶段工作，其初始刚度与整体墙接近；当水平荷载较大时，半通缝处缝槽内的混凝土首先开裂并发生错动，剪力墙变成由若干墙板柱组成的竖向通缝混凝土剪力墙，其承载力和刚度明显降低，但其具备良好延性及耗能能力。此外，试验表明，由于缝槽处混凝土开裂后的相互错动以及钢筋的咬合作用仍可消耗一定的能量。

清华大学的叶列平等学者在上述两种开缝混凝土剪力墙的基础上，于1999年提出了一种双功能带缝剪力墙（图1-3）[7,8]，通过在带缝钢筋混凝土剪力墙中设置连接件作为控制元件，使剪力墙在正常使用荷载下表现出一定的整体工作性能，具有较大的刚度和承载力；而在强震作用下，连接件首先破坏而退出工作，墙板转变为带缝剪力墙，受力机理的改变使其刚度明显降低，减小了地震能量的输入，同时表现出良好的延性和耗能能力。此外，在中震作用下该剪力墙的破坏主要集中在连接件部分，便于震后修复。

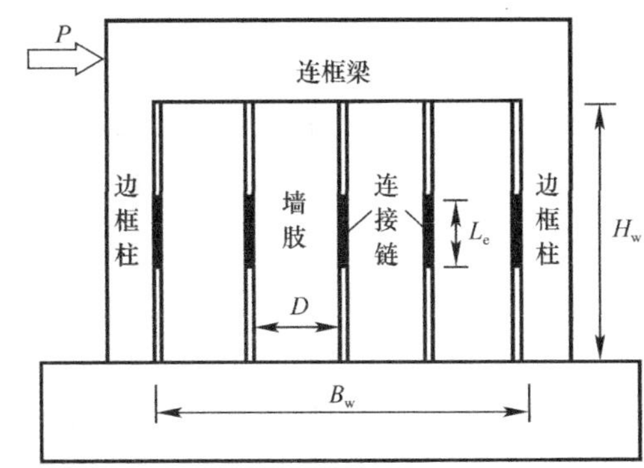

图1-3　双功能带缝剪力墙

东南大学的李爱群于1992年提出了一种采用摩阻式控制装置的带缝剪力墙[9,10]，在竖缝中用一种摩阻耗能的结构作为控制装置，通过进行的试验研究和理论分析可以证实。该种剪力墙的抗震性能优良，耗能效果明显，并且不易损坏，易于修复。同济大学的吕西林提出了一种填充氯丁橡胶带的带缝剪力墙[11,12]，通过在墙体中部开设竖向通缝，并在竖缝中填充氯丁橡胶带，同时在每层的局部位置利用墙体中原有的水平抗剪钢筋穿越橡胶带。试验表明：该种剪力墙与实体墙相比，极限承载力下降20%左右，而侧向刚度下降不多，延性系数增大30%以上，耗能能力及阻尼均有明显提高。

除上述对带竖缝钢筋混凝土剪力墙的改进外，国内外的许多人员还相继提出了开水平缝钢筋混凝土剪力墙、开周边缝钢筋混凝土剪力墙、开阶梯状水平缝钢筋混凝土剪力墙等多种改进形式，其目的都是为了在不明显降低剪力墙初始刚度的前提下，尽量提高其后期的延性和耗能能力。随着装配式建筑进程的推进，装配式钢筋混凝土剪力墙在实际工程中得到一定应用，装配式钢筋混凝土剪力墙结构具有生产效率高、成本低、建筑质量好、建筑垃圾少等优点。然而，装配式钢筋混凝土剪力墙结构中存在大量的水平接缝、竖向接缝以及节点。特别在现有装配式结构中混凝土节点处混凝土浇筑质量很难保证，一定程度上限制了其在装配式结构中的应用。若能有效改善装配式钢筋混凝土剪力墙的节点构造问题，将会进一步推动装配式钢筋混凝土剪力墙的发展和应用。

钢筋混凝土剪力墙以其经济性优势在工程中得到大量应用，但随着钢结构和组合结构建筑的应用逐渐增多，发现钢筋混凝土剪力墙用于钢结构或组合结构中，存在连接困难、钢筋混凝土剪力墙与钢结构抗侧刚度不匹配、钢筋混凝土剪力墙施工速度滞后等问题。因此，在主体结构采用钢结构或组合结构的建筑中，更适合选用带有钢结构构件的剪力墙，实现剪力墙构件和周边钢构件快速、有效地连接。

1.3 型钢混凝土剪力墙

为进一步改善传统钢筋混凝土剪力墙竖向和受剪承载力低的问题，同时提高剪力墙的延性和耗能能力，在钢筋混凝土剪力墙内部设置加强型钢是有效的措施之一。在钢筋混凝土剪力墙内部设置型钢即形成型钢混凝土剪力墙，按照型钢加强部位的不同可将型钢混凝土剪力墙分为传统型、边框加强型和腹板加强型，具体构造示例如图 1-4 所示。传统型型

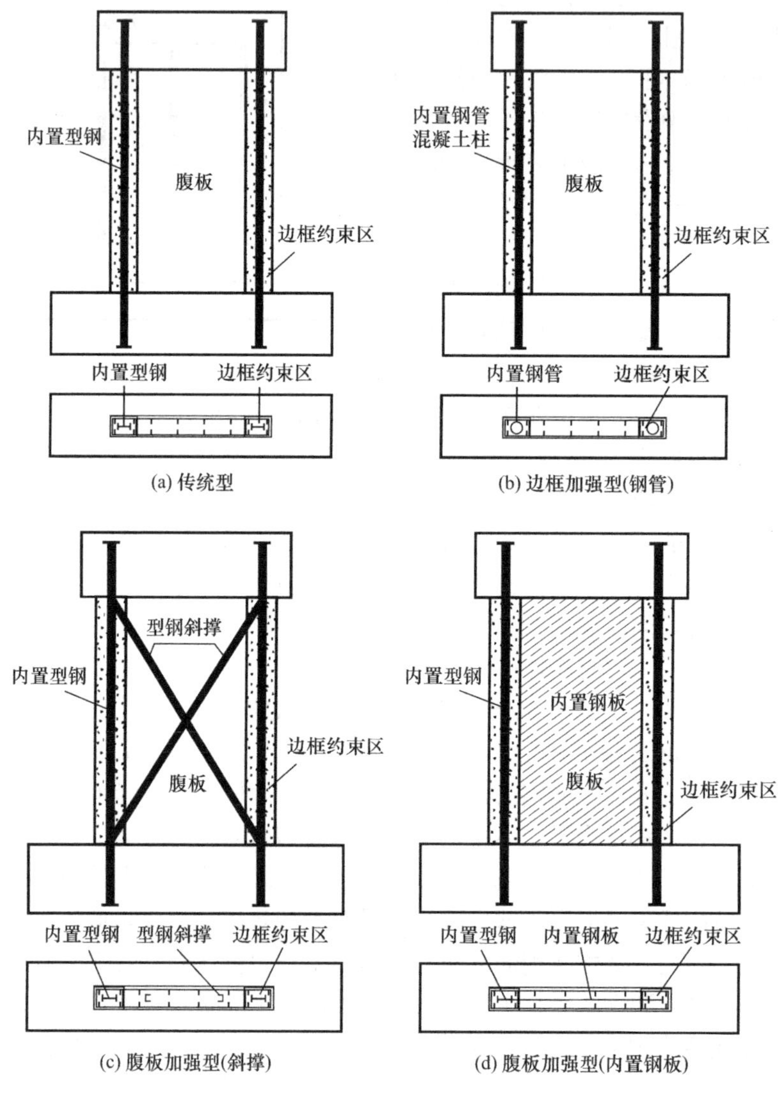

图 1-4　不同种类的型钢混凝土剪力墙

钢混凝土剪力墙是指在钢筋混凝土剪力墙边缘约束区内设置竖向型钢，竖向型钢开口型截面构件，可采用焊接或轧制型钢。传统型型钢混凝土剪力墙是工程中应用最早、最为广泛的一种剪力墙；边框加强型型钢混凝土剪力墙是指在传统型型钢混凝土剪力墙的基础上，对边框部分的型钢进一步加强，将暗柱区内的型钢替换为钢管混凝土柱或在暗柱区外包钢管得到型钢混凝土剪力墙。此时边缘构件内的混凝土受到钢管约束，核心混凝土处于三向受压状态，避免混凝土过早出现脆性破坏，剪力墙承载力和延性得到明显改善，耗能能力也得到相应提高；腹板加强型型钢混凝土剪力墙是指在传统型或加强型型钢混凝土剪力墙的基础上，进一步在腹板区域增设斜撑、内置钢板、内置竖向型钢或钢板带等加强构造措施得到的型钢混凝土剪力墙。此类剪力墙相对于传统型和边缘加强型的型钢混凝土竖向承载力和抗剪承载力进一步提高，抗震性能也得到相应提升。通常由于墙体厚度不大，剪力墙腹板内设置过多型钢会给混凝土的浇筑带来一定困难，此类剪力墙在应用中要多关注混凝土的浇筑质量问题[13]。

国内外学者针对传统型、边缘加强型和腹板加强型型钢混凝土剪力墙抗震性能均进行了一定的研究，对此类构件的受力机理进行分析，研究边缘构件和腹板构件不同加强措施、轴压比、剪跨比等参数对型钢混凝土受剪承载力、延性和耗能能力的影响规律，最终提出适用于不同类型型钢混凝土剪力墙的设计方法。目前，型钢混凝土剪力墙的设计方法已列入《组合结构设计规范》JGJ 138—2016。型钢混凝土剪力墙在一些高层建筑中得到了推广应用，如北京的“中国尊”大厦（图1-5），结构高度528m，为北京市最高的高层建筑，地上108层，地下7层；上部结构采用巨型框架-型钢混凝土核心筒结构体系，底部46层采用了内置钢板的型钢混凝土剪力墙结构，在47～103层采用了内置钢板支撑的型钢混凝土剪力墙结构体系，如图1-5所示。又如重庆“嘉陵帆影”二期超高层塔楼结构高度440m（图1-6），共94层，380m以下采用框架＋核心筒＋伸臂桁架＋腰桁架结构体系，在380m处转换为带支撑的钢结构体系，在底部9层以下区域采用设置实腹式型钢的型钢混凝土剪力墙结构，以达到提高剪力墙的承载力且减小墙体厚度，同时提高结构体系的抗震性能的目的。

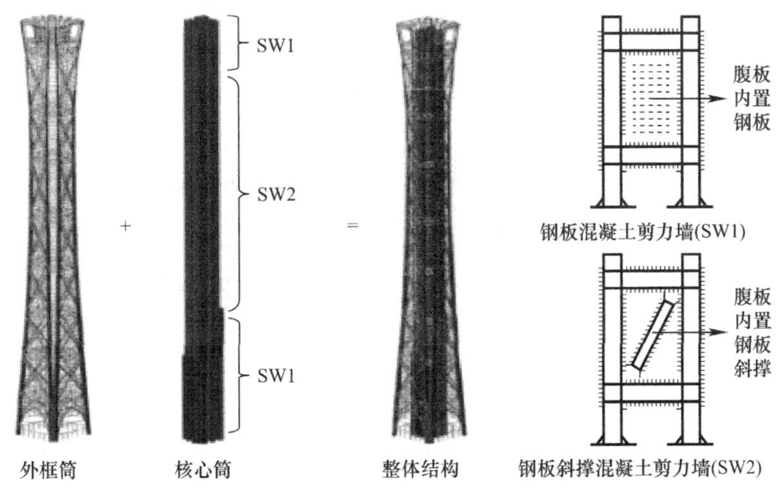

图1-5 北京“中国尊”

(a) 建筑效果图

(b) 结构施工图

图 1-6 重庆“嘉陵帆影”

1.4 钢板剪力墙

钢板剪力墙是指把钢板作为主要抗侧力构件，通过其抗剪抵抗水平荷载，从而增加结构刚度、减小结构的水平位移。在剪力墙结构体系中，内嵌钢板通常与框架梁、柱同时连接以在整体上构成抗侧力体系。框架柱和框架梁给钢板剪力墙提供充分的锚固作用，在设计过程中要避免框架梁或框架柱过早破坏，从而影响钢板剪力墙承载力和耗能能力的发挥。钢板剪力墙体系可视为固定在地面上的悬臂梁，其中框架柱相当于悬臂梁的翼缘，内嵌钢板相当于腹板，框架梁相当于加劲肋，如图 1-7 所示。钢梁的腹板利用其屈曲后性能继续承载，钢板剪力墙也展现出优越的屈曲后性能，在较大层间位移角下薄钢板沿钢板对角方向形成拉力带，使钢板剪力墙在侧向荷载作用下保持较高的承载力和良好的延性。

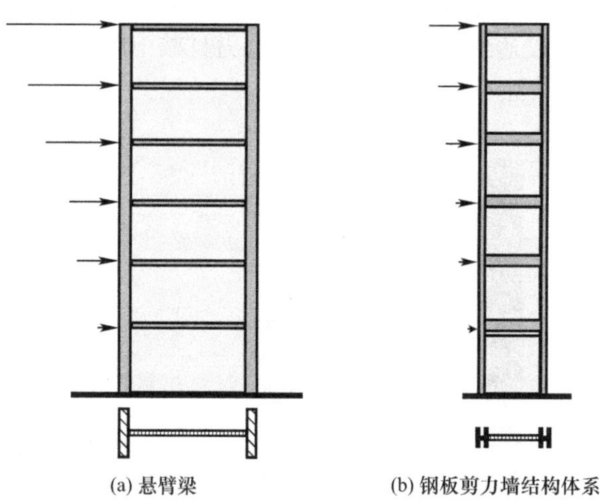

(a) 悬臂梁　　(b) 钢板剪力墙结构体系

图 1-7 典型的悬臂梁与钢板剪力墙结构体系

根据是否在钢板上设置加劲肋，可以将钢板剪力墙分为非加劲钢板剪力墙和加劲钢板剪力墙。关于非加劲钢板剪力墙的研究相对较早，非加劲钢板的屈曲后性能理论研究源自对钢梁薄腹板屈曲后的性能研究。20 世纪 30 年代初，基于承受剪切荷载的薄铝板屈曲后性能研究，Wagner[14]提出了“纯张力场”的理论，认为薄铝板受剪屈曲后并不意味着构件抗侧作用的失效，而是可以通过转换受力机理进而形成斜向拉应力带继续承担剪力。20世纪50年代末期，Kuhn等[15,16]提出了非完全对角拉力场理论，假定板的抗剪承载力是由面内方向的剪切应力场和沿对角线方向的拉应力场两部分组成[17]。将上述理论假定应用在板梁结构受剪性能的研究上，形成了非完全对角拉力的计算模型，第一次提出了适用于薄腹板梁构件的腹板抗剪承载力计算方法。1970年建于东京的日本钢铁大厦（Nippon Steel Building）是世界第一栋采用钢板剪力墙的建筑，其后钢板剪力墙在日本、北美等高烈度地震区得到许多应用。1983年，加拿大Alberta大学的Thorburn、Kulak等[18~21]基于“纯张力场”理论提出了一种非加劲薄钢板剪力墙等效拉杆模型。模型将剪力墙沿对角线方向形成的拉力带简化成为一系列两端铰接的平行拉杆，在模型中不考虑板的弹性屈曲承载力和压应力场作用，并完成了对薄钢板剪力墙利用屈曲后强度承载性能的试验验证，进而形成被大家广为接受的钢板剪力墙结构设计方法。鉴于钢板剪力墙体系展现出的优越抗震性能，目前，加拿大规范《CAN/CSA S16-01》[22]、美国规范《AISC 341-05》[23]和我国的《钢板剪力墙技术规程》JGJ/T 380—2015均已列入了此类剪力墙结构的分析方法和设计准则。

由于钢板剪力墙中钢板厚度较薄，在承受水平荷载的作用时通常会过早地发生出平面失稳，其承载力会有所降低，特别在往复荷载作用下，钢板剪力墙在屈曲波形转换过程中的耗能能力明显降低，钢材良好的弹塑性变形性能得不到充分发挥。若采用厚度比较大的钢板，其成本过高，刚度和强度过大，十分不经济。因此在早期使用钢板剪力墙时，可在钢板两侧设置加劲肋减小钢板的区隔高厚比，以防止其过早地发生整体屈曲，尽量利用其在平面内表现出的优越的材料抗剪性能和耗能性能，该种剪力墙被称为“加劲钢板剪力墙”。根据加劲肋对钢板剪力墙的加劲效果不同，可将加劲钢板剪力墙划分为部分加劲钢板剪力墙和完全加劲钢板剪力墙。在20世纪70年代，美国大部分钢板剪力墙均在钢板两侧设计纵向或横向加劲肋，而在日本大多采用设计加劲肋的钢板剪力墙。在早期的工程中，型钢（槽钢或角钢）曾被直接采用作为限制钢板屈曲的加劲肋，而如今多数采用切割后的条形钢板沿纵向和横向直接焊接于钢板剪力墙两侧，形成加劲网格，如图1-8（a）所示。这种加劲形式被称为“全加劲”，能够有效地限制钢板的出平面屈曲，但焊接的费用使其成本显著增加。此外，一些学者提出了十字加劲［图1-8（b）］、交叉加劲［图1-8（c）］的钢板剪力墙，通过理论分析与试验研究表明，上述剪力墙均具有良好的抗震性能和耗能能力[24~26]。

根据钢板剪力墙上是否设置缝隙，可将钢板剪力墙分为开缝钢板剪力墙和普通钢板剪力墙。受带竖缝钢筋混凝土剪力墙的启发，日本九州大学的Matsui、Hitaka等学者于2000年提出了开缝钢板剪力墙的概念[27]，通过在钢板上开设竖缝改变钢板的受力机理，使钢板在发生整体屈曲前，首先发生由竖缝分割的“缝间小柱”的受弯屈服，受力机理的改变使该种剪力墙具有良好的延性及耗能能力，在往复水平荷载作用下的滞回环相对饱满。此外，可通过改变开缝的参数和形式方便地调节剪力墙的刚度、承载力、延性以及耗能能力。Matsui提出的开缝钢板剪力墙仅与框架梁相连接，可以开设一排或多排竖缝，并且可以通过在剪力墙板两侧设置加劲板来提高其承载力，具体形式如图1-9所示。国内相关专家也对开缝钢板剪力墙进行了系统的试验研究和理论分析，提出了开缝钢板剪力墙的合理开缝方式，目前我国《钢板剪力墙技术规程》JGJ/T 380—2015 给出了开缝钢板剪力墙的相关设计方法。在日本，开缝钢板剪力墙已应用于三栋建筑物中，这三栋建筑物高度在 7～19 层间变化，采用组合框架-开缝钢板剪力墙结构体系，框架柱为组合柱，梁采用钢梁。在其中的一栋公寓建筑中，剪力墙在设计中承担大约 10%～25%的基底剪力，其余剪力由框架承担，剪力墙的长度为 4250mm，高度为 3120mm，厚度为 14mm，布置在跨度为 6900mm 的柱间；沿该建筑的高度方向上，剪力墙中的开缝形式根据结构对刚度和承载力的要求进行调整，这种确定刚度和承载力的方法使设计过程非常直接、简便。

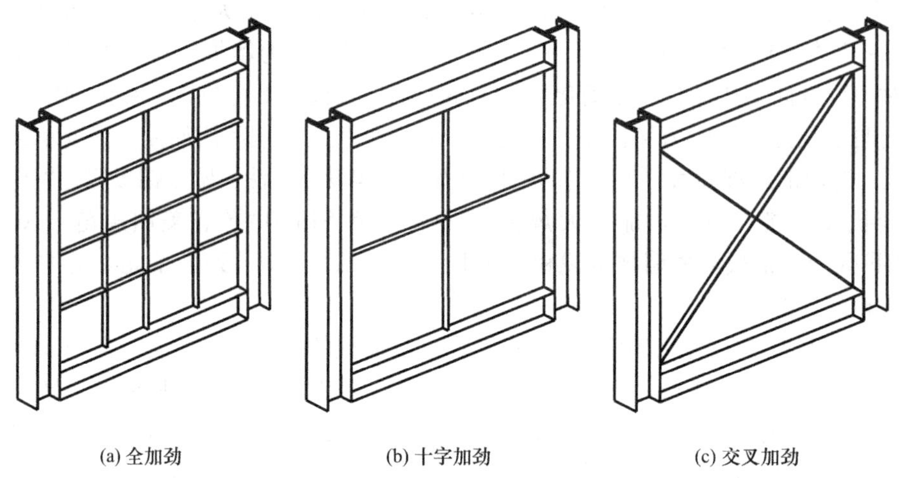

(a) 全加劲　(b) 十字加劲　(c) 交叉加劲

图 1-8　不同种类的加劲钢板剪力墙

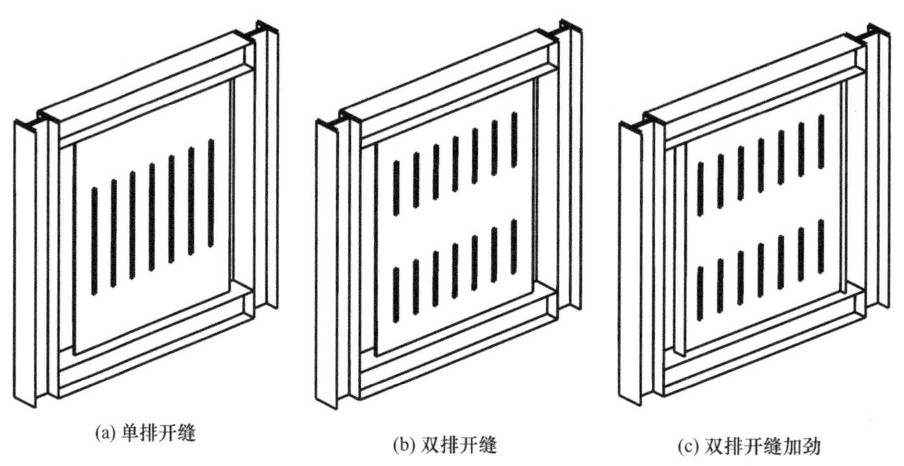

(a) 单排开缝　(b) 双排开缝　(c) 双排开缝加劲

图 1-9　不同形式的开缝钢板剪力墙

到目前为止，采用钢板剪力墙作为主要抗侧力构件的建筑已达几十幢，早期主要分布于日本和北美等抗震高烈度区。第一幢采用钢板剪力墙作为抗侧力体系的建筑物是 1970 年在日本东京建成的 Nippon Steel Building（20 层），该建筑横向采用了由 5 榀 H 形钢板剪力墙组成的抗侧力体系，如图 1-10 所示，其墙板尺寸为 3700mm×2750mm，纵横方向均设置了槽钢加劲肋，钢板厚度从底层的 12mm 渐变到顶层的 4.5mm，与周边框架焊接，钢板两侧外包了 50mm 厚的防火材料。1978 年，日本第二幢采用钢板剪力墙的建筑 Shinjuku Nomura Office Tower（53层，209m）竣工，如图1-11所示，其钢板剪力墙的尺寸为5000mm×3000mm，厚度为6～12mm，墙板与周边框架用螺栓连接，钢板上喷涂了50mm厚的防火层[28]。

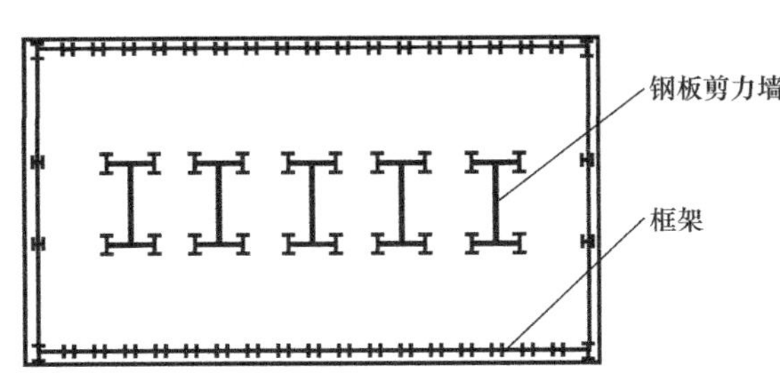

图1-10 Nippon Steel Building平面图

图1-11 实景图

1988年在日本神户建成的Kobe City Hall大厦，采用钢框架-钢板剪力墙双重抗侧力体系（如图1-12所示）[29]。该建筑共35层，高129.4m，地下3层地下室和地上2层采用钢筋混凝土剪力墙，第2层以上均采用设置加劲肋的钢板剪力墙。该建筑经受了1995年阪神大地震的考验，研究人员在震后的调查中发现，该建筑物未出现明显的结构破坏，仅在26层发生了加劲墙板的局部屈曲，房屋顶部沿正北和正西方向的侧移分别只有225mm和35mm，震后通过地震模拟分析发现，第24层到第28层之间为该结构的薄弱层。地震过后，与其相邻的8层钢筋混凝土建筑，其中1层被压扁，上部3层整体坍塌并水平滑出较大距离，震后经修复，将原来的8层建筑变为5层。

加州是美国的高烈度地震设防区，1971年的San Frenando地震使Olive View Hospital遭到了严重的破坏，部分建筑倒塌。地震过后在原有场地重建了六层的Sylmar County Hospital，该建筑是美国第一幢采用钢板剪力墙的建筑，其底部两层为钢筋混凝土剪力墙，上部四层采用了钢板剪力墙以减小结构自重。钢板剪力墙的尺寸为7620mm×4720mm，其钢板厚度为16～19mm。建筑内部安装了强震感测和记录装置，不幸的是该建筑历经了1987年的Whittier地震和1994年的Northridge大地震。在1994年的Northridge地震中，楼内记录装置显示的数据表明，该建筑的顶部最大加速度达到1.71g，最大速度也达到140cm/s，由此产生的基底剪力是设计值的数倍。然而震后对该楼的震害调查发现，主要受力构件并没有发生破坏，仅在钢板四周的一些焊缝处发现了微小裂纹，一些非结构构件，如吊顶、喷淋系统以及固定在墙壁上的电视等却发生了严重的破坏[30,31]。

(a) 1995年阪神地震后

(b) 1996年经修复后

图 1-12　阪神大地震前后的日本 Kobe City Hall 大厦

1978 年在美国得克萨斯州达拉斯竣工的 Hyatt Regency Hotel 是美国第二栋采用钢板剪力墙作为抗侧力体系的建筑。该建筑共 30 层，高 104.5m，建筑整体平面呈弧形，且立面由多个高度不同的部分组成，沿该建筑的长轴方向采用钢框架-支撑体系，沿短轴方向采用钢板剪力墙体系。虽然该地区属于低烈度地震区，但该处的风荷载很大，起控制作用。采用钢板剪力墙的方案是通过全面考虑了建筑、施工和经济性等各方面的因素确定的。若采用钢框架结构，构件截面尺寸会很大，从而减少了使用空间；若两个方向均采用钢框架-支撑体系，则需要外包很厚的墙体，同样占用使用空间；若采用钢筋混凝土框架剪力墙结构则会因混凝土施工周期长而影响整个工程的进度。此外经分析比较，采用钢板剪力墙体系将比采用钢框架结构体系减少约 1/3 的用钢量，经济效益显著。由于采用了钢板剪力墙体系，使得该结构在最大风荷载的作用下的层间位移仅为 2.5mm。图 1-13 为位于美国西雅图市的 23 层联邦法院大厦，该建筑采用了钢板剪力墙，钢板剪力墙通过型钢柱和型钢梁把钢板分成不同的区隔，一方面可以有效减小梁上竖向荷载对钢板剪力墙抗侧力的影响；另一方面，保证了钢板剪力墙拉力带的充分开展，同时有利于门窗、洞口的布置。图 1-14 为位于美国洛杉矶的 Convention Center Hotel and Condominium（LACCH）大厦，该建筑 55 层，结构抗侧力体系中采用了钢板剪力墙[32]。

我国采用钢板剪力墙的建筑较少，1987 年建成的上海新锦江饭店（44 层，153.2m）核心筒采用了钢板剪力墙结构，为防止钢板受力过程中出现局部屈曲，采用厚度较大的钢板承担剪力，设计中钢板宽厚比为 100[24]。2010 年建成的天津津塔是一栋采用加劲钢板剪力墙的超高层建筑，主楼房屋高度为 336.9m，采用“钢管混凝土柱框架＋核心钢板剪力墙体系＋外伸刚臂抗侧力体系”的结构体系[33]。

图 1-13　美国西雅图市的 23 层联邦法院大厦

图 1-14　美国洛杉矶的 55 层 Convention Center Hotel and Condominium 大厦

1.5　防屈曲钢板剪力墙

由于非加劲钢板墙在使用过程中存在以下缺点：屈曲噪声、易振动、滞回曲线捏缩及拉力场给边柱造成的附加弯矩[34]。为克服非加劲钢板墙的性能缺陷，提高钢板剪力墙的耗能能力，防止钢板剪力墙中钢板过早出现平面外屈曲，避免钢板剪力墙在往复荷载作用下产生过大的噪声，通过在钢板两侧设置屈曲约束构件限制钢板的平面外变形，形成防屈曲钢板剪力墙。防屈曲钢板剪力墙的工作机理类似防屈曲支撑，通常屈曲约束构件不承担侧向荷载，仅起到限制钢板平面外屈曲的目的，保证钢板平面内受力，如图 1-15所示。屈曲约束构件可以采用预制钢筋混凝土板，也可采用型钢等构件。防屈曲钢板剪力墙最早由美国加州大学伯克利分校的学者 Astaneh 和 Zhao 等人提出，并对防屈曲钢板剪力墙开展了试验研究，研究中同时进行了混凝土盖板参与抗侧性能的钢板剪力墙对比试验。通过试验结果发现：对于混凝土板与周边框架直接接触的防屈曲钢板剪力

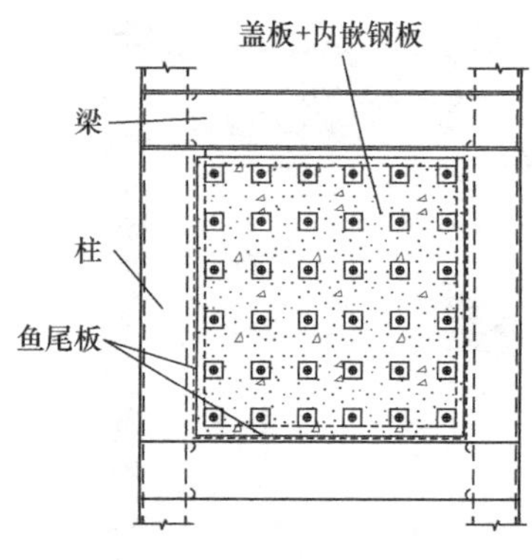

图 1-15　防屈曲钢板剪力墙

墙，受力过程中混凝土板和钢板共同抵抗水平荷载，由于混凝土板的受拉承载力较低，在水平荷载较小的情况下，墙体较早出现了裂缝，且混凝土板较早出现压溃破坏。在混凝土盖板不参与抗侧的防屈曲剪力墙试件中，混凝土板与边缘框架间留有一定缝隙，因此在受力过程中层间位移角较小时，混凝土墙板并不直接承担外力，而是作为钢板的平面外变形抑制构件，使内嵌钢板接近平面受力状态。随着水平外力荷载的进一步增加，当层间位移角超过结构大震作用下的限值时，允许混凝土板参与抗侧，以弥补钢板屈服对结构抗侧刚度的降低。此时预制混凝土板最早在角部区域与边缘框架发生接触，随后接触面积不断增加，结构的受力机制就变成了混凝土墙板与钢板协同承担水平荷载，混凝土墙板加入到抗侧作用中，可以起到补偿钢板因发生局部屈曲而造成刚度损失的作用。试验结果表明：两种形式的防屈曲钢板剪力墙均形成了较为饱满的滞回曲线，体现出了优异的延性和耗能能力[35,36]。

此后，国内外学者对防屈曲钢板剪力墙进行了大量的试验研究和理论分析，目前对于防屈曲钢板剪力墙的研究更多集中于采用预制钢筋混凝土板作为屈曲约束构件，其工作机理为：在内嵌钢板和两侧混凝土盖板的对应位置开孔并使用螺栓穿过，施拧时对螺栓杆施加一定的预拉力，以实现在风荷载和小震作用下钢板和两侧盖板协同受力的目的。两侧盖板预留大于螺栓杆直径的开孔，孔径尺寸由大震作用下内嵌钢板和混凝土盖板相对滑移的最大错动量确定，两侧预制混凝土板与梁柱之间也留有一定的间隙，避免受力过程中混凝土盖板与边缘构件过早地接触而损坏。通过上述构造措施，使结构在遭遇中震或大震作用时，可以通过两种板件接触面之间的相互错动机制释放盖板的板面内力，使其免于破坏，实现盖板为内嵌钢板提供持续稳定的面外约束的设计理念。防屈曲钢板剪力墙与非加劲钢板墙滞回曲线的对比如图 1-16 所示，可以看到，相比非加劲形式的剪力墙，防屈曲钢板剪力墙在增强了薄板的平面剪切应力状态的同时，削弱了钢板的拉力场效应。防屈曲钢板剪力墙的弹性刚度增大幅度为 15%～20%，极限承载力则提高了 10%，耗能能力大幅度提升，克服了非加劲薄钢板剪力墙存在的滞回曲线捏缩现象。此外，在实际应用时可在混凝土板与框架梁间预留适当的缝隙，保证混凝土板在小震作用下不与框架梁接触，不直接承担水平荷载，而仅作为钢板的侧向约束防止钢板发生面外屈曲；在大震作用时的较大层间侧移角下，预制混凝土板与框架梁相接触，混凝土板和钢板开始协同工作，共同承担水平荷载，提高了结构体系的抗侧刚度和抗剪承载力，弥补了因钢材屈服而造成的刚度损失。

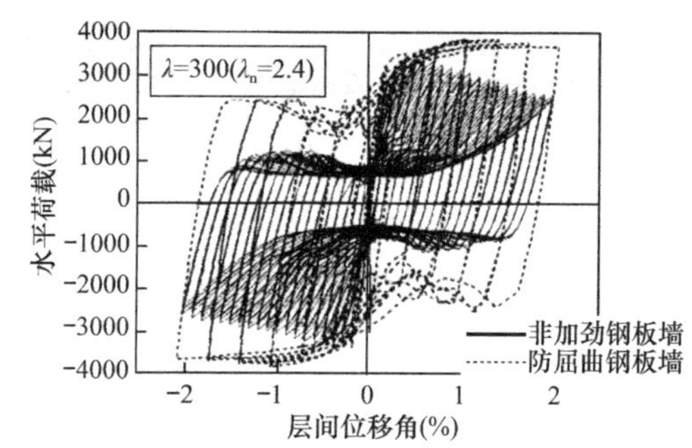

图 1-16　滞回曲线对比

根据防屈曲钢板剪力墙是否与周边框架柱相连，可以将防屈曲钢板剪力墙分为两边连接防屈曲钢板剪力墙和四边连接防屈曲钢板剪力墙。相对来说，两边连接防屈曲钢板剪力墙失去框架柱的锚固作用，其刚度和承载力将低于四边连接防屈曲钢板剪力墙。但两边连接防屈曲钢板剪力墙仅与框架梁连接，消除了四边连接薄钢板剪力墙对柱的拉力以及四边连接组合剪力墙对柱的压力，避免了框架柱过早破坏；两边连接防屈曲钢板剪力墙布置灵活，可以在一跨分段布置，有利于门窗、洞口的开设；通过调整钢板尺寸或墙板数量，使剪力墙在横向力作用下的刚度、承载力可调，方便工程师在结构设计时进行不同部位结构刚度的调整[37~39]。2019 年建成的北京首钢装配式高层组合结构住宅楼，结构采用钢管混凝土框架-防屈曲钢板剪力墙结构体系，结构高度为 70.2m，共 24 层。为便于在结构中布置门窗洞口，采用两边连接防屈曲钢板剪力墙作为抗侧力构件，避免了采用传统支撑不利于门窗洞口布置的缺点，整个结构体系属于装配式结构体系的一种，施工速度可达到每周 3 层，具体工程照片如图 1-17 所示。

(a) 施工中结构体系

(b) 两边连接防屈曲钢板剪力墙

图 1-17　采用防屈曲钢板剪力墙的高层住宅

在工程应用中发现，如采用整块混凝土板约束钢板的平面外变形，当混凝土板尺寸过大时会给混凝土板的安装带来一定困难。此时，可以根据工程需要，将钢板两侧的混凝土板进行分块预制、拼装，避免采用大型设备进行预制混凝土板的安装，在设计中可通过减小螺栓间距或增加板厚提高混凝土板对钢板的屈曲约束作用，此时分块设置的混凝土板也能起到限制钢板平面外屈曲的目的；在应用中，预制混凝土板可以采用水平分块、竖直分块或十字形分块等方式，如图 1-18 所示[40]。

传统加劲钢板剪力墙，作为防屈曲构件的加劲肋与墙板采用焊接连接，焊接方式不但加工难度大，还会引入较大的残余应力，并且由于加劲肋与内嵌钢板的接触面为无滑移连接，加劲肋同时参与抵抗一部分平面内水平荷载，易出现加劲肋屈曲先于整体破坏的情况，使得防屈曲构件不能给内嵌钢板提供持续的抑制屈曲作用。根据屈曲约束构件是否能完全限制钢板的平面外屈曲，可将防屈曲钢板剪力墙分为部分约束防屈曲钢板剪力墙和完全约束防屈曲钢板剪力墙。对于完全约束防屈曲钢板剪力墙，通常采用混凝土盖板作为约束构件；对于部分约束防屈曲钢板剪力墙，屈曲约束构件可以采用角钢、型钢等型材组合形成格构式屈曲约束构件。格构式防屈曲钢板剪力墙通过螺栓将防屈曲梁和内嵌钢板连接，防屈曲构件和内嵌钢板之间可以相互错动，提供抑制钢板平面外屈曲的功能，施工便捷，避免了焊接连接带来的不利影响；部分约束防屈曲钢板剪力墙根据耗能能力的需求不同，可采用不同的屈曲约束方式，具体如图 1-19 所示。

(a) 水平分块约束盖板

(b) 十字形分块约束盖板

图 1-18　设置分块盖板的防屈曲钢板剪力墙

(a) 单根钢管约束的防屈曲钢板剪力墙

(b) 多根钢管约束的防屈曲钢板剪力墙

图 1-19　型钢约束的防屈曲钢板剪力墙

此外，部分学者还提出一种与边缘构件部分连接的防屈曲钢板剪力墙，如图1-20所示，该构件内嵌钢板仅在四个角落处与边缘构件相连，因此能显著减少对边缘构件的附加作用。但由于混凝土板与内嵌钢板的初始缺陷，两者之间存在一定的缝隙，导致内嵌钢板发生高阶模态的屈曲，受力机理由平面内剪切变为产生斜拉带以抵抗水平荷载，分析试验结果发现该类构件具有较大的初始刚度、足够的延性、良好的耗能能力和稳定的滞回性能[41,42]。

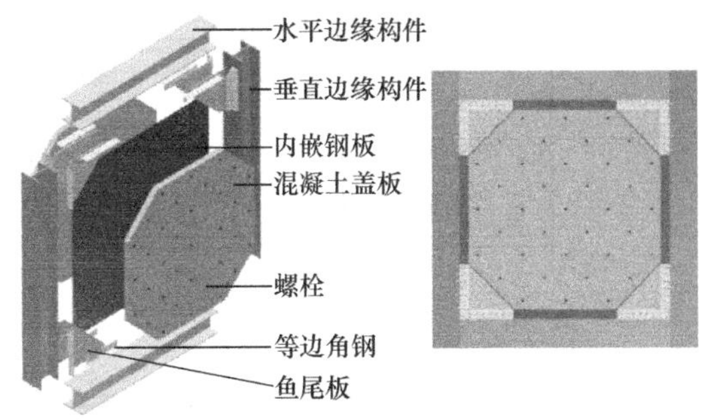

图1-20 局部约束防屈曲钢板剪力墙

1.6 钢板-混凝土组合剪力墙

虽然防屈曲钢板剪力墙具有较高的承载力和优越的耗能能力，但随着结构高度的增加，结构体系对抗侧力能力的需求逐步提高，此时结构构件的设计更多取决于剪力墙的抗侧刚度，而非受剪承载力。虽然钢材的弹性模量约为混凝土弹性模量的7倍左右，但若单纯采用钢板剪力墙来提供抗侧刚度，此时所需钢板厚度较大，特别对于整跨布置的四边连接钢板剪力墙来说，其用钢量将会显著提高，导致结构设计不经济。经对比分析，对于高度100m以上的建筑，若单纯采用防屈曲钢板剪力墙作为抗侧力构件，会不太经济。此时，采用钢板-混凝土组合剪力墙是一种较为理想的构件形式，通过钢材和混凝土共同抗剪，提高剪力墙的抗侧刚度，同时提高其受压和受剪承载力。此处所指钢-混凝土组合剪力墙是指钢板设置在外围，钢板可兼作浇筑混凝土的模板，对于钢板设置在混凝土内的组合剪力墙将其划分到型钢混凝土剪力墙结构中。

早期钢板-混凝土组合剪力墙的研究主要针对双钢板内填混凝土组合剪力墙，在20世纪90年代初，Link等提出双钢板组合剪力墙，中间用加劲肋连接，此类剪力墙主要应用于海上结构，抵抗波浪和移动冰块传来的面外水平荷载[43]。双钢板-混凝土组合剪力墙是两块钢板内填混凝土而成的组合剪力墙形式，钢板和混凝土协同工作，共同承担轴力、剪力和弯矩等内力作用。两块钢板和混凝土之间需设置连接件。常用的连接形式有栓钉、对穿拉杆、拉条或其组合形式（图1-21）。研究表明，此类剪力墙在峰值点后可以保持稳定的后期承载力直至达到很大的变形，具有良好的延性。采用竖向加劲肋结合缀条拉结时的变形能力比采用栓钉和对穿螺栓连接时大，同时外包钢板混凝土墙具有低损伤性和震后功能可恢复性。由于腹板设置钢板的型钢混凝土剪力墙的保护层混凝土在剪压作用下易剥落的原因，在轴压比相同、腹板墙含钢率相近时，双钢板-混凝土组合剪力墙的变形能力较型钢混凝土剪力墙提高20%左右。

目前，国内外学者对双钢板-混凝土组合剪力墙进行了一定研究，研究主要针对用于防护结构、核电站、特种结构及快速建造的结构等的双钢板内填混凝土组合剪力墙。为防止受力过程中钢板发生平面外屈曲，通过在钢板上设置加劲肋、安装对拉螺栓或栓钉减小钢板的宽厚比，实现防止钢板过早出现平面外屈曲的目的。双钢板混凝土组合剪力墙以其承载力高、抗震性能好、施工速度快等优点，在实际工程中得到推广和应用。

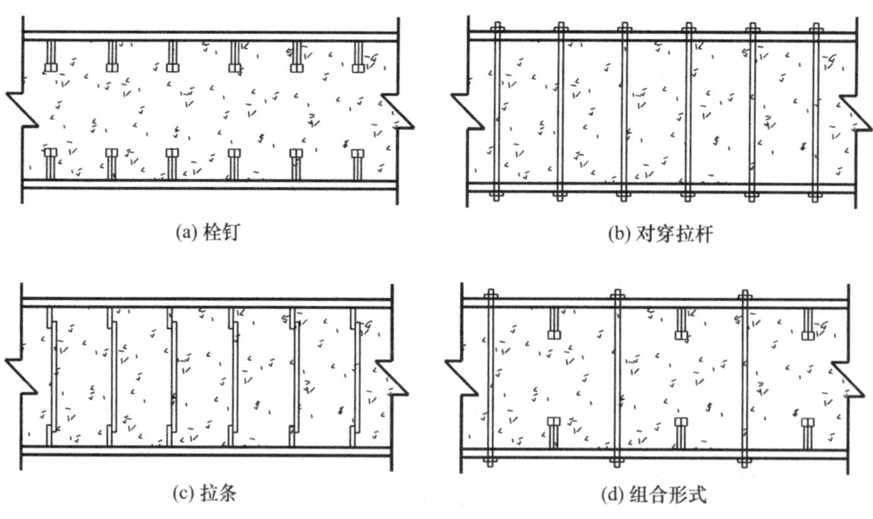

图 1-21　常见的双钢板-混凝土组合剪力墙

针对传统钢筋混凝土短肢剪力墙承载力和抗震性能方面的不足，箱形钢板混凝土组合剪力墙利用多腔钢管与混凝土的组合作用，能充分发挥两种材料的自身优势，在侧向力和纵向力共同作用下表现出良好的承载能力、耗能能力和变形能力，短肢多腔钢-混凝土组合剪力墙的轴压承载力和受剪承载力可比相同截面的钢筋混凝土短肢剪力墙显著提高。同时，多腔钢管可兼作施工的承载骨架和浇筑混凝土的模板，省去了施工现场绑扎钢筋、支模、拆模等工序，降低施工成本的同时加快了施工速度。目前箱形钢板混凝土组合剪力墙已经在工程中得到推广应用，本书将主要集中于此类剪力墙的性能和工程应用介绍。

在双钢板混凝土组合剪力墙的基础上，本书提出一种新型组合箱形钢板剪力墙，由多腔钢管和混凝土组成，多腔钢管可采用 H 型钢或钢板焊接而成，在多腔钢管内浇筑素混凝土，待混凝土硬化后和多腔钢管共同工作，形成短肢多腔钢-混凝土组合剪力墙，为保证多腔钢管和混凝土共同工作，可在多腔钢管内焊接抗剪连接件，构件截面形式如图 1-22 所示。即应用过程中将组合剪力墙分割成多个长宽比为 1～2 的腔体。由于施焊困难，现场上、下节墙内的纵向隔板间一般不进行焊接。因此周边的管壁和管内混凝土是主要的受力部件，而纵向隔板的主要作用是提高外壁的局部稳定承载力、限制管内混凝土的收缩变形和加强钢管和混凝土的组合作用。试验表明[44,45]，钢管混凝土柱内混凝土收缩变形规律与素混凝土构件类似，但由于管内混凝土处于密闭状态，与外界基本没有湿度交换，数值上远小于素混凝土值。对于截面尺寸较小的柱子，混凝土收缩不会引起周边管壁与核心混凝土间脱空，但对于组合墙，由于截面长度方向尺寸一般较大，管内混凝土的收缩量比较可观，会导致两者间脱空，从而降低结构的安全性。另外，矩形周边钢管对混凝土的约束不均匀[46]，为了保证钢管与混凝土协同工作，截面的长宽比不宜大于 2，未采取构造措施的截面长边的尺寸也受到限制。基于这两方面因素考虑，《矩形钢管混凝土结构技术规程》CECS 159：2004[47]规定截面最大边尺寸不小于 800mm，宜采取在柱子内壁上焊接栓钉、纵向加劲肋等构造措施；《钢结构设计标准》GB 50017—2017[48]规定长边尺寸大于 1m 时，应采取构造措施增强矩形钢管对混凝土的约束作用和减小混凝土收缩的影响。一般情况下，组合墙截面的长度比宽度大得多，长度超过 1m 也很常见，设置纵向隔板可以避免钢管与混凝土脱离而降低承载力。为进一步提高钢管和内部混凝土的协同工作，可在钢管内部焊接栓钉，同时也能保证在节点处将竖向力由钢管有效地传至管内核心混凝土。钢管混凝土的钢管及其核心混凝土间粘结强度的研究结果表明[49~51]，平均粘结强度约为 0.35～0.75N/mm^2。混凝土龄期和强度、截面高宽比、混凝土浇筑方式等众多因素都对粘结强度有较大的影响。日本规范 AIJ[52]和国内 DBJ 13—161—2004[53]规定，矩形钢管混凝土的粘结强度设计值为 0.15MPa，欧洲规范 EC 4[54]则为 0.4MPa。钢管和混凝土间的粘结强度不大，考虑到组合钢板剪力墙的管壁厚度比较薄，有些部位传递的竖向力比较大，如与钢连梁连接的剪力墙，有必要布置栓钉来传递这个竖向力，以防止墙体周圈局部管壁过早屈服。

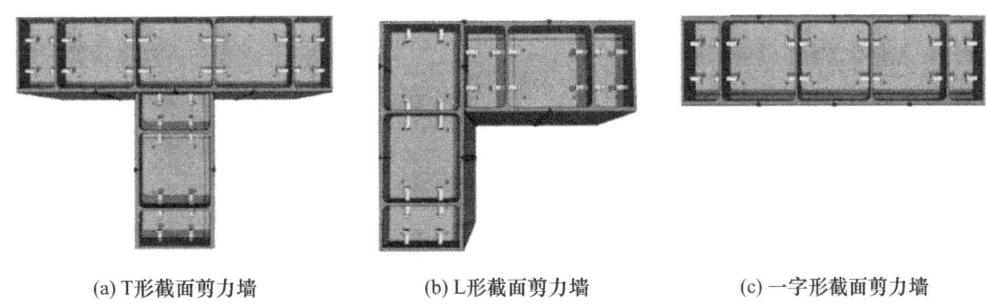

(a) T形截面剪力墙　(b) L形截面剪力墙　(c) 一字形截面剪力墙

图 1-22　不同截面形式的组合箱形钢板剪力墙

从构造上来说，可以看成是由多个矩形钢管混凝土柱串联而成。已有研究表明，组合箱形钢板剪力墙有着优越的力学性能，组合箱形钢板剪力墙具有以下优点：

（1）承载力高，延性好

不同于常规钢板剪力墙，该组合墙体能同时承受竖向力和水平剪力的作用。墙体受力过程中，钢管对其核心混凝土有约束作用，延缓混凝土裂缝的开展和阻止混凝土表面的崩裂；核心混凝土的存在提高了管壁的屈曲承载力。两种材料发挥出各自的长处，又相互弥补各自的缺点，从而使得组合构件有很高的受压、受弯和受剪承载力。在较高设计轴压比时，极限位移角可达 0.03rad 以上，位移延性系数在 4 以上。

（2）截面形状可塑性强

可结合建筑平面，利用隔墙位置来布置组合墙体，基本上不与建筑使用功能发生冲突。墙数量可多可少，墙肢可长可短，布置灵活，视抗侧力需要而定。常见的组合箱形钢板剪力墙形式为一字形、L 形、T 形。考虑到钢板墙加工、运输和安装环节的实际困难，一般不采用 Z 形等复杂截面。这个优点与常规的钢筋混凝土剪力墙相似，可解决常规钢结构中露柱和露撑难题。

（3）与钢框架更匹配

钢筋混凝土剪力墙和钢（或钢管混凝土柱）框架组成的混合结构在我国大量应用。但两者之间无论在受力上还是施工上并不匹配。剪力墙刚度大，层间位移角限值严，只有 1/1000～1/800，而钢框架刚度小，层间位移角限值松，在 1/300～1/200 左右。两者差异巨大，导致筒体（或剪力墙）承担了几乎全部水平力[35]，多道抗震防线设计意图不容易实现。钢筋混凝土剪力墙存在收缩徐变问题，因此混凝土筒体（或剪力墙）与钢管混凝土柱（钢柱）间竖向变形不同步，构件内力会重分布，结构计算复杂[36]。在超高层结构中，这个问题尤其突出。

钢筋混凝土剪力墙需现场支模，施工速度比钢框架安装慢很多，有滞后现象。从经验来看，整体的施工速度不快，不能完全体现出钢结构的优势。相反，组合箱形钢板剪力墙则极大地克服了这些矛盾。首先，组合墙延性好，层间位移角限值为 1/400，与钢框架（尤其是采用钢管混凝土柱时）比较匹配；其次，组合墙施工时现场不需支模，安装与钢柱是同步的，这样就不存在作业面交叉问题，施工速度快；最后，组合墙比钢筋混凝土剪力墙收缩徐变要小，组合墙的截面组成与钢管混凝土柱类似，两者间竖向变形基本同时产生，大大降低了构件内力重分布引起的计算难度。

（4）经济效果好

组合箱形钢板剪力墙作为一种组合结构，能很好地发挥钢材和混凝土两种材料的力学特性，而且工业化程度高，因此，一般都具有很好的经济效果。已有工程经验表明，相对混凝土结构，采用组合箱形钢板剪力墙的钢结构，可减轻自重 30%左右，缩短建造工期 1/3，增加得房率 4%～8%。

参考文献

[1] Al-Kodmany K. Skyscrapers in the Twenty-First Century City：A Global Snapshot [J]. Buildings，2018，8 (12).

[2] 陈云涛，吕西林. 联肢剪力墙抗震性能研究——试验和理论分析 [J]. 建筑结构学报，2003，24 (04).

[3] 武藤清，滕家禄. 结构物动力设计 [M]. 北京：中国建筑工业出版社，1984.

[4] 廉晓飞，邹超英. 带竖缝混凝土剪力墙板在低周反复荷载作用下的工作性能试验研究 [J]. 哈尔滨建筑大学学报，1996，029 (001)：31-36.

[5] 廉晓飞，邹超英. 高层建筑钢结构中带竖缝混凝土剪力墙板设计方法建议 [J]. 哈尔滨建筑大学学报，1996 (02)：13-19.

[6] 夏晓东，丁大钧，程文瀼，等. 钢筋混凝土带边框低剪力墙抗剪性能分析 [J]. 东南大学学报（自然科学版），1992 (02)：80-85.

[7] 叶列平，康胜，曾勇. 双功能带缝剪力墙的弹性受力性能分析 [J]. 清华大学学报（自然科学版），1999 (12)：79-81.

[8] 赵文辉，王志浩. 双功能带缝剪力墙连接件的试验研究 [J]. 工程力学，2001，18 (1)：126-136.

[9] 李爱群，曹征良. 带摩阻装置钢筋混凝土低剪力墙极限承载力分析 [J]. 东南大学学报，24 (3)：70-74.

[10] 李爱群，丁大钧. 带摩阻控制装置双肢剪力墙模型的振动台试验研究 [J]. 工程力学，1995，12 (3)：70-70.

[11] 吕西林，孟良. 一种新型抗震耗能剪力墙结构-模型的振动台试验研究 [J]. 世界地震工程，1995 (01)：29-34.

[12] 蒋欢军，吕西林. 新型耗能剪力墙模型低周反复荷载试验研究 [J]. 世界地震工程，2000，16 (003)：63-67.

[13] 黄宗明，周珉，高永，杨溥，傅剑平. 型钢混凝土中高剪力墙抗震性能改善措施试验研究 [J]. 建筑结构学报，2018，39 (08)：71-79.

[14] Wagner H. Flat sheet metal girders with very thin metal web. Part I：general theories and assump-

tions [J]. 1931.

[15] Kuhn P, Peterson J P, Levin L R. A summary of diagonal tension part п-experimental evidence [R]. NASA Technical Reports Server, Technical Note 2662, National Advisory Committee for Aeronautics, Washington, 1952.

[16] Paul. Stresses in aircraft and shellstructures [M]. McGraw-Hill, 1956.

[17] Basler K. Strength of plate girders inshear [J]. Journal of the Structural Division, 1961, 87 (7): 151-180.

[18] Thorburn L J, Montgomery C J, Kulak G L. Analysis of steel plate shear walls [J]. 1983.

[19] Timler P A, Kulak G L. Experimental study of steel plate shear walls [J]. 1983.

[20] Timler P A. Design procedures development, analytical verification, and cost evaluation of steel plate shear wall structures [J]. Earthquake Engineering Research Facility Technical Report, 1998 (98-01).

[21] Tromposch E W, Kulak G L. Cyclic and static behaviour of thin panel steel plate shear walls [J]. 1987.

[22] Canadian Standards Association. CAN/CSA - S16. 1 Limit States Design of Steel Structures [J]. Mississauga, Ontario, 2001.

[23] ANSI A. AISC 341-05 (2005). "Seismic provisions for structural steel buildings." American Institute of Steel Construction [J]. Inc.: Chicago, IL.

[24] 郭彦林，董全利. 钢板剪力墙的发展与研究现状 [J]. 钢结构，2005 (01): 1-6.

[25] 陈国栋，郭彦林. 十字加劲钢板剪力墙的抗剪极限承载力 [J]. 建筑结构学报，2004, 25 (001): 71-78.

[26] 郭彦林，周明. 钢板剪力墙的分类及性能 [J]. 建筑科学与工程学报，2009 (03): 1-13.

[27] Hitaka T, Matsui C. Experimental Study on Steel Shear Wall with Slits [J]. Journal of Structural Engineering, 2003, 129 (5): 586-595.

[28] Roberts TM. Seismic resistance of steel plate shear walls [J]. Engineering Structures, 1995, 17 (5): 344-351.

[29] Fujitani H, Yamanouchi H, Okawa I, et al. Damage and performance of tall buildings in the 1995 Hyogoken Nanbu earthquake [C] //67th Regional Conference (in conjunction with ASCE Structures Congress XIV). 1996: 103-125.

[30] Troy R G, Richard R M. Steel plate shear walls resist lateral load, cut costs [J]. Civil Engineering—ASCE, 1979, 49 (2): 53-55.

[31] Troy R G. Steel plate shear wall designs [J]. Stuctural Engineering Reviews, 1988, 1: 35-39.

[32] Youssef N, Wilkerson R, Fischer K, et al. Seismic performance of a 55-storey steel plate shear wall [J]. Structural Design of Tall & Special Buildings, 2010, 19 (1-2): 139-165.

[33] 汪大绥，陆道渊，黄良，王建，徐麟，朱俊. 天津津塔结构设计 [J]. 建筑结构学报，2009, 30 (S1): 1-7.

[34] 郭彦林，周明. 非加劲与防屈曲钢板剪力墙性能及设计理论的研究现状 [J]. 建筑结构学报，2011, 32 (1): 1-16.

[35] Astaneh-Asl A. Seismic behavior and design of composite steel plate shear walls [M]. Moraga (CA): Structural Steel Educational Council, 2002.

[36] Zhao Q, Astaneh-Asl A. Cyclic behavior of traditional and innovative composite shear walls [J]. Journal of Structural Engineering, 2004, 130 (2): 271-284.

[37] Lanhui Guo, Xinbo Ma, Ran Li, et al. Experimental research on the seismic behavior of CSPSWs

connected to frame beams. 2011，10（1）：65-73.

[38] Guo L，Rong Q，Ma X，et al. Behavior of steel plate shear wall connected to frame beams only [J]. International Journal of Steel Structures，2011，11（4）：467-479.

[39] Lanhui Guo，Qin Rong，Bing Qu，et al. Testing of steel plate shear walls with composite columns and infill plates connected to beams only. 2017，136：165-179.

[40] 钟恒. 设置分块盖板的防屈曲钢板剪力墙滞回性能研究 [D]. 哈尔滨：哈尔滨工业大学硕士学位论文，2020.

[41] Mu-Wang Wei，J. Y. Richard Liew，Ming-Xiang Xiong，et al. Hysteresis model of a novel partially connected buckling-restrained steel plate shear wall. 2016，125：74-87.

[42] Mu-Wang Wei，J. Y. Richard Liew，Xue-Yi Fu. Panel action of novel partially connected buckling-restrained steel plate shear walls. 2017，128：483-497.

[43] R. A. Link，A. E. Elwi. Composite Concrete-Steel Plate Walls：Analysis and Behavior. 1995，121（2）：260-271.

[44] 韩林海，杨有福，李永进，等. 钢管高性能混凝土的水化热和收缩性能研究 [J]. 土木工程学报，2006（03）：1-9.

[45] 韩林海，杨有福. 现代钢管混凝土结构技术 [M]. 2 版. 北京：中国建筑工业出版社，2007.

[46] 陈志华，杜颜胜，吴辽，等. 矩形钢管混凝土结构研究综述 [J]. 建筑结构，2015，045（016）：40-46.

[47] 中国工程建设标准化协会. 矩形钢管混凝土结构技术规程：CECS 159：2004 [S]. 北京：中国计划出版社，2004.

[48] 住房和城市建设部钢结构设计标准：GB 50017—2017 [S]. 北京：中国建筑工业出版社，2017.

[49] 刘永健，池建军. 方钢管混凝土界面粘结强度的试验研究 [J]. 建筑技术，2005，36（2）.

[50] 邓洪洲，傅鹏程，余志伟. 矩形钢管和混凝土之间的粘结性能试验 [J]. 特种结构，2005（01）：50-52.

[51] 杨有福，韩林海. 矩形钢管自密实混凝土的钢管-混凝土界面黏结性能研究 [J]. 工业建筑，2006，（11）：32-36.

[52] Architectural Institute of Japan（AIJ）. Recommendations for design and construction of concrete filled steel tubularstructures [J]. 1997.

[53] 卢达洲.《钢-混凝土混合结构技术规程》通过评审 [J]. 福建建设科技，2004（04）：30-30.

[54] AndersonD . Eurocode 4 - Design of composite steel and concrete structures [J] - Part1-1：General Rules and Rules for Buildings. Brussels：CEN，2004.

第2章　组合箱形钢板剪力墙轴压性能研究

2.1　引言

结构中的构件实际承受轴力、弯矩和剪力等荷载的共同作用，而轴心受压是构件基本受力性能之一，是研究结构构件在复杂受力状态下工作机理的基础，因此本章针对组合箱形钢板剪力墙轴压性能进行相关研究，进行T形截面组合箱形钢板剪力墙轴压承载力和构件稳定承载力的试验，结合构件的变形发展过程和破坏模式剖析箱型多腔钢管和核心混凝土的相互作用机理；同时，采用有限元软件建立组合箱形钢板剪力墙的有限元分析模型，并用已有试验结果验证和修正有限元分析模型；在此基础上分析了腔体数量、钢材屈服强度、混凝土强度等参数对构件受力性能的影响，得到不同参数对组合箱形钢板剪力墙轴压性能的影响规律，提出轴心受压构件的承载力计算方法。

2.2　试件概况

2.2.1　试件的设计

为研究不同高宽比对T形组合箱形钢板剪力墙轴压性能的影响，进行了两批共13个轴心受压构件的试验，第一批进行6个T形组合箱形钢板剪力墙轴压构件的试验，主要研究截面的受压承载力，采用Q345钢材、C40混凝土，试件缩尺比为1/2，最终截面尺寸定为400mm×300mm×100mm，由6个100mm×100mm的腔体组成，其中翼缘有3个腔体，腹板4个腔体。根据《矩形钢管混凝土结构技术规程》CECS 159：2004第4.4.3条规定：矩形钢管混凝土构件钢管管壁板件的宽厚比不应大于$60\sqrt{235/f_y}$，其中f_y表示钢材屈服强度，因此本次试验试件除腹板端部腔体外的钢板厚度均取3mm，宽厚比为33。由于实际结构中剪力墙承受水平荷载，T形截面构件端部承受较大的压力，因此采用厚度为6mm的钢管对端部进行加强。高度为300mm和500mm的试件各3个，编号为T4-300-a至T4-300-c、T4-500-a至T4-500-c。其中，T4-300-c、T4-500-c两个试件加载方式为轴向循环加载。试件截面尺寸见图2-1，试件具体参数见表2-1。

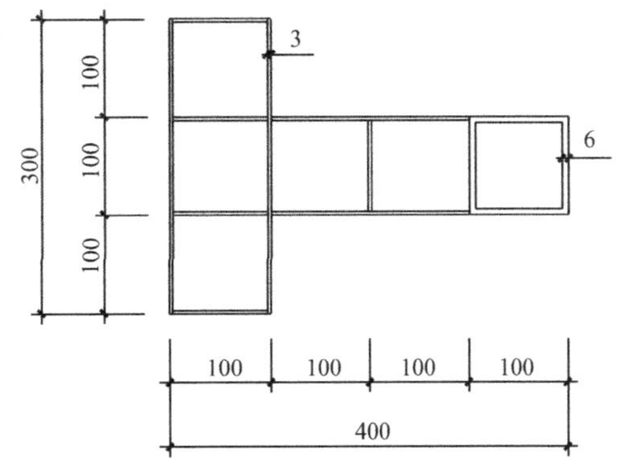

图2-1　T形多腔钢管截面尺寸

第二批进行了7个T形组合箱形钢板剪力墙的轴压构件试验，试件的外围尺寸为700mm×300mm×100mm和300mm×300mm×

100mm，墙体厚度为 100mm，钢管壁厚为 2mm，对应多腔钢管的宽厚比为 50，满足《矩形钢管混凝土结构技术规程》CECS 159：2004 中钢管宽厚比限值的要求；采用 Q235 钢材、C30 混凝土；主要考察了试件截面长肢方向腔体数量和试件高厚比（试件高度和厚度的比值）的影响，试件长肢方向腔体数量为 3 和 7；为研究此类构件的整体稳定性，变化试件的高度分别为 400mm、1200mm 和 1800mm。试件尺寸如图 2-2、图 2-3 所示，所有试件具体参数见表 2-1。

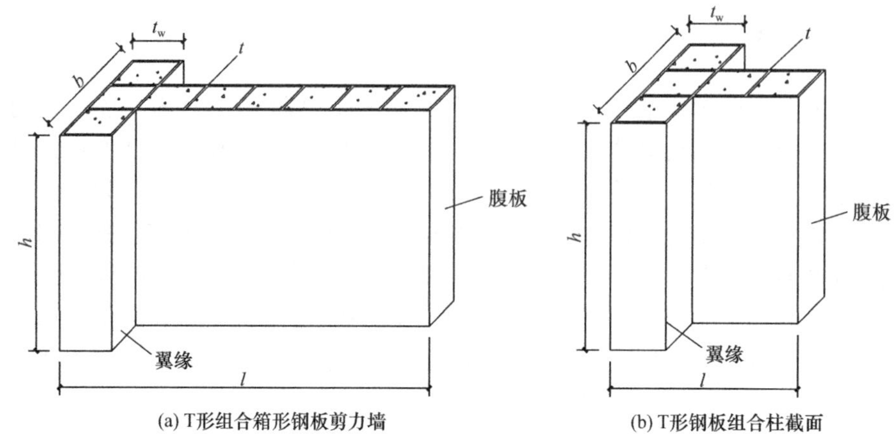

(a) T形组合箱形钢板剪力墙　(b) T形钢板组合柱截面

图 2-2　T 形钢板组合试件示意图

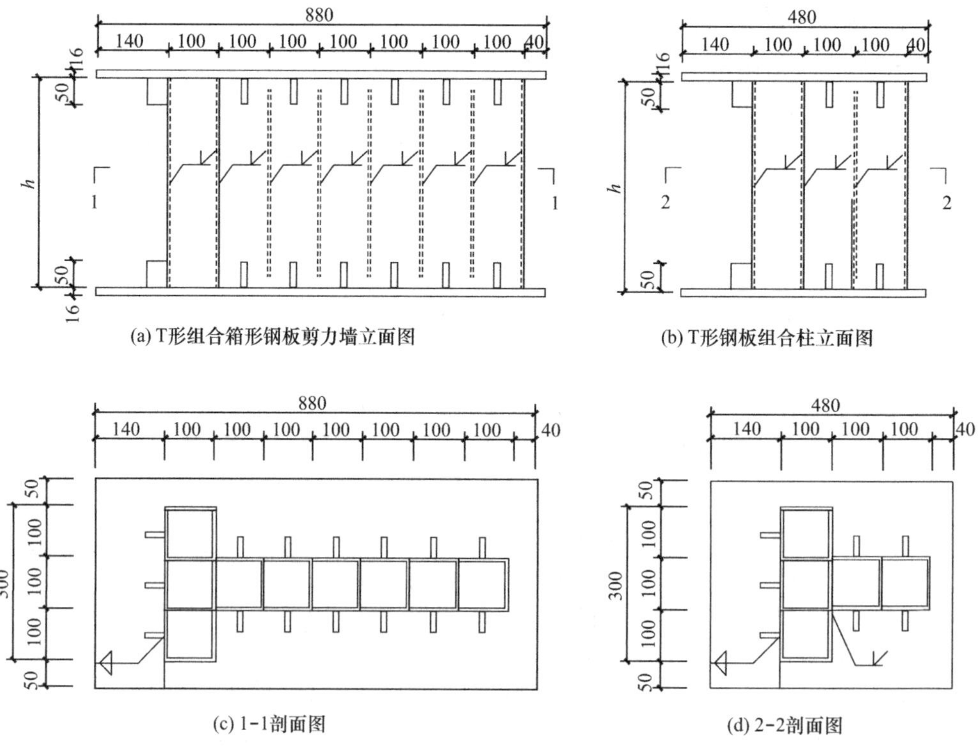

(a) T形组合箱形钢板剪力墙立面图　(b) T形钢板组合柱立面图

(c) 1-1剖面图　(d) 2-2剖面图

图 2-3　试件尺寸示意图

试件设计参数表　　　　**表 2-1**

序号	试件编号	腔体厚度 t_w（mm）	钢板名义厚度 t（mm）	纵腔数	截面高厚比 l/t_w	试件高度 h（mm）	试件高宽比 h/l	名义含钢率 α（%）
1	T4-300-a	100	3	3		300	0.75	12
2	T4-300-b	100	3	3	4	300	0.75	12
3	T4-300-c	100	3	3		300	0.75	12
4	T4-500-a	100	3	3		500	1.25	12
5	T4-500-b	100	3	3	4	500	1.25	12
6	T4-500-c	100	3	3		500	1.25	12
7	T7-400-a	100	2	3		400	0.57	6.2
8	T7-400-b	100	2	3	7	400	0.57	6.2
9	T7-1800	100	2	3		1800	2.57	6.2
10	T3-400-a	100	2	3		400	1.33	6.4
11	T3-400-b	100	2	3	3	400	1.33	6.4
12	T3-1200	100	2	3		1200	4.00	6.4
13	T3-1800	100	2	3		1800	6.00	6.4

2.2.2　试件的加工

第一批试件由多腔钢管和钢板拼焊而成，钢板和钢板之间及钢管和钢板之间采用熔透的对接焊缝连接；第二批试件首先将薄钢板冷弯成 U 形截面构件，沿试件高度方向采用角焊缝连接 U 形槽钢形成组合箱形钢板剪力墙；在焊接完的多腔钢构件底部焊接一厚度为 16mm 的端板，加工完成的多腔钢管如图 2-4 所示。

(a)T4

(b)T7

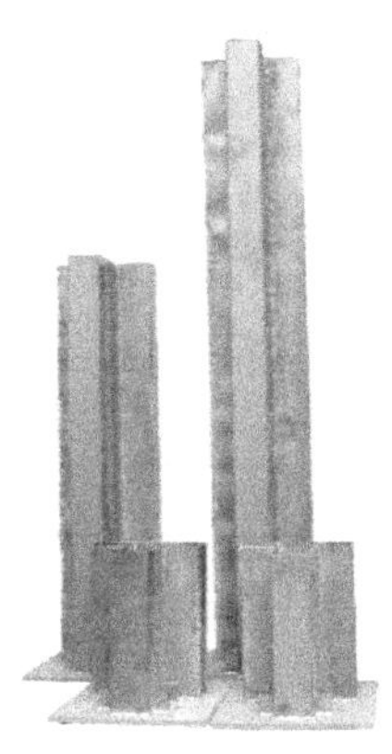

(c)T3

图 2-4　加工完成的多腔钢管

浇筑的混凝土要保证其坍落度，使其具有一定的流动性，浇筑过程中使用振捣棒在外部或内部振捣混凝土，保证内部混凝土密实性，直至腔体内混凝土没有气泡冒出，最后用混凝土填满抹平。在浇筑试件混凝土的同时，为了测量混凝土的抗压强度和弹性模量，根据《混凝土结构设计规范》GB 50010—2010（2015 年版）的规定制作了边长为 150mm 的混凝土标准立方体试块和尺寸为 150mm×150mm×300mm 的混凝土标准棱柱体试块。浇筑混凝土 24h 之后，在试件和混凝土试块表面包裹一层保鲜膜，并每 24h 洒水一次进行养护。28d 后拆除保鲜膜，对试件顶部混凝土进行打磨并将腔口附近钢管清洗干净，而后在多腔钢管内浇筑混凝土，待混凝土硬化后在顶部焊接另一厚度为 16mm 的端板，完成后试件如图 2-5 所示。

图 2-5　混凝土浇筑完成后的试件

2.2.3　材料力学性能

试验所用的每种钢材均测量了其实际厚度，同时按照《金属材料拉伸试验 第 1 部分：室温试验方法》GB/T 228.1—2010 的规定制作了钢材标准拉伸试件（图 2-6），每组制作 3 个，测量了钢材的屈服强度、极限抗拉强度、伸长率和弹性模量，具体数值详见表 2-2，图 2-7 给出了代表性钢材的应力-应变关系曲线。

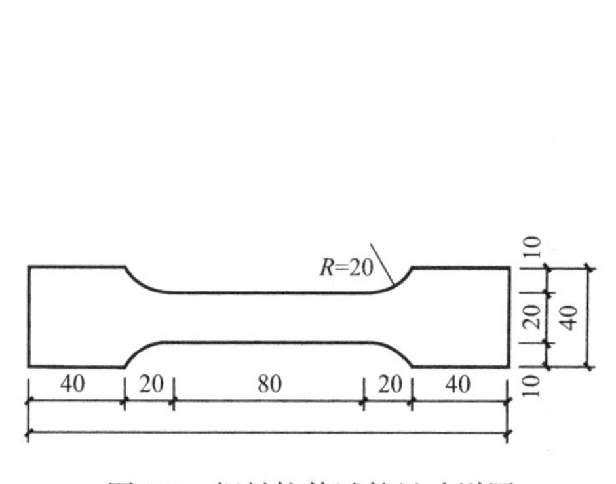

图 2-6　钢材拉伸试件尺寸详图

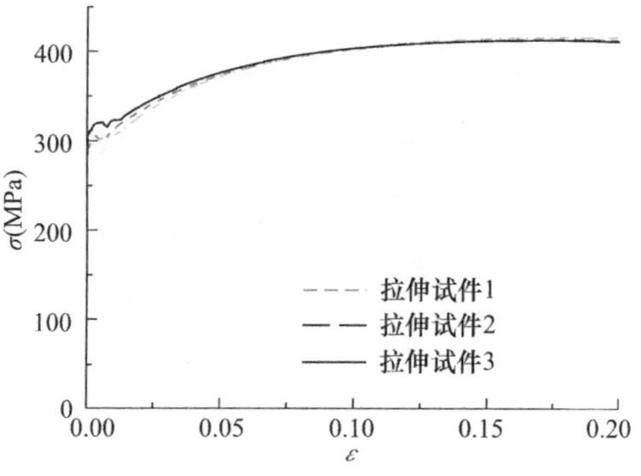

图 2-7　钢材实测应力-应变关系曲线

钢材力学性能指标　　表 2-2

厚度 t(mm)	屈服强度 f_y(MPa)	抗拉强度 f_u(MPa)	弹性模量 E_s($\times 10^5$MPa)	泊松比 μ_s	伸长率 δ_s
2	299.7	415.6	2.06	0.30	0.36
3	340.1	505.1	2.00	0.24	0.32
6	402.3	445.1	1.87	0.3	0.22

在浇筑试件的同时，制作了边长为 150mm×150mm×150mm 的混凝土立方体试块用于测量混凝土的抗压强度，同时制作了截面尺寸为 150mm×150mm×300mm 的棱柱体试块用于测量混凝土弹性模量，根据《普通混凝土力学性能试验方法标准》GB/T 50081—2016 的规定进行混凝土材性试验，测得了混凝土浇筑 28d 时的抗压强度和构件试验时的强

度和弹性模量，混凝土的抗压强度和弹性模量等材性指标见表 2-3，表中 f_{cu} 为混凝土立方体试块抗压强度平均值，f_{ck} 为按照《混凝土结构设计规范》GB 50010—2010（2015 年版）换算得到的混凝土棱柱体试块轴心抗压强度平均值。

混凝土力学性能指标　　**表 2-3**

强度等级	加载龄期（d）	混凝土强度（MPa）		弹性模量 E_c（$\times10^5$ MPa）	泊松比 μ_c
		f_{cu}	f_{ck}		
C30	28	44.4	33.8	0.267	0.21
	实验时	52.0	39.5	0.334	0.20
C40	28	44.0	33.5	—	—
	试验时	65.6	51.4	0.333	0.19

2.3　试验装置与加载方案

2.3.1　加载装置与测量仪器

试验在大型压力试验机上进行，对于轴压短构件采用平板铰进行加载，在试件底部布置力传感器用于监测试验过程中施加轴力的大小；对于第二批试验中高度为 1200mm 和 1800mm 的试件，由于试件高厚比较大，试验过程中构件可能出现失稳破坏，为实现试件两端铰接的边界条件，利用刀口铰对试件进行加载，为避免在加载过程中刀口铰处应力集中导致试件端部过早破坏，在试件两端设计并布置了加载梁，试验中通过压力机自带的力传感系统测得所施加的荷载。

为测量试验过程中试件关键部位的应变和试件的变形，试验过程中在试件表面粘贴应变片测量试件的纵向应变，在试件高度中部截面每个腔体中部各粘贴一纵向应变片和横向应变片，不同腔体数量的试件应变片布置如图 2-8 所示，采用 DH3816N 静态应变测试仪采集试件应变数据，采集频率为 2Hz。

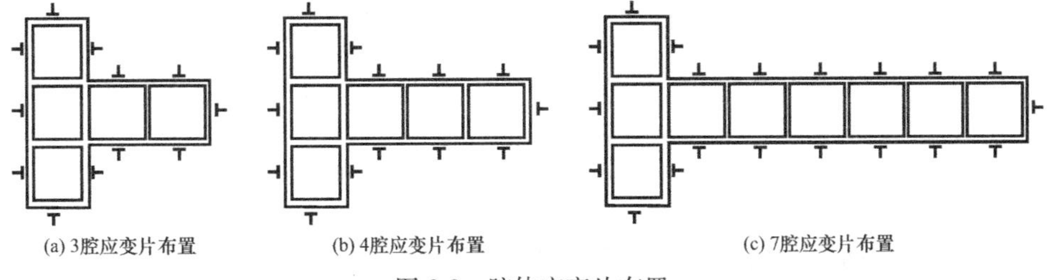
(a) 3腔应变片布置　(b) 4腔应变片布置　(c) 7腔应变片布置

图 2-8　腔体应变片布置

对于短构件即采用平板铰加载的构件，在试件四个角部布置了位移传感器用来测量试件的纵向变形（图 2-9，图 2-10）；对于采用刀口铰加载的构件，在试件的弯曲平面内布置了 5 个位移传感器测量试件的挠曲变形，5 个位移传感器分别在试件两端、跨中和试件六分之一高度处，同时在试件纵向布置了 4 个位移传感器用于测量试件的纵向变形，为监测试件可能出现的平面外变形，在试件中部平面外方向布置了一个位移传感器监测试验中可能出现的平面外变形，试件位移计布置及试验装置照片如图 2-11 所示。其中，试件中部位移计布置如图 2-12 所示。

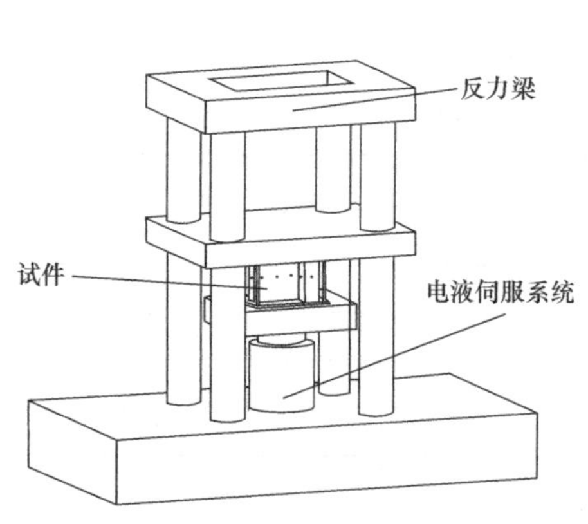

图 2-9　试验加载装置

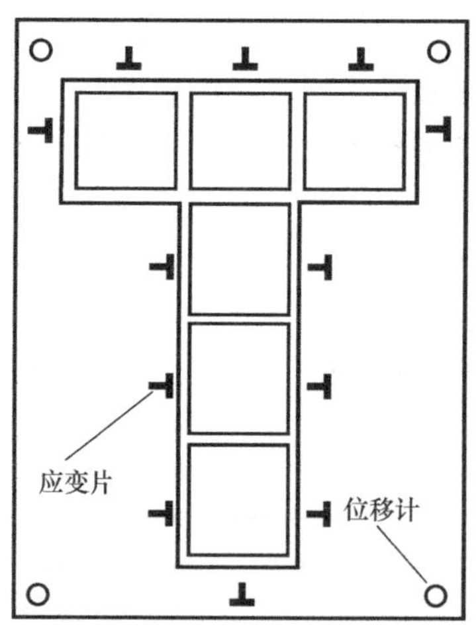

图 2-10　试验测量仪器布置

(a) 10000kN 压力机试验装置

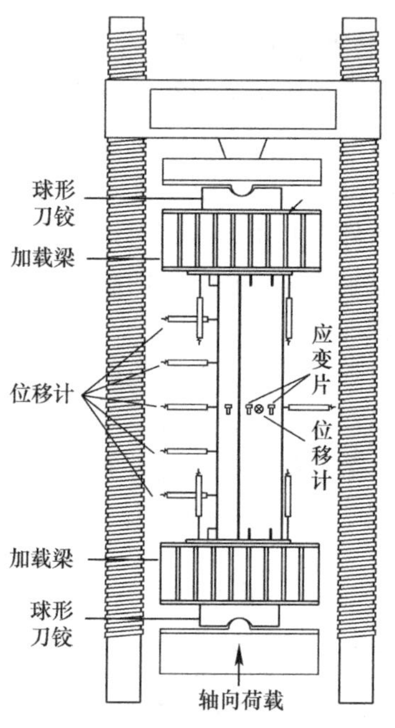

(b) 10000kN 压力机试验装置示意图

(c) 5000kN 压力机试验装置

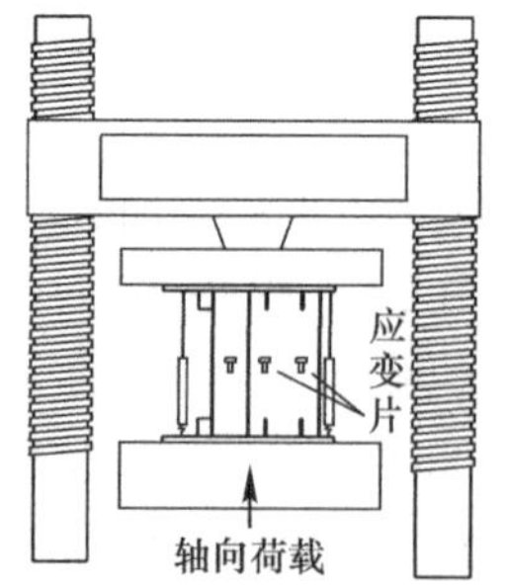

(d) 5000kN 压力机试验装置示意图

图 2-11　试验加载装置

为方便描述试件加载过程中的破坏现象，对试件各面进行编号。以试件 T3-400-a 为例，详述编号规则（图 2-13）：将试件按逆时针方向间隔 90°分为 4 个主面，并按由左至右的顺序将各主面分为 3 个（7 个）从面。例如，图中 1-2 面中的“1”表示第 1 个主面，“2”表示第 1 个主面的第 2 个从面。以下所有试件均按此规则进行编号。此外，为方便描述试件变形，将 T 形试件对称轴所在平面简称为平面内（图 2-13 中 y 轴所在平面），将 T 形试件非对称轴所在平面简称为平面外（图 2-13 中 x 轴所在平面）。

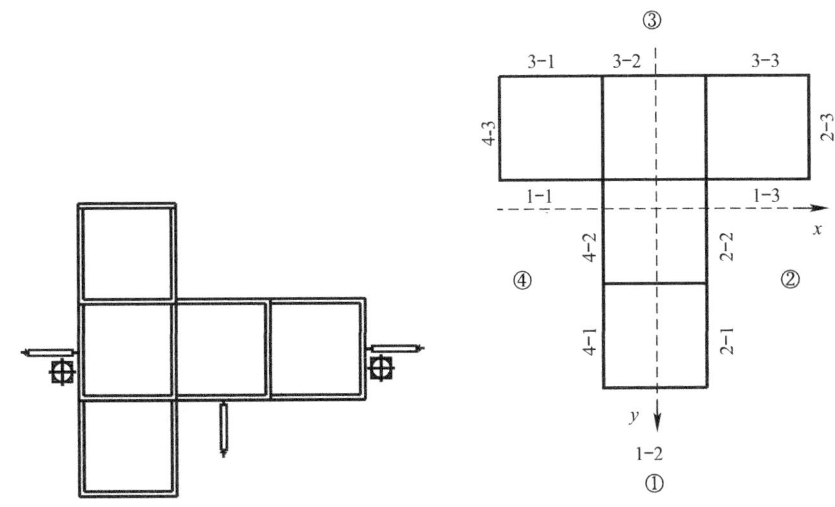

图 2-12　试件中部位移传感器布置图　　图 2-13　试件 T3-400-a 各面编号

2.3.2　加载方案

按照《混凝土结构试验方法标准》GB/T 50152—2012 的规定进行加载，试验中包括两种加载方案：单调加载和循环加载。单调加载采用分级加载方案，在加载至试件预计承载力 70%之前，以荷载为控制条件，保持 0.06MPa/s 的加载速率，每隔 300kN 持荷 1min；当加载至试件预计承载力的 70%以上时，开始以位移为控制条件，保持 10$\mu\varepsilon$/s 的加载速率；当加载至试件预计承载力以上时，开始保持匀速卸载；如试件出现大变形或者明显破坏时，停止加载；最后保持较小的速率进行匀速卸载，保存试验数据，清理试验现场。通过单调加载可以得到试件的屈服荷载 N_u 和屈服位移 Δ，可用于循环加载中。循环加载采用多次加卸载方案：第一次加载以荷载为控制条件，加载至 0.5N_u 后停止加载，持荷 1min 后卸载；第二次加载至 N_u 后停止加载，持荷 1min 后卸载；往后开始以位移为控制条件进行加载，首先加载至试件位移为 2Δ，然后卸载，再加载至试件发生位移 3Δ，往后逐次递加，每次增加 1Δ 并重复两次；直至试件发生明显破坏或承载力下降至极限承载力的 80%，停止加载。

2.4　试验现象

2.4.1　平板铰加载试件试验现象

2.4.1.1　试件 T4-300-a

在第一组试验中对于截面尺寸相同高度略有差别的两组构件，试验现象基本相同，对于单向加载和竖向循环加载的试件试验现象略有区别；以下以试件 T4-300-a 为典型试件介绍试验过程中的现象，加载前期试件的承载力随着变形的增加近似线性增长，当加载至 5900kN（91%N_u，N_u 为峰值荷载）时，试件 4-2 面沿高度方向中部应变片处（应变片在各腔体截面的中部）出现平面外约 1mm 的局部鼓曲，2-3 面应变片下方 100mm 处平面外鼓曲约 1mm；加载至峰值荷载 6450kN（N_u）时，1-2 面中部应变片处、4-3 面应变片下方 100mm 处和 2-2 面应变片下部 100mm 处出现约 1mm 的平面外局部鼓曲。试件在达到极限承载力之前变形很小，但在卸载过程中试件各个面鼓曲程度逐渐加剧，开始卸载至 6420kN 时，2-2 面和 4-3 面应变片处发生约 1mm 的局部鼓曲；卸载至 6320kN 时，3-2 面应变片下部 100mm 产生局部鼓曲，1-1 面中部和底部发生鼓曲；荷载下降至 6150kN（95%N_u）时，7 面距底部 100mm 处和 2-4 面应变片下部 50mm 处产生局部鼓曲；卸载至 6020kN 时，3-3、3-2 和 3-1 面应变片下部 25mm 处出现约 1mm 的局部鼓曲，1-2 面出现整体鼓曲的现象，底部鼓曲约 2mm；卸载至 5920kN 时，1-1 面距顶部 75mm 处产生约 1mm 的鼓曲；荷载下降至 5110kN（80%N_u）时，1-1 面顶部鼓曲约 1mm，试验停止加载。试件最后破坏现象如图 2-14 所示。

(a) 试件4面破坏后形态

(b) 试件2面破坏后形态

(c) 试件3面破坏后形态

(d) 试件1面破坏后形态

图 2-14　试件 T4-300-a 破坏形态

加载过程中仅能观察到试件外部钢管的变形情况，无法了解试件内部混凝土的形态，因此，在试验加载完成后对试件进行了钢管的剖切以观察试件内部混凝土的破坏形态。试件内部混凝土的破坏形态如图 2-15 所示，可以看出试件内部混凝土的压溃现象主要集中在试件上下端部和各个腔体的角部，腹板部分的混凝土压溃现象较翼缘明显，并且腹板与翼缘交界处的腔体内混凝土压溃现象最为显著。这说明腹板腔体承担荷载较大，钢管对混凝土的约束作用较强，并且腹板与翼缘交界处混凝土受到的约束作用最强。

(a)

(b)

图 2-15　试件 T4-300-a 剖面照

2.4.1.2　试件 T4-300-c

试件 T4-300-c 采用的是循环加载方式以研究 T 形钢管混凝土组合剪力墙在往复轴压荷载下的受力性能，其具体的试验现象如下：第一次加载至 6200kN 时，2-3 面应变片处平面外鼓曲约 1mm；加载至 6370kN 时，4-2 面应变片处鼓曲约 1mm；加载至峰值荷载 6400kN 时，2-2 面应变片处及应变片下方 50mm 处发生约 1mm 的轻微鼓曲，2-3 面和 2-4 面顶部鼓曲约 1mm；第一次卸载至 6350kN 时，1-3 面应变片上方 25mm 处、4-3 面应变片上方 50mm 处和 3 面底部鼓曲约 1mm；荷载降至 6120kN 时，3 面整个面中部及 3-2、3-1 面应变片下方 75mm 处发生约 1mm 的轻微鼓曲，2-3 面应变片下方 50mm 处鼓曲约 1mm；位移降至 9.49mm 时，1-1 面应变片上方 100mm 处鼓曲 1mm；此后，循环加卸载过程中，试件各鼓曲部位变形持续发展且在各个面出现轻微的鼓曲现象，最终试件的破坏现象如图 2-16 所示。

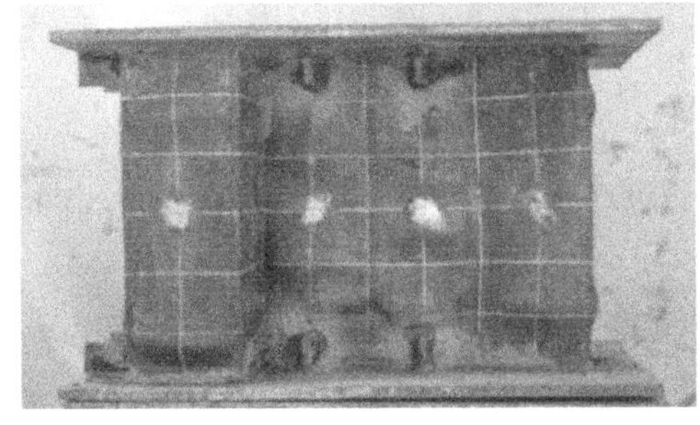

(a) 试件4面破坏后形态

(b) 试件2面破坏后形态

图 2-16　试件 T4-300-c 破坏形态

试件内部混凝土的破坏形态如图 2-17 所示，可以看出，试件在循环加载的条件下较单调加载其内部混凝土的破坏模式无明显变化，翼缘腔体混凝土的压溃集中在端部，腹板腔体混凝土压溃，则有从端部向试件中部发展的趋势。

(a)

(b)

图 2-17 试件 T4-300-c 剖面照

2.4.1.3 试件 T7-400-a

图 2-18 和图 2-19 为试件 T7-400-a 的破坏情况和钢板剥开后内部混凝土的破坏现象。试验荷载上升过程中试件各面钢板的鼓曲现象逐步发生，主要包括：当试验加载至 2400kN（43%N_u，N_u 为峰值荷载）和 3028kN（54%N_u）时，试件 1-3 面距顶端 50～100mm 范围内的钢板［图 2-18（a）］以及 2-7 面距顶端 50mm 处的钢板［图 2-18（c）］分别开始产生局部轻微鼓曲现象，这是由于试件内隔板未焊接至端板，外钢板在加载初期承受较大荷载，钢板在未焊接加劲肋处易出现局部鼓曲现象；当试验加载至 4639kN（84%N_u）时，试件 3-1 面距顶端 150mm 处的钢板表面出现水平滑移线，且试件 3-3 面中部和 4-1 面距顶端 150mm 处的钢板产生多波鼓曲现象［图 2-18（b）］；当试验加载至 5520kN（N_u）时，试件 2 面和 4 面的钢板出现多波鼓曲现象［图 2-18（d）］。试验荷载下降过程中试件各面钢板的鼓曲现象更加明显，当试验荷载下降至 3600kN（65%N_u）时，试件 2 面

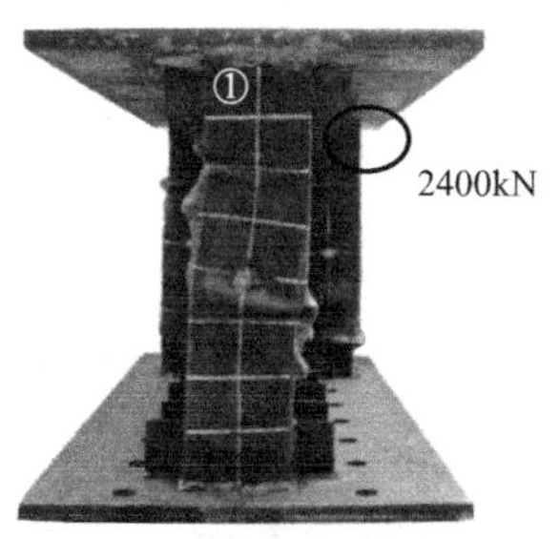

(a) 试件1面的破坏后形态

(b) 试件3面的破坏后形态

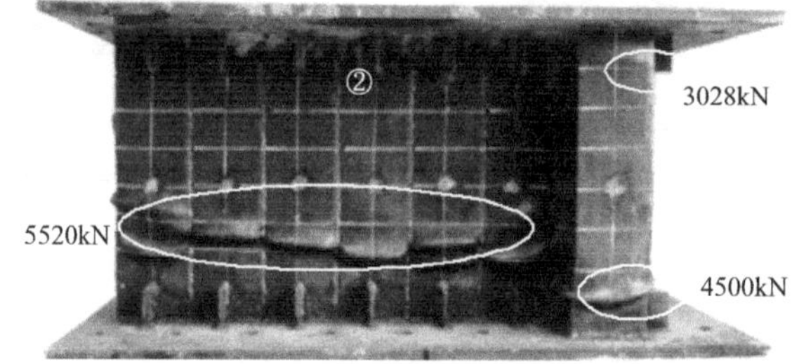

(c) 试件2面的破坏后形态

图 2-18 试件 T7-400-a 破坏现象（一）

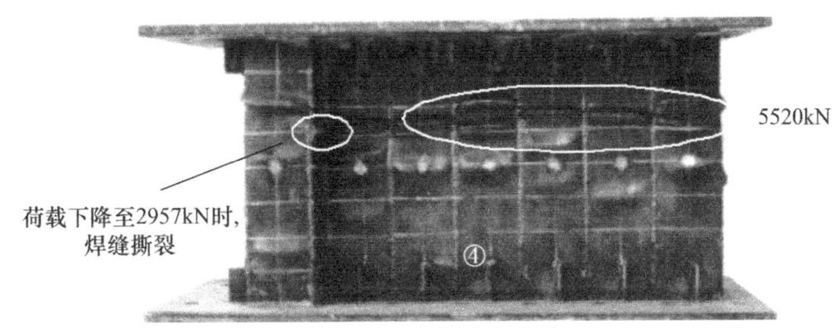

(d) 试件4面的破坏后形态

图 2-18　试件 T7-400-a 破坏现象（二）

下部钢板的鼓曲现象程度加深，发展成为连续的水平鼓曲现象，同时发出钢板鼓曲时的"滋滋"声［图 2-18（c）］；当试验荷载下降至 2957kN（53%N_u）时，4-7 面和 1-1 面交界处距顶端 150mm 处产生焊缝撕裂现象，如图 2-18（d）所示，试验停止加载。

试验结束后，观察到试件最终破坏形态为：试件 1-2 面距顶端 100mm 和距底端 100mm 处的钢板产生对称鼓曲现象；试件 2 面下部和 4 面上部的钢板产生连续的水平鼓曲现象；试件 3 面呈现多波鼓曲现象，且呈现左下至右上的阶梯状分布。将钢管剥开后，试件 3-1、3-2 和 3-3 面上部和下部的混凝土出现由左下至右上阶梯状分布的压溃现象，并且该面下部的压溃破坏程度更显著［图 2-19（a）］。试件 4-3 面距顶端 100mm 处的混凝土产生水平压溃裂缝，并且在 4-7 面和 1-1 面交界处产生焊缝撕裂的位置出现严重的混凝土压溃和混凝土剥落现象［图 2-19（b）、图 2-19（c）］；在试件 4-6 至 4-1 面上部距顶端 100mm 左右的位置，出现连续的呈水平交错状分布的混凝土局部压溃现象［图 2-19（c）］。试件腹板和翼缘均出现混凝土压溃现象，表明试件在轴向压力作用下呈全截面受压状态。

(a) 试件3面钢板剖开后的混凝土破坏情况

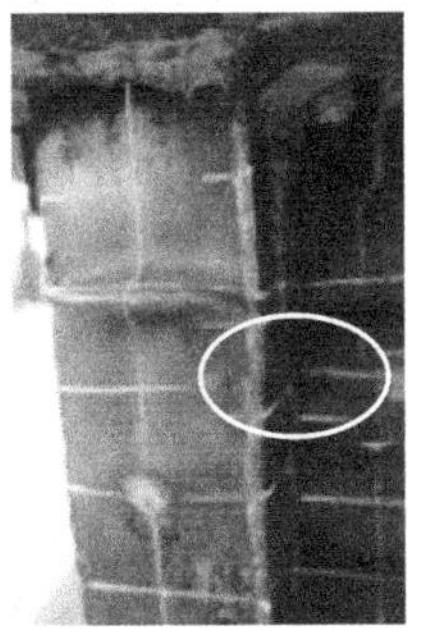

(b) 焊缝撕裂

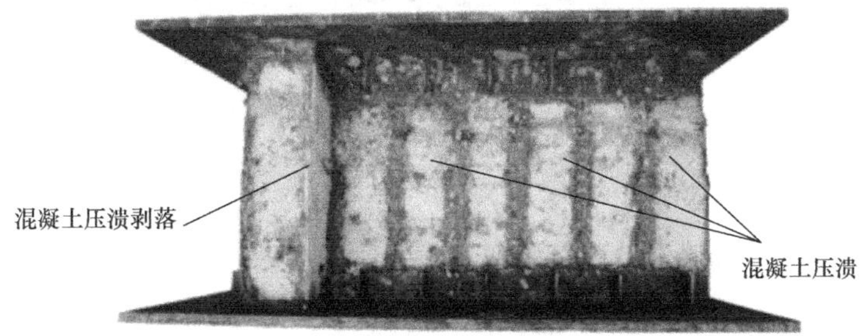

(c) 试件4面钢板剖开后的混凝土破坏情况

图 2-19　试件钢板剖开后的混凝土破坏情况

综上所述，试件 T7-400-a 翼缘和腹板均全截面受压。在弹性阶段，试件钢板未产生明显鼓曲现象；试件进入弹塑性阶段后，钢板屈服且应力不再增加，导致混凝土压应力过大而开裂膨胀，挤压钢板产生鼓曲现象。

2.4.1.4 试件 T7-400-b

对于试件 T7-400-b，其设计参数与试件 T7-400-a 一致。试件 T7-400-b 的钢板屈曲破坏模式和钢板剥开后内部混凝土破坏现象与试件 T7-400-a 相似，如图 2-20 和图 2-21 所示。

(a) 试件1面的破坏后形态

(b) 试件3面的破坏后形态

图 2-20 试件 T7-400-b 1 面与 3 面破坏现象

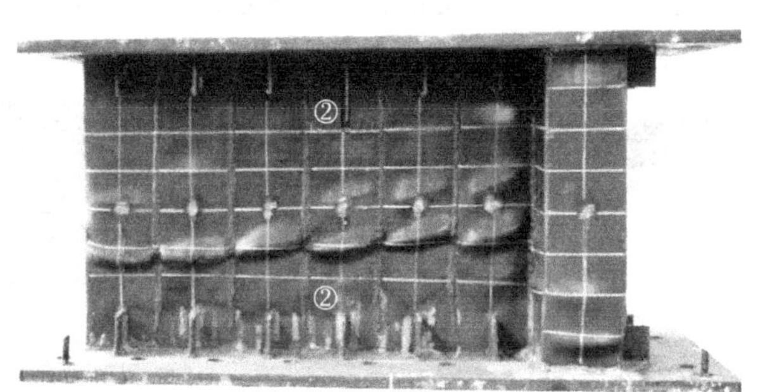

(a) 试件2面的破坏后形态

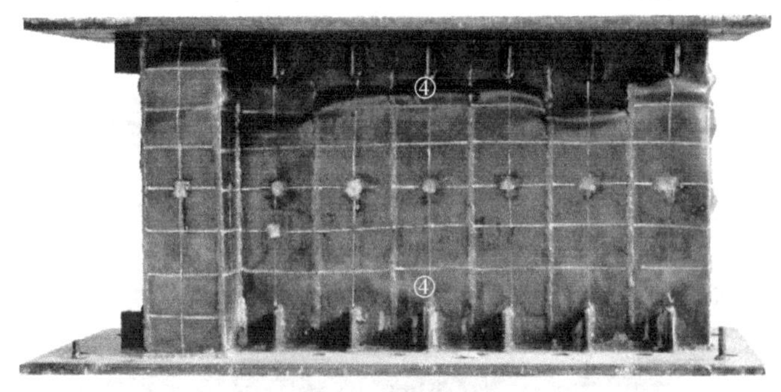

(b) 试件4面的破坏后形态

图 2-21 试件 T7-400-b 2 面与 4 面破坏现象

2.4.2　刀口铰加载试件试验现象

对于采用刀口铰加载的试件，试验现象类似，以试件 T7-1800 为例说明试验过程中出现的现象，在试验荷载达到 4327kN（N_u）之前，试件钢板表面鼓曲现象不明显，试件 2-3～2-5面和 4-2～4-5 面距顶端 300～500mm 处的钢板表面可观察到滑移线［图 2-22（a)］；当试验加载至峰值荷载 N_u 左右时，试件 4-1～4-7 面距顶端 100～500mm 处的钢板表面均出现明显的多波鼓曲现象，且鼓曲位置沿宽度方向交错出现［图 2-22（b)］。当试验荷载下降至约 80%峰值荷载时，由于压力机设备出现故障，试验停止。

试验加载结束后，观察到试件最终破坏形态为：试件 2-1 和 2-2 面距底端 300mm 处以及 2-3、2-4 和 2-5 面距顶端 400mm 处的钢板表面出现明显的滑移线；试件 4-1～4-6 面在距顶端 50～500mm 范围内均出现明显的多波鼓曲，试件 4-4 和 4-5 面距底端 500mm 处的钢板表面出现滑移线，试件 4-7 面距顶端 50mm 处的钢板产生局部鼓曲，且在距顶端 200～700mm 范围内出现显著的多波鼓曲现象。将钢管剥开后，观察到试件 4-1～4-6 面上部混凝土均出现水平方向的压溃裂缝，压溃裂缝分布位置与钢板鼓曲位置一致［图 2-22（c)］，这表明当试验加载至峰值荷载 N_u 左右时，钢板受压屈服，导致混凝土承受的压应力过大被压碎，从而挤压钢板产生鼓曲现象；由于试件 4-7 面顶端未设置加劲肋，该面端部混凝土被严重压溃；试验后期未能持续加载至试件破坏，使得试件变形较小。试件的钢板鼓曲破坏模式和钢板剥开后内部混凝土破坏现象如图 2-22 所示。

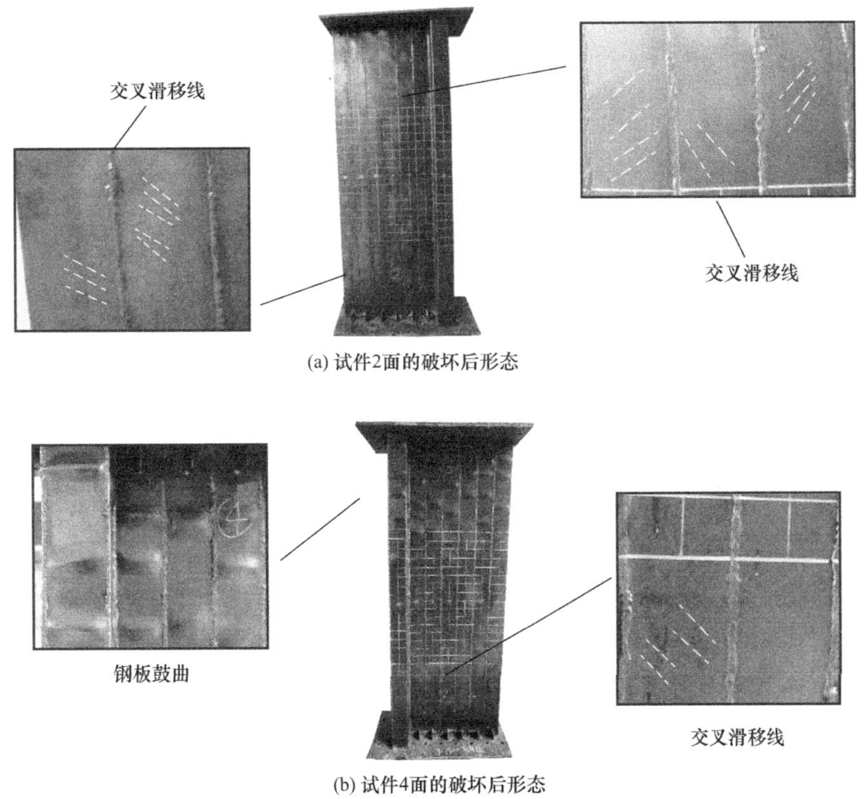

(a) 试件2面的破坏后形态

(b) 试件4面的破坏后形态

图 2-22　试件 T7-1800 的破坏现象（一）

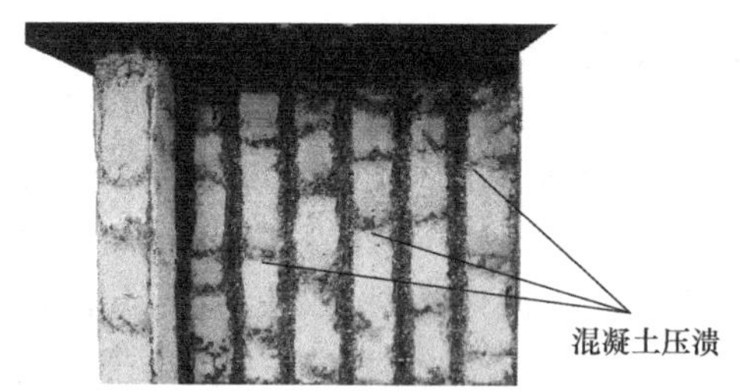

(c) 试件4面钢板剖开后的混凝土破坏情况

图 2-22　试件 T7-1800 的破坏现象（二）

综上所述，在试验荷载达到峰值荷载之前，试件 T7-1800 钢板表面出现多处交叉滑移线，表明钢板应力达到屈服强度。在轴向压力达到峰值荷载左右时，试件 T7-1800 上部钢板屈服，混凝土压应力过大而开裂膨胀，使钢板表面产生多波鼓曲现象。

2.4.3　试验结果分析

对于平板铰加载的第一批试件，试验中通过布置在试件四周的位移计测量了试件纵向变形，通过取平均值得到试件的整体位移，进而得到荷载-位移关系曲线，如图 2-23 所示。从图中可以看出，各组试件的初始刚度几乎相同，但是当荷载接近峰值荷载时及后期下降段，相同试件的力-位移曲线出现轻微差别，但总体趋势吻合较好，说明试验结果较为可靠。试件在循环轴压荷载作用下的荷载-位移关系曲线与单调加载的曲线吻合较好，加载至不同阶段加卸载曲线几乎平行，说明试件在反复轴压荷载作用下其轴压刚度几乎没有退化，试件的轴压力学性能对于滞回荷载不敏感。

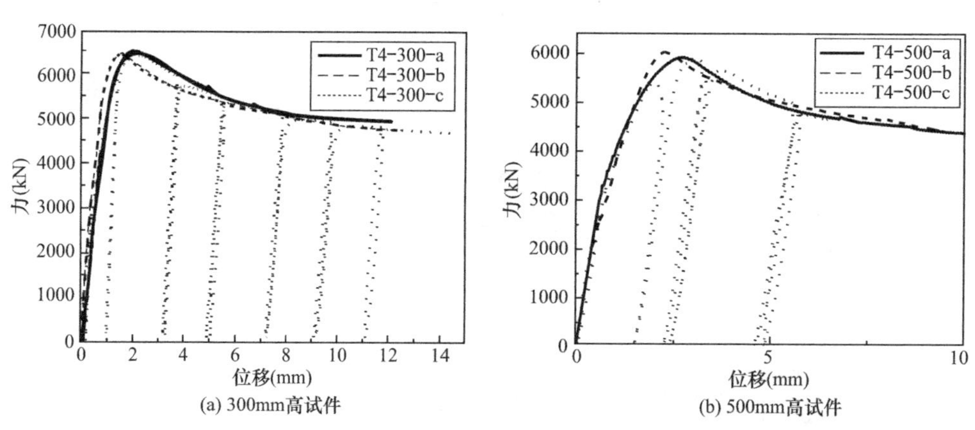

(a) 300mm高试件　　(b) 500mm高试件

图 2-23　试件的力-位移曲线

根据《混凝土结构试验方法标准》GB/T 50152—2012 给出的公式计算构件的位移延性系数，见式（2-1），其中屈服位移采用如图 2-24 所示的几何作图法确定，极限位移取加载至下降段构件承载力下降至 85%时的位移值：

$$\mu = \frac{\varepsilon_u}{\varepsilon_y} \tag{2-1}$$

式中　ε_u——极限位移；

ε_y——屈服位移。

表 2-4 给出了试件的承载力和延性，图 2-25（a）对比了 T4-300 和 T4-500 单调加载

的力-应变曲线，可以看出，随着试件高度从300mm增加至500mm，试件的刚度变化不大，极限承载力下降约8%，但是下降段变得平缓，延性提高了约60%，说明T形多腔钢管混凝土组合剪力墙的高宽比对其承载力和延性有一定的影响。图2-25（b）给出了在循环轴压荷载作用下两组试件的荷载-应变曲线，可以看出500mm高试件的曲线加卸载路径明显比300mm高的试件更加离散，且其在未达到设计循环次数之前即出现了焊缝撕裂的现象导致试验停止，分析原因可能是因为随着试件高度增加，钢管容易发生失稳现象。其在反复荷载作用下积累了塑性损伤导致局部刚度退化，发生应力重分布现象，最终导致在应力集中处出现焊缝撕裂的破坏现象。

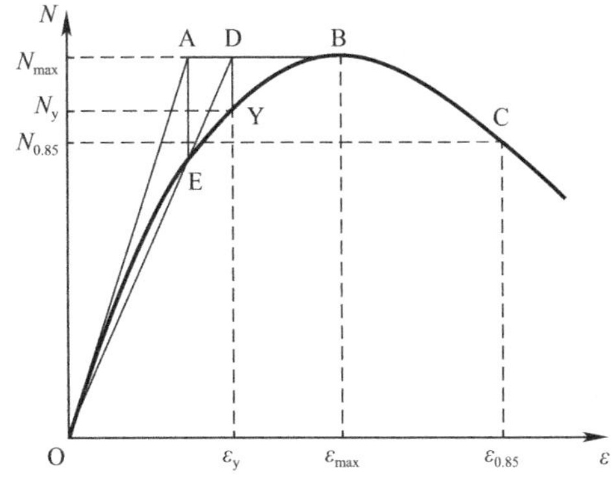

图 2-24　延性系数的确定

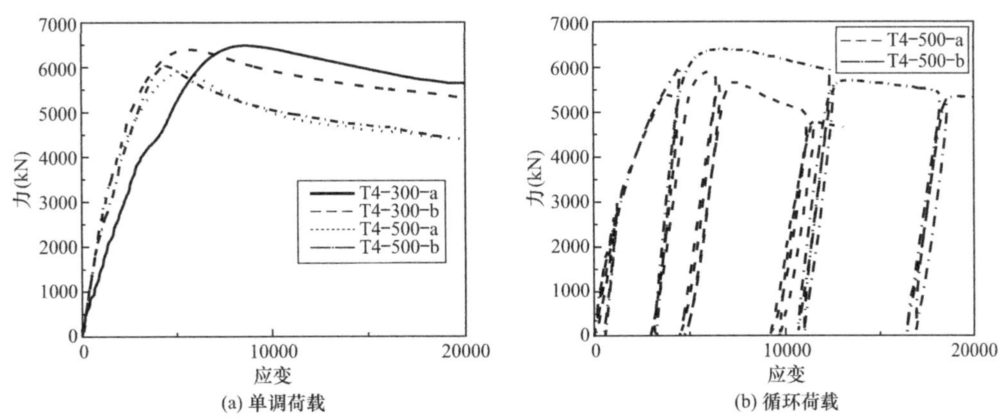

图 2-25　T4-300 和 T4-500 单调加载力-应变曲线对比

2.4.4　轴向荷载-纵向变形关系全曲线

截面中部设置的应变片测得是试件中部钢管的局部变形，测量范围有限，为从整体上反映轴压构件的受力性能，试验中采用位移计测得试件上下加载板之间的相对变形，参考文献［1］的相关建议，综合考虑两种测量方法的优缺点和试件的变形特点，在试验加载初期，试件变形处于弹性阶段，应变片测量数值可以较准确反映试件的整体变形；随着荷载的增加，试件纵向变形增大，此时应变片已不能较准确反映试件整体纵向变形，此阶段试件的纵向平均变形采用位移计测得纵向位移除以试件高度换算得到，对于轴压短构件来说由于结构整体挠曲变形可以忽略，因此这种处理方法较为合适。基于此，T形组合箱形钢板剪力墙的轴向荷载（N）-应变（ε）关系曲线如图2-26所示。

根据轴向荷载（N）-应变（ε）关系曲线可以得到试件的各项轴压力学性能指标，具体数值见表2-4。其中，峰值荷载N_u为荷载-应变关系曲线峰值点，即试件极限承载力；屈服荷载N_y和延性系数DI通过几何作图法得到。

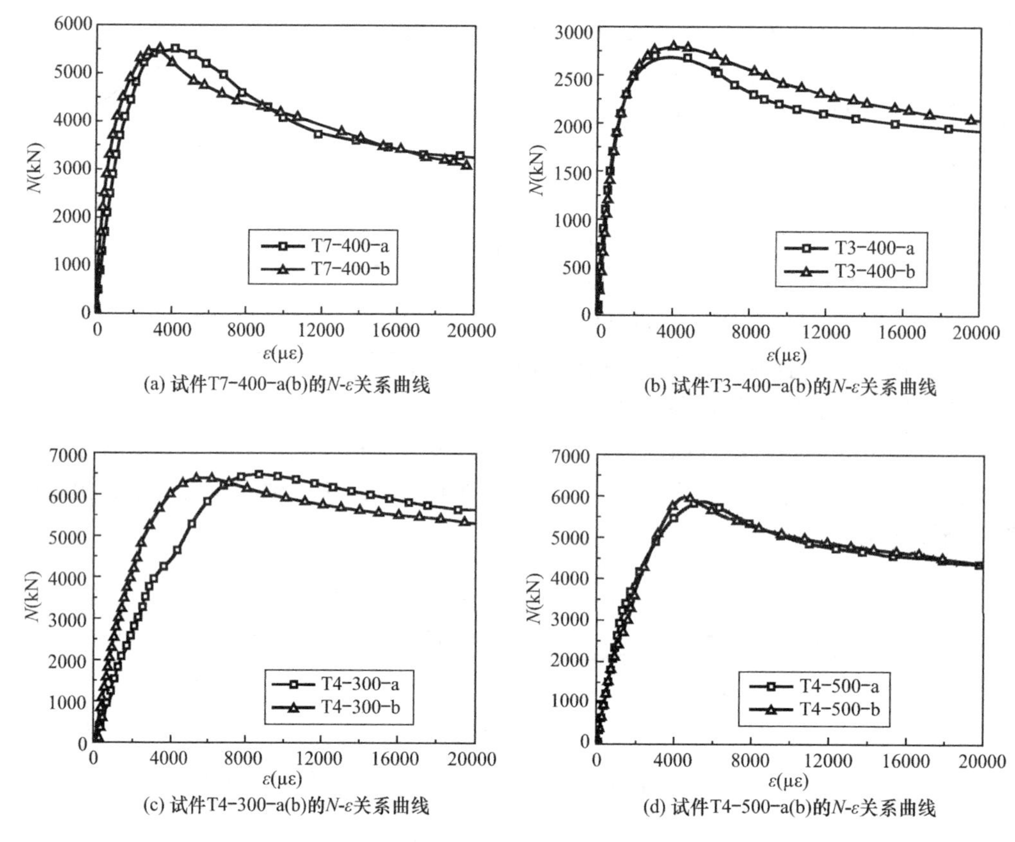

(a) 试件T7-400-a(b)的N-ε关系曲线

(b) 试件T3-400-a(b)的N-ε关系曲线

(c) 试件T4-300-a(b)的N-ε关系曲线

(d) 试件T4-500-a(b)的N-ε关系曲线

图 2-26 轴向荷载（N)-应变（ε）关系曲线

试件力学性能指标 **表 2-4**

序号	试件编号	截面高厚比 l/t_w	试件高宽比 H/B	峰值荷载 N_u(kN)	屈服荷载 N_y(kN)	N_y/N_u	延性系数 DI	轴压刚度 EA($\times10^6$kN)
1	T7-400	7	0.57	5515	4717	0.81	3.51	3.68
2	T3-400	3	1.33	2759	2356	0.86	5.70	2.27
3	T4-300	4	0.75	6460	5724	0.88	5.20	2.39
4	T4-500	5	1.25	5986	5233	0.87	3.35	2.40

注：试件 T7-400 和 T3-400 的各项力学性能指标分别为同组两个相同参数试件的平均值。

2.4.5 试验参数分析

2.4.5.1 截面高厚比影响

本书试验设计了 3 和 7 两种截面高厚比，通过比较相同高度（h）试件的荷载（N)-应变（ε）关系全曲线及其反映的各项力学性能指标，分析不同截面高厚比（l/t_w）对 T 形组合箱形钢板剪力墙轴压力学性能的影响，如图 2-27 所示。

随截面高厚比的增加，组合作用对构件承载力的提高幅度逐渐增大。与材料强度简单叠加得到的构件承载力相比，试件 T7-400 和 T3-400 承载力分别提高了 8%和 3%，表明随截面高厚比的增大，钢板腔体对内部混凝土的约束作用逐渐增强，对试件承载力的增幅也逐渐增大。结合表 2-4 可知，试件的延性随截面高厚比的增大而降低。例如，与试件 T3-400 相比，试件 T7-400 延性系数降低了 38%，试件的轴向荷载（N)-应变（ε）关系曲线在下降段也更陡［图 2-27（a）］，但试件 T7-1800 与 T3-1800 延性系数相差不大，仅相差 3%，这是由于试件高度增加引起的二阶效应改变了试件的破坏模式，试件高度减弱了截面高厚比对构件延性的影响。此外，结合表 2-4 可知，截面高厚比越大，试件轴压刚度和承载力越高。例如，对于高度为 400mm 的试件，当截面高厚比由 3 增至 7 时，试件的轴压刚度和承载力分别提高了 62%和 99%［图 2-27（a）］。该提高幅度与高度为 1800mm 的试件相近，与 T3-1800 试件相比，T7-1800 试件的轴压刚度和承载力分别提高了 62%和 93%［图 2-27（b）］。这是由于随着截面高厚比增大，试件横截面面积增加，轴压刚度和承载力均增大。

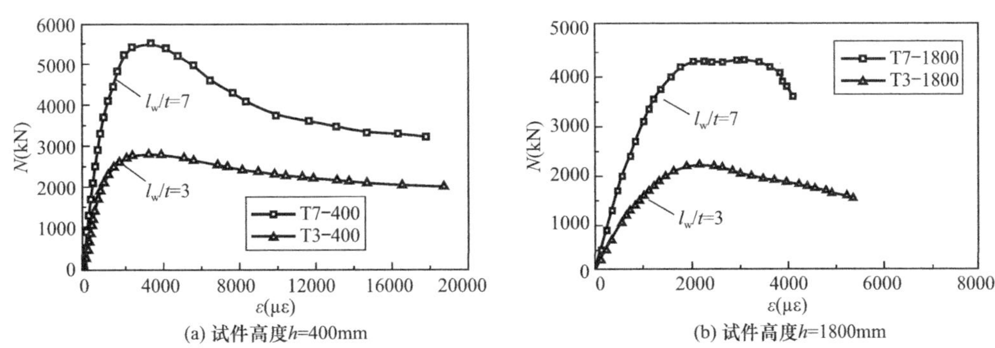

图 2-27　不同截面高厚比试件的轴向荷载（N）-应变（ε）关系曲线对比

2.4.5.2　试件高宽比影响

本书试验设计了 0.57、1.33、2.57、4.00 和 6.00 这 5 种试件高宽比（h/l），通过比较相同截面高厚比试件的荷载（N）-应变（ε）关系全曲线及其反映的各项力学性能指标，分析试件高宽比对试件轴压力学性能的影响，如图 2-28 所示。结合表 2-4 可知，对于截面高厚比为 7 的试件，试件高宽比越大，承载力越低，延性越差，但试件轴压刚度基本无变化。例如，与 T7-1800 相比，试件 T7-400 高宽比由 0.57 增至 2.57，承载力和延性系数分别降低了 22%和 25%，轴压刚度不变。从图 2-28（a）中也可以看出，试件 T7-400 与 T7-1800 在弹性阶段的轴向荷载（N）-应变（ε）关系全曲线基本重合，进入弹塑性阶段后，与试件 T7-400 相比，试件 T7-1800 的曲线上升幅度比试件 T7-400 小，且下降段的荷载降低速度也较快。这是由于试件 T7-400 与 T7-1800 截面尺寸相同，轴压刚度基本无变化；

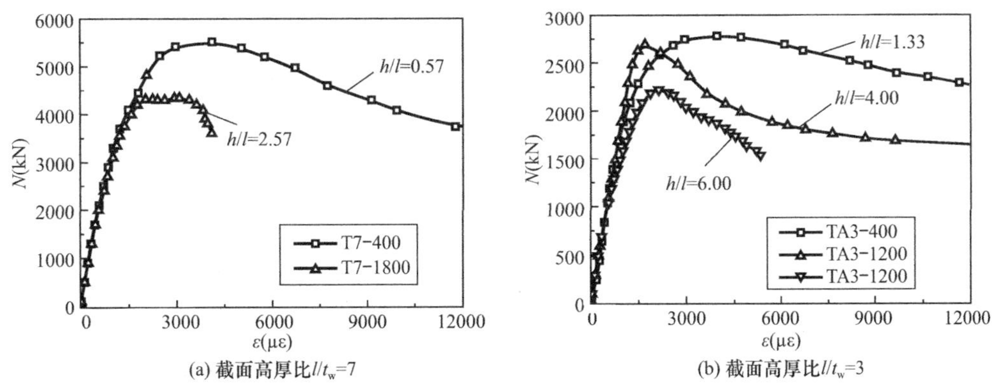

图 2-28　不同高宽比试件的轴向荷载（N）-应变（ε）关系曲线对比

随着试件高宽比的增大，试件破坏模式由材料破坏转变为整体稳定破坏，承载力和延性均降低。对于截面高厚比为 3 的试件，试件高宽比越大，延性越差［图 2-28（b）］。例如，与试件 T3-400 相比，试件 T3-1200 高宽比由 1.33 增至 4.00，长细比由 5 增至 14，延性系数降低了 58%。但高宽比对于上述 2 个均处于平面内受压破坏试件的轴压刚度和承载力影响较小，这是由于当试件高度未超过 1200mm 时，试件高宽比仍较小，长细比未超过 17，按文献［2］建议仍属于短柱范围内，不足以使试件发生整体稳定破坏。

2.5 有限元模型的建立

2.5.1 单元选取与网格划分

采用大型通用有限元分析软件 Abaqus 研究箱形钢板-混凝土组合剪力墙的受力性能，构件中钢板属于薄板，因此钢板选用 4 节点四边形线性缩减积分壳单元（S4R）进行模拟，为保证计算结果精确，厚度方向取 5 个高斯积分点；核心混凝土选取 8 节点六面体线性减缩积分实体单元（C3D8R）进行模拟。

2.5.2 单元界面接触类型

模型中，钢板与混凝土界面接触性能采用面面接触（Surface to surface contact）模拟，切线方向的摩擦公式选择库仑摩擦模型的罚函数，主要控制参数包括：摩擦系数 μ 和临界剪应力 τ_{bond}。其中，摩擦系数 μ 取为 0.3。临界剪应力 τ_{bond} 取为 0.55MPa，选取“硬接触（Hard contact)”作为法线方向的接触类型。

2.5.3 边界条件

当试件高度较小且不产生整体失稳破坏时，限制该类试件有限元模型底端 x、y 和 z 这 3 个方向的位移和绕 3 个轴的转角，同时限制有限元模型顶端 x 和 y 两个水平方向的位移以及绕 x、y 和 z 这 3 个轴的转角。对于高度较大的试件，由于要考虑整体稳定的影响，试件的梁端的便捷条件是限制底端 x、y 和 z 这 3 个轴的位移以及绕 y 和 z 轴的转角。

2.5.4 初始缺陷

多腔钢管在加工制作和运输安装的过程中，钢板表面会不可避免的产生凹陷、鼓曲等初始缺陷，导致钢板在轴向受力过程中可能出现局部屈曲，从而影响试件的承载力和破坏模式。为进一步精确模拟构件的实际受力性能，在模型中考虑了钢板的初始几何缺陷，首先计算多腔钢管在相同边界条件下的一阶屈曲模态，初始几何缺陷的大小取试件整体高度的 1/1000，然后按照一定比例将一阶屈曲模态的变形施加到试件上。

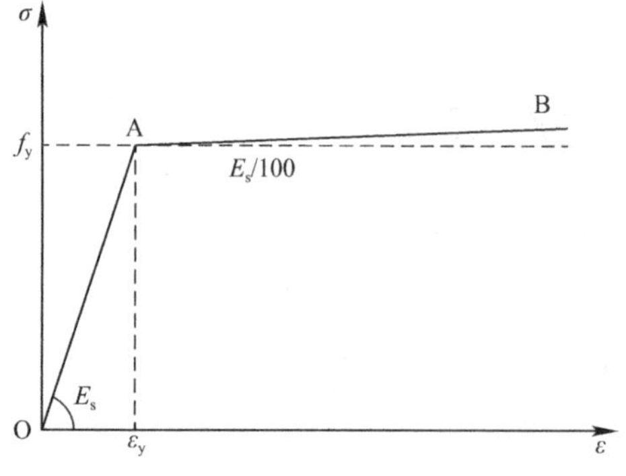

图 2-29 钢材应力-应变关系曲线

2.5.5 材料本构关系的选取

2.5.5.1 钢材应力-应变关系

在有限元模型中，假定钢材各向同性，且钢材满足 Von-Mises 屈服准则，钢材应力-应变关系采用双折线模型，该模型包括弹性段和强化段，钢材典型应力-应变关系曲线如图 2-29 所示。

（1）弹性阶段

此阶段随应变 ε 的增大，钢材应力 σ 呈线性增长，表达式如下所示：

$$\sigma = E_s\varepsilon \quad (\sigma \leqslant f_y) \tag{2-2}$$

式中　f_y——钢材屈服强度（MPa）；

　　E_s——钢材弹性模量（MPa）。

（2）强化阶段

与弹性阶段相比，此阶段随应变 ε 的增大，钢材应力 σ 增长较缓，钢材的切线模量取为 $E_s/100$，表达式如下所示。

$$\sigma = f_y + \frac{E_s}{100}(\varepsilon - \varepsilon_y) \quad (\sigma > f_y) \tag{2-3}$$

式中　ε_y——钢材屈服点对应的屈服应变，$\varepsilon_y = f_y/E_s$。

2.5.5.2　混凝土应力-应变关系

Abaqus 有限元软件提供了脆性裂缝模型（Brittle crack）、弥散裂缝模型（Smeared crack）和塑性损伤模型（Plasticity damage）这 3 种混凝土本构模型。本文选取塑性损伤模型进行模拟，该模型可以较准确地模拟混凝土开裂和压碎时的脆性性能。已有研究表明，部分学者采用 ABAQUS 有限元软件模拟分析构件力学性能时，采用素混凝土单轴应力-应变关系[3]，但在 T 形组合箱形钢板剪力墙模型中，核心混凝土受到多腔钢管的约束作用，处于三向受压状态。塑性损伤模型对混凝土三向受压时的塑性变形估计偏低，不能较好地模拟约束效应对钢-混凝土组合构件的核心混凝土峰值应变和延性的影响[4]。因此，考虑到多腔钢管对内部混凝土的约束作用，需对混凝土单轴应力-应变关系进行修正，本书选取文献［5］推荐的混凝土单轴应力-应变关系对试件进行有限元分析。

文献［5］推荐的混凝土单轴应力-应变关系，在比较混凝土塑性损伤模型控制参数对钢管混凝土应力-应变关系曲线影响规律的基础上，修正了素混凝土单轴应力-应变关系的峰值应变和下降段，可较好地解决塑性损伤模型分析三向受压混凝土时塑性变形估计偏低的问题，其中单轴受压应力-应变关系的具体表达式如式（2-4）～式(2-13）所示。

$$\sigma_c = \begin{cases} \dfrac{A \cdot X + C \cdot X^2}{1 + (A-2)X + (C+1)X^2} f'_c & 0 < \varepsilon_c < \varepsilon_{c0} \\ f'_c & \varepsilon_{c0} \leqslant \varepsilon_c < \varepsilon_{cc} \\ f_r + (f'_c - f_r)\exp\left[-\left(\dfrac{\varepsilon_c - \varepsilon_{cc}}{\alpha}\right)^{\beta}\right] & \varepsilon_c > \varepsilon_{cc} \end{cases} \tag{2-4}$$

$$A = \frac{E_c\varepsilon_{c0}}{f'_c} \tag{2-5}$$

$$X = \frac{\varepsilon_c}{\varepsilon_{c0}} \tag{2-6}$$

$$\varepsilon_{c0} = 0.00076 + \sqrt{(0.626 f'_c - 4.33) \times 10^{-7}} \tag{2-7}$$

$$C = \frac{(A-1)^2}{0.55} - 1 \tag{2-8}$$

$$f_r = 0.1 f'_c \tag{2-9}$$

$$\alpha = 0.005 + 0.0075\xi \tag{2-10}$$

$$\xi = A_s f_y / A_c f'_c$$

$$\varepsilon_{cc} = e^{\kappa}\varepsilon_{c0} \tag{2-11}$$

$$\kappa = (2.9224 - 0.00367 f'_c) \times \left(\frac{f_B}{(f'_c)}\right) \tag{2-12}$$

$$f_{\mathrm{B}}=\frac{0.25(1+0.027f_{\mathrm{y}})\cdot e^{\frac{-0.02\sqrt{B^2+D^2}}{t}}}{1+1.6e^{-10}\cdot(f_{\mathrm{c}}')^{4.8}} \tag{2-13}$$

式中 β——与腔体截面形式有关的修正系数，参考文献［5］的建议取为0.92；

B——单个腔体矩形截面的长度（mm）；

D——单个腔体矩形截面的宽度（mm）。

在文献［5］推荐的混凝土单轴应力-应变关系中，考虑内填混凝土的受拉应力-应变关系的上升段为线性增长，曲线的切线模量与混凝土弹性模量 E_{c} 相同，峰值拉应力 $f_{\mathrm{t}}=0.1f_{\mathrm{c}}'$；受拉应力-应变关系的下降段可采用混凝土断裂能 G_{F} 来描述，其中断裂能 G_{F} 的计算公式如式（2-14）所示。

$$\sigma=f_{\mathrm{y}}+\frac{E_{\mathrm{s}}}{100}(\varepsilon-\varepsilon_{\mathrm{y}})\quad(\sigma>f_{\mathrm{y}})$$

$$G_{\mathrm{F}}=(0.0469d_{\max}^2-0.5d_{\max}+26)\left(\frac{f_{\mathrm{c}}'}{10}\right)^{0.7} \tag{2-14}$$

式中 $d_{\max}$——混凝土骨料的最大直径。

2.5.6 理论分析与试验结果对比

利用上述建模方法建立有限元模型，对本书所有试件进行有限元分析，得到试验与有限元分析的轴压荷载-应变关系曲线的对比结果，如图2-30所示。由图可知，计算曲线的上升段和下降段与试验结果基本吻合，说明本书所选取的混凝土应力-应变关系均能较好

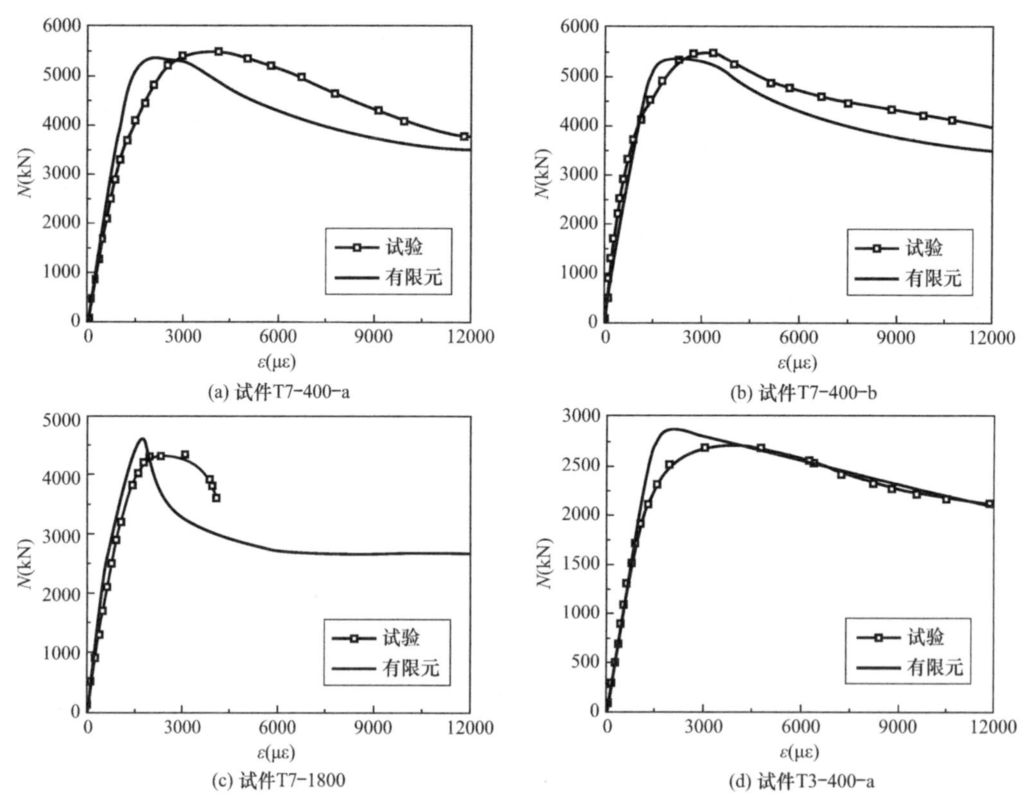

图2-30 组合柱有限元分析结果与试验结果的对比（一）

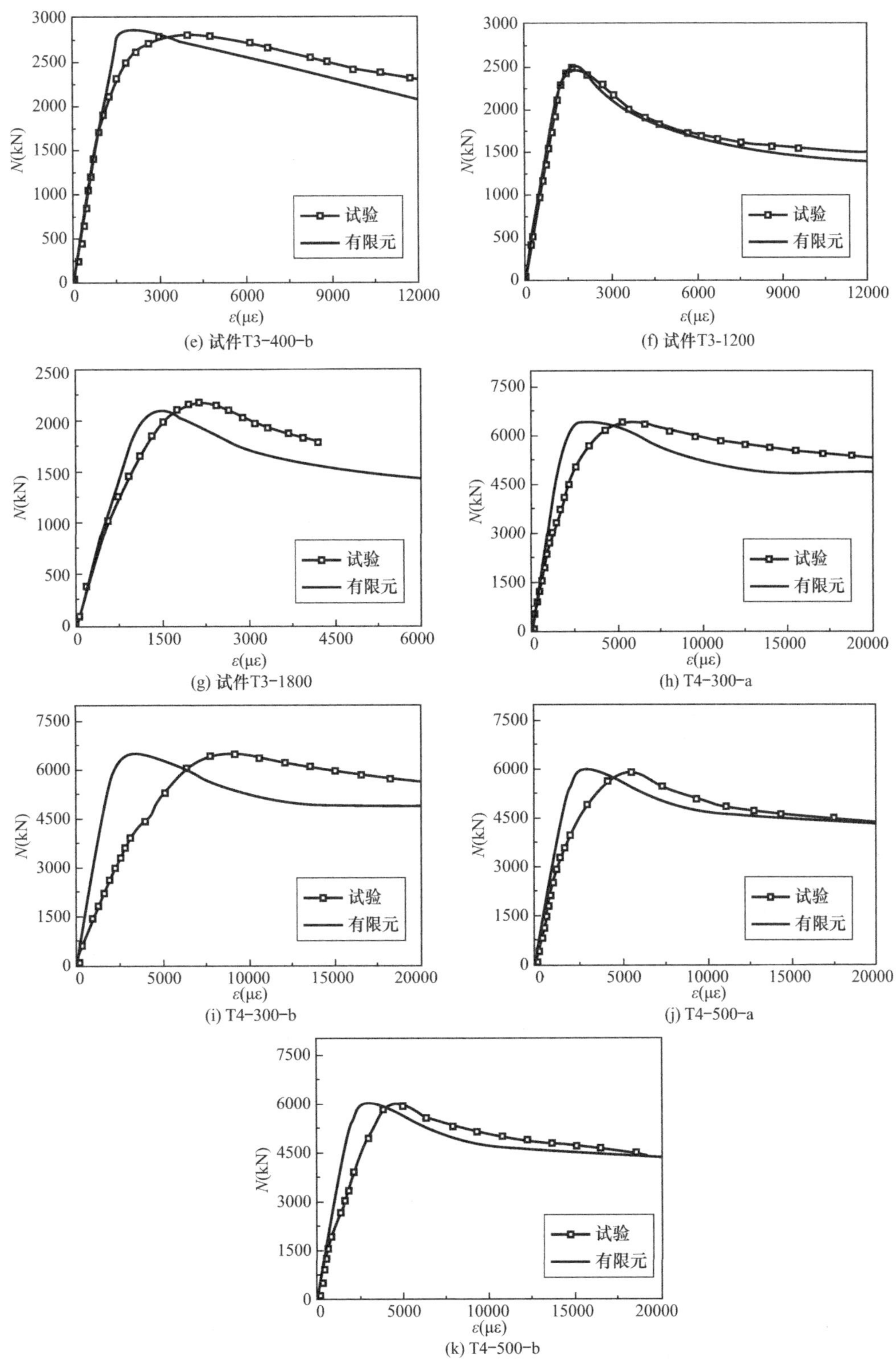

(e) 试件T3-400-b

(f) 试件T3-1200

(g) 试件T3-1800

(h) T4-300-a

(i) T4-300-b

(j) T4-500-a

(k) T4-500-b

图 2-30 组合柱有限元分析结果与试验结果的对比（二）

地体现钢板腔体对内部混凝土的约束作用。表 2-5 所示为各试件的试验承载力与有限元计算承载力的对比结果。由表 2-5 可知，其中有限元计算承载力与试验承载力之比的平均值和标准差分别为 100.7%和 0.040%。综上所述，本书采用文献［5］建议的混凝土应力-应变关系能较好地模拟箱形钢板-混凝土组合剪力墙的轴压力学性能，对比结果验证了本书所建立的 T 形组合箱形钢板剪力墙有限元模型的可靠性。

有限元与试验承载力对比结果 **表 2-5**

序号	试件编号	试验承载力 N_u(kN)	有限元计算承载力 N_e(kN) (N_e/N_u)
1	T7-400-a	5520	5362 (97%)
2	T7-400-b	5509	5362 (97%)
3	T7-1800	4346	4647 (107%)
4	T3-400-a	2717	2861 (105%)
5	T3-400-b	2800	2861 (102%)
6	T3-1200	2709	2736 (101%)
7	T3-1800	2235	2151 (96%)
8	T4-300-a	6490	6440 (99%)
9	T4-300-b	6430	6440 (100%)
10	T4-500-a	5930	5994 (101%)
11	T4-500-b	6042	5994 (99%)
12	N_e/N_u平均值	—	100.4%
13	N_e/N_u标准差	—	0.034

2.6 典型构件的轴压受力性能分析

2.6.1 变形发展过程

采用上节建立的有限元模型，分析了典型 T 形组合箱形钢板剪力墙构件的变形发展过程和轴压工作机理。典型构件的混凝土强度等级为 C50（混凝土轴心抗压强度 $f_{ck}=32.4$MPa），钢材强度等级为 Q235（$f_y=235$MPa），截面尺寸 l、b、t_w、h 和 t 分别为 700mm、300mm、100mm、400mm 和 3mm，如图 2-31 所示。图 2-32 和图 2-33 所示分别为典型构件 T7-400 的荷载-纵向平均应变关系曲线和在轴向压力作用下的变形发展过程。由图可知，T 形组合箱形钢板剪力墙构件的变形发展过程可分为以下 3 个阶段：

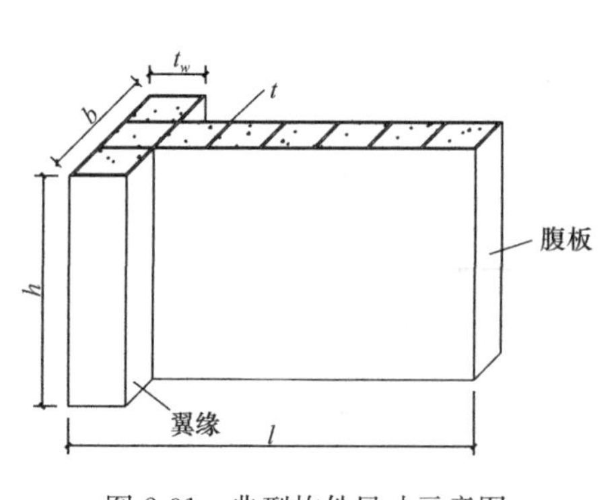

图 2-31 典型构件尺寸示意图

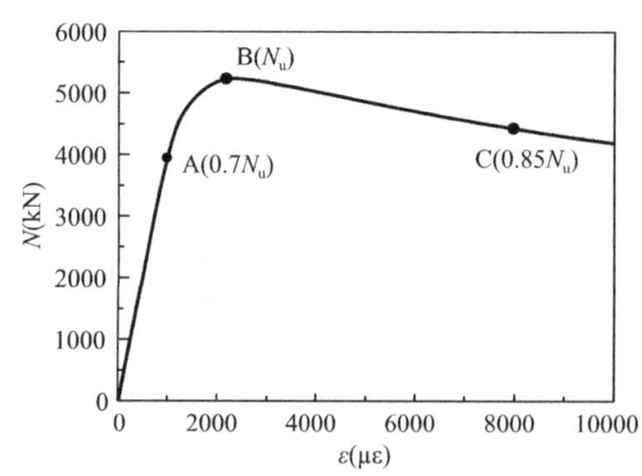

图 2-32 典型构件荷载-纵向应变关系曲线

(1) 弹性阶段 OA，在此阶段，构件的荷载-纵向应变近似呈线性关系，在轴压荷载作用下构件处于弹性受力阶段，两者接近于单向压缩状态，核心混凝土的横向变形比钢管的横向变形小，钢管和混凝土之间基本无相互作用，此阶段构件的承载力为钢管和混凝土承载的简单叠加，从典型构件的 Mises 应力云图也可以看出材料处于弹性受力状态，钢板未出现明显鼓曲变形，钢板腔体未出现鼓曲现象［图 2-33 (a)］，模拟结果与试验观察到的现象基本一致。

(2) 弹塑性阶段 AB，在此阶段，构件的荷载-纵向应变曲线的斜率开始减小，构件轴压刚度随纵向平均应变的增加而逐渐降低。核心混凝土已进入明显非线性阶段，产生微裂缝和膨胀变形，核心混凝土的横向变形增大并超过钢管的横向变形，此时多腔钢管开始约束混凝土，此类构件类似由多个矩形钢管混凝土并联而成，由于矩形钢管混凝土钢管对混凝土的约束不均匀，不同部位钢管的应力水平也存在一定差别，表现为钢构件的 Mises 应力呈现不均匀现象，荷载达到极限承载力 N_u 时，构件腹板的钢板表面沿高度方向出现多波鼓曲，如图 2-33 (b) 所示。

(3) 下降段 BC，在此阶段，承载力随纵向平均应变的增加而降低，此时构件中部的混凝土迅速膨胀，钢板在纵向压应力作用下表面的多波鼓曲现象更加明显［图 2-33 (c)］。考虑核心混凝土受到钢板腔体的约束，此阶段曲线下降较缓，构件具有较好的延性。

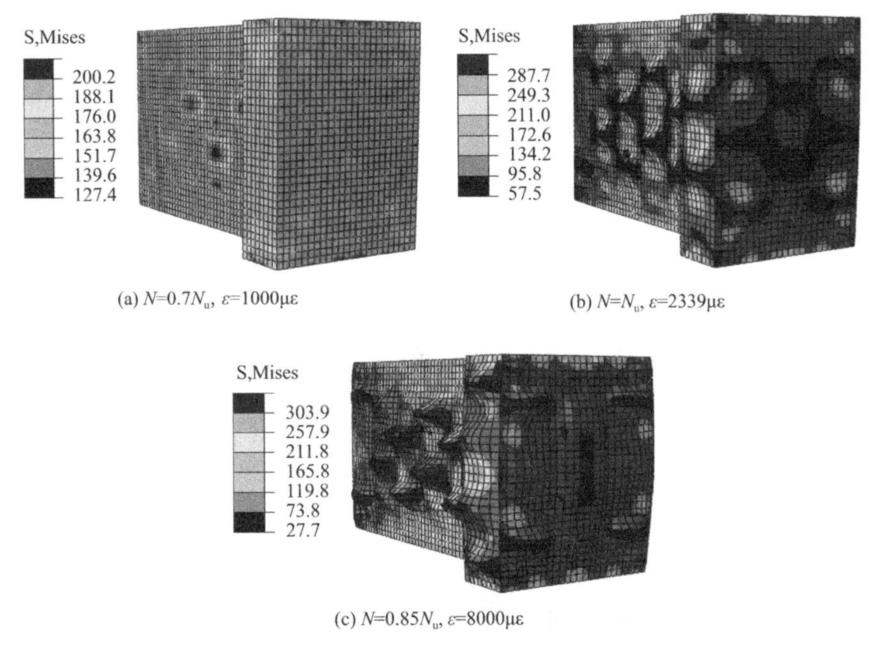

图 2-33　典型构件的变形发展过程（Mises 折算应力单位为 MPa）

2.6.2　多腔钢管与核心混凝土的相互作用

2.6.2.1　钢板腔体应力分析

图 2-34、图 2-35 和图 2-36 分别给出了多腔钢管截面各特征点的位置、构件边板中点处钢材的横向应力-应变关系曲线和边板中点处钢材的各向应力-应变关系曲线。

由图 2-35 可知，在加载初期，构件处于弹性阶段，边板中点处内表面与外表面的钢材横向应力保持一致，均接近于零；在此阶段，钢板的折算应力和纵向应力均随应变线性增加，如图 2-36 所示。由此可知，边板中部近似为单向压缩状态，横向均匀膨胀。这是由于典型构件的钢材和混凝土的泊松比分别为 0.3 和 0.2，在轴压荷载作用下，钢材在弹性阶段的横向变形大于混凝土的横向变形，钢板腔体与核心混凝土接近于“脱开”状态，两者之间基本未产生相互作用。

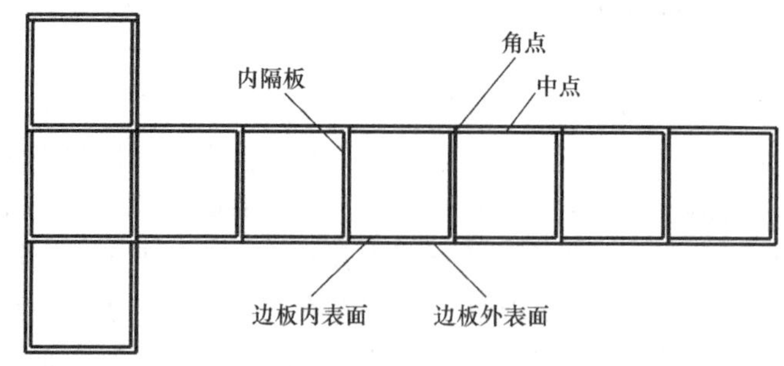

图 2-34 钢板腔体中截面特征点示意

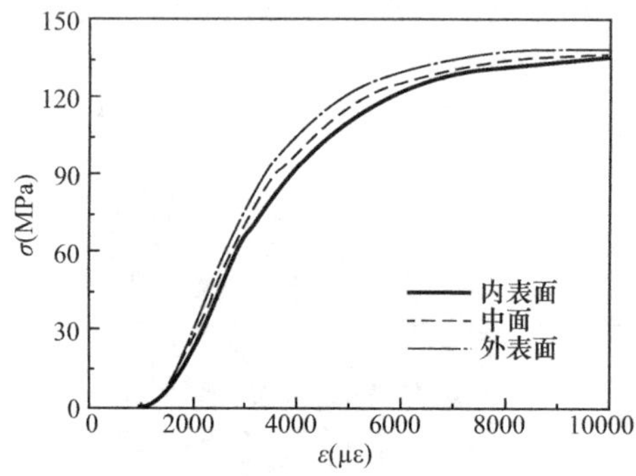

图 2-35 边板中点横向应力-应变关系曲线

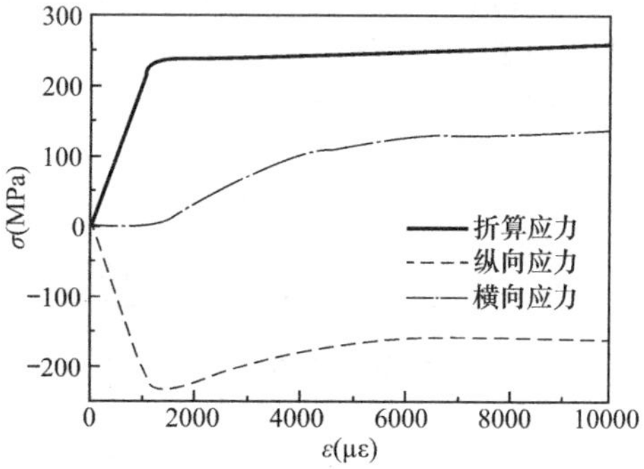

图 2-36 边板中点各向应力-应变关系曲线

当纵向应变超过 1000$\mu\varepsilon$ 左右时，由图 2-36 可以看出，边板中点开始产生横向应力，此阶段钢材的折算应力和纵向应力仍随应变逐渐增大。这是因为随着纵向应变逐渐增大，当纵向变形超过混凝土的比例极限应变后，混凝土率先进入非线性阶段，其泊松比开始逐渐增大，导致混凝土的横向变形超过钢材的横向变形，此后核心混凝土的横向变形将受到钢管约束，多腔钢管对核心混凝土产生约束作用，钢板开始产生横向应力并逐渐增大。

当纵向应变达到 1500$\mu\varepsilon$ 左右时，由图 2-35 可知，钢板内外表面的横向应力在边板中点处出现差别，外表面横向应力开始大于内表面横向应力，表明沿钢板厚度方向存在弯矩，此时钢板开始产生局部弯曲变形，如图 2-37 所示。此外，由图 2-36 可知，当纵向应变达到 1500$\mu\varepsilon$ 时，边板中点处钢板的折算应力达到钢材屈服强度 235MPa，此后随着纵向应变的增加，纵向应力开始降低，横向应力明显提高。这是由于随着纵向应变的增加，核心混凝土进入非线性阶段，同时钢板进入弹塑性阶段，二者泊松比不断增大，但与钢材的泊松比相比，混凝土泊松比的提高幅度更大，使其横向变形快速增加，钢板

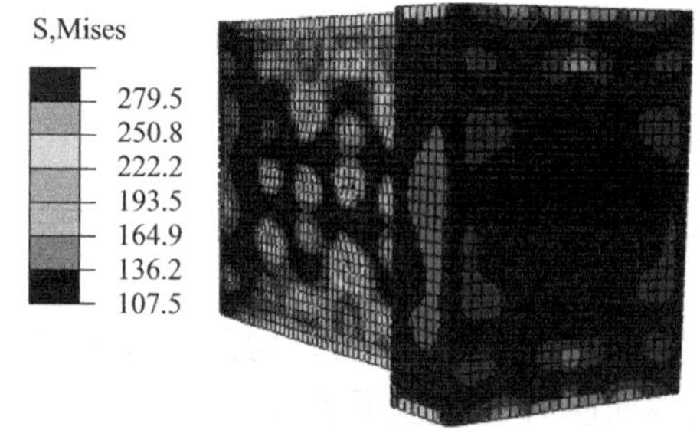

图 2-37 纵向应变达到 1500$\mu\varepsilon$ 时构件的变形特征（Mises 折算应力单位为 MPa）

腔体为限制混凝土的横向变形，对其约束作用显著增强，即钢板的横向应力明显增大；钢板屈服后服从 Von-Mises 屈服准则，由于钢板折算应力随变形增加的增幅较小，在横向应力不断增加的过程中，其纵向应力不断降低。

图 2-38 所示为纵向应变达到 1500$\mu\varepsilon$ 左右时，钢板横向应力沿边板长度方向的分布情况和钢板腔体角点附近的局部变形。由图 2-38（a）可知，边板内、外表面的横向应力在角点附近大约 1/30～1/7 腔体宽度范围内变化较大，而在其余大部分范围内基本呈等值变化，边板中面的横向应力随距离增加基本无变化；边板角点附近的钢板内表面横向应力为正值，外表面横向应力为负值，这表明边板角部内侧受拉、外侧受压，钢板厚度方向存在负弯矩；边板中点附近的钢板内表面的横向应力约为 12MPa，外表面的横向应力约为 17MPa，这表明边板中部内、外表面均受拉，钢板厚度方向存在正弯矩，使钢板沿厚度方向的拉应力分布不均匀。图 2-38（b）所示为放大 20 倍后的边板局部变形图。可以看出，边板角部基本未变形，仍保持为直角，边板中点附近出现明显的弯曲变形，与边板横向应力分布规律一致。这是因为当混凝土的横向变形超过钢材的横向变形后，核心混凝土开始挤压多腔钢管，在钢板与混凝土的交界面形成侧向压应力；边板角部刚度较大，中部刚度较小，导致侧向压应力在角点附近的作用比中点附近的作用更显著，因此角部附近的横向应力变化较大、中部较小；边板角部单元在变形过程中基本保持直角，近似固端约束，因此在混凝土侧向压力作用下，角部产生负弯矩，中部产生正弯矩，导致边板产生如图 2-38（b）所示的变形。

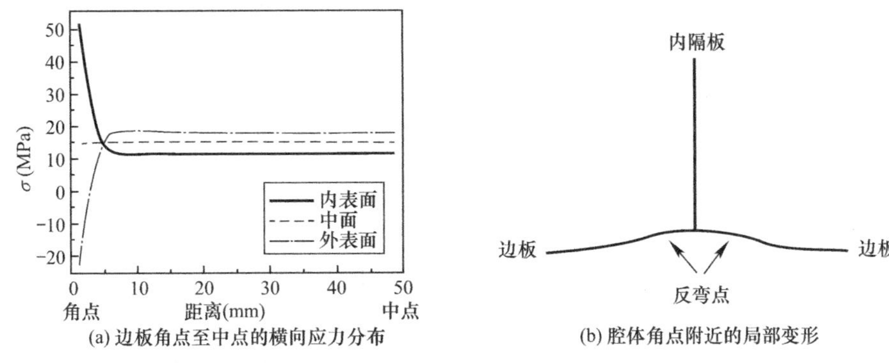

图 2-38　钢板横向应力的分布和腔体角点附近的局部变形

2.6.2.2　构件钢板腔体与混凝土承担荷载的变化规律

T 形组合箱形钢板剪力墙典型构件的荷载-应变关系曲线如图 2-39 所示，图中 A、B、C 三个特征点对应的数据如表 2-6 所示，分别对应构件由弹性段进入弹塑性段（ε=1000$\mu\varepsilon$）、钢材达到屈服（ε=1500$\mu\varepsilon$）以及构件达到峰值荷载时（ε=2339$\mu\varepsilon$）的受力状态。具体分析如下：

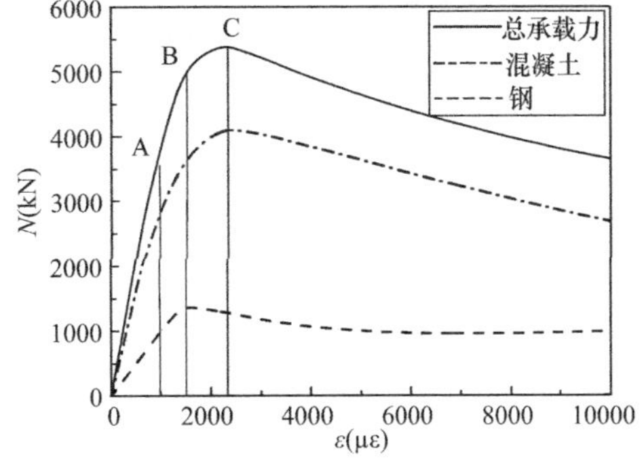

图 2-39　典型构件荷载-应变关系曲线

在加载前期，构件处于弹性阶段，构件总荷载与纵向应变呈线性关系。当纵向应变达到 1000$\mu\varepsilon$ 左右时，钢板腔体与混凝土承担荷载分别为总荷载的 26%和 74%，混凝土处于弹塑性阶段，构件荷载-应变曲线的斜率开始减小，荷载随应变增加的上升速度变缓。

典型构件荷载-应变关系曲线特征点　　表 2-6

序号	纵向应变	钢板腔体承担荷载 N_s(kN)	核心混凝土承担荷载 N_c(kN)	构件总荷载 N(kN)
A	1000με	1025 (26%)	2921 (74%)	3947
B	1500με	1371 (27%)	3670 (73%)	5042
C	2339με	1281 (23%)	4108 (77%)	5390

注：括号内百分比指各部件承担荷载与相应总荷载的比值。

当纵向应变增加至 1500με 左右时，钢板腔体与混凝土承担荷载分别为总荷载的 27%和 73%，钢板的纵向应力达到屈服强度，由于混凝土的横向变形受到钢板的限制，钢板腔体与混凝土之间产生明显的紧箍力，此后钢板横向应力的增加导致其纵向应力逐渐减小，钢板腔体的荷载-应变关系曲线开始出现下降段。值得注意的是，此时构件所承担的总荷载并未减小，这是由于钢板腔体对混凝土的约束作用提高了混凝土的承载能力，弥补了钢板腔体所承担荷载的减小，使构件总荷载-应变曲线仍呈上升状态。

当纵向应变达到 2339με 时，钢板腔体与混凝土承担荷载分别为总荷载的 23%和 77%，这表明此阶段钢板腔体承担的荷载不断向核心混凝土转移，产生了内力重分布。此时，钢板腔体与核心混凝土所承担的纵向压力之和达到最大，构件荷载-应变关系曲线达到峰值，核心混凝土也达到破坏状态，弹塑性段结束。随后，由于钢板抗弯刚度较小，难以抵抗混凝土的开裂膨胀，混凝土所承担的荷载开始减小，构件的总承载力曲线也开始出现下降段。

2.6.3　核心混凝土应力分布规律

图 2-40 所示为构件荷载达到不同承载力时的横截面纵向应力分布云图。为方便描述 T 形组合箱形钢板剪力墙典型构件的核心混凝土的应力分布规律，对构件各腔体进行编号，如图 2-40（a）所示。在相同应变条件下，比较核心混凝土的纵向应力与素混凝土单轴抗压强

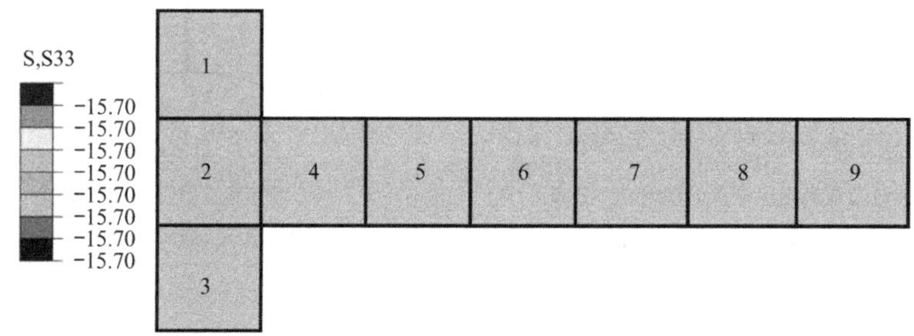

(a) 荷载达到50%N_u

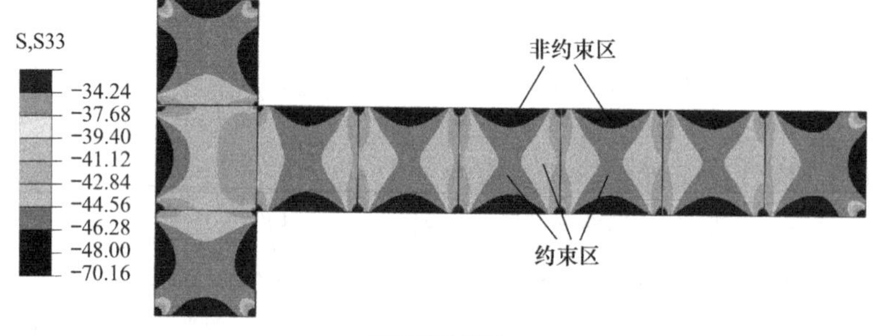

(b) 荷载达到N_u

图 2-40　核心混凝土纵向应力分布云图（纵向应力 S33 单位为 MPa）（一）

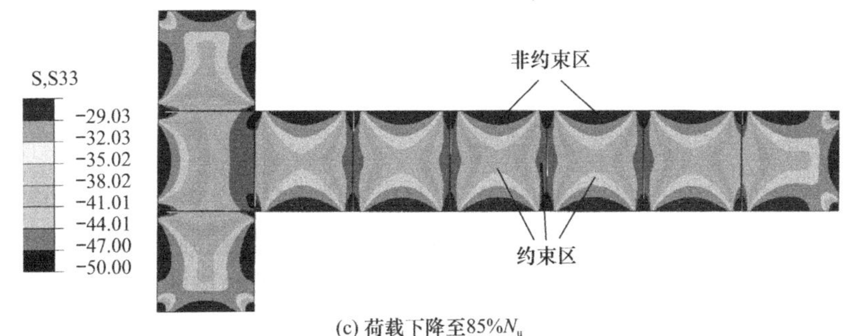

(c) 荷载下降至85%N_u

图 2-40　核心混凝土纵向应力分布云图（纵向应力 S33 单位为 MPa）（二）

度之间的差别，将核心混凝土纵向应力提高幅度较大的区域称为约束区，两者基本相等的区域称为非约束区。在有限元分析模型中，混凝土应力-应变关系中所输入的强度为混凝土圆柱体抗压强度，故后文会对比混凝土纵向应力与混凝土圆柱体抗压强度之间的差异。

2.6.3.1　整体应力变化过程

随着轴向荷载的不断增加，T 形组合箱形钢板剪力墙典型构件的核心混凝土纵向应力分布云图呈现出不同的状态，如图 2-40 所示（图中 S33 为核心混凝土纵向应力）。由图 2-40（a）可知，当轴压荷载达到约 50%N_u（N_u 为承载力）时，核心混凝土纵向应力均匀分布，各腔体应力分布完全一致。这是由于在加载初期，构件处于弹性阶段，钢板腔体与核心混凝土近似为“脱开”状态，基本未产生相互作用。

由图 2-40（b）可以看出，当轴压荷载达到 N_u时，核心混凝土的纵向应力在各腔体角部区域以及相邻腔体混凝土交界处附近较大，腔体中心区域次之，边部中点附近最小。具体而言，1 号、3 号和 9 号腔体的混凝土纵向应力分布规律相近，约束区主要分布在角部区域、腔体中心以及混凝土相邻的一侧；4～8 号腔体约束区主要分布在混凝土相邻的两侧边和腔体中心区域；与其他腔体相比，2 号腔体约束区面积占比最大，相应的非约束区面积较小。这是由于随纵向应变的增加，混凝土进入弹塑性阶段后，横向变形不断增大，钢板腔体对核心混凝土产生不均匀的约束作用；方形钢板腔体的角部变形小、边板中部变形大，导致钢板腔体角部处的侧向压应力比边板中部大，因此各腔体角部均存在约束区，且该处混凝土纵向应力较大；核心混凝土产生横向变形时，各相邻腔体混凝土互相挤压，在交界处产生较大的侧向压应力，导致内隔板附近也存在约束区，如 2 号与 4 号腔体、5 号和 6 号腔体等。与素混凝土圆柱体单轴抗压强度相比，约束区混凝土的纵向应力提高了约 10%，非约束区提高了约 0.1%，约束区提高幅度远大于非约束区。

通过图 2-40（c）可以看出，当轴压荷载下降至 85%N_u 时，核心混凝土纵向应力的分布规律与图 2-40（b）相近，即腔体角部区域、相邻腔体混凝土交界处附近和腔体中心区域较大，边板中部附近较小。值得注意的是，与图 2-40（b）不同，1 号、3 号和 9 号腔体的混凝土的非约束区面积减小。这是由于在加载后期，方形钢板腔体的角部变形接近于“弧形”，角部对混凝土的约束作用范围扩大。相邻腔体混凝土交界处附近的混凝土一直处于围压状态，即使在加载后期，该区域混凝土纵向应力仍保持较高的增幅，使构件在变形过大时仍保持一定的承载力，具有较好的延性。

综上所述，由于钢板腔体对核心混凝土的非均匀约束作用，T 形组合箱形钢板剪力墙典型构件的核心混凝土纵向应力分布规律与腔体的边界条件有关。根据各腔体的应力分布规律和边界条件，本书将各腔体进行分类并命名：1 号、3 号和 9 号腔体称为三边自由腔体、4～8 号腔体称为两边自由腔体、2 号腔体称为一边自由腔体。下文依次对 3 种腔体的应力分布规律进行具体分析和研究。

2.6.3.2 三边自由腔体应力分布规律

图 2-41 所示为荷载达到构件承载力时三边自由腔体的混凝土纵向应力分布云图。可以看出，混凝土约束区主要集中在角部区域以及相邻腔体混凝土交界处附近，非约束区主要分布于三个自由边的中部。

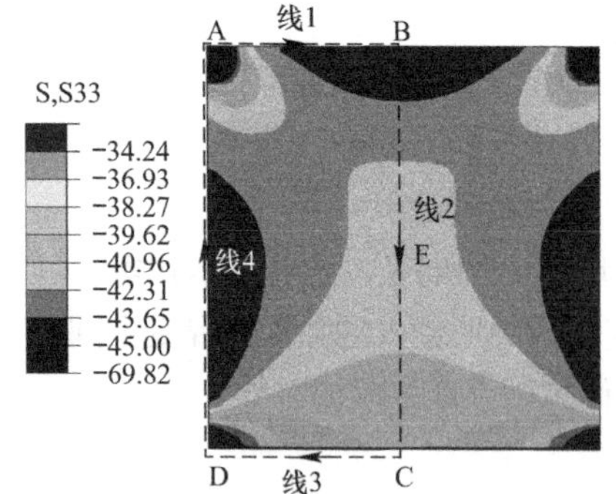

图 2-41 三边自由腔体纵向应力分布云图（纵向应力 S33 单位为 MPa）

图 2-42 所示为在不同构件荷载下，三边自由腔体中部截面上 4 条特征线上的纵向应力分布结果，其中箭头方向为横坐标的方向。由图 2-42 可知，当构件荷载达到 50%N_u（N_u 为承载力）时，混凝土纵向应力沿各线均无变化，表明核心混凝土未受到约束作用；当构件荷载达到 80%N_u 时，混凝土纵向应力沿各线变化均较小；当构件荷载达到 N_u 时，由于钢板腔体对核心混凝土的约束作用逐渐增强且约束作用呈现不均匀分布，混凝土的纵向应力沿各特征线上的分布变化较大。以下具体分析当构件荷载达到 N_u 时的混凝土纵向应力分布规律。

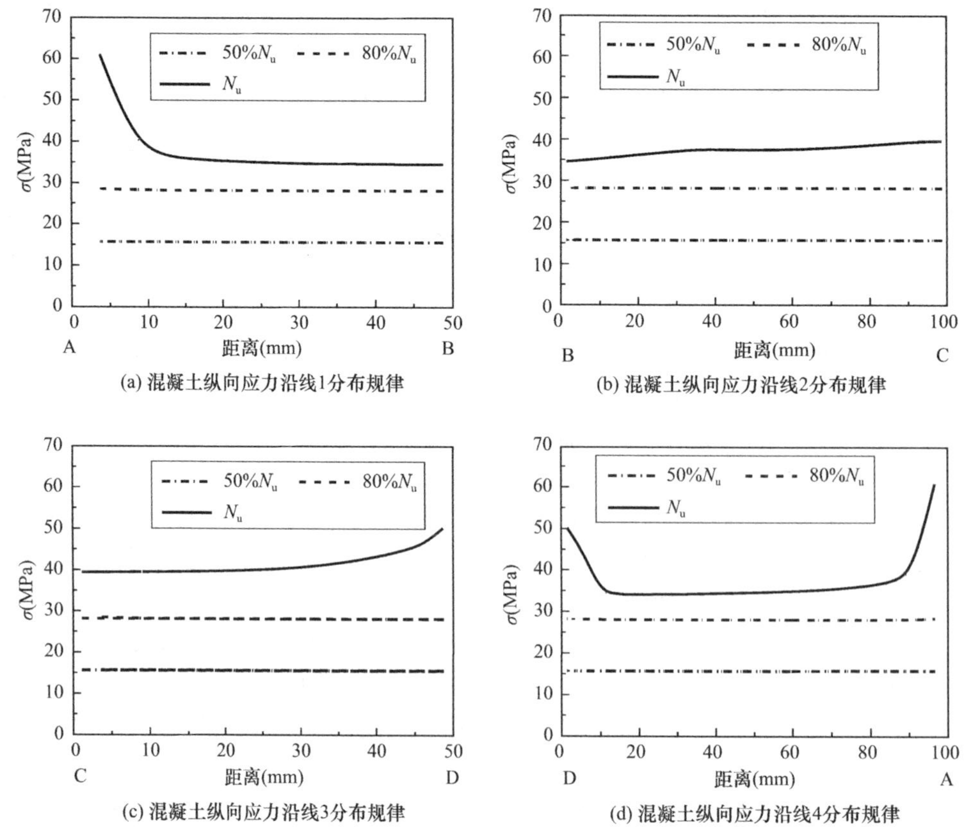

图 2-42 三边自由腔体截面特征点应力分布曲线

由图 2-42（a）可知，混凝土的纵向应力在 A 点较大，并沿线 1 迅速减小，随后趋于平稳。这是由于钢板腔体角部不易变形，约束作用较强，对混凝土承载力的提高幅度较大，但影响范围较小，使混凝土纵向应力在角部附近变化较大。腔体边板中部刚度较小，约束作用较弱，混凝土的承载能力基本未得到提高，其纵向应力与素混凝土抗压强度相近。由图 2-42（b）可以看出，纵向应力沿线 2 逐渐增大，在 C 点处达到最大值。这是由于腔体中心 E 点处的混凝土所受约束作用较边缘 B 点处强，而 C 点处的混凝土由于受到相邻腔体的挤压作用，该处混凝土所受到的约束作用最强，该处纵向应力与素混凝土圆柱体单轴抗压强度相比，提高了约 14%。通过图 2-42（c）可以看出，混凝土纵向应力沿线 3 逐渐增大，在腔体角部 D 点达到最大值，与线 1 的分布规律相似，但沿线 3 的纵向应力平均值较线 1 平均值大。由图 2-42（d）可知，纵向应力沿线 4 先减小，趋于平稳后逐渐增大，在 A 点达到最大值，且纵向应力在角部 A 点和 D 点附近变化较大。这是由于线 4 中部约束作用较弱，而角部 A 点和 D 点约束作用较强。综上所述，核心混凝土在角部及相邻腔体交界处提高幅度最大，腔体中心次之，边缘中部最弱。

2.6.3.3　两边自由腔体应力分布规律

当构件达到峰值荷载时，两边自由腔体的混凝土纵向应力分布云图如图 2-43 所示。从图 2-43 中可以看出，混凝土约束区主要集中在相邻腔体混凝土交界处和腔体中心，非约束区主要集中在两侧自由边中部。

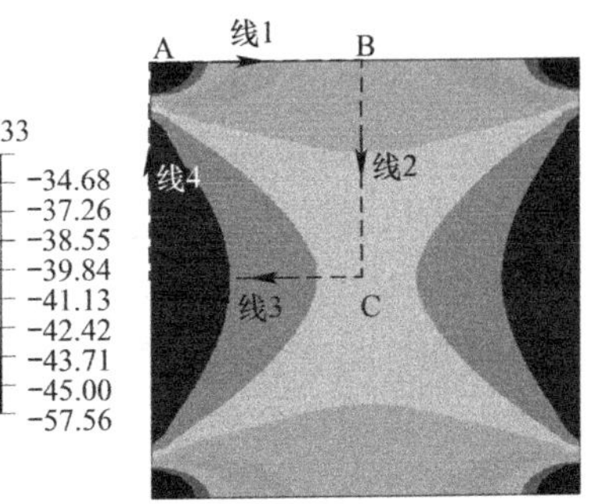

图 2-43　两边自由腔体纵向应力分布云图（纵向应力 S33 单位为 MPa）

图 2-44 所示为在不同构件荷载下，两边自由腔体的中部截面上纵向应力分别沿线 1、2、3 和 4 的分布规律。比较构件荷载分别达到 50%N_u、80%N_u 和 N_u 时两边自由腔体的混凝土纵向应力沿各线变化情况可知，随纵向应变的增加，纵向应力沿各特征线的变化逐渐增大，与三边自由腔体的混凝土应力发展过程相似。

当构件荷载达到承载力 N_u 时，由图 2-44（a）可知，混凝土的纵向应力沿线 1 逐渐减小，然后趋于平稳，并保持在较高应力水平。这是因为在相邻腔体混凝土的挤压作用下，混凝土的纵向应力比其单轴抗压强度提高了约 14%。同时，钢板腔体角部对混凝土的约束

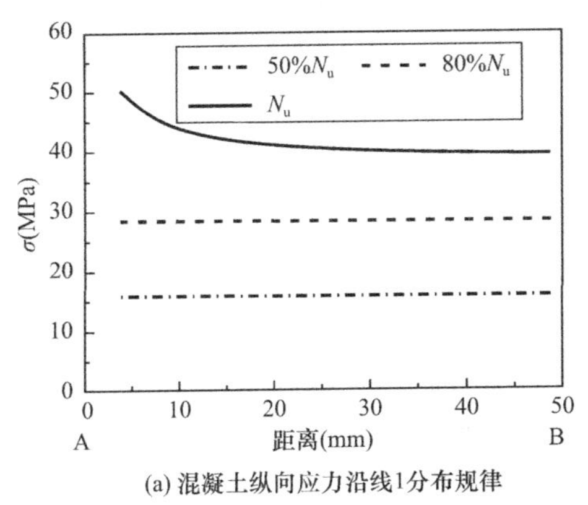

(a) 混凝土纵向应力沿线1分布规律

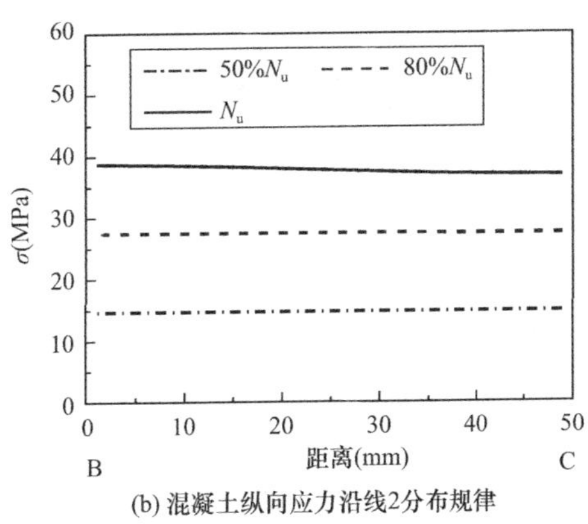

(b) 混凝土纵向应力沿线2分布规律

图 2-44　两边自由腔体截面特征点应力分布曲线（一）

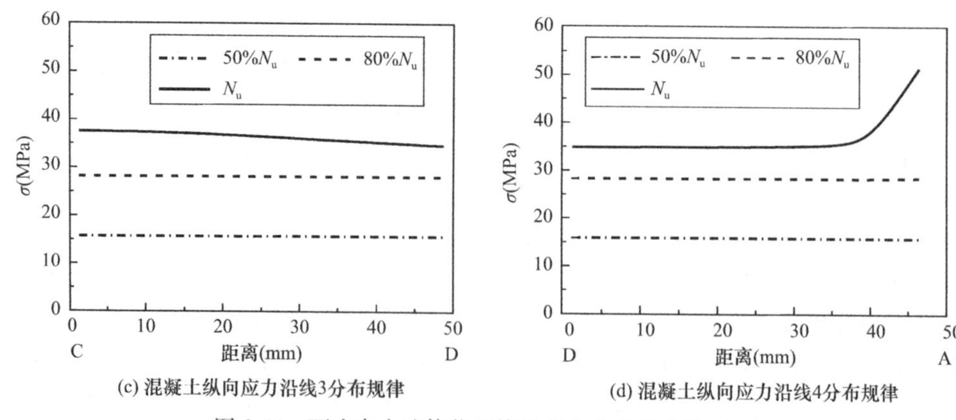

图 2-44 两边自由腔体截面特征点应力分布曲线（二）

作用较强，使得 A 点附近的纵向应力提高幅度较大。从图 2-44（b）中可以发现，混凝土纵向应力沿线 2 逐渐减小，与素混凝土圆柱体抗压强度相比，混凝土强度的提高幅度由 14%降至 12%。这是由于随着距离的增大，相邻腔体混凝土的挤压作用逐渐减小，但考虑到腔体中心混凝土受其他区域混凝土的约束作用，因此沿线 2 的纵向应力降幅不大。由图 2-44（c）可以看出，由于腔体中心 C 点处的约束作用较自由边中部 D 点处强，混凝土纵向应力沿线 3 逐渐减小，与素混凝土圆柱体抗压强度相比，混凝土纵向应力的提高幅度由 12%降至 1%。这表明约束作用沿线 3 逐渐减弱，由约束区进入了非约束区。由图 2-44（d）可知，与三边自由腔体应力分布规律相似，由于角部约束作用强，纵向应力沿线 4 逐渐增大。值得注意的是，与三边自由腔体相比，两边自由腔体混凝土的平均纵向应力较大，混凝土的承载能力更高。

2.6.3.4 一边自由腔体应力分布规律

图 2-45 所示为构件荷载达到峰值时一边自由腔体的混凝土纵向应力分布云图。由图 2-45 可知，混凝土非约束区主要集中在自由边中部，腔体其余区域全部属于约束区。

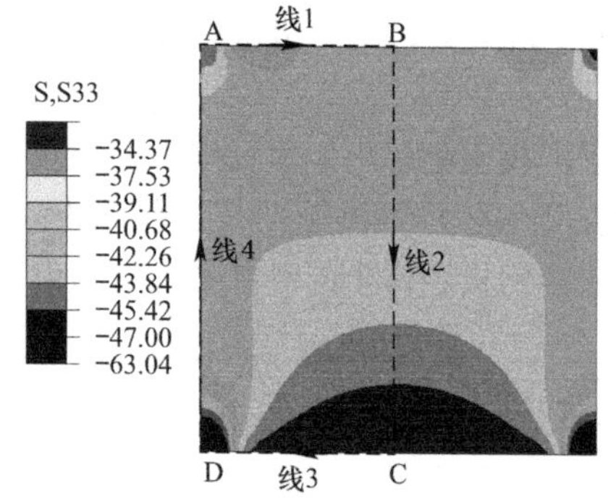

图 2-45 一边自由腔体纵向应力分布云图（纵向应力 S33 单位为 MPa）

当一边自由腔体达到不同承载力时，中部截面上沿线 1、2、3 和 4 的纵向应力分布结果如图 2-46 所示。与两边自由腔体和三边自由腔体相似，随着构件荷载由 50%N_u 增加至 N_u，混凝土纵向应力的变化逐渐增大，这表明钢板腔体对核心混凝土的约束作用逐渐增强。

当构件达到承载力 N_u 时，由图 2-46（a）可知，混凝土纵向应力在 A 点处较大，沿线 1 逐渐减小并趋于平稳。这是因为 A 点位于翼缘与腹板相交的角部，钢板对混凝土的约束作用较强。由图 2-46（b）可以看出，混凝土纵向应力沿线 2 逐渐减小，与素混凝土圆柱体抗压强度相比，混凝土纵向应力的提高幅度由 17%降至 1%，降幅较大。这表明沿线 2 钢板对混凝土的约束作用逐渐减弱且差异较大。这是由于一边自由腔体的三个侧边同时受到相邻腔体混凝土的挤压作用，而自由边一侧钢板中部抗弯刚度较小，较难抵抗混凝土横向变形，钢板对混凝土的约束作用最弱。通过图 2-46（c）可以发现，混凝土纵向应力沿线 3 逐渐上升，由于角部约束作用较强，纵向应力在角部附近突然迅速增大。由图 2-46（d）可知，混凝土纵向应力沿线 4 由 D 点附近的 53MPa（$1.50f'_c$，f'_c为混凝土圆柱体抗压强度）显著降低至 40MPa（$1.16f'_c$）左右，随后趋于平稳，并在 A 点附近增大至 45MPa（$1.25f'_c$）左右。这是由于 D 点和 A 点处于钢板刚度较大的角部，对混凝土约束作用较强，随着距离增加，钢板对混凝土的约束作用逐渐减弱。考虑到线 4 处于相邻腔体交界处，混凝土受到较强的相互挤压约束作用，因此线 4 附近大部分范围内的混凝土纵向应力相比于素混凝土抗压强度提高了 16%左右。此外，与三边自由和两边自由腔体相比，一边自由腔体的混凝土平均纵向应力最大，受到的约束作用最强，混凝土的承载能力最高。

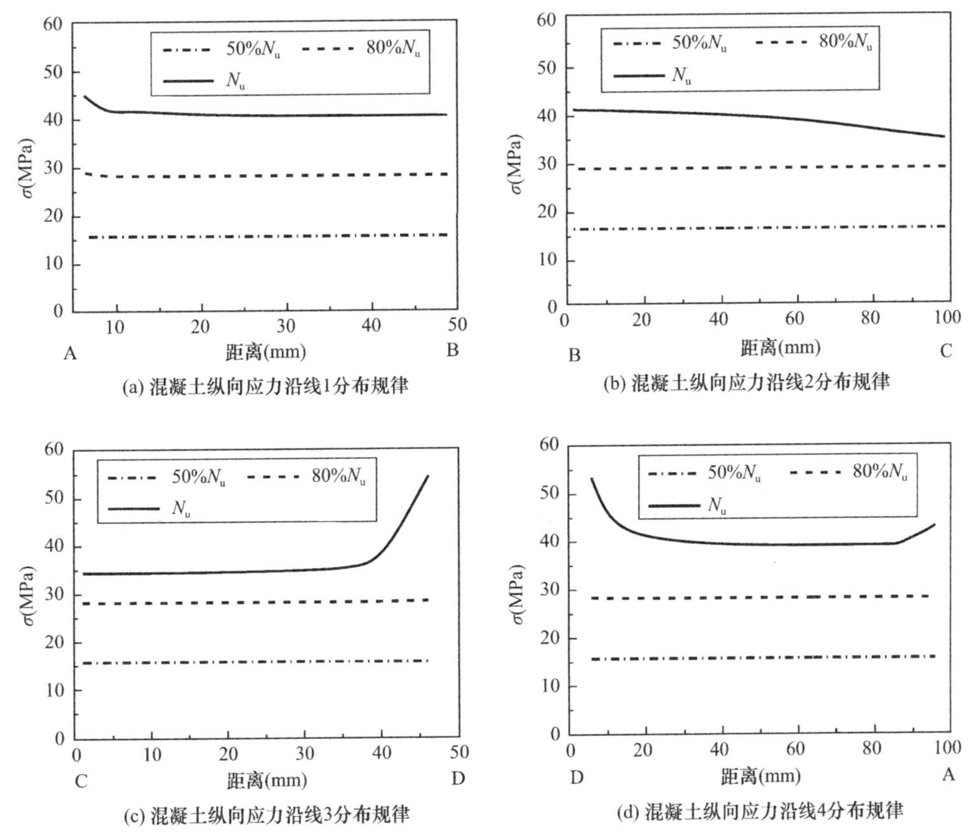

(a) 混凝土纵向应力沿线1分布规律

(b) 混凝土纵向应力沿线2分布规律

(c) 混凝土纵向应力沿线3分布规律

(d) 混凝土纵向应力沿线4分布规律

图 2-46　一边自由腔体截面特征点应力分布曲线

综上所述，由于边界条件各不相同，3 种腔体的核心混凝土纵向应力分布规律存在差异。三边自由腔体的角部与相邻腔体交界处的混凝土受到较强的约束作用，三个自由边缘中部处的约束作用较弱，与矩形钢管混凝土应力分布规律相近；两边自由腔体受到两侧相邻腔体混凝土的挤压作用，约束区主要集中在相邻腔体交界处和腔体中心，非约束区分布在两侧自由边缘的中部，与三边自由腔体相比，混凝土约束区的面积占比较大；一边自由腔体由于三边都受到相邻腔体混凝土挤压作用，混凝土受到的约束作用最强，仅在自由边缘中部处存在非约束区；随着构件荷载的逐渐增大，纵向应力沿各特征线的变化也越大，这表明随着纵向应变的增加，钢板腔体对混凝土的约束作用不断增强，非约束区与约束区的混凝土纵向应力差异加大。

2.7 组合箱形钢板剪力墙轴压力学性能参数分析

截面高厚比（l/t_w）、混凝土强度（f_{cu}）、钢材屈服强度（f_y）、多腔钢管截面面积（A_s）和混凝土面积（A_c）是影响T形组合箱形钢板剪力墙轴压力学性能的重要参数，这5个参数可进一步简化为4个参数，即l/t_w、f_{cu}、f_y、α，其中α为构件含钢率，$\alpha=A_s/A_c$。以下分析了截面高厚比、混凝土强度、钢材屈服强度和含钢率对构件在轴向压力作用下力学性能的影响。各参数的具体取值包括：截面高厚比（l/t_w）分别为4、5、6、7和8；核心混凝土强度等级分别为C30、C40、C50和C60；钢材屈服强度等级分别为Q235、Q345和Q390；通过改变钢板厚度得到不同的截面含钢率，即钢板厚度分别为2mm、2.5mm、3mm和4mm，相应的含钢率α分别为0.063、0.078、0.094和0.125。在参数分析中，标准构件的截面高厚比、核心混凝土强度等级、钢材屈服强度和含钢率分别为6、C50、Q235和0.094。上述拟开展的参数分析可为后续公式回归提供一定的依据。

2.7.1 截面高厚比的影响

图2-47和图2-48分别分析了不同截面高厚比（l/t_w）对核心混凝土强度等级为C30、C40、C50和C60的构件轴力-纵向应变关系曲线及其归一化曲线的影响。其中，构件轴力-纵向应变归一化关系曲线中的N_u和ε_u分别为峰值荷载及其对应的峰值应变。分析时，各构件的钢材屈服强度等级为Q235，含钢率为0.094（钢板厚度为3mm），截面高厚比分别为4、5、6、7和8。

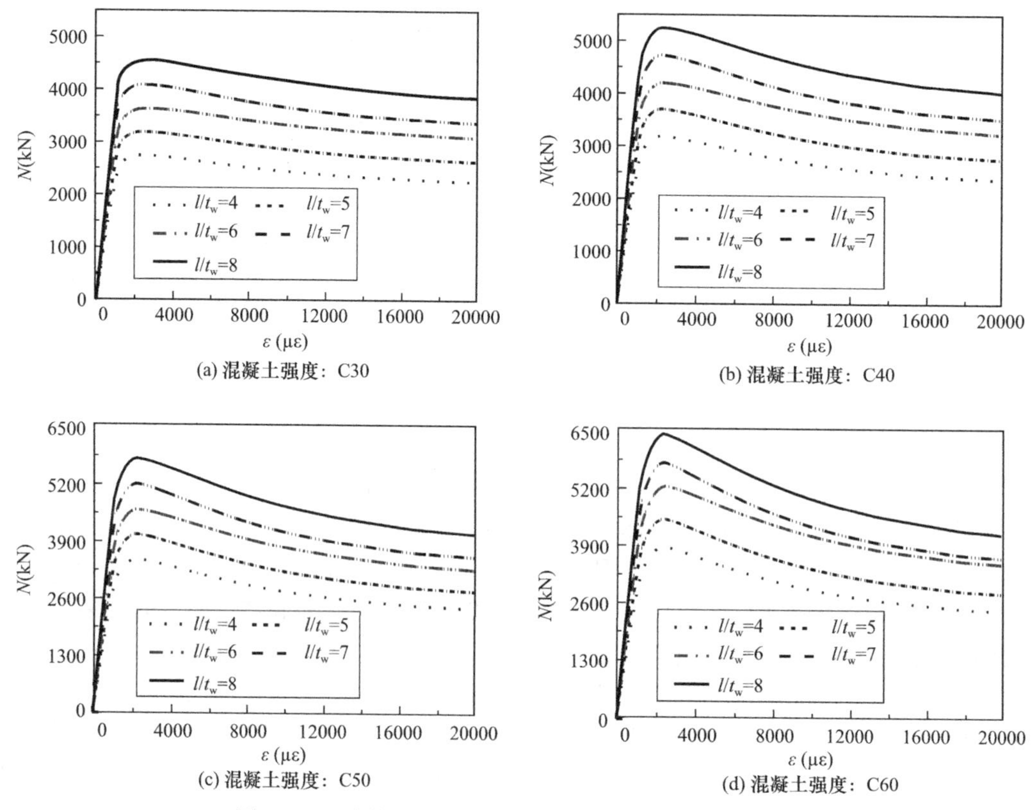

图2-47 不同截面高厚比下构件轴力-纵向应变关系曲线

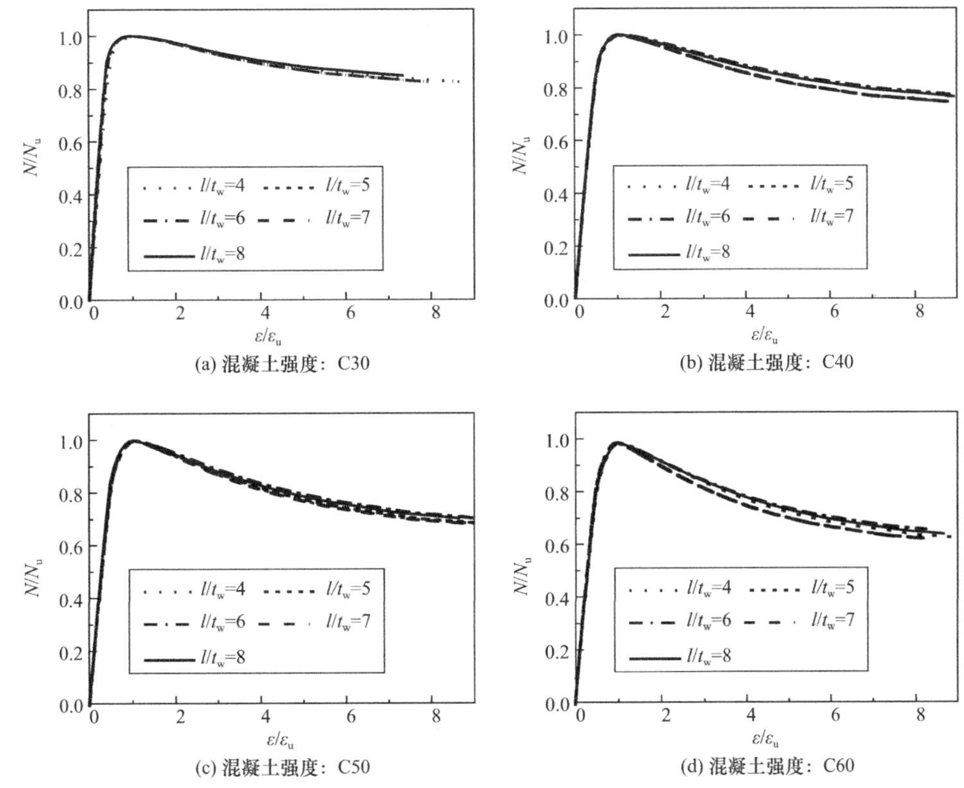

(a) 混凝土强度：C30　(b) 混凝土强度：C40　(c) 混凝土强度：C50　(d) 混凝土强度：C60

图 2-48　不同截面高厚比下构件截面轴力-纵向应变归一化关系曲线

由图 2-47 可知，对于混凝土强度等级分别为 C30、C40、C50 和 C60 的构件，截面高厚比（l/t_w）对构件轴力-纵向应变关系曲线的影响规律相近，即随构件截面高厚比的增大，构件的初始刚度和承载力逐渐增大。例如，对于混凝土强度等级为 C50 的构件，与截面高厚比为 4 时相比，当截面高厚比为 5、6、7 和 8 时，轴压刚度分别提高了 14%、32%、49%和 63%，承载力分别提高了 16%、32%、49%和 65%。这是由于随截面高厚比的增大，构件的横截面面积变大，构件初始刚度和承载力得到提高。此外，截面高厚比对构件峰值应变的影响较小，主要原因包括以下两个方面：首先，各构件的混凝土强度和钢材屈服强度均相同；其次，对于不同高厚比的构件，其套箍系数 ξ（$\xi=A_s f_y/A_c f_{ck}$，f_{ck} 指混凝土轴心抗压强度）基本相近（当 $l/t_w=4$、5、6、7 和 8 时，各构件的 $\xi=0.66$、0.65、0.65、0.64 和 0.64），使各构件的钢板腔体对核心混凝土的约束效应基本相同。

由图 2-48 可以看出，随构件截面高厚比的增大，构件轴力-纵向应变归一化关系曲线基本相近，表明截面高厚比对构件的延性影响较小。这主要是由于不同截面高厚比构件的钢板腔体对核心混凝土的约束效应基本相近。

对比核心混凝土强度等级（C50）、钢材屈服强度等级（Q235）和含钢率（0.094，钢板厚度 3mm）均相同，截面高厚比分别为 4、6、8 的 3 个构件，分析截面高厚比对 T 形组合箱形钢板剪力墙构件达到峰值荷载时截面纵向应力分布的影响，如图 2-49 所示（图中 S33 为核心混凝土纵向应力）。可以看出，对于不同截面高厚比的构件，各类腔体（三边自由腔体、两边自由腔体和一边自由腔体）的核心混凝土约束区和非约束区的分布位置以及形状大小基本相近。根据文献［6］的建议，核心混凝土约束区与非约束区的边界可近似采用二次抛物线进行描述。

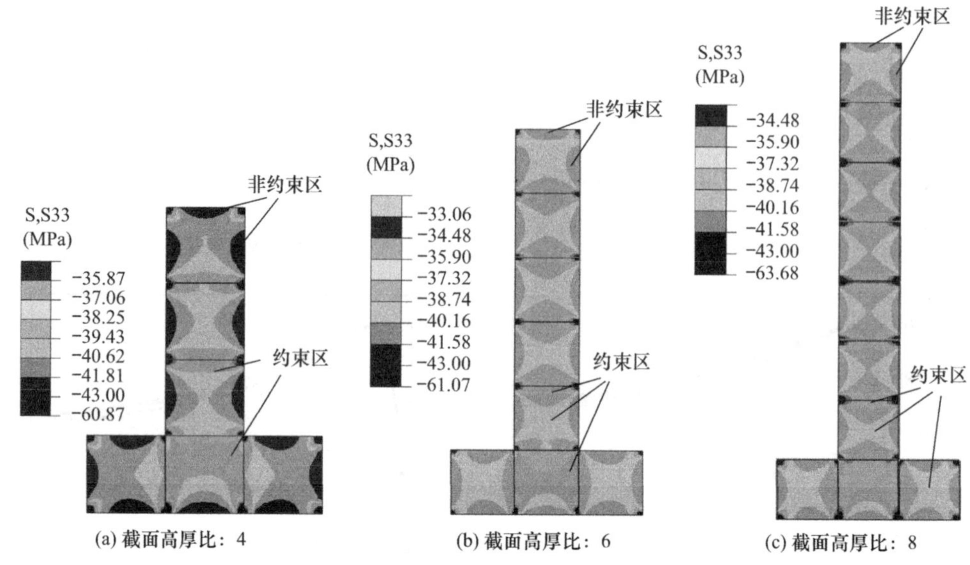

图 2-49　不同截面高厚比下构件截面纵向应力（S33）分布云图

表 2-7 所示为上述 3 个构件达到峰值荷载时，各类腔体的核心混凝土纵向应力平均值及其与素混凝土受压峰值应力相比的提高幅度。由表 2-7 可知，随截面高厚比的增加，各类腔体的核心混凝土纵向应力平均值相近，这是因为各类腔体的边界条件、截面特征和材料性质一致。此外，当截面高厚比一定时，一边自由腔体的纵向应力平均值最大，两边自由腔体次之，三边自由腔体最小。这与腔体的约束边界条件有关，与本书 2.6.3 节的分析结果一致。

达到峰值荷载时各类腔体的核心混凝土纵向应力平均值　　表 2-7

截面高厚比	三边自由腔体纵向应力平均值 σ_{c3}(MPa)	两边自由腔体纵向应力平均值 σ_{c2}(MPa)	一边自由腔体纵向应力平均值 σ_{c1}(MPa)
4	36.96 (8%)	37.48 (10%)	38.37 (12%)
5	36.94 (8%)	37.53 (10%)	38.46 (12%)
6	36.95 (8%)	37.69 (10%)	38.63 (13%)
7	36.98 (8%)	37.68 (10%)	38.66 (13%)
8	37.02 (8%)	37.73 (10%)	38.71 (13%)

注：括号内百分比指相应腔体的核心混凝土纵向应力平均值与素混凝土受压峰值应力相比的提高幅度。

当各构件达到峰值荷载时，3 种腔体的钢板纵向应力平均值的计算结果如表 2-8 所示。可以看出，当构件的截面高厚比由 3 增至 8 时，各类腔体的钢板纵向应力平均值变化较小，截面高厚比对各类腔体的钢板承载力影响较小。结合表 2-8 的分析结果，可认为不同截面高厚比下构件的各类腔体的承载力基本相近。

达到峰值荷载时各类腔体的钢板纵向应力平均值　　表 2-8

截面宽厚比	三边自由腔体纵向应力平均值 σ_{L3}(MPa)	两边自由腔体纵向应力平均值 σ_{L2}(MPa)	一边自由腔体纵向应力平均值 σ_{L1}(MPa)
4	220.63 (6%)	218.62 (7%)	216.82 (8%)
5	220.46 (6%)	218.14 (7%)	216.36 (8%)
6	220.28 (6%)	217.42 (8%)	215.08 (9%)
7	219.72 (7%)	216.79 (8%)	214.82 (9%)
8	218.80 (7%)	215.97 (8%)	214.61 (9%)

注：括号内数值指相应腔体的钢板纵向应力平均值与钢材屈服强度相比的降低幅度。

2.7.2　混凝土强度的影响

本节分析了混凝土强度（f_{cu}）对 T 形组合箱形钢板剪力墙截面承载力的影响，图 2-50 和图 2-51 所示分别为不同混凝土强度下构件的轴力-纵向应变关系曲线及其归一化关系曲线。其中，各构件的钢材强度等级均为 Q235，含钢率均为 0.094（钢板厚度为 3mm），混凝土强度等级分别为 C30、C40、C50 和 C60。

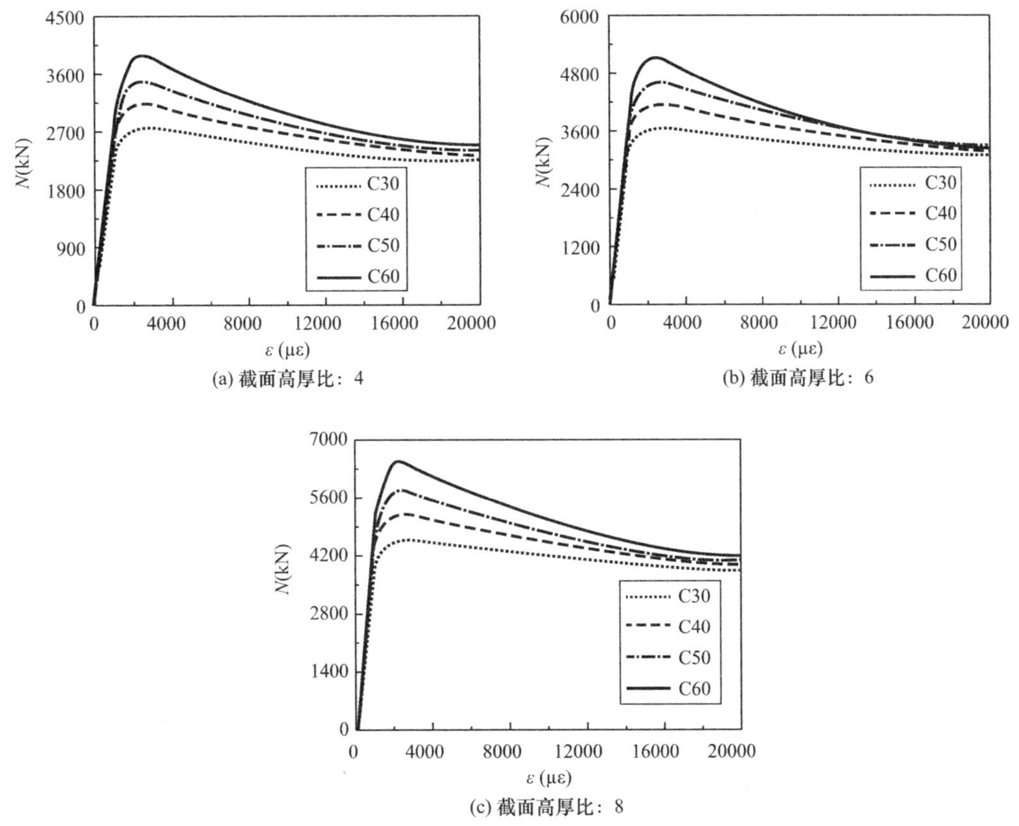

(a) 截面高厚比：4

(b) 截面高厚比：6

(c) 截面高厚比：8

图 2-50　不同混凝土强度下构件轴力-纵向应变关系曲线

由图 2-50 可以看出，随截面高厚比的变化，混凝土强度等级对构件轴力-纵向应变关系曲线的影响规律相似。故以截面高厚比为 6 的构件为例，分析混凝土强度对构件截面力学性能的影响。由图 2-50（c）可知，随混凝土强度等级的提高，构件的初始刚度、峰值应变和承载力均逐渐增大。例如，与混凝土强度等级为 C30 时相比，当构件混凝土强度等

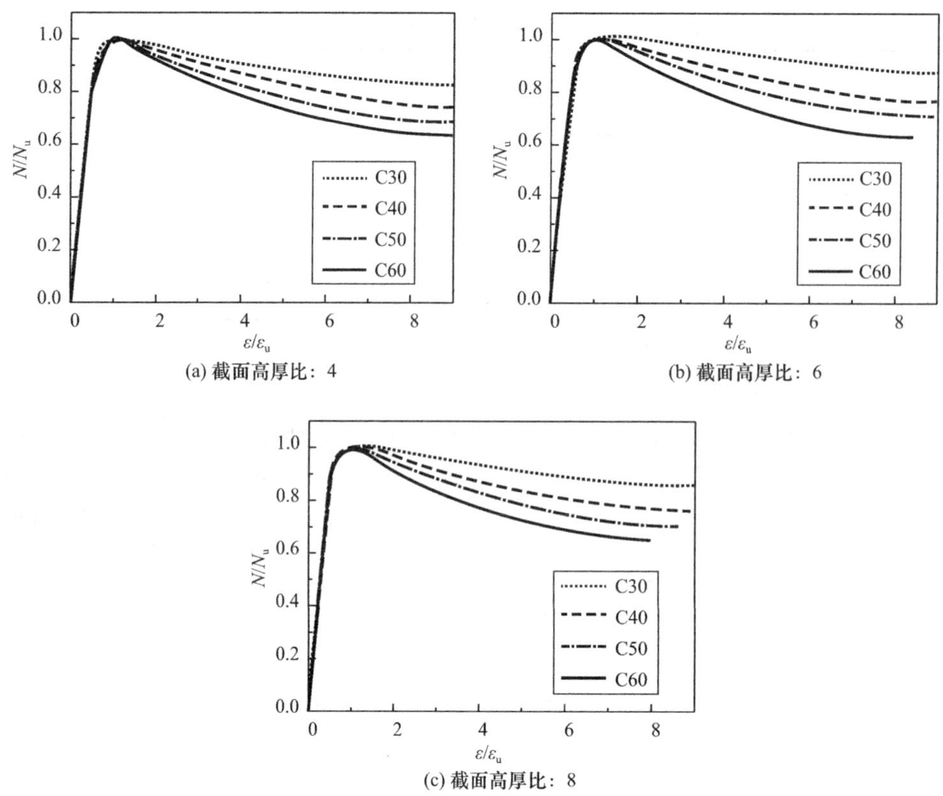

(a) 截面高厚比：4　　(b) 截面高厚比：6

(c) 截面高厚比：8

图 2-51　不同混凝土强度下构件截面轴力-纵向应变归一化关系曲线

级分别为 C40、C50 和 C60 时，构件的轴压刚度分别提高了 10%、21%和 27%，承载力分别提高了 15%、27%和 42%，峰值应变分别提高了 5%、8%和 14%。由于核心混凝土在截面中的占比较大，随混凝土强度等级的增大，构件的初始刚度和承载力得到提高。与普通混凝土相比，高强混凝土的峰值应变较大，因此构件的峰值应变随混凝土强度的提高也逐渐增大。当构件的混凝土强度等级分别为 C30、C40、C50 和 C60 时，构件的钢板腔体与核心混凝土按材料强度简单叠加得到的构件承载力分别为 3458kN、4018kN、4490kN 和 5018kN，与有限元模拟得到的承载力的差值分别为 176kN、154kN、148kN 和 134kN，这表明随混凝土强度的提高，构件由于钢板腔体与核心混凝土相互作用而增加的荷载逐渐减小。

由图 2-51 可知，混凝土强度等级越高，构件的轴力-纵向应变归一化关系曲线下降段的降低速率越大，表明构件延性越差。主要原因包括以下两方面：首先，随着混凝土强度等级的提高，核心混凝土自身的延性逐渐变差；其次，随着混凝土强度等级的提高，构件的套箍系数 ξ 逐渐减小，钢板腔体对核心混凝土的约束效应逐渐减弱，使构件承载力下降较快，延性变差。

当混凝土强度等级分别为 C30、C40、C50 和 C60 时，得到 3 种腔体的核心混凝土纵向应力平均值及其与素混凝土受压峰值应力相比的提高幅度如表 2-9 所示。表 2-9 中，4 个构件的其余参数与标准件相同（截面高厚比为 6、钢材屈服强度等级为 Q235 和含钢率为 0.094）。从表中可以看出，随混凝土强度的增加，各类腔体的核心混凝土纵向应力平均值逐渐增大，但相比于素混凝土受压峰值应力的提高幅度逐渐减小，这是因为随混凝土强度的增加，钢板腔体对核心混凝土的约束作用逐渐减弱。

达到峰值荷载时各类腔体的核心混凝土纵向应力平均值　　表 2-9

混凝土强度等级	三边自由腔体纵向应力平均值 σ_{c3}(MPa)	两边自由腔体纵向应力平均值 σ_{c2}(MPa)	一边自由腔体纵向应力平均值 σ_{c1}(MPa)
C30	24.21 (14%)	25.16 (18%)	26.34 (24%)
C40	30.87 (9%)	31.74 (12%)	32.81 (16%)
C50	36.56 (7%)	37.30 (9%)	38.18 (11%)
C60	43.00 (6%)	43.79 (8%)	44.75 (10%)

注：括号内数值指相应腔体的核心混凝土纵向应力平均值与素混凝土受压峰值应力相比的提高幅度。

上述 4 个构件的核心混凝土截面纵向应力分布规律如图 2-52 所示（图中 S33 为核心混凝土纵向应力）。由图 2-52 可知，随混凝土强度的逐渐增大，三边自由腔体、两边自由腔体和一边自由腔体的核心混凝土约束区与非约束区的分布位置及形状大小基本相近。

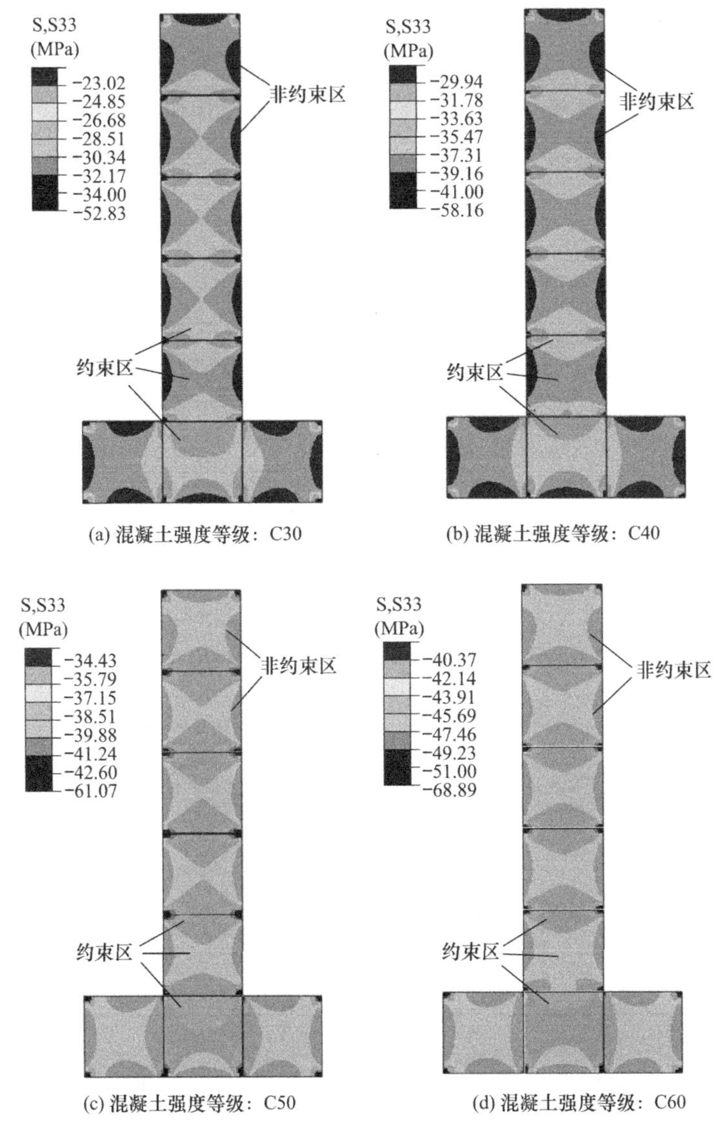

图 2-52　不同混凝土强度等级下构件截面纵向应力（S33）分布云图

2.7.3 钢材屈服强度的影响

对比截面高厚比（4、6 和 8）、含钢率（$\alpha=0.094$）、混凝土强度等级（C50）相同，钢材屈服强度等级分别为 Q235、Q345 和 Q390 的 12 个构件，分析钢材屈服强度等级对 T 形组合箱形钢板剪力墙截面承载力的影响规律。图 2-53 和图 2-54 分别为不同钢材屈服强度等级下构件的轴力-纵向应变关系曲线及其归一化关系曲线。

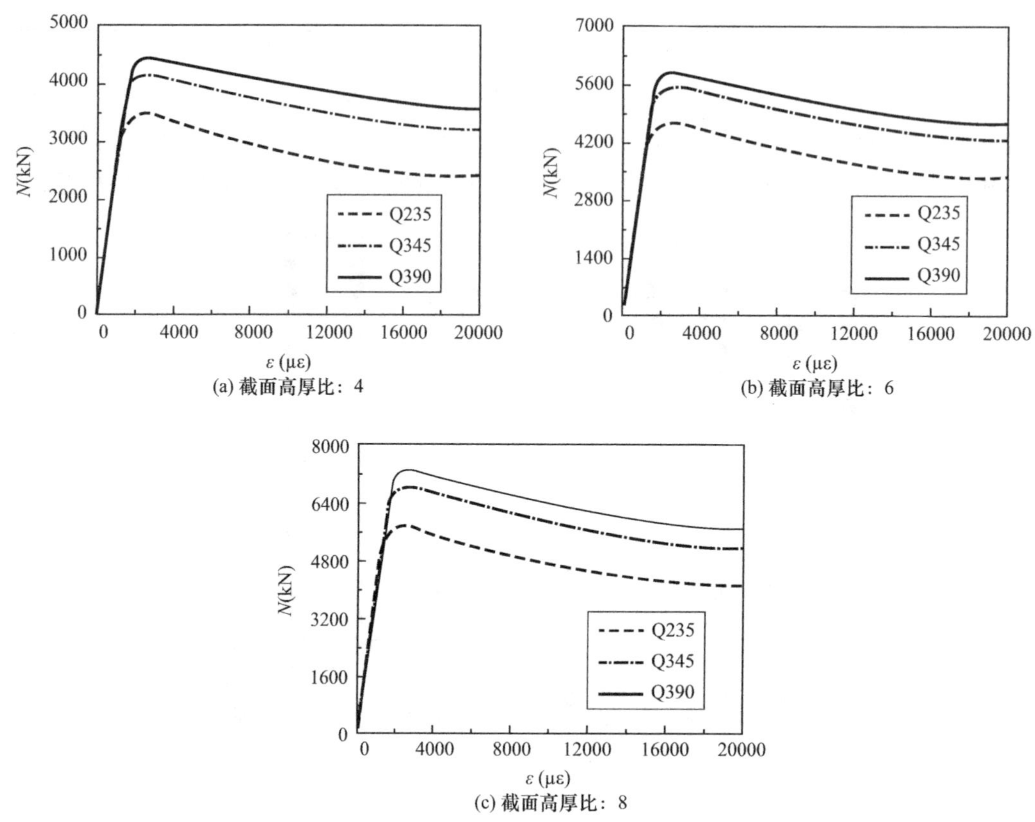

图 2-53 不同钢材屈服强度下构件截面轴力-纵向应变关系曲线

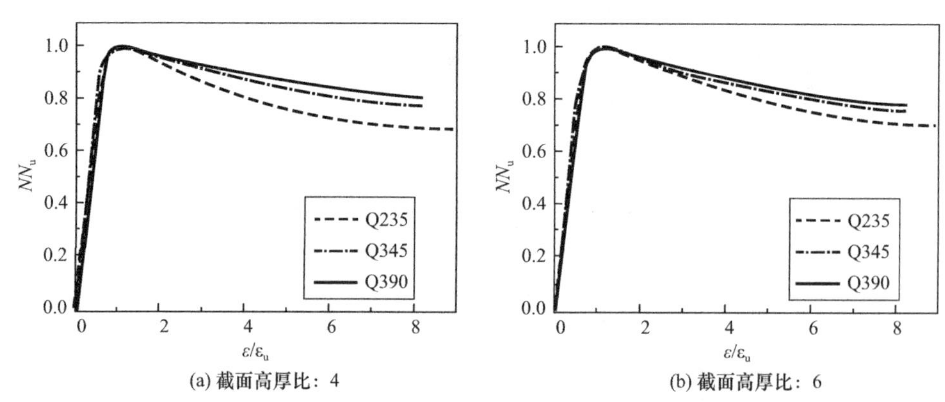

图 2-54 不同钢材屈服强度下构件截面轴力-纵向应变归一化关系曲线（一）

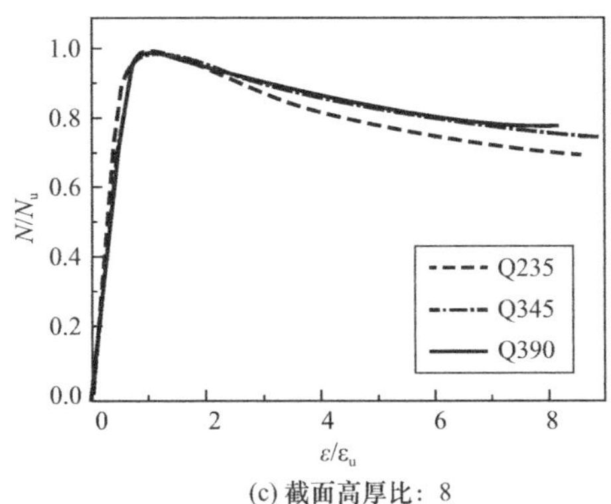

(c) 截面高厚比：8

图 2-54 不同钢材屈服强度下构件截面轴力-纵向应变归一化关系曲线（二）

从图 2-53 可以看出，对于截面高厚比分别为 4、6 和 8 的构件，钢材屈服强度等级对构件轴力-纵向应变关系曲线的影响规律相近。即随钢材屈服强度等级的提高，构件的初始刚度不变，峰值应变和承载力逐渐增大。例如，与钢材屈服强度等级为 Q235 相比，当构件的钢材屈服强度等级为 Q345 和 Q390 时，构件的峰值应变分别提高了 19%和 27%，承载力分别提高了 19%和 25%。这是因为钢材屈服强度等级的变化并不影响钢材的弹性模量，而随着钢材屈服强度等级的增大，钢材的屈服强度和屈服应变逐渐提高，使构件的承载力和峰值应变逐渐增大。

由图 2-54 可知，随钢材屈服强度等级的提高，构件的轴力-纵向应变归一化关系曲线下降段的降低速率逐渐减小，表明构件的延性逐渐得到改善。这是由于随钢材屈服强度等级的提高，构件的套箍系数 ξ 逐渐增大，钢板腔体对核心混凝土的约束效应逐渐增强，使核心混凝土在加载后期仍保持一定的承载能力，构件的延性得到提高，但提高幅度不大。

图 2-55 所示为不同钢材屈服强度等级下，T 形组合箱形钢板剪力墙截面达到峰值荷载时的纵向应力分布云图（图中，S33 为核心混凝土纵向应力）。图中，3 个构件的截面高厚比（$l/t_w=6$）、含钢率（$\alpha=0.094$）、混凝土强度等级（C50）均相同。从图中可以看

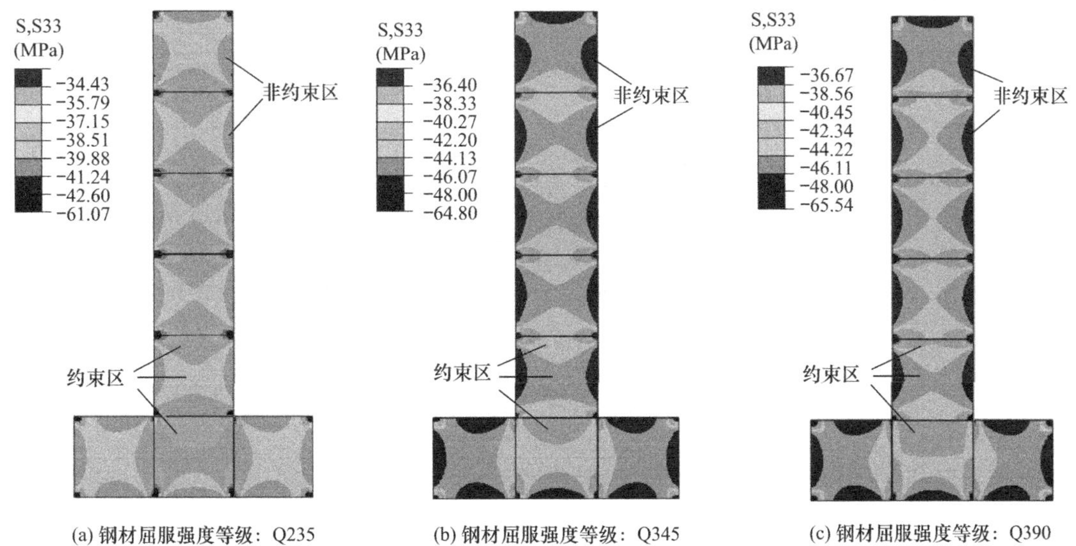

(a) 钢材屈服强度等级：Q235　(b) 钢材屈服强度等级：Q345　(c) 钢材屈服强度等级：Q390

图 2-55 不同钢材屈服强度等级下构件截面纵向应力（S33）分布云图

出，与混凝土强度的影响规律相似，钢材屈服强度等级对核心混凝土约束区和非约束区的分布位置以及形状大小影响较小。

表 2-10 所示为不同钢材屈服强度等级下，上述 3 个构件达到峰值荷载时各类腔体的核心混凝土纵向应力平均值及其与素混凝土受压峰值应力相比的提高幅度。从表中可以看出，随钢材屈服强度的增加，各类腔体的核心混凝土纵向应力平均值逐渐增大，这表明随钢材屈服强度的增加，钢板腔体对核心混凝土的约束作用也随之加强。

达到峰值荷载时各类腔体的核心混凝土纵向应力平均值　　表 2-10

钢材屈服强度等级	三边自由腔体纵向应力平均值 σ_{c3}(MPa)	两边自由腔体纵向应力平均值 σ_{c2}(MPa)	一边自由腔体纵向应力平均值 σ_{c1}(MPa)
Q235	36.56 (7%)	37.30 (9%)	38.18 (11%)
Q345	37.49 (9%)	38.40 (12%)	39.52 (15%)
Q390	37.97 (11%)	38.95 (14%)	40.18 (17%)

注：括号内数值指相应腔体的核心混凝土纵向应力平均值与素混凝土受压峰值应力相比的提高幅度。

2.7.4　含钢率的影响

图 2-56 和图 2-57 分别分析了不同含钢率对截面高厚比为 4、6 和 8 的构件轴力-纵向应变关系曲线及其归一化曲线的影响。分析时，各构件的混凝土强度等级取为 C50，钢材屈服强度等级取为 Q235，钢板厚度分别为 2mm、2.5mm、3mm 和 4mm，分别对应不同的含钢率 α（约为 0.06、0.07、0.09 和 0.12）。

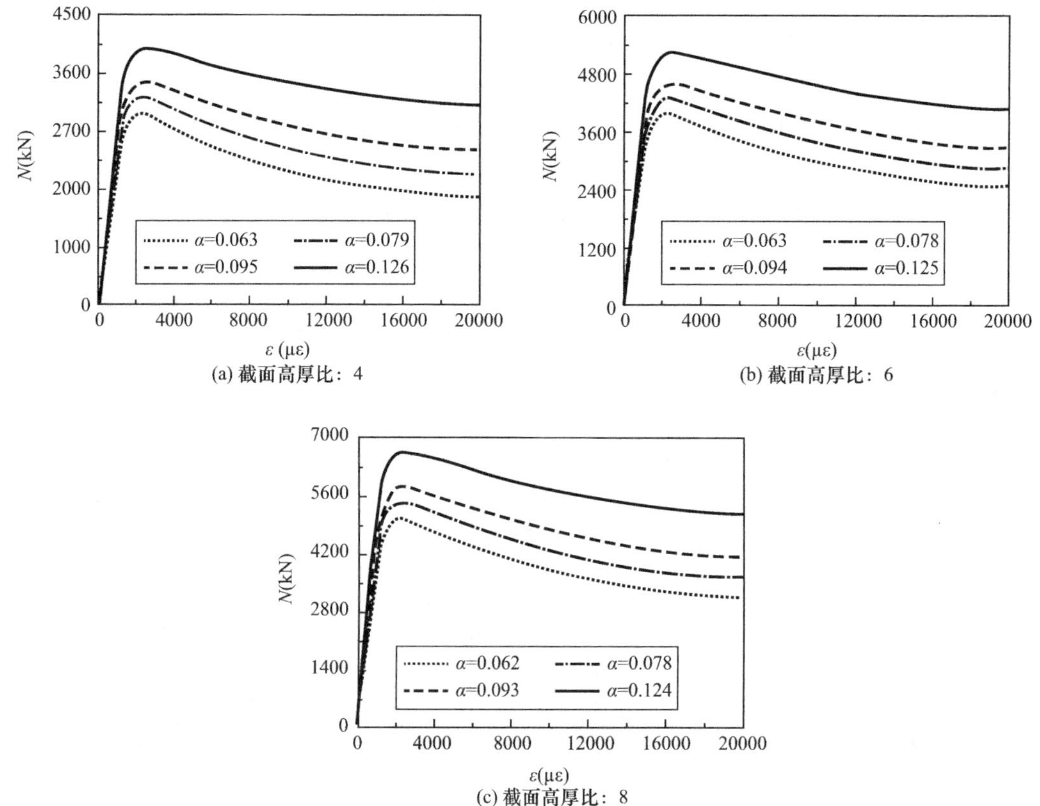

图 2-56　不同含钢率下构件截面轴力-纵向应变关系曲线

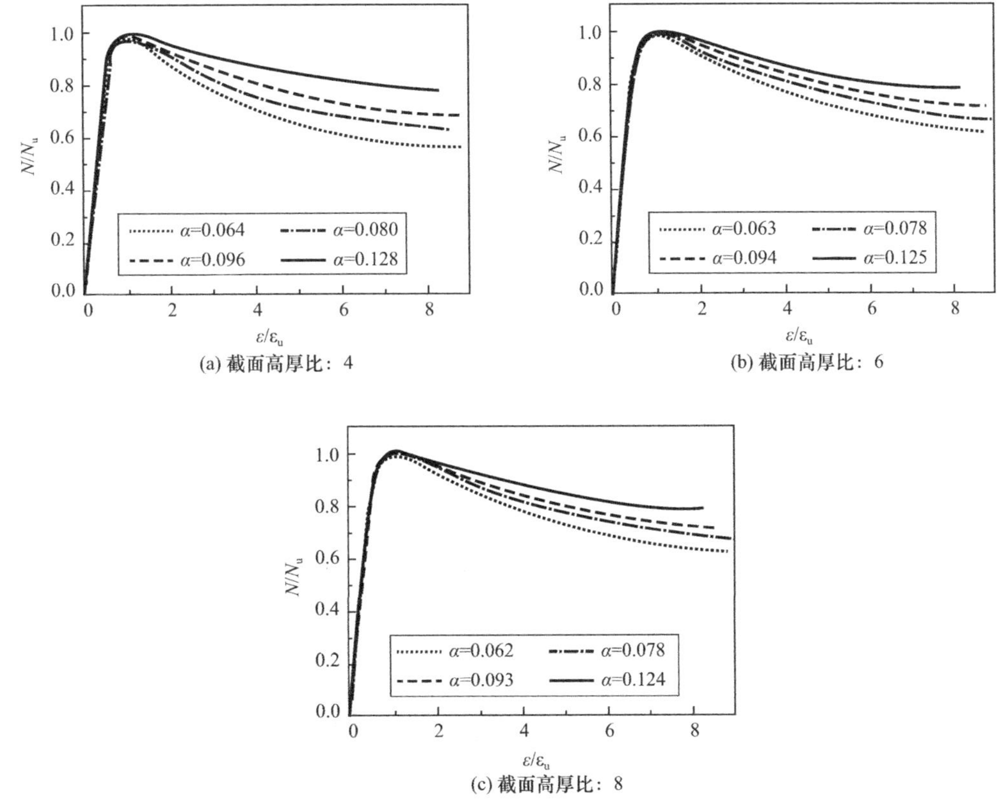

(a) 截面高厚比：4

(b) 截面高厚比：6

(c) 截面高厚比：8

图 2-57　不同含钢率下构件截面轴力-纵向应变归一化关系曲线

从图 2-56 可以看出，对于不同截面高厚比的构件，截面含钢率对构件轴力-纵向应变关系曲线的影响规律相似，即随构件截面含钢率的提高，构件截面的初始刚度和承载力均逐渐增大。以截面高厚比为 6 的构件为例进行说明，与截面含钢率为 0.063 的构件相比，当构件截面含钢率分别为 0.078、0.094 和 0.125 时，各构件截面的初始刚度分别提高了 8%、21%和 35%，承载力分别提高了 7.8%、15.0%和 28.3% [图 2-56 (c)]。这主要是由于随构件含钢率的增大，钢板腔体在构件截面的占比逐渐增大，构件初始刚度和承载力也逐渐提高。

由图 2-57 可知，构件含钢率越高，构件轴力-纵向应变归一化关系曲线下降段的降低速率愈小，表明构件的延性逐渐提高。这是因为随构件含钢率的提高，钢板的面积增大，使构件的套箍系数变大，钢板腔体对核心混凝土的约束效应增强，改善了构件的延性。

图 2-58 所示为上述 4 个构件达到峰值时截面的纵向应力分布云图（图中 S33 为核心混凝土纵向应力），各类腔体核心混凝土的纵向应力平均值及其与素混凝土受压峰值应力相比的提高幅度在表 2-11 中列出。由图 2-58 和表 2-11 可知，随含钢率的增加，各类腔体的核心混凝土纵向应力平均值逐渐增大。这是由于随含钢率的增加，钢板厚度逐渐增大，抗弯刚度变大，抵抗核心混凝土膨胀的能力增强，钢板腔体对混凝土的约束作用也随之加强。

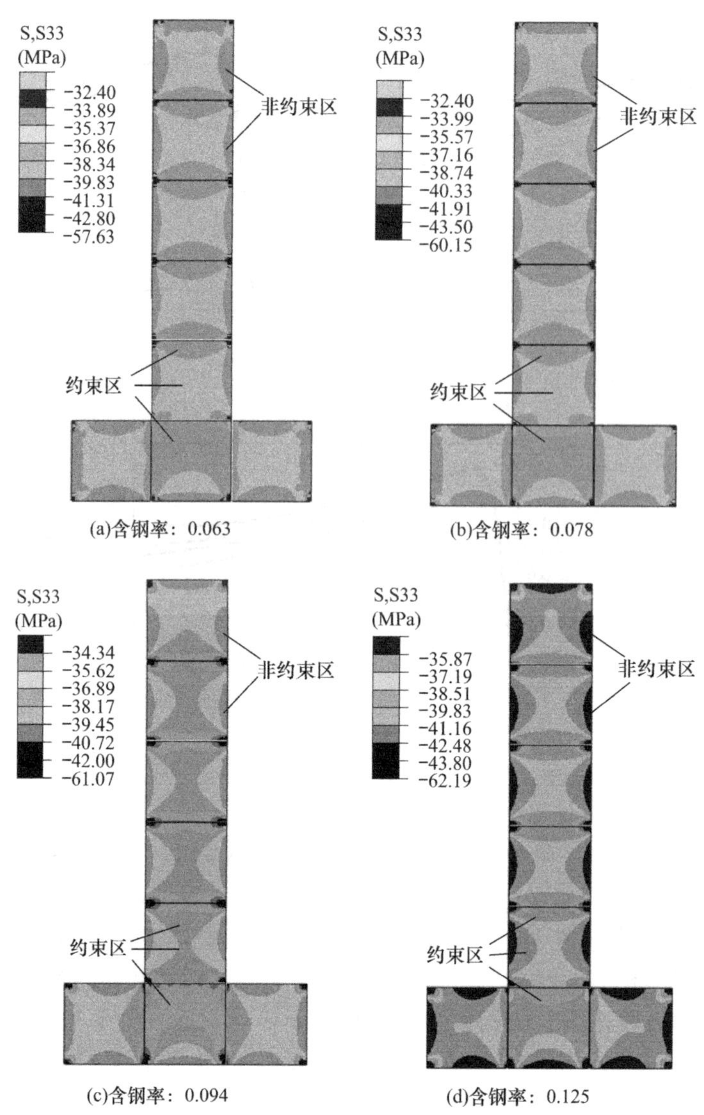

图 2-58 不同含钢率下构件截面纵向应力（S33）分布云图

达到峰值荷载时各类腔体的核心混凝土纵向应力平均值　　表 2-11

含钢率	三边自由腔体纵向应力平均值 σ_{c3}(MPa)	两边自由腔体纵向应力平均值 σ_{c2}(MPa)	一边自由腔体纵向应力平均值 σ_{c1}(MPa)
0.063	35.84 (5%)	36.51 (7%)	37.25 (9%)
0.078	36.18 (6%)	36.93 (8%)	37.74 (10%)
0.094	36.55 (7%)	37.30 (9%)	38.18 (11%)
0.125	37.14 (8%)	37.91 (11%)	38.88 (13%)

注：括号内数值指相应腔体的核心混凝土纵向应力平均值与素混凝土受压峰值应力相比的提高幅度。

综上所述，随截面高厚比的增大，构件的承载力逐渐增大，延性和单个腔体的承载力基本不变；随混凝土强度的提高，构件的承载力逐渐增大，钢板腔体对核心混凝土的约束作用逐渐减弱，使构件延性逐渐降低；随钢材屈服强度的增大，构件的承载力和延性逐渐增大；含钢率越高，构件的承载力越高，延性越好；各参数的变化对构件截面的混凝土约束区与非约束区的分布位置和形状大小影响较小。

2.8　组合箱形钢板剪力墙截面承载力计算方法

由理论分析结果可知，T 形组合箱形钢板剪力墙在轴向压力作用下达到峰值应变时，由于钢板腔体与混凝土的相互作用，核心混凝土明显分为约束区和非约束区。根据各腔体核心混凝土的边界条件和纵向应力的分布规律，可将各腔体分为三边自由腔体、两边自由腔体和一边自由腔体。

由参数分析结果可知，随各参数的变化，约束区和非约束区的形状和分布位置基本相近。因此，本书参考文献［6］，将 T 形组合箱形钢板剪力墙轴向受压时构件截面的约束区与非约束区的分布形式进行简化，如图 2-59 所示。图中阴影区域为约束区混凝土，空白区域为非约束区混凝土，约束区与非约束区边界线采用二次抛物线描述。基于参数分析中各腔体角部约束区和非约束的分布位置，将角部约束区尺寸定为 $a/6$，非约束区的高度定为 $w/4$，其中 $w=a-2a/6=2a/3$。

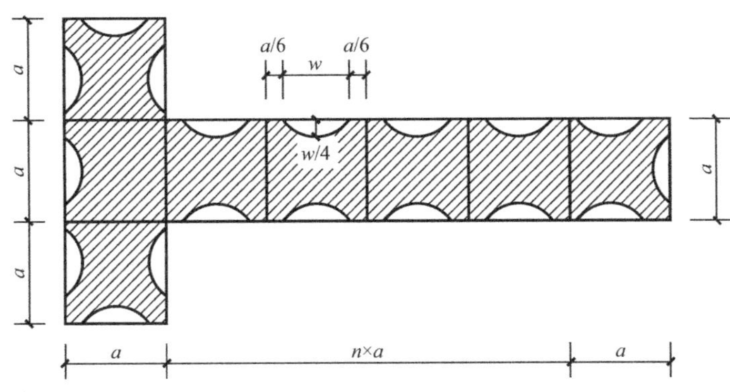

图 2-59　截面约束区分布形式

随构件截面高厚比的增大，各类腔体核心混凝土和钢板的纵向应力平均值变化较小，可近似认为各类腔体的承载力不随截面高厚比的变化而改变。基于此，对于任意截面高厚比的 T 形组合箱形钢板剪力墙，可认为其构件总承载力由三类腔体承载力代数叠加得到，如式（2-15）所示。

$$N = N_1 + nN_2 + 3N_3 \tag{2-15}$$

式中　N——构件总承载力（kN）；

N_1——一边自由腔体承载力（kN）；

N_2——两边自由腔体承载力（kN）；

N_3——三边自由腔体承载力（kN）；

n——两边自由腔体的数量。

2.8.1　核心混凝土约束区抗压强度计算方法

基于对圆形箍筋和矩形箍筋约束下混凝土抗压强度的研究，Mander 于 1988 年提出了一种约束混凝土的计算方法，该方法可以较好地描述不同约束作用下核心混凝土的力学性能[6]。其基本思路为：假设核心混凝土受到均匀约束，通过力学平衡条件计算核心混凝土所受的平均侧向压应力 q，通过划分核心混凝土的约束区与非约束区，计算有效约束效应系数 k_e，将平均侧向压应力乘以有效约束效应系数得到有效侧向约束力 $f_l = k_e q$，从而考虑约束作用的不均匀性。在有效侧向约束力 f_l 的作用下，约束混凝土抗压强度 f_{cc} 的计算表达式如式（2-16）所示。

$$f_{cc} = f_{ck}\left(-1.254 + 2.254\sqrt{1 + 7.94\frac{f_l}{f_{ck}}} - 2\frac{f_l}{f_{ck}}\right) \tag{2-16}$$

式中 f_{cc}——约束区混凝土轴向抗压强度；

f_{ck}——混凝土轴心抗压强度（MPa）；

f_l——混凝土有效侧向约束力（MPa）。

由式（2-16）可以看出，约束混凝土的抗压强度受混凝土强度和侧向压应力的双重影响：混凝土强度越高，约束区混凝土轴向抗压强度与混凝土轴心抗压强度的比值 f_{cc}/f_{ck} 越小，即约束混凝土强度的提高幅度越小；有效侧向约束力 f_l 越大，约束混凝土的抗压强度 f_{cc} 越高。该结论与本书参数分析结果一致。

由图 2-60 可知，T 形组合箱形钢板剪力墙的核心混凝土不仅受到钢板腔体的约束，还受到相邻腔体混凝土的挤压作用，因此各类腔体的核心混凝土约束区分布形式各不相同。参考 Mander 的研究方法，不同类别的腔体对应不同的约束区面积和钢板横向应力，得到不同的有效约束效应系数 k_e 和有效侧向约束力 f_l，从而反映各类腔体的不同边界条件对核心混凝土抗压强度的影响，利用式（2-16）近似计算约束区混凝土的抗压强度 f_{cc}，具体计算思路如下。

对于 T 形组合箱型钢板剪力墙中的矩形腔体，其截面受力情况如图 2-60 所示。假设核心混凝土边长为 a，钢板厚度为 t，钢板横向应力为 σ_h，混凝土侧向压应力为 q，由力的平衡条件，可得如下关系式：

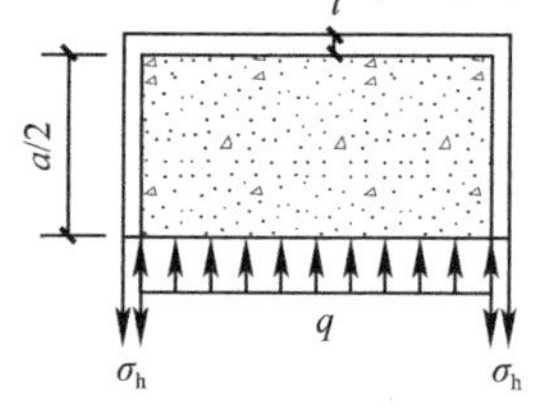

图 2-60 矩形腔体的截面平衡

$$q = \frac{2\sigma_h t}{a} \tag{2-17}$$

假设矩形腔体核心混凝土的约束区混凝土面积为 A_{cc}，非约束区混凝土面积为 A_{co}，混凝土总面积为 A_c，则有效约束效应系数 k_e 和有效侧向压应力 f_l 分别为：

$$k_e = \frac{A_{cc}}{A_c} \tag{2-18}$$

$$f_l = k_e q \tag{2-19}$$

将式（2-17）～式（2-19）代入 Mander 模型表达式（2-16），得到 T 形组合箱形钢板剪力墙的任意类型腔体的核心混凝土约束区混凝土抗压强度，具体表达式如下：

$$f_{cc} = f_{ck}\left(-1.254 + 2.254\sqrt{1 + 15.88\frac{k_e\sigma_h t}{f_{ck}a}} - 4\frac{k_e\sigma_h t}{f_{ck}a}\right) \tag{2-20}$$

2.8.2 各类腔体承载力计算方法

2.8.2.1 三边自由腔体承载力计算方法

三边自由腔体的核心混凝土约束区分布形式如图 2-61 所示，混凝土约束区主要集中在角部区域以及相邻腔体混凝土交界处附近，非约束区主要分布于 3 个自由边的中部。

由于三边自由腔体钢板中的内隔板亦属于其相邻腔体，为避免重复，计算三边自由腔体承载力时去掉内隔板面积。由图 2-61 可知，三边自由腔体的钢板腔体面积 A_{s3}、混凝土

非约束区面积 A_{co3}、混凝土约束区面积 A_{cc3}、混凝土总面积 A_{c3} 和有效约束效应系数 k_{e3} 分别为：

$$A_{s3}=3at \tag{2-21}$$

$$A_{co3}=3\left(\frac{2}{3}w\left(\frac{w}{4}\right)\right) \tag{2-22}$$

$$A_{cc3}=A_{c3}-A_{co3} \tag{2-23}$$

$$A_{c3}=a^2 \tag{2-24}$$

$$k_{e3}=A_{cc3}/A_{c3} \tag{2-25}$$

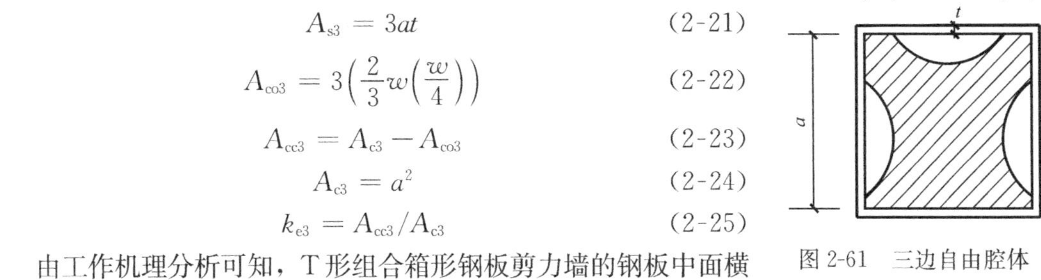

图 2-61　三边自由腔体约束区分布形式

由工作机理分析可知，T 形组合箱形钢板剪力墙的钢板中面横向应力 σ_h 沿腔体边板基本一致（图 2-60），因此可认为钢板横向应力 σ_h 在局部范围内为定值。基于此，在不同参数条件下，统计分析了三边自由腔体的钢板横向应力 σ_{h3}/f_y 的分布规律，如图 2-62 所示。从图 2-62 中可以看出，三边自由腔体的钢板横向应力 σ_{h3}/f_y 分布在 0.10～0.12 区间内且大部分集中在平均值 0.11 附近，为简化计算，可认为三边自由腔体的钢板横向应力 $\sigma_{h3}=0.11f_y$。

将上述初始参数代入式（2-20），可近似得到三边自由腔体的核心混凝土约束区抗压强度 f_{cc3}。为分析其与真实结果的误差，统计分析在不同参数条件下公式计算结果与有限元模拟结果的差异，如图 2-63 所示。可以发现，与有限元分析得到的 f_{cc3} 相比，由公式近似计算得到的 f_{cc3} 偏大，且二者差异在 7%左右。因此，在式（2-20）的基础上引入修正系数 0.93，得到三边自由腔体的约束区核心混凝土抗压强度 f_{cc3} 的计算公式，如式（2-26）所示。故三边自由腔体的约束区核心混凝土承载力 N_{cc3} 的表达式如式（2-27）所示。

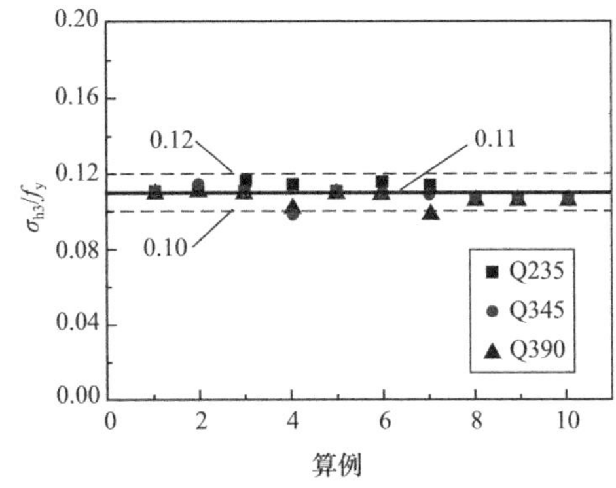

图 2-62　σ_{h3}/f_y 的分布规律

图 2-63　公式与有限元计算得到的 f_{cc3}

$$f_{cc3}=0.93\left(-1.254+2.254\sqrt{1+15.88\frac{k_{e3}\sigma_{h3}t}{f_{ck}a}}-4\frac{k_{e3}\sigma_{h3}t}{f_{ck}a}\right) \tag{2-26}$$

$$N_{cc3}=f_{cc3}A_{cc3} \tag{2-27}$$

由理论分析结果可知，三边自由腔体的核心混凝土非约束区抗压强度与素混凝轴心抗压强度相近，故非约束区核心混凝土的承载力 $N_{c03}=f_{ck}A_{co3}$。

由理论分析可知，当荷载达到构件承载力时，T 形组合箱形钢板剪力墙的钢板受压屈服，满足 Von-Mises 屈服准则，钢板横向应力 σ_h、钢板纵向应力 σ_L 和钢板屈服应力 f_y 的关系式如下：

$$f_y = \sqrt{\sigma_h^2 + \sigma_L^2 - \sigma_h \cdot \sigma_L} \tag{2-28}$$

将三边自由腔体的钢板横向应力 $\sigma_{h3}=0.11f_y$ 代入式（2-28），得到三边自由腔体的钢板纵向应力 $\sigma_{L3}=-0.94f_y$。故三边自由腔体的钢板腔体承载力 $N_{s3}=\sigma_{L3}A_{s3}$。

综上所述，三边自由腔体腔体的承载力 N_3 可分为三个部分：约束区混凝土承载力 N_{cc3}、非约束区混凝土承载力 N_{co3} 和钢板腔体承载力 N_{s3}，其表达形式为：

$$N_3 = N_{cc3} + N_{co3} + N_{s3} = f_{cc3}A_{cc3} + f_{ck}A_{co3} + \sigma_{L3}A_{s3} \tag{2-29}$$

2.8.2.2 两边自由腔体承载力计算方法

两边自由腔体的核心混凝土约束区分布形式如图 2-64 所示，混凝土约束区主要集中在相邻腔体混凝土交界处和腔体中心，非约束区主要集中在两侧自由边中部。

与三边自由腔体相似，为避免重复，计算两边自由腔体钢板面积时减去一侧内隔板面积。由图 2-64 可知，两边自由腔体的钢板面积 A_{s2}、混凝土非约束区面积 A_{co2}、混凝土约束区面积 A_{cc2}、混凝土总面积 A_{c2} 和有效约束效应系数 k_{e2} 分别为：

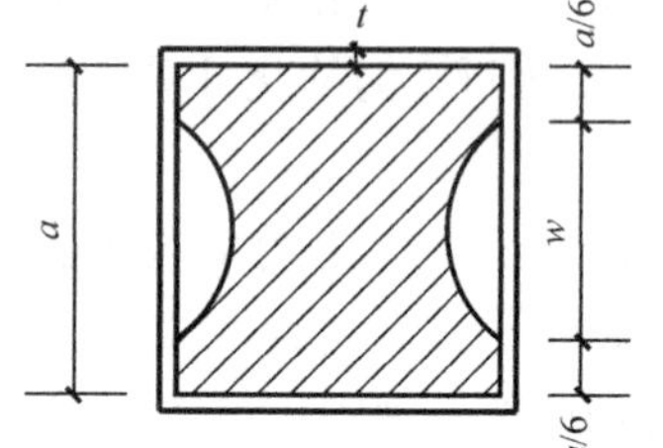

图 2-64 两边自由腔体约束区分布形式

$$A_{s2} = 3at \tag{2-30}$$

$$A_{co2} = 2\left[\frac{2}{3}w\left(\frac{w}{4}\right)\right] \tag{2-31}$$

$$A_{cc2} = A_{c2} - A_{co2} \tag{2-32}$$

$$A_{c2} = a^2 \tag{2-33}$$

$$k_{e2} = A_{cc2}/A_{c2} \tag{2-34}$$

与三边自由腔体相同，在不同参数条件下，统计分析了两边自由腔体的钢板横向应力 σ_{h2}/f_y 的分布情况和公式计算与有限元模拟得到的核心混凝土约束区抗压强度的差异，分别如图 2-65 和图 2-66 所示。

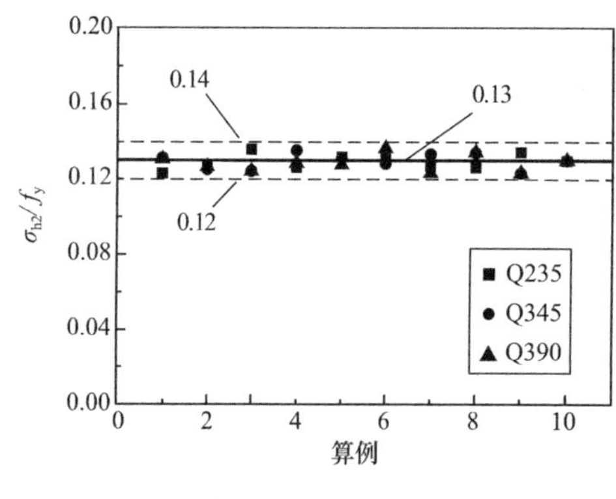

图 2-65 σ_{h2}/f_y 的分布规律

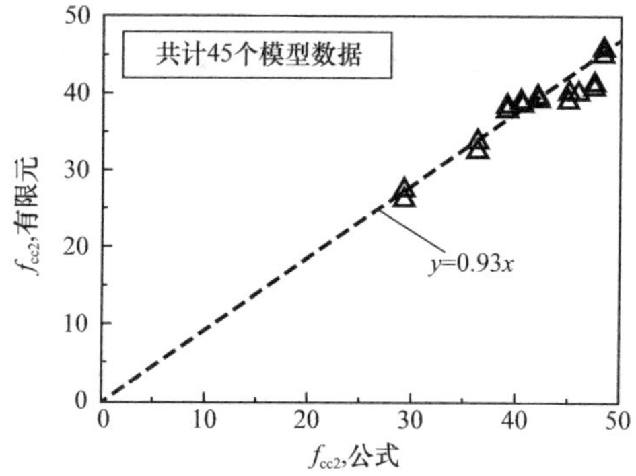

图 2-66 公式与有限元计算得到的 f_{cc2}

由统计结果可知，两边自由腔体的钢板横向应力 σ_{h2}/f_y 主要分布在 0.12～0.14 区间内，且大部分集中在平均值 0.13 附近，为简化计算，可认为两边自由腔体的钢板横向应力 $\sigma_{h2}=0.13f_y$；由公式近似计算得到的两边自由腔体的核心混凝土约束区抗压强度 f_{cc2} 偏大，故在式（2-20）的基础上引入修正系数 0.93。两边自由腔体的约束区核心混凝土抗压强度 f_{cc2} 和相应的承载力 N_{cc2} 的表达式如式（2-35）和式（2-36）所示。

$$f_{cc2} = 0.93\left(-1.254 + 2.254\sqrt{1 + 15.88\frac{k_{e2}\sigma_{h2}t}{f_{ck}a}} - 4\frac{k_{e2}\sigma_{h2}t}{f_{ck}a}\right)f_{ck} \tag{2-35}$$

$$N_{cc2} = f_{cc2}A_{cc2} \tag{2-36}$$

将 $\sigma_{h2}=0.13f_y$ 代入式（2-28），得到两边自由腔体的钢板纵向应力 $\sigma_{L2}=-0.93f_y$。故两边自由腔体的钢板腔体承载力 $N_{s2}=\sigma_{L2}A_{s2}$，与三边自由腔体相似，两边自由腔体的核心混凝土非约束区承载力 $N_{co2}=f_{ck}A_{co2}$。因此，两边自由腔体的承载力计算公式如下所示：

$$N_2 = N_{cc2} + N_{co2} + N_{s2} = f_{cc2}A_{cc2} + f_{ck}A_{co2} + \sigma_{L2}A_{s2} \tag{2-37}$$

2.8.2.3　一边自由腔体承载力计算方法

一边自由腔体的核心混凝土约束区分布形式如图 2-67 所示，混凝土非约束区主要集中在自由边中部，腔体其余区域全部属于约束区。

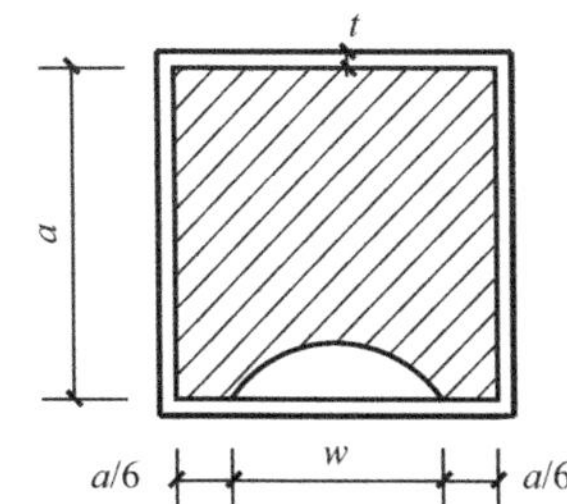

图 2-67　一边自由腔体约束区分布形式

其余两类腔体计算承载力时，内隔板面积未计入钢板面积，故一边自由腔体的钢板面积 A_{s1} 中包含所有内隔板面积。与其余两类腔体类似，一边自由腔体的钢板面积 A_{s1}、混凝土非约束区面积 A_{co1}、混凝土约束区面积 A_{cc1}、混凝土总面积 A_{c1} 和有效约束效应系数 k_{e1} 分别为：

$$A_{s1} = 4at \tag{2-38}$$

$$A_{co1} = \frac{2}{3}w\left(\frac{w}{4}\right) \tag{2-39}$$

$$A_{cc1} = A_{c1} - A_{co1} \tag{2-40}$$

$$A_{c1} = a^2 \tag{2-41}$$

$$k_{e1} = A_{cc1}/A_{c1} \tag{2-42}$$

与其余两类腔体相似，在不同参数条件下，统计分析了一边自由腔体的钢板横向应力 σ_{h1}/f_y 的分布规律（图 2-68）。由图 2-68 可知，σ_{h1}/f_y 主要分布在 0.13～0.15 区间内，且集中在平均值 0.14 附近，为简化计算，可认为 $\sigma_{h1}=0.14f_y$。图 2-69 所示为在不同参数条件下一边自由腔体公式计算与有限元分析得到的约束区核心混凝土抗压强度的对比结果，与有限元分析结果相比，由公式近似计算得到的一边自由腔体的核心混凝土约束区抗压强度 f_{cc1} 偏大约 9%，故在式（2-20）的基础上引入修正系数 0.91。一边自由腔体的核心混凝土约束区抗压强度 f_{cc1} 的表达式如式（2-43）所示。

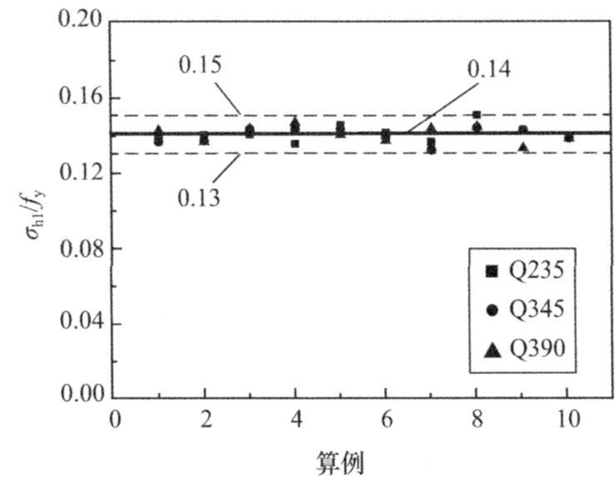

图 2-68　σ_{h1}/f_y 的分布规律

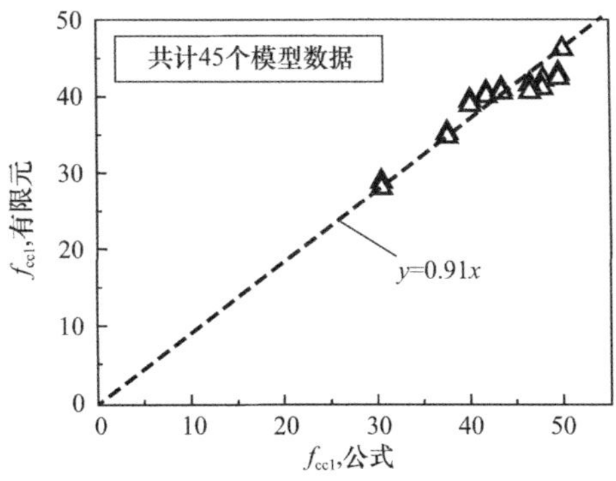

图 2-69　公式与有限元计算得到的 f_{cc1}

$$f_{cc1}=0.91\left(-1.254+2.254\sqrt{1+15.88\frac{k_{e1}\sigma_{h1}t}{f_{ck}a}}-4\frac{k_{e1}\sigma_{h1}t}{f_{ck}a}\right)f_{ck} \tag{2-43}$$

与其余两类腔体同理，将上述初始值代入相同的计算过程，得到一边自由腔体的承载力计算公式如下所示，其中，$\sigma_{L2}=-0.92f_y$。

$$N_1=N_{cc1}+N_{co1}+N_{s1}=f_{cc1}A_{cc1}+f_{ck}A_{co1}+\sigma_{L1}A_{s1} \tag{2-44}$$

构件截面承载力简化计算公式将各类腔体的承载力计算公式［式（2-29）、式（2-37）和式（2-44）］代入构件总承载力计算公式，得到式（2-45）：

$$N=\begin{aligned}&f_{cc1}A_{cc1}+f_{ck}A_{co1}+\sigma_{L1}A_{s1}+n(f_{cc2}A_{cc2}+f_{ck}A_{co2}+\sigma_{L2}A_{s2})\\&+3(f_{cc3}A_{cc3}+f_{ck}A_{co3}+\sigma_{L3}A_{s3})\end{aligned} \tag{2-45}$$

为简化式（2-45），作如下变换：

$$f_{cci}A_{cci}=(f_{cci}-f_{ck})A_{cci}+f_{ck}A_{cci}\quad i=1,2,3 \tag{2-46}$$

$$\sigma_{Li}A_{si}=(\sigma_{Li}-f_y)A_{si}+f_yA_{si}\quad i=1,2,3 \tag{2-47}$$

将式（2-46）和式（2-47）代入式（2-45），可得式（2-45）的简化形式如下：

$$N=X+f_{ck}A_c+f_yA_s=\left(1+\frac{X}{f_{ck}A_c}\right)f_{ck}A_c+f_yA_s \tag{2-48}$$

$$X=\begin{cases}(f_{cc1}-f_{ck})A_{cc1}+(\sigma_{L1}-f_y)A_{s1}+n[(f_{cc2}-f_{ck})A_{cc2}+(\sigma_{L2}-f_y)A_{s2}]\\+3[(f_{cc3}-f_{ck})A_{cc3}+(\sigma_{L3}-f_y)A_{s3}]\end{cases} \tag{2-49}$$

将上文中的相关参数代入式（2-48）和式（2-49），最终得到T形组合箱形钢板剪力墙的承载力简化计算公式：

$$N=kf_{ck}A_c+f_yA_s \tag{2-50}$$

$$k=\begin{bmatrix}4.89(1+1.35A)^{0.5}+1.79n(1+1.76A)^{0.5}\\+1.94(1+2.06A)^{0.5}-(0.57n+2.04)A\\-1.85n-7.05\end{bmatrix}/(n+4)+1 \tag{2-51}$$

$$A=\frac{f_yt}{af_{ck}} \tag{2-52}$$

式中 f_{ck}——混凝土轴心抗压强度标准值（MPa）；

A_c——核心混凝土总截面面积（mm^2）；

f_y——钢材屈服强度（MPa）；

A_s——钢板腔体总截面面积（mm^2）；

n——两边自由腔体的数量；

t——钢板厚度（mm）；

a——单个腔体边长（mm）。

上式中，k 为由于钢板腔体与核心混凝土组合作用而产生的附加承载力折算得到的提高系数，其影响参数主要有混凝土强度、钢材屈服强度和钢板厚度，与参数分析结果一致。

考虑提高系数 k 的计算公式过于复杂，为便于工程应用，需对其进行简化。统计不同构件对应 k 值的计算结果，本文将提高系数 k 取为平均值 1.13，并通过式（2-50）和式（2-53）计算结果的对比进行验证，如图 2-70 所示。由图 2-70 可知，二者计算得到的构件承载力的最大差值为 4.8%；统计分析表明，二者比值的平均值为 0.999，标准差为 0.026，表明式（2-50）和式（2-53）的计算结果基本相近，提高系数 k 取为平均值 1.13

较为合理。

因此，在满足工程要求精度的前提下，为简化计算，方便工程应用，本书建议将提高系数 k 取为 1.13，即承载力简化计算公式为：

$$N = 1.13 f_{ck} A_c + f_y A_s \tag{2-53}$$

图 2-71 给出了公式（2-53）的计算结果与本文试验结果和参数分析得到的有限元计算结果之间的对比情况。由计算结果可知，由构件承载力简化计算公式（2-53）得到的承载力与试验和有限元结果的最大差值为 5%。可以看出，本书提出的 T 形组合箱形钢板剪力墙构件的截面承载力简化计算公式精度较高，可满足工程应用要求。

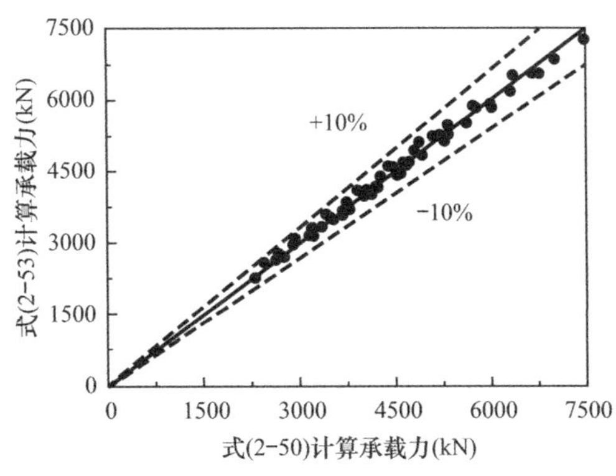

图 2-70　不同构件对应 k 值的计算结果

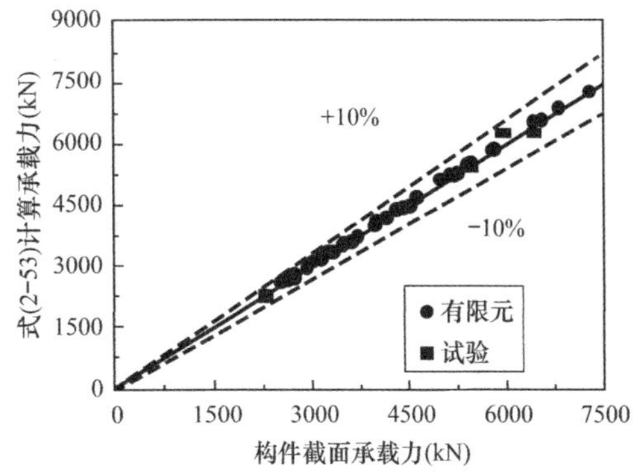

图 2-71　式（2-53）与试验及有限元计算结果对比

为比较简化公式的合理性，本书采用《钢管混凝土结构技术规范》GB 50936—2014 中的矩形钢管混凝土公式［式（2-54）］和文献［7］建议的 T 形钢管混凝土公式［式（2-55）］计算本书所研究的 T 形组合箱形钢板剪力墙构件的截面承载力，计算结果与试验及有限元计算结果的对比情况分别如图 2-72（a）和（b）所示。可以看出，采用式（2-54）计算得到的承载力偏大，二者比值的平均值和标准差分别为 1.077 和 0.019，而采用式（2-55）计算得到的承载力偏小，二者比值的平均值和标准差分别为 0.942 和 0.005。

$$N = (A_c + A_s)(1.212 + B\xi + C\xi^2) f_{ck} \tag{2-54}$$

$$N = 1.05 f_{ck} A_c + f_y A_s \tag{2-55}$$

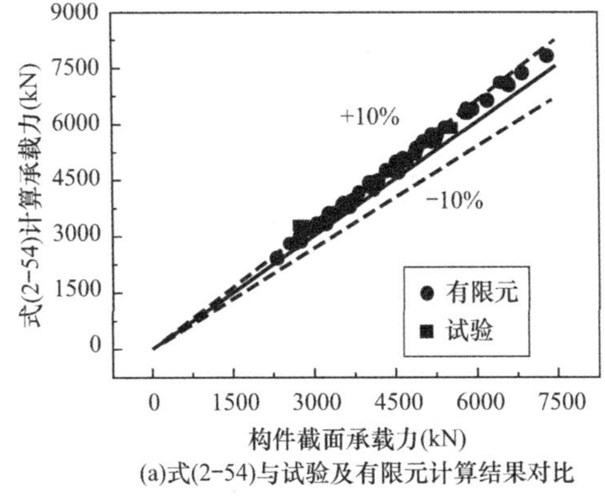

(a)式(2-54)与试验及有限元计算结果对比

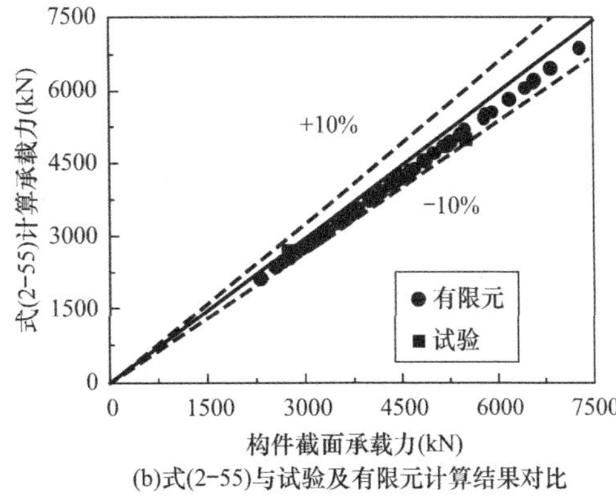

(b)式(2-55)与试验及有限元计算结果对比

图 2-72　不同承载力公式的计算结果

2.9 轴压构件的整体稳定

“一”字形组合箱形平面外稳定在进行组合箱形钢板剪力墙整体稳定性计算过程中，做如下基本假定：

(1) 不考虑混凝土和钢材的组合作用，即其对组合箱形钢板墙承载力的提高无影响；

(2) 混凝土的应力-应变关系按《混凝土结构设计规范》GB 50010—2010（2015 年版）附表 C 选取；

(3) 钢材为理想弹塑性；

(4) 截面应变符合平截面假定。

根据假定 1，轴压承载力 N_p 为钢材和混凝土简单叠加，得：

$$N_p = A_s f_y + A_c f_c \tag{2-56}$$

式中：A_s 为钢板截面面积；A_c 为混凝土截面面积；f_y 为钢材强度设计值；f_c 为混凝土强度设计值。

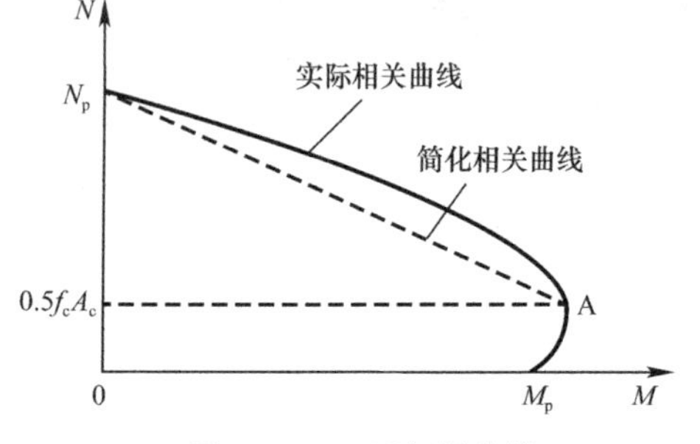

图 2-73 N-M 相关曲线

根据假定和试验结果，可得到截面的压弯作用相关曲线，如图 2-73 所示。

由图 2-73 可见曲线有一拐点 A，在拐点 A 处有：

$$\mathrm{d}M/\mathrm{d}N = 0 \tag{2-57}$$

令中和轴距墙边距离为 x_c，如图 2-74 所示，根据截面塑性极限平衡条件，有：

$$N = x_c \sum t_2 f_y + f_c b_c x_c - (h - 2t_1 - x_c) \sum t_2 f_y \tag{2-58}$$

$$M = f_c b_c x_c (0.5h - t_1 - 0.5x_c) + x_c \sum t_2 f_y (0.5h - t_1 - 0.5x_c) + b t_1 f_y (h - t_1) \tag{2-59}$$

式中：b_c 为混凝土截面宽度；h 为墙体厚度；t_1 和 t_2 为钢板厚度，详见图 2-74。

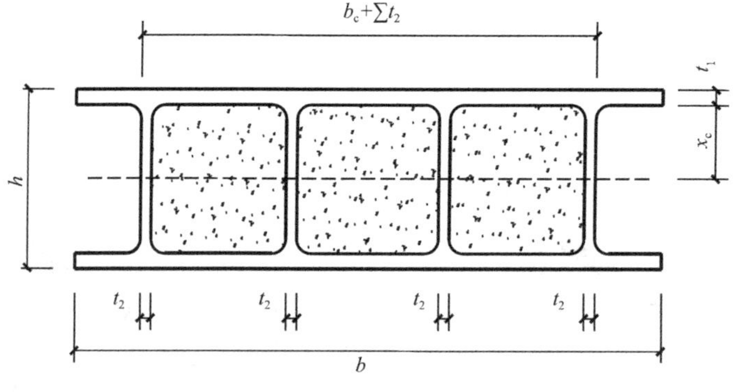

图 2-74 截面参数

将式（2-58）、式（2-59）代入式（2-57），求得曲线 A 点处中和轴距混凝土边缘的距离为：

$$x_c = 0.5h - t_1 \tag{2-60}$$

相应的 A 点对应的轴力和弯矩分别为：

$$N_A = 0.5 f_c A_c \tag{2-61}$$

$$M_A = f_c b_c (h-2t_1)^2/8 + \sum t_2 f_y (h-2t_1)^2/4 + b t_1 f_y (h-t_1) \tag{2-62}$$

记 $N_c = f_c A_c$，$N_s = f_y A_s$，$\alpha_c = N_c/(N_c+N_s)$，$M_{cu} = f_c b_c (h-2t_1)^2/4$，$M_{su} = \sum t_2 f_y (h-2t_1)^2/4 + b t_1 f_y (h-t_1)$。则式（2-61）和式（2-62）表示成：

$$N_A = 0.5 \alpha_c N_p \tag{2-63}$$

$$M_A = M_{su} + 0.5 M_{cu} \tag{2-64}$$

对于实际组合箱形钢板剪力墙，$N \geqslant N_A$，此时 N 和 M 关系近似用直线表示，则有：

$$N/N_p + (1-0.5\alpha_c) M/M_A = 1 \tag{2-65}$$

考虑二阶效应，有：

$$\frac{N}{N_p} + (1-0.5\alpha_c)\frac{N \cdot v_0}{(1-N/N_E)M_A} = 1 \tag{2-66}$$

式中，N_E 为组合箱形钢板剪力墙的欧拉临界力。

$$N_E = \pi^2 (E_s I_s + E_c I_c)/l^2 \tag{2-67}$$

式中，E_s、E_c 分别为钢材和混凝土弹性模量；I_s、I_c 分别为钢材部分和混凝土部分的截面惯性矩。

定义组合箱形钢板剪力墙的等效截面为：

$$A_e = A_s + \frac{E_c}{E_s} A_c \tag{2-68}$$

截面的等效回转半径为：

$$i_e = \sqrt{\frac{E_s I_s + E_c I_c}{E_s A_s + E_c A_c}} \tag{2-69}$$

等效应力：

$$\bar{\sigma} = N/A_e \tag{2-70}$$

等效屈服应力为：

$$\overline{\sigma_y} = N_p/A_e = \frac{A_s + A_c f_c/f_y}{A_s + A_c E_c/E_s} f_y \tag{2-71}$$

等效临界应力为：

$$\overline{\sigma_E} = N_E/A_e = \pi^2 \frac{E_s i_e^2}{l^2} \tag{2-72}$$

令 $\lambda_e = l/i_e$，则式（2-72）表示为：

$$\overline{\sigma_E} = \pi^2 \frac{E_s}{\lambda_e^2} \tag{2-73}$$

等效截面抵抗矩为：

$$W_e = M_A/\overline{\sigma_y} \tag{2-74}$$

将式（2-68）～式（2-74）代入式（2-66）可得：

$$\frac{\bar{\sigma}}{\overline{\sigma_y}} + (1-0.5\alpha_c)\frac{\bar{\sigma} v_0 A_e}{(1-\bar{\sigma}/\overline{\sigma_E}) W_e \overline{\sigma_y}} = 1 \tag{2-75}$$

令 $\eta_0 = (1-0.5\alpha_c)\dfrac{v_0 A_e}{W_e} = (1-0.5\alpha_c)\dfrac{\lambda_e}{250}\dfrac{i_e}{W_e/A_e}$，并求解式（2-75），得：

$$\bar{\sigma}=\frac{\overline{\sigma_{y}}+(1+\eta_{0})\overline{\sigma_{E}}}{2}-\sqrt{\left(\frac{\overline{\sigma_{y}}+(1+\eta_{0})\overline{\sigma_{E}}}{2}\right)^{2}-\overline{\sigma_{y}}\,\overline{\sigma_{E}}} \tag{2-76}$$

稳定系数 $\varphi_0=\bar{\sigma}/\bar{\sigma}_y$，得：

$$\varphi_{0}=\frac{1+(1+\eta_{0})\overline{\sigma_{E}}/\overline{\sigma_{y}}}{2}-\sqrt{\left(\frac{1+(1+\eta_{0})\overline{\sigma_{E}}/\overline{\sigma_{y}}}{2}\right)^{2}-\overline{\sigma_{E}}/\overline{\sigma_{y}}} \tag{2-77}$$

对常用的箱形组合钢板剪力墙进行试算，φ_0 接近《钢结构设计标准》GB 50017—2017 表 D 中 b 类截面稳定系数，因此，设计时箱形组合钢板剪力墙轴心受压的稳定性需满足下式的要求：

$$N\leqslant\frac{1}{\gamma}\varphi N_{u} \tag{2-78}$$

当 $\lambda_0\leqslant0.215$ 时，
$$\varphi=1-a_{1}\lambda_{0}^{2} \tag{2-79a}$$

当 $\lambda_0>0.215$ 时，
$$\varphi=\frac{1}{2\lambda_{0}^{2}}\left[(a_{2}+a_{3}\lambda_{0}+\lambda_{0}^{2})-\sqrt{(a_{2}+a_{3}\lambda_{0}+\lambda_{0}^{2})^{2}-4\lambda_{0}^{2}}\right] \tag{2-79b}$$

式中 φ——轴心受压构件的稳定系数；

N_u——轴心受压时毛截面受压承载力设计值，$N_u=fA_s+f_cA_c$；

a_1、a_2、a_3——系数，按表 2-12 取用；

系数 a_1、a_2、a_3 **表 2-12**

截面类别	a_1	a_2	a_3
b类	0.65	0.965	0.300

λ_0——相对长细比，按式（2-80）计算。

$$\lambda_{0}=\frac{\lambda}{\pi}\sqrt{\frac{f_{y}}{E_{s}}} \tag{2-80}$$

$$\lambda=\frac{l_{0}}{r_{0}} \tag{2-81}$$

$$r_{0}=\sqrt{\frac{I_{s}+I_{c}E_{c}/E_{s}}{A_{s}+A_{c}f_{c}/f}} \tag{2-82}$$

2.10 板件的局部稳定

对于组合箱形钢板剪力墙，由于管内混凝土的存在，钢板屈曲受到限制，仅向外屈曲变形。根据板件的边界约束条件，可分为两种类型，如图 2-75 所示，板件 1 为四周固接，板件 2 为加载边简支，非加载边一边自由而另一边固接，计算简图如图 2-76 和图 2-77 所示。

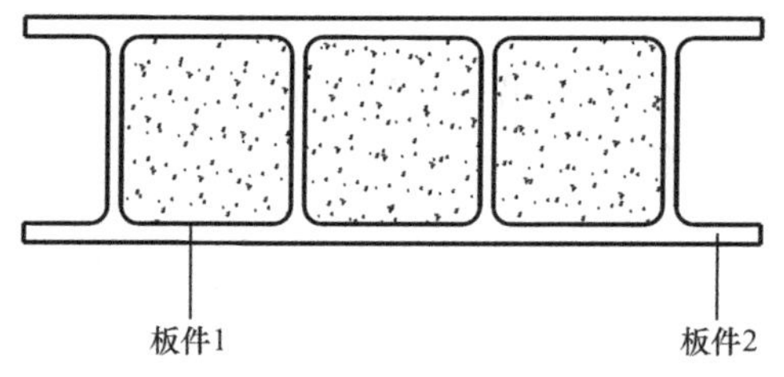

图 2-75 板件位置示意

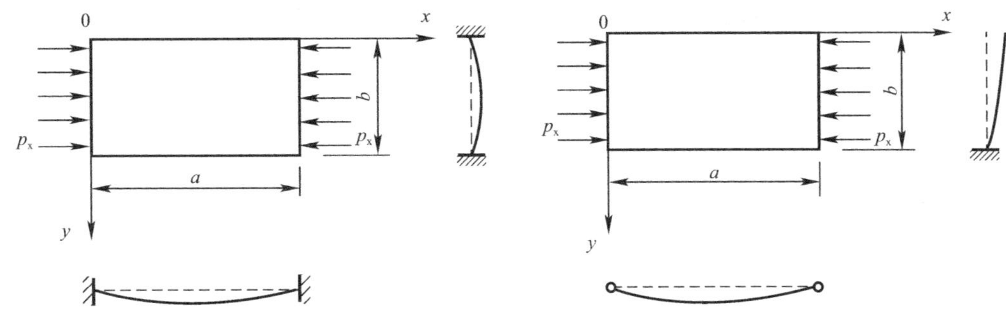

图 2-76　板件 1 受力简图　　　　图 2-77　板件 2 受力简图

板件屈曲采用能量法求解，总势能 Π 为板件的应变能 U 和外力势能 V 之和，即 $\Pi=U+V$，其中，U，V 分别为：

$$U=\frac{D}{2}\int_0^a\int_0^b\left\{\left(\frac{\partial^2 w}{\partial x^2}+\frac{\partial^2 w}{\partial y^2}\right)^2-2(1-\nu)\left[\frac{\partial^2 w}{\partial x^2}\cdot\frac{\partial^2 w}{\partial y^2}-\left(\frac{\partial^2 w}{\partial x\partial y}\right)^2\right]\right\}\mathrm{d}x \tag{2-83}$$

$$V=\frac{1}{2}\int_0^a\int_0^b p_x\left(\frac{\partial^2 w}{\partial x^2}\right)^2\mathrm{d}x\mathrm{d}y \tag{2-84}$$

式中　D——单位长度板的抗弯刚度，$D=\dfrac{E_s t^3}{12\ (1-\nu^2)}$；

ν——钢材泊松比；

t——钢板厚度；

a、b——板件的长度和宽度。

符合板件 1 符合边界条件的挠曲面函数为：

$$w(x,y)=\sum_{m=1}^{\infty}\sum_{n=1}^{\infty}A_{mn}\left[1-\cos\left(\frac{2m\pi x}{a}\right)\right]\cdot\left[1-\cos\left(\frac{2n\pi y}{b}\right)\right] \tag{2-85}$$

取 $m=n=1$，将式（2-85）代入式（2-83）和式（2-84），有：

$$\Pi=\frac{D}{2}A_{11}^2\left[\frac{4\pi^4(3a^4+2a^2b^2+3b^4)}{a^3b^3}-\frac{3\pi^2 b p_x}{2a}\right] \tag{2-86}$$

根据势能驻值原理，$\partial\Pi/\partial A_{11}=0$，可得到板的屈曲荷载为：

$$p_x=\frac{4\pi^2 D}{b^2}\left(\frac{a^2}{b^2}+\frac{b^2}{a^2}+\frac{2}{3}\right) \tag{2-87}$$

令 $p_x=k\pi^2 D/b^2$，则有：

$$k=4\left(\frac{a^2}{b^2}+\frac{b^2}{a^2}+\frac{2}{3}\right) \tag{2-88}$$

当 $a=b$ 时，k 值最小，$k_{\min}=32/3\approx10.67$。令 $p_x/t=f_y$，可得到板件屈曲时宽厚比：

$$b/t=91\sqrt{235/f_y} \tag{2-89}$$

考虑到板件的残余应力等缺陷的影响，比较四边简支板的 $k=4$ 和构件宽厚比限值 $42.2\sqrt{235/f_y}$，相应的板件 1 宽厚比取 $68\sqrt{235/f_y}$，实际设计偏安全考虑可取 $60\sqrt{235/f_y}$。

弹塑性阶段的临界屈曲应力[8] σ_{cr} 为：

$$\sigma_{cr}=\frac{k\pi^2\sqrt{E_s E_{st}}}{12(1-\nu^2)(b/t)^2} \tag{2-90}$$

式中，σ_{cr} 为板件的弹塑性临界应力；E_{st} 为钢材弹塑性阶段的切线模量。按文献［8］，取

$E_{st}=E_s/30$，代入式（2-90），并令 $\sigma_{cr}=f_y$，求得板件 1 弹塑性阶段的宽厚比限值为 $b/t=39.3\sqrt{235/f_y}$。

符合板件 2 边界条件的挠曲面函数为：

$$w(x,y)=\sum_{m=1}^{\infty}\sum_{n=1}^{\infty}A_{mn}\sin\left(\frac{m\pi x}{a}\right)\left[1-\cos\left(\frac{2n-1}{b}\pi y\right)\right] \tag{2-91}$$

取 $m=1$，n 取 1 和 2 两项，将式（2-91）代入式（2-83）和式（2-84），并应用势能驻值原理，$\partial\Pi/\partial A_{11}=0$ 和 $\partial\Pi/\partial A_{12}=0$，得：

$$\begin{aligned}&\left[0.098125\left(\frac{a}{b}\right)^2+0.485-0.71k+0.71\left(\frac{b}{a}\right)^2\right]A_{11}\\&+\left[1.806\left(\frac{b}{a}\right)^2+0.3-1.8067k\right]A_{12}=0\end{aligned} \tag{2-92}$$

$$\begin{aligned}&\left[1.8067\left(\frac{b}{a}\right)^2+0.3-1.8067k\right]A_{11}\\&+\left[2.531\left(\frac{a}{b}\right)^2+7.965-6.043k+6.043\left(\frac{b}{a}\right)^2\right]A_{12}=0\end{aligned} \tag{2-93}$$

令 $\beta=\left(\frac{b}{a}\right)^2$，解式（2-92）和式（2-93）联合方程组，有：

$$k=\frac{1.0\beta^3+3.6547\beta^2+1.1643\beta}{\beta^2}-\frac{0.4872\sqrt{40.7898\beta^2+27.609\beta+4.6920}}{\beta} \tag{2-94}$$

当 $\beta=0.331$ 时，k 值最小，$k=1.207$。令 $p_x/t=f_y$，可得到板件弹性屈曲时的宽厚比为：

$$b/t\leqslant 30.9\sqrt{235/f_y} \tag{2-95}$$

考虑到板件的残余应力等缺陷的影响，比较三边简支板 k 值（0.425）和非厚实构件宽厚比限值 $15\sqrt{235/f_y}$，相应的板件 2 宽厚比取 $25\sqrt{235/f_y}$。实际设计偏安全考虑可取 $20\sqrt{235/f_y}$。将 $k=1.207$ 代入式（2-90）并令 $\sigma_{cr}=f_y$，可计算板件 2 弹塑性阶段的宽厚比限值为 $b/t=13.2\sqrt{235/f_y}$。

参考文献

[1] 钟善桐. 钢管混凝土结构［M］. 3 版. 北京：清华大学出版社，2003：351-352.

[2] 张宁，申彦飞，李攀，等. 多室式钢管混凝土组合 T 形截面中长柱轴压性能研究［J］. 建筑结构学报，2015（36）：254-261.

[3] 郭兰慧. 矩形钢管混凝土构件力学性能的理论分析与试验研究［D］. 哈尔滨：哈尔滨工业大学博士学位论文，2006：66-73.

[4] 聂建国，王宇航. ABAQUS 中混凝土本构模型用于模拟结构静力行为的比较研究［J］. 工程力学，2013，30（4）：59-67.

[5] Tao Z，Wang Z B，Yu Q. Finite element modelling of concrete-filled steel stub columns underaxial compression［J］. Journal of Constructional Steel Research，2013，（89）：121-131.

[6] Mander J B，Priestley M J N，Park R，et al. Theoretical Stress-Strain Model for Confined Concrete［J］. Journal of Structural Engineering，ASCE，1988，114（8）：1804-1826.

[7] 杜国锋，徐礼华，徐浩然，等. 钢管混凝土 T 形短柱轴压力学性能试验研究［J］. 华中科技大学学报（城市科学版），2008，25（3）：188-190.

[8] 陈骥. 钢结构稳定理论与设计［M］. 北京：科学出版社，2001：367-370.

第3章　组合箱形钢板剪力墙压弯性能研究

3.1　引言

实际结构中组合箱形钢板剪力墙处于压、弯、剪复杂受力状态，剪力墙处于竖向轴力和水平剪力产生弯矩的共同作用，特别当剪力墙高度较大，墙肢厚度较薄时，剪力墙存在一定的稳定问题，到目前为止关于组合箱形钢板剪力墙压弯联合作用下受力性能的研究还相对较少，因此有必要进行相关的研究为此类构件的设计提供参考和借鉴。本章通过6片T形组合箱形钢板剪力墙和11片L形组合箱形钢板剪力墙的压弯性能试验，详细分析了试验过程中试件的变形发展过程、荷载-位移关系曲线、荷载-跨中挠度关系曲线以及试件的破坏模式，研究了试件高宽比、截面高厚比等参数对箱型组合箱形钢板剪力墙压弯构件受力性能的影响规律。

3.2　试验准备

3.2.1　参数选择与试件设计

为研究不同参数对组合箱形钢板剪力墙压弯受力性能的影响，共进行了两批试验研究；第一批试件主要针对L形截面构件，共进行了11个压弯构件的试验，墙体厚度为80mm，变化腔体的数量分别为3、5和7，每个腔体为边长80mm的方形截面，L形截面包含3个腔体、5个腔体和7个腔体时截面的边长分别为240mm、400mm和560mm，多腔钢管采用钢板拼焊而成，钢板厚度为2mm，采用Q235钢材，每个腔体钢管的宽厚比满足《矩形钢管混凝土结构技术规程》CECS 159：2004关于钢管宽厚比的要求，钢管内填充C40混凝土；试验中变化试件的高度分别为720mm和1800mm，试验中变化试件的偏心距分别为0、50mm、－50mm，具体试验参数如表3-1所示，表中h表示试件高度，l表示试件腹板方向的墙肢长度，b表示试件翼缘方向的墙肢长度，t_w表示墙肢厚度。

第二批设计了6个T形组合箱形钢板剪力墙，采用Q235钢材、C40混凝土，T形截面翼缘方向为3个腔体，试验中变化腹板方向腔体数量为3和7，单个腔体的截面尺寸为100mm×100mm，钢管壁厚为2mm，满足相关规范关于钢管宽厚比限值的要求。试验中变化构件截面高度分别为400mm、1200mm和1800mm，研究不同高度对构件稳定承载力的影响；进行单向压弯构件的试验，偏心距位于截面对称轴上，对于腔体数量为3的构件，试验中偏心距为50mm，对于腔体数量为7的试件，试验中偏心距取150mm，偏心力作用在T形截面的腹板上，试件的几何尺寸如图3-1、图3-2所示，具体参数如表3-1所示。

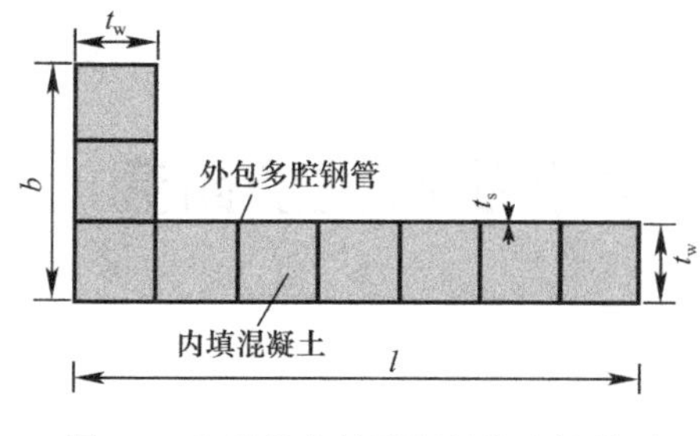

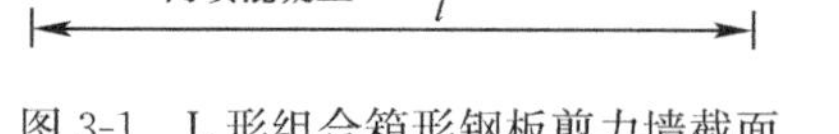

图 3-1　L 形组合箱形钢板剪力墙截面

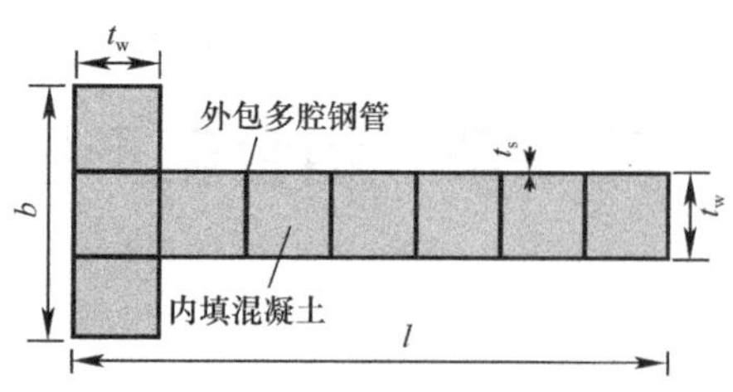

图 3-2　T 形组合箱形钢板剪力墙截面

试件参数设计表　　　　**表 3-1**

序号	试件编号①	高厚比 l/t_w	腹板肢长 l（mm）	宽厚比 b/t_w	翼缘肢长 b（mm）	腔体厚度 t_w（mm）	试件高度 h（mm）	钢板名义厚度 t_s（mm）	偏心距 e（mm）
1	L-3-3-1800-0	3	240	3	240	80	1800	2	0
2	L-3-3-1800-50	3	240	3	240	80	1800	2	50
3	L-5-3-1800-0	5	400	3	240	80	1800	2	0
4	L-5-3-1800-50	5	400	3	240	80	1800	2	50
5	L-5-3-1800--50	5	400	3	240	80	1800	2	−50
6	L-7-3-1800-0	7	560	3	240	80	1800	2	0
7	L-7-3-1800-50	7	400	3	240	80	1800	2	50
8	L-7-3-1800--50	7	400	3	240	80	1800	2	−50
9	L-5-5-1800-0	5	400	5	400	80	1800	2	0
10	L-5-5-1800-50	5	400	5	400	80	1800	2	50
11	L-5-5-1800--50	5	400	5	400	80	1800	2	−50
12	TE7-400	7	700	3	300	100	400	2	150
13	TE7-1200	7	700	3	300	100	1200	2	150
14	TE7-1800	7	700	3	300	100	1800	2	150
15	TE3-400	3	300	3	300	100	400	2	50
16	TE3-1200	3	300	3	300	100	1200	2	50
17	TE3-1800	3	300	3	300	100	1800	2	50

注：① 试件编号命名方法，以 L-3-3-50 为例，L 代表截面形式为 L 形，7 表示截面高厚比为 7，3 表示截面宽厚比为 3，1800 表示试件高度为 1800mm，50 表示对构件施加的偏心距为 50mm；以 TE3-400 为例，T 表示试件截面形状为 T 形，E 表示试件为偏心加载，3 表示试件的截面高厚比为 3，400 表示该试件高度为 400 mm。

对于 L 形截面试件，由于截面形式不对称，会出现双向压弯的情况，为保证加载过程中端部能自由转动，特别加工制作了球铰，球铰包括球头和球槽两部分组成，如图 3-3 所示。试验中通过球铰在试件两端施加竖向荷载，由于球铰的尺寸相对试件截面尺寸较小，在试验过程中为避免加载端部受力较大过早出现破坏，试验中设计并制作了两个加载钢梁，加载钢梁尺寸图如图 3-4 所示。

对于 T 形截面试件，同样设计制作了加载过渡梁实现端部加载时力的均匀分布，加载梁的尺寸如图 3-5 所示，由于 T 形截面加载点位于形心轴上，试件不存在扭转问题，试验中在试件两端采用刀口铰加载。

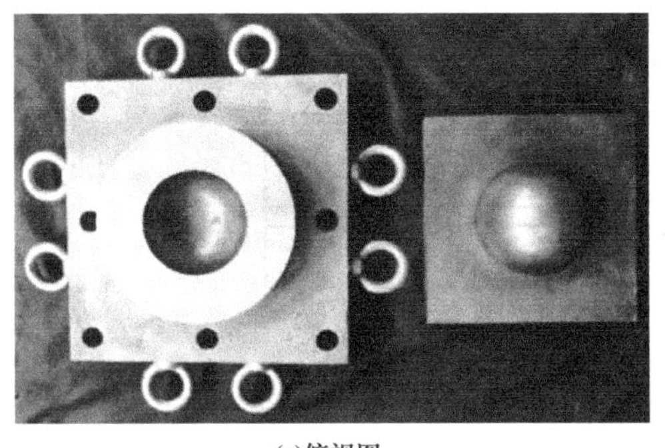
(a)俯视图

(b)侧视图

图 3-3　球铰示意图

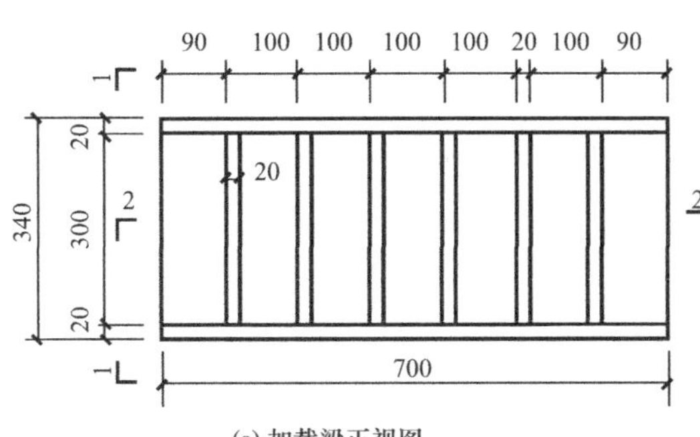

(a) 加载梁正视图

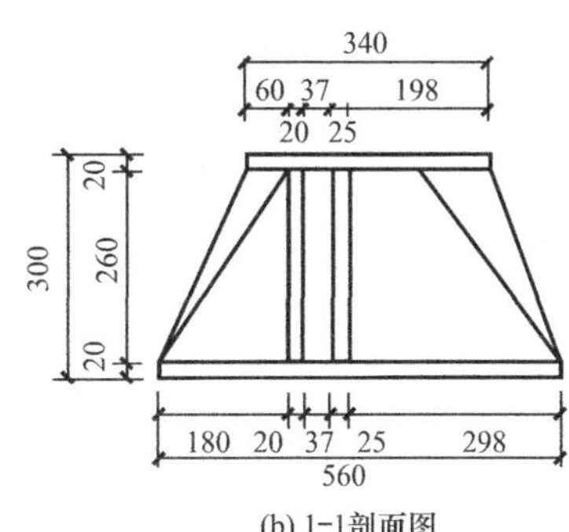

(b) 1-1剖面图

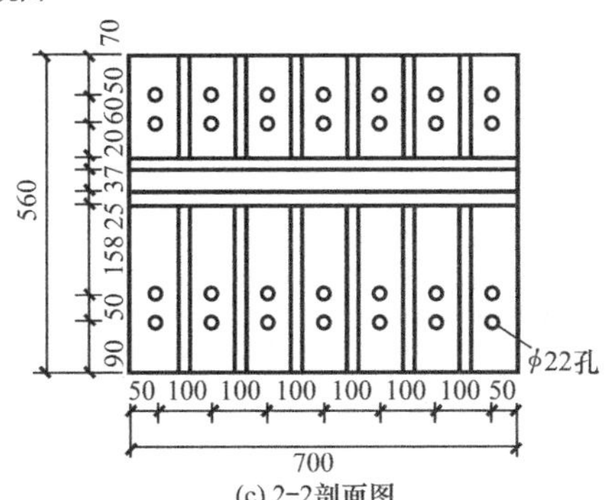

(c) 2-2剖面图

图 3-4　L 形试件试验加载钢梁示意图

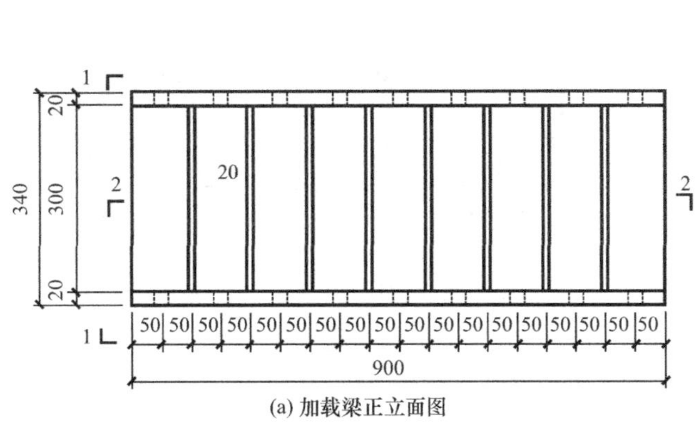

(a) 加载梁正立面图

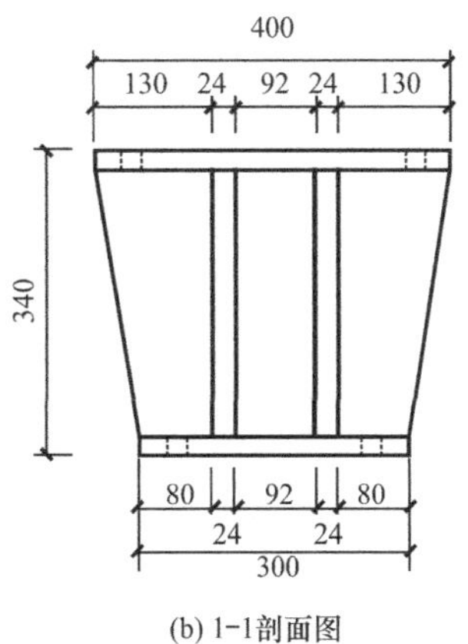

(b) 1-1剖面图

图 3-5　T 形试件试验加载梁加工示意图（一）

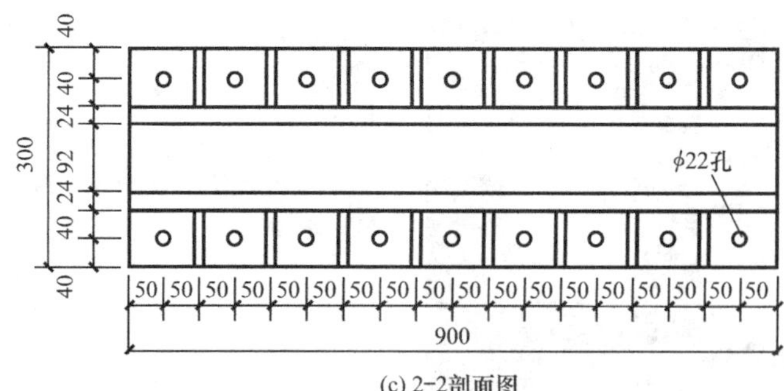

(c) 2-2剖面图

图 3-5　T形试件试验加载梁加工示意图（二）

3.2.2　试件制作

由于缩尺试件钢板取值较薄，焊接过程中构件容易产生较大的初始变形，因此对不同截面形式的构件尝试不同的制作过程。对于L形截面构件，首先将钢板采用冷弯机冷弯成Z形和L形截面，如图 3-6（a）所示，并采用点焊的方式临时固定，为防止焊接变形造成多腔钢管扭转和弯曲变形，采用花焊和翻面交替焊接的方式将Z形钢板和L形试件拼装成多腔钢管，焊缝为熔透焊，如图 3-6（b）所示。而后将一厚度为 12mm 的端板焊接在多腔钢管上，同时为避免试件端部受力不均而过早出现局部屈曲，在试件端部间隔设置加劲肋，加劲肋尺寸为 40mm×40mm×4mm，加工完成的多腔钢管如图 3-6（d）所示。对于第二批T形截面的构件，加工过程中首先将钢板冷弯成U形截面钢构件，通过熔透的焊缝将U形截面钢构件拼接成T形多腔钢管，而后在多腔钢管一端焊接厚度为 16mm 的端板，为避免试件端部应力集中过早出现破坏，在试件端部四周均匀焊接尺寸为 50mm×40mm×2mm 的加劲肋，加劲肋与U型钢之间采用角焊缝连接，加工完成的T形截面构件如图 3-7及图 3-8 所示。

(a) Z形钢板

(b) 点焊拼接示意图

(c) 端板焊接

(d) 720mm高试件

图 3-6　L形组合箱形钢板剪力墙加工流程图（一）

(e) 1800mm高试件

(f) 浇筑混凝土

图 3-6　L 形组合箱形钢板剪力墙加工流程图（二）

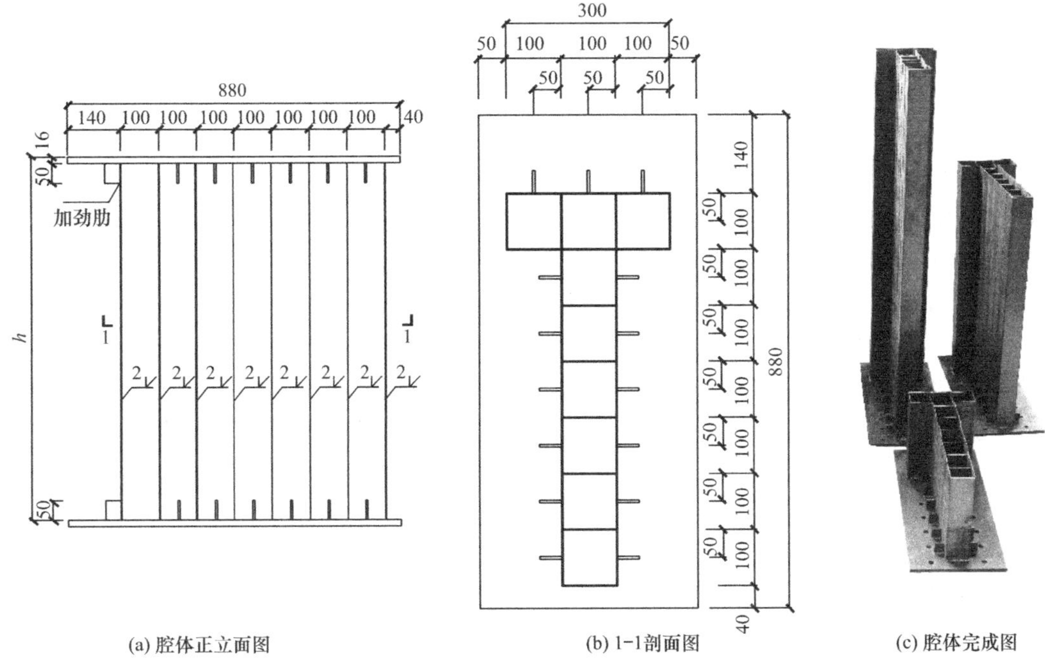

(a) 腔体正立面图　(b) 1-1剖面图　(c) 腔体完成图

图 3-7　T 形组合箱形钢板剪力墙加工示意图

加工完多腔钢管后浇筑墙体内混凝土，在试件浇筑混凝土的同时预留边长为 150 mm 的标准立方体试块和 150mm×150mm×300mm 棱柱体试块各 12 块，并与试件腔体内混凝土进行同条件养护，以测得试件加载时混凝土的强度和弹性模量等力学性能参数。对混凝土表面进行抹平处理，覆盖锡纸和保鲜膜防止水分蒸发过快，隔天浇水保持混凝土表面湿润。养护一周后，对试件顶部的混凝土进行找平处理，用高强石膏抹平，而后在试件顶部焊接另一厚度为 16mm 的端板，在试件上段焊接加劲肋，加劲肋尺寸和布置方式与试件底部相同。

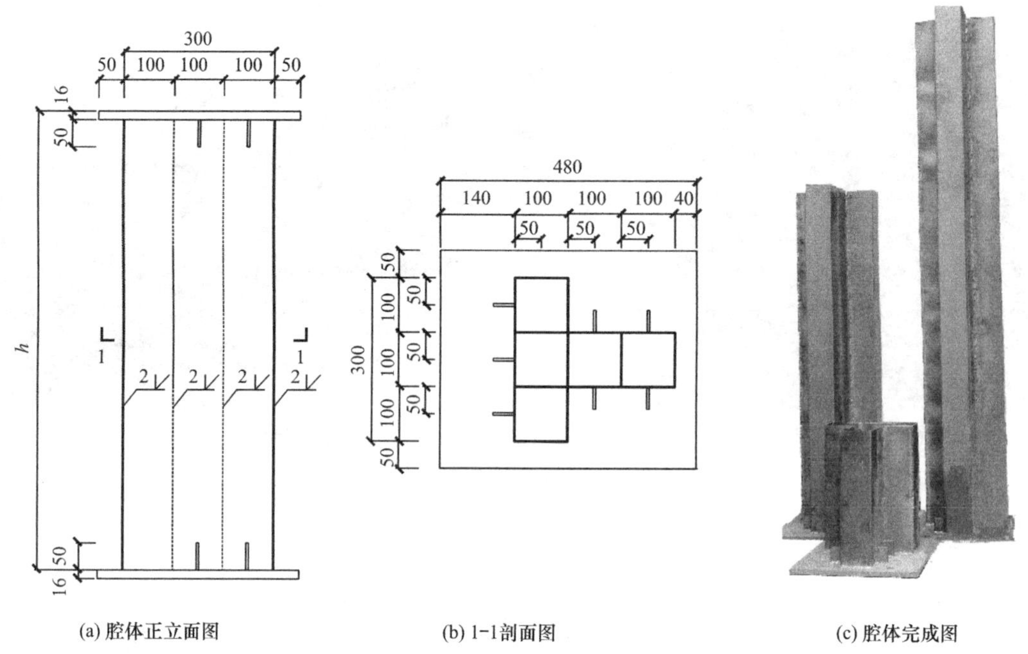

图 3-8　T 形多腔钢-混凝土组合柱加工示意图

3.2.3　材料力学性能

按照规范要求测试混凝土力学性能指标，其中第一批试件混凝土 28d 立方体试块抗压强度平均值 36.3MPa，弹性模量为 2.95×10^4MPa；泊松比为 0.20。第二批试件混凝土 28d 立方体试块抗压强度平均值为 44.4MPa，弹性模量为 2.67×10^4MPa，泊松比为 0.21。

按照《金属材料 拉伸试验 第 1 部分：室温试验方法》GB/T 228.1—2010 的规定，测量钢材力学性能指标，其中第一批试件钢材屈服强度平均值为 321.8MPa，极限抗拉强度平均值为 467.8MPa，钢材的弹性模量为 2.03×10^5MPa；泊松比为 0.28。第二批钢材屈服强度平均值为 299.7MPa，钢材抗拉强度平均值为 415.6MPa，钢材的弹性模量为 2.06×10^5MPa，泊松比为 0.30。

3.2.4　加载及测量装置

试验在大型压力试验机上进行，对于 L 形截面构件，先完成试件与上下加载钢梁通过高强度螺栓连接，再将试件放置于连接在压力机上的球铰之间，如图 3-9（a）及图 3-9（b）所示。球铰的球头通过如图 3-9（b）所示的预设孔洞与实验装置的上下加载板连接，球槽通过如图 3-9（a）所示的孔与加载钢梁上端开设的孔连接；球头位于试验装置几何中心，球槽可变化与加载钢梁的相对位置，从而实现偏心荷载的施加。对于第二批 T 形截面构件，通过在压力机上下加载板配套刀口铰模拟偏心加载的边界条件，刀口铰上锯齿形凹槽的间距为 25mm，可以实现不同偏心距的加载。T 形多腔钢-混凝土组合剪力墙试件需先用高强螺栓与加载梁连接，并将卯榫焊接在上下加载梁中心，试件上下端板（上下加载梁）中心凸出的卯榫分别嵌入刀口铰加载板中心设置的圆孔内，防止试件失稳，试验加载装置见图 3-10。

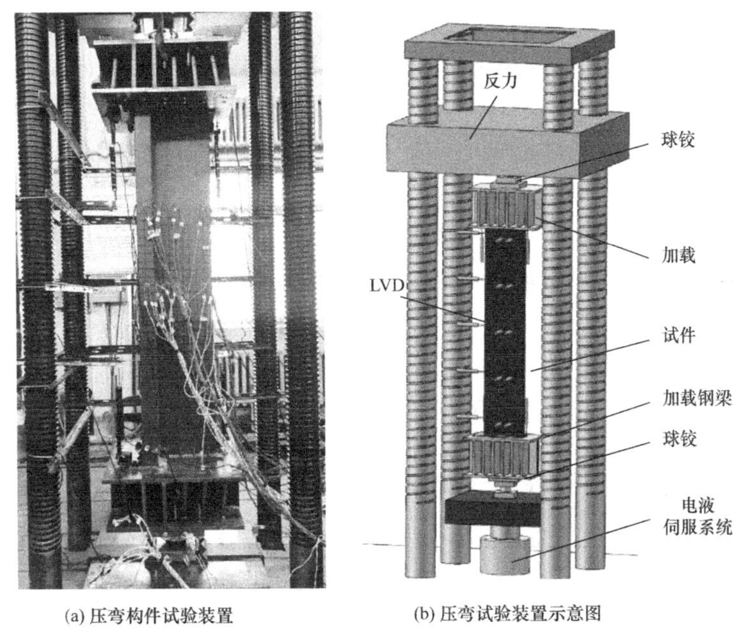

(a) 压弯构件试验装置　　(b) 压弯试验装置示意图

图 3-9　球铰加载装置

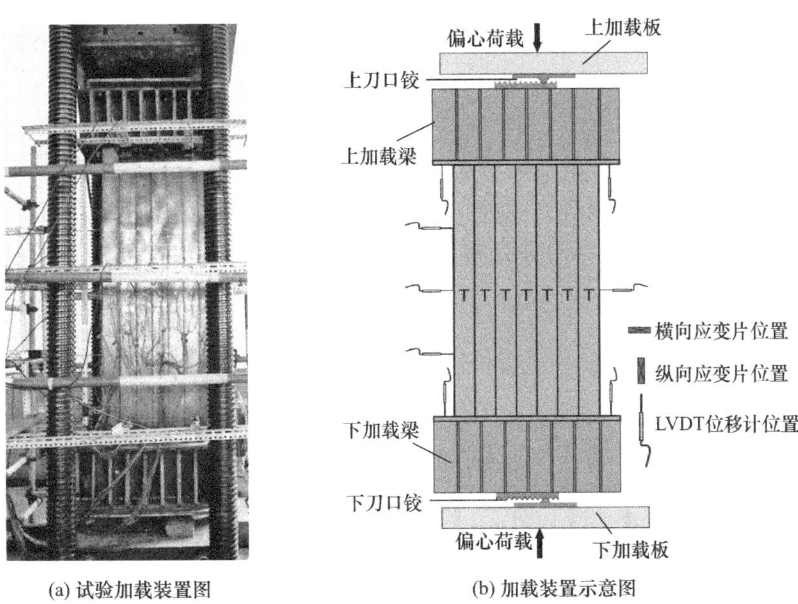

(a) 试验加载装置图　　(b) 加载装置示意图

图 3-10　刀口铰加载装置示意图

对于 L 形截面构件，为测量试件的纵向变形，在上下底板分别布置两个位移计，通过位移计差值得到纵向位移，位于斜对角的两组纵向位移计连线通过加载点，如图 3-11（a）所示。由于 L 形截面试件在变形时可能会出现沿偏心方向的面内水平位移和面外水平位移，因此，需在两个平面内布置水平位移计，位移计布置在试件顶部、底部以及四分点处；同时，由于截面为 L 形截面试件有出现扭转的可能，通过在同一高度处布置两个水平位移计来测得扭转角，并在不同高度布置成对位移计以确定构件是否为整体扭转，如

图 3-11（b）所示。对于第二批 T 形截面构件，试件底部和顶部加载板分别布置 2 个 LVDT 位移计，分别测量底部和顶部加载板的位移，得到试件的纵向位移；考虑高度为 400 mm 的试件上下端板之间的距离有限，在上下端板之间布置两个位移计，以测量试件的轴向位移。为测量试件沿偏心方向的横向位移，沿试件高度垂直于刀口铰方向的翼缘侧的四分点处均匀布置 3 个或 5 个 LVDT 位移计；同时，在腹板侧的中部布置 1 个 LVDT，测量试件对称轴平面内横向弯曲挠度。对于高度为 1200mm 和 1800mm 的试件，在垂直于偏心方向的试件两端及中截面共布置 3 个位移计，用于监测试件平面外位移。

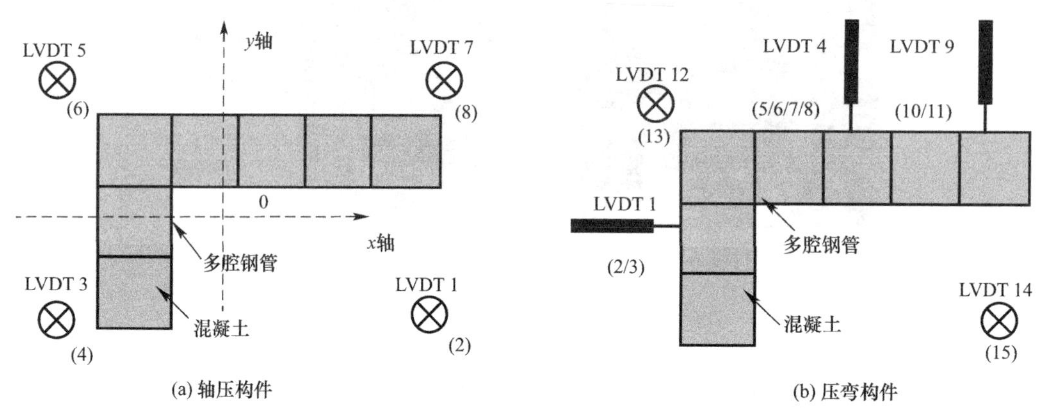

图 3-11　L 形截面构件位移布置图

为了监测试验过程中试件的受力状态，在试件跨中各腔体中部布置纵向应变片和横向应变片，并对构件的不同侧面进行编号，以方便描述试验现象，L 形截面构件在间隔的腔体中间布置应变片，T 形截面构件在每个腔体中间布置应变片，具体位置如图 3-12 及图 3-13 所示。

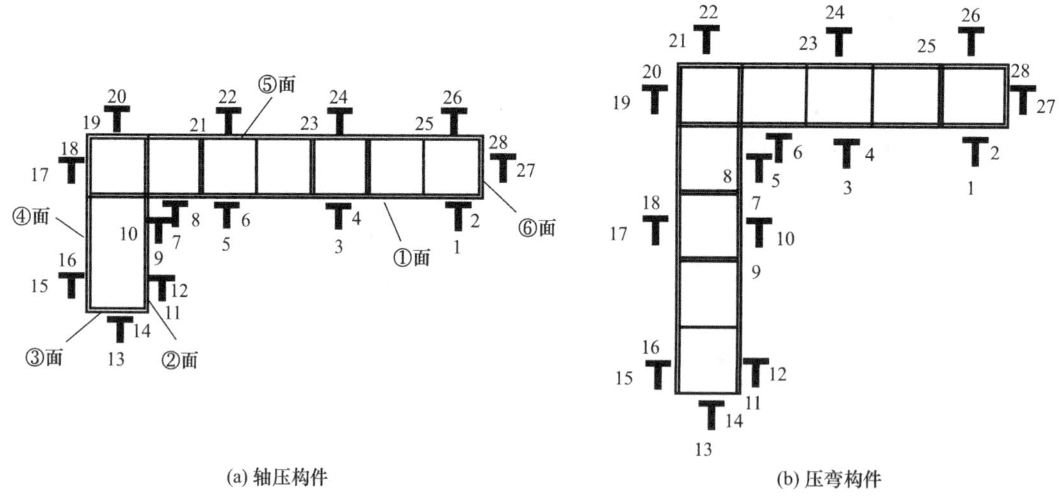

图 3-12　L 形截面构件应变片布置图

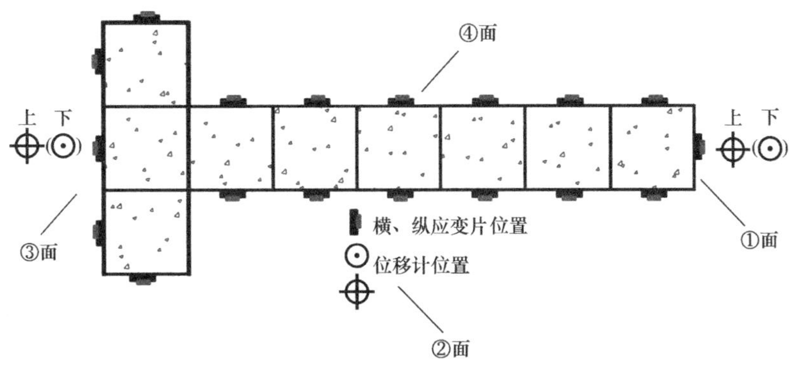

图 3-13　T 形截面构件测量仪器布置图

3.2.5　加载制度

参照《混凝土结构试验方法标准》GB/T 50152—2012 的相关规定，试验采用分级分阶段加载的方法。构件屈服前（约 70%的峰值荷载），通过力控制进行加载，分五级加载至屈服荷载，荷载加载速度为 0.05MPa/s，每级荷载持荷 1min；构件屈服后，加载方式由力荷载控制加载转为位移控制加载，加载速度为 2000με/s，由于持荷会影响塑性变形的开展，此阶段不对构件进行持荷；试件承载力下降至 75%的峰值承载力或者多腔钢管产生较为严重的焊缝撕裂时，停止加载。

3.3　试验现象

3.3.1　L 形截面构件试验现象

L 形截面压弯构件的偏心方向沿着如图 3-11（a）所示的 x 轴，第一批试验中的偏心距取为+50mm、0 和−50mm。根据试验结果，可以看出压弯构件试验现象和破坏过程较为相似，主要表现为多腔钢管的局部屈曲和试件的整体变形。

以试件 L-7-3-1800-50 作为典型构件对其试验现象及破坏模态进行阐述，试件 L-7-3-1800-50 截面的高厚比为 7，即沿长边方向有 7 个腔体；截面宽厚比为 3，即沿短边方向有 3 个腔体，构件高度为 1800mm，试件的偏心距为 50mm。当试件加载至 500～900kN 时，试件发出的“咔咔”声，可能是钢板和混凝土之间的粘结力被克服，多腔钢管和混凝土之间有相对滑移的趋势造成的响声，这里与轴压构件的粘结破坏在较短的荷载区间内发生的现象有所不同，原因是压弯构件在偏心荷载作用下截面受力不均匀；荷载加载至 1400kN（$0.73N_u$）左右时，编号为 6 的钢管表面率先出现鼓曲，鼓曲位置距离粘贴应变片处大约 100mm（1 格），如图 3-14（a）所示，这是由于偏心距的存在，使得 6 面受力最大；当荷载加载至 1700kN（$0.89N_u$）左右时，6 面钢板鼓曲部位进一步增多，位于应变片上方 240mm 和下方 320mm 处，原钢板鼓曲处鼓曲程度加剧；当荷载加载至 1800kN（$0.95N_u$）左右时，1 面出现如图 3-14（b）所示的多波鼓曲，多波鼓曲几乎在同一级荷载下产生，这是由于面内压弯承载力大于面外承载力，构件出现面外失稳现象造成的；当荷载加载至峰值荷载 1900kN（N_u）时，3 面临近应变片处的钢板开始出现鼓曲，3 面鼓曲滞后于 1 面的鼓曲出现的原因是 1 面受到两个方向弯矩作用是叠加的，而 3 面受到两个方向的弯矩作用是相互抵消的；超过峰值承载力后，随着变形的增加构件所能承受的荷载逐渐降低，多波鼓曲开始陆续出现在 1 面、2 面、3 面和 6 面，如图 3-14（a）和（b）所示，而 4 面和 5 面几乎没有鼓曲，仅 4 面和 3 面交界处会出现少许鼓曲，如图 3-14（c）和（d）所示。试件整体表现为面外的弯曲破坏，变形最大处位于中部偏下，这可能是试件存在一定的初始几何缺陷所造成的。

试验结束后，将 1 面的钢板剥离，可以看到钢板鼓曲处的混凝土被压溃，且 1 面与 6 面交界处的混凝土破碎程度最大，1 面和 2 面交界处的混凝土破碎程度最小，如图 3-14（e）所示，这是由于构件在压弯荷载作用下，中和轴附近的受力较边缘处小。

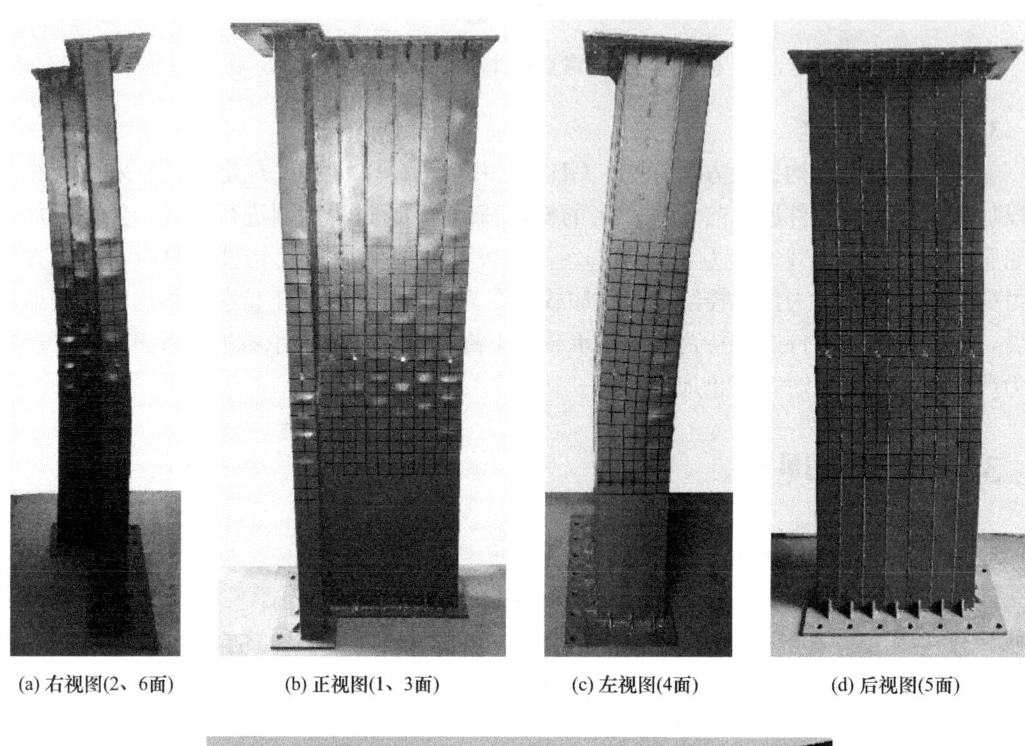

(a) 右视图(2、6面)　(b) 正视图(1、3面)　(c) 左视图(4面)　(d) 后视图(5面)

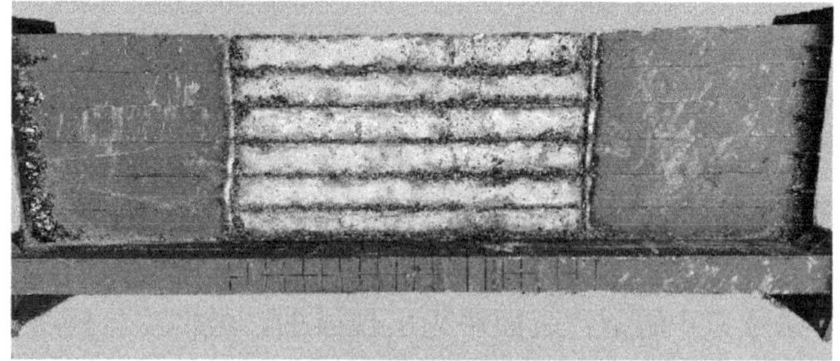

(e) 1面混凝土破坏情况

图 3-14　试件 L-7-3-1800-50 破坏现象

试件 L-5-3-1800-50 出现了与试件 L-7-3-1800-50 较为相似的破坏模态，产生了面外挠曲变形，伴随着多腔钢板的局部屈曲，而试件 L-5-5-1800-50 和 L-3-3-1800-50 的破坏模态与试件 L-7-3-1800-50 的破坏模态有所区别，由于面内刚度和面外刚度相同，试件 L-5-5-1800-50 和 L-3-3-1800-50 在压弯荷载作用下发生的是面内挠曲变形；同时，钢板产生了局部屈曲，如图 3-15 和图 3-16 所示。

(a) 右视图(2、6面)　(b) 正视图(1、3面)　(c) 左视图(4面)　(d) 后视图(5面)

图 3-15　试件 L-5-5-1800-50 破坏现象

(a) 右视图(2、6面)　(b) 正视图(1、3面)　(c) 左视图(4面)　(d) 后视图(5面)

图 3-16　试件 L-3-3-1800-50 破坏现象

图 3-17、图 3-18 和图 3-19 分别为试件 L-7-3-1800--50、L-5-3-1800--50 和 L-5-5-1800--50 的破坏模式和内部混凝土的破坏情况，可以看出，压弯构件在偏心距为－50mm 的情况下表现为整体的弯曲破坏及多腔钢管的屈曲破坏，内填混凝土在受压区被压溃。图 3-17 和图 3-18所表现出来的弯曲模态与图 3-14 所表现出的弯曲模态呈现相反状态，这是由于受压区混凝土受到多腔钢管的约束作用，混凝土进入强化阶段后，受约束混凝土的割线模量会高于未受约束混凝土的割线模量[1]，此时由模量计算而得的形心会发生如图 3-20 所示的变化，而加载点位置保持不变，那么压弯荷载会使得试件后期有双向压弯的趋势，形心移动的不同造成了变形不同，形心计算方法如式（3-1）所示。

$$d=\left(\sum_{i=1}^{n}E_{ci}A_{ci}d_{ci}+\sum_{j=1}^{n}E_{sj}A_{sj}d_{sj}\right)\Big/\left(\sum_{i=1}^{n}E_{ci}A_{ci}+\sum_{j=1}^{n}E_{sj}A_{sj}\right) \tag{3-1}$$

式中 d——形心点距离所选起始点的位置（mm）；

E_{ci}、E_{sj}——第 i 部分混凝土和第 j 部分钢材的弹性模量（MPa）；

d_{ci}、d_{sj}——第 i 部分混凝土和第 j 部分钢材形心距离起始点的距离（mm）；

A_{ci}、A_{sj}——第 i 部分混凝土和第 j 部分钢材的面积（mm^2）。

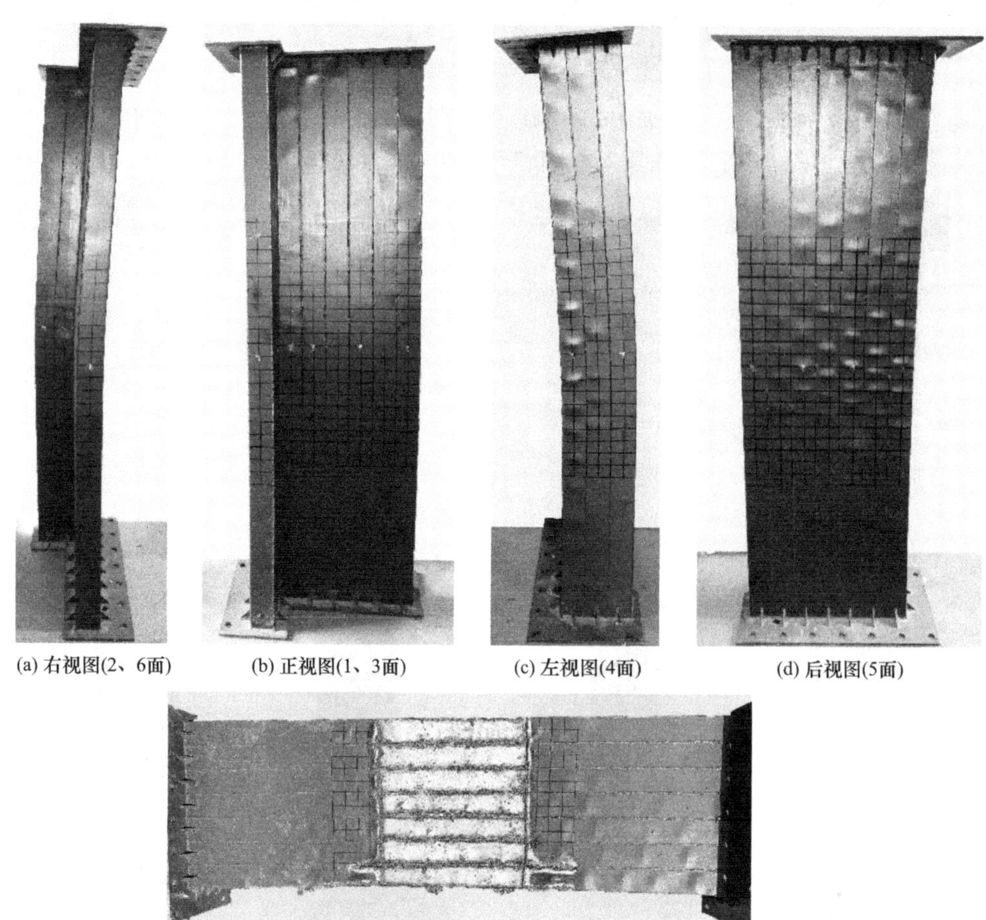

图 3-17 试件 L-7-3-1800--50 破坏现象

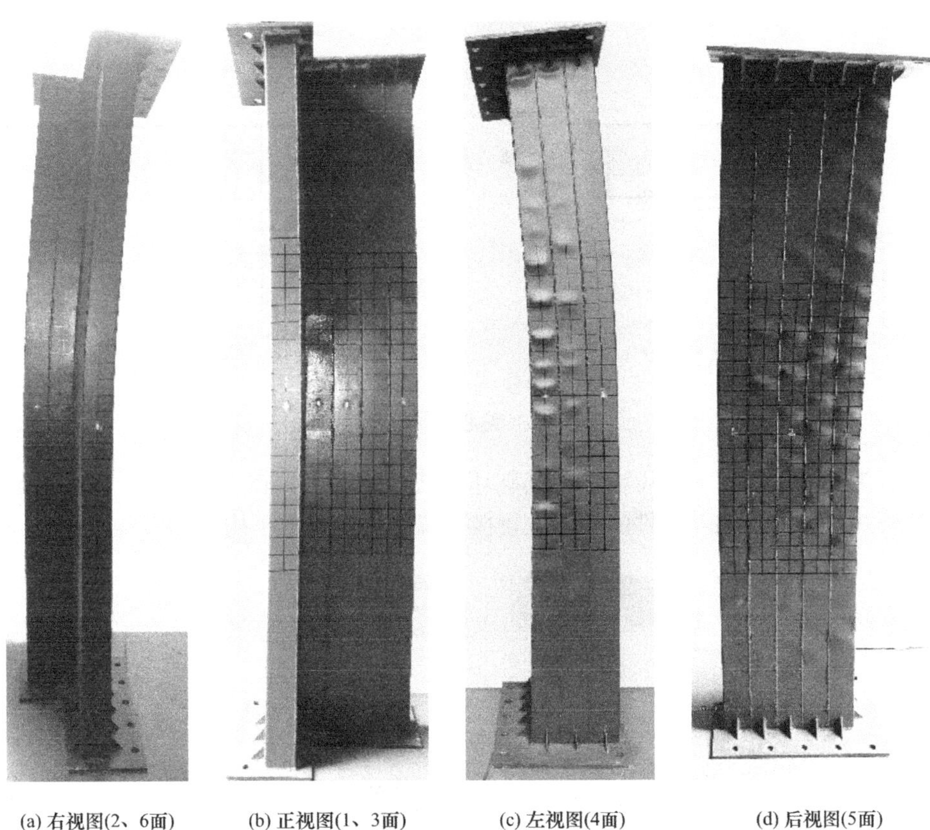

(a) 右视图(2、6面)　(b) 正视图(1、3面)　(c) 左视图(4面)　(d) 后视图(5面)

图 3-18　试件 L-5-3-1800--50 破坏现象

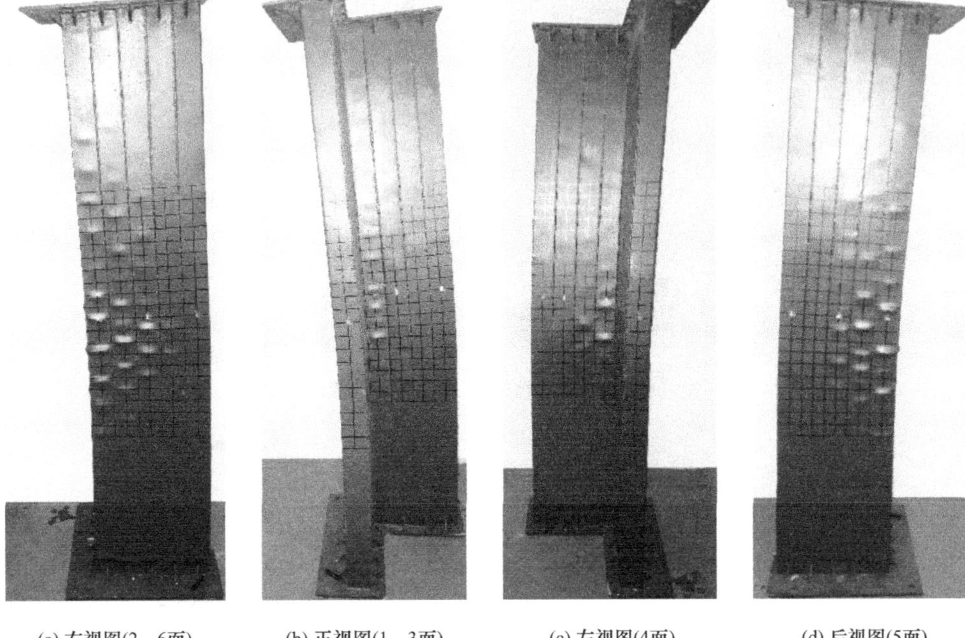

(a) 右视图(2、6面)　(b) 正视图(1、3面)　(c) 左视图(4面)　(d) 后视图(5面)

图 3-19　试件 L-5-5-1800--50 破坏现象

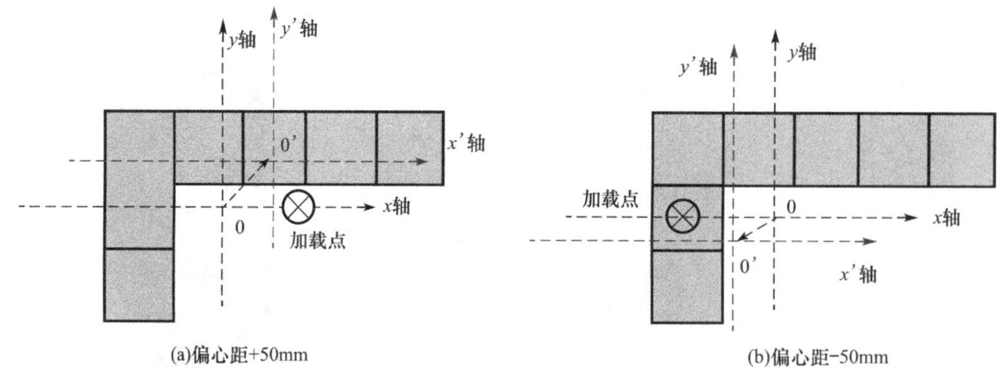

图 3-20 偏心移轴现象

偏心距为 0 的试件即为轴压构件，其破坏模式较为相似，图 3-21 和图 3-22 为试件的典型破坏模式。由图可知，构件的破坏位置接近端部，这是由于构件处于轴压状态，破坏

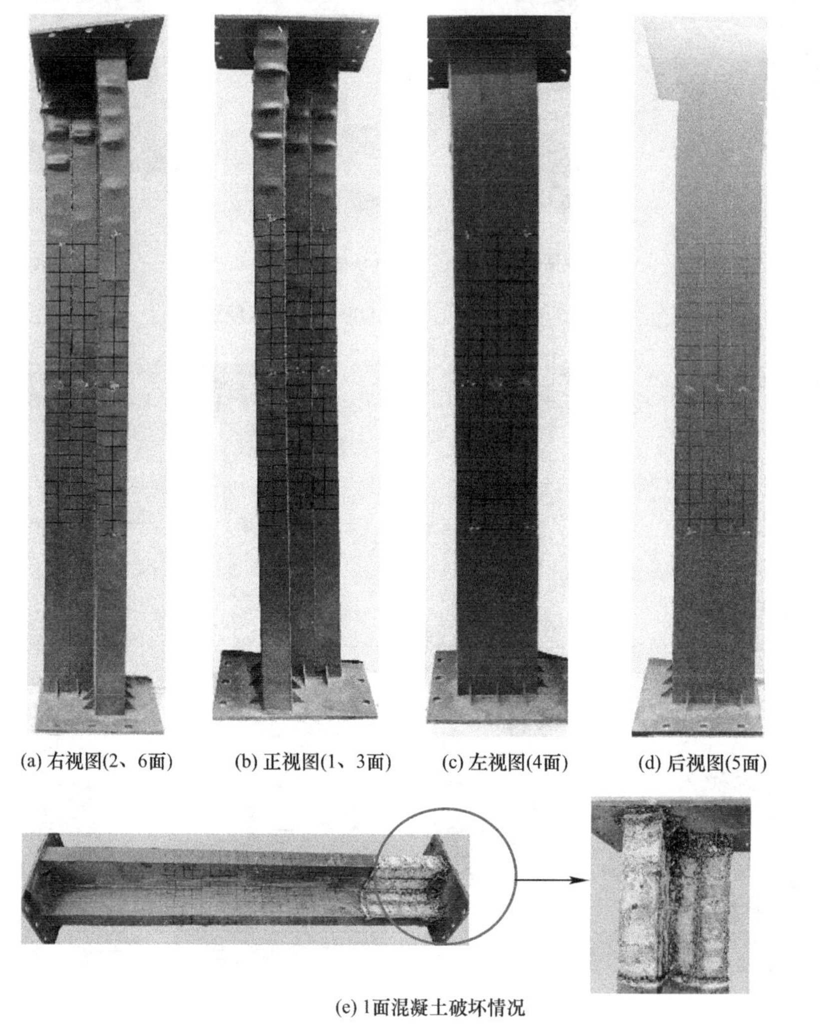

图 3-21 试件 L-3-3-1800-0 破坏现象

模式主要由试件浇筑时的相对薄弱点决定的。钢板剥离后的内部混凝土情况如图 3-21（e）所示，可以看出混凝土浇筑密实，混凝土呈现压溃破坏。

(a) 1面钢板鼓曲

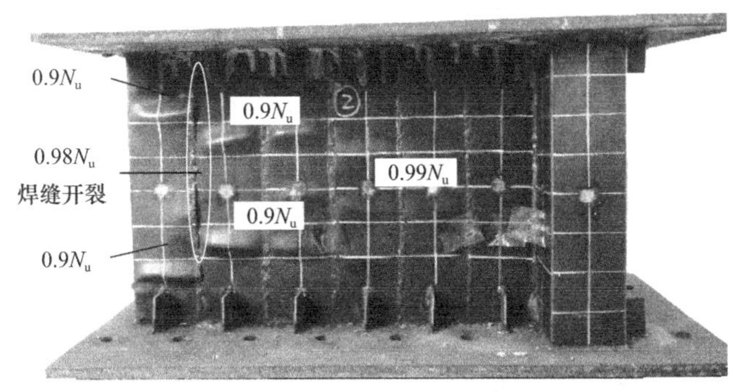

(b) 2面钢板鼓曲

(c) 3面钢板鼓曲

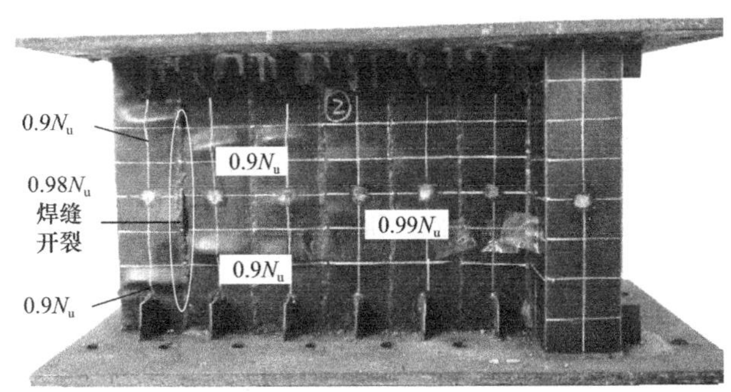

(d) 4面钢板鼓曲

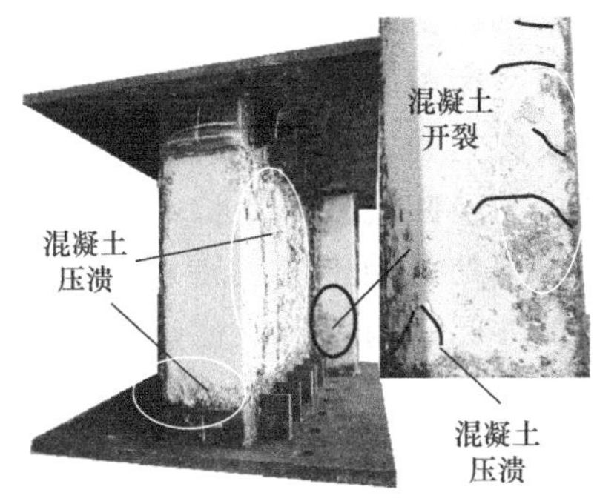

(e) 1面和2面混凝土破坏

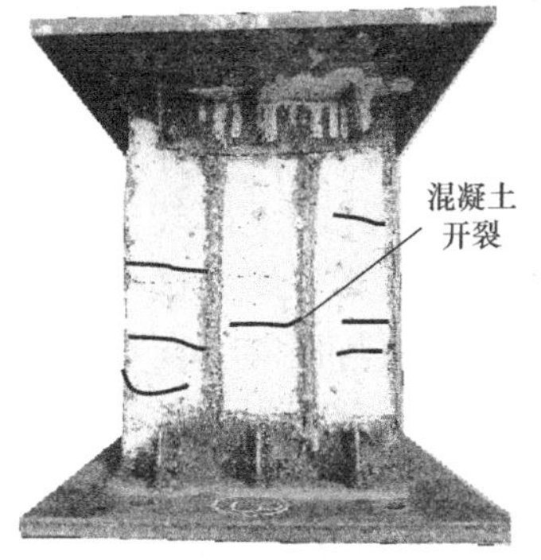

(f) 3面混凝土破坏

图 3-22　试件 TE7-400 破坏模式

3.3.2　T 形截面构件试验现象

各 T 形短肢多腔钢-混凝土组合剪力墙试件的破坏过程及试验现象较为相似。在加载初期（0.6N_u 前，N_u 为试件的偏压承载力），试件跨中挠度随荷载的增长基本上呈线性增长，试件未出现明显的鼓曲现象；当受压钢板边缘纤维进入弹塑性阶段［（0.6～0.8）N_u］后，随荷载的增加，试件中截面的应变和跨中挠度的增大速率提高，部分受压腹板钢板开始产生鼓曲现象，且钢板鼓曲从腹板受压边缘逐渐向翼缘方向扩展，由测得的钢材应变可知，受拉边缘钢板仍处于弹性阶段。试件达到峰值荷载前，即使部分受压钢板发生鼓曲，试件所承担的荷载仍可不断增加；试件达到峰值荷载后，试件的跨中挠度迅速增大，荷载下降较快，在整个破坏过程中试件表现出较好的延性。试验结束时，腹板受压钢板发生多波鼓曲，最终发生整体弯曲破坏模式。将外包钢管剥开，发现钢管鼓曲部位的混凝土被压溃，压溃区域的混凝土呈碎片状，并且随钢板产生了外凸变形，受拉边缘的核心混凝土产生了明显的横向裂缝。

以试件 TE7-400 为例，介绍 T 形短肢多腔钢-混凝土组合剪力墙的破坏过程，如图 3-22所示。当试件在荷载加载至 $0.61N_u$（2500kN）左右时，试件腹板 1-2 面的钢板在距下端（此试件加载时下端为试件浇筑的上端）50mm 处发生鼓曲，这是由于试件浇筑上端的盖板未与腔体内隔板焊接，试件的内隔板在加载初期未承担纵向荷载，使外部钢板所承担的荷载较大，同时该处钢板与混凝土在加载前略有脱空现象且未焊接加劲肋，易使钢板较早产生鼓曲；当荷载上升至 $0.9N_u$（3650kN）左右时，试件腹板的中下部和中上部钢板开始发生鼓曲［图 3-22（a）、（b）和（d）］；当荷载上升至 $0.98N_u$（4000kN）左右时，试件腹板 2 面和 4 面的钢板继续向翼缘方向鼓曲；对试件继续施加荷载，在之后的荷载上升段和下降段过程中，钢板未产生新的局部鼓曲，但试件腹板 1-2、2-1 和 4-1 面中下部已经发生鼓曲的钢板，其屈曲程度加剧；当荷载降至 $0.98N_u$（4000kN）左右时，2-1 和 2-2 面交接处的焊缝在距试件顶部 8mm 及距底部 8mm 和中部 15～20mm 之间开始撕裂。由于焊缝开裂早，之后试件卸载速度较快，当荷载降至 $0.66N_u$（2700 kN）左右时，焊缝开裂更加严重，腹板已屈曲钢板的鼓曲程度继续加剧，并发出响声，试件加载停止，试件在加载结束时挠曲变形不是很明显，这是由于试件 TE7-400 试件高宽比较大，二阶效应的影响较小。试件在整个加载过程中，翼缘外侧和内侧钢板均未出现鼓曲［图 3-22（a）和（c）］；试验结束后，观察到试件腹板钢板发生多波鼓曲，波长约为 1 倍的单个腔体钢板宽度，腹板 2 面上部和下部的钢板发生鼓曲的位置基本对称分布，上部和下部钢板鼓曲的程度基本相同，但 4 面底部钢板的鼓曲程度比其上部较显著，且该面上下部钢板的鼓曲位置不对称，这可能是由于该试件加载时其下端为试件混凝土浇筑时的上端，该处混凝土浇筑质量略差，试件 4 面底部的钢板与混凝土在加载前出现脱空现象［试件标三角符号位置，见图 3-22（d）］，因此 4 面底部钢板的鼓曲较上部显著。

将 1、2 和 3 面钢板剥离，可以观察到钢板压曲处对应的混凝土被压溃［图 3-22（e）］，且压溃区域的混凝土呈碎片状；试件 2-7 面翼缘内侧混凝土被轻微压裂，翼缘外侧存在若干受拉横向裂缝，这说明翼缘内侧受压、外侧受拉，试件受压区进入翼缘；3 面翼缘中部混凝土开裂，分布着一条贯通的横向裂缝［图 3-22（f）］，这是由于翼缘外侧受拉，相应部位的混凝土受拉破坏。

图 3-23 和图 3-24 为试件 TE7-1200（$e=150$mm）和 TE7-1800（$e=150$mm）破坏后部分典型立面钢板的破坏模式和钢板剥开后内部混凝土的破坏情况。可以看出，试件 TE7-1200 的破坏部位在试件的跨中截面，TE7-1800 的破坏截面位置在试件浇筑时上端的端部；试件 TE7-1200 和 TE7-1800 破坏时产生了明显的整体挠曲变形，试件腹板沿高度方向发生多波鼓曲；整个试验过程中，试件在平面外未产生明显的挠曲变形。

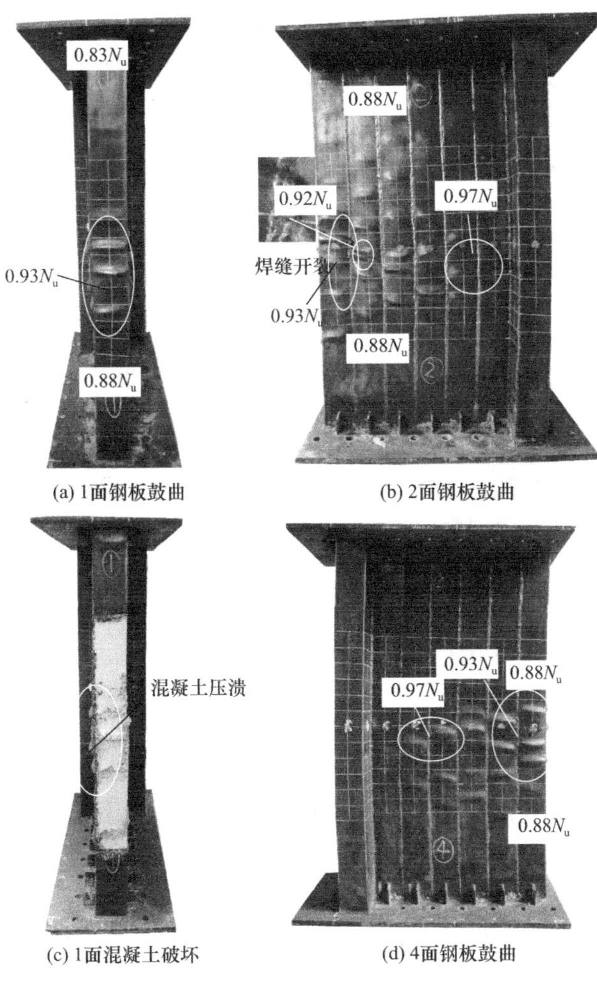

(a) 1面钢板鼓曲　(b) 2面钢板鼓曲

(c) 1面混凝土破坏　(d) 4面钢板鼓曲

图 3-23　TE7-1200 破坏模式

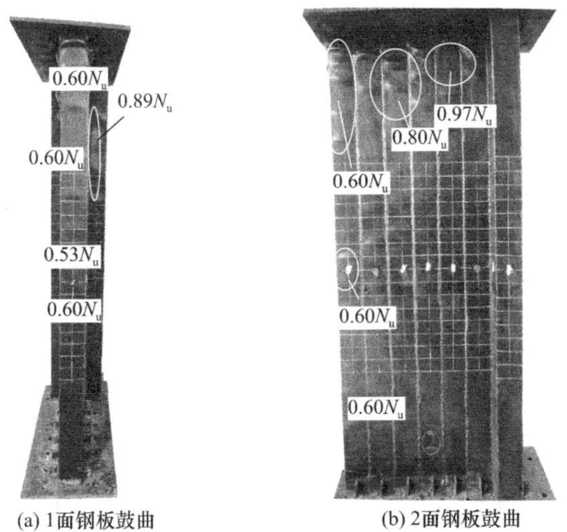

(a) 1面钢板鼓曲　(b) 2面钢板鼓曲

图 3-24　试件 TE7-1800 破坏模式（一）

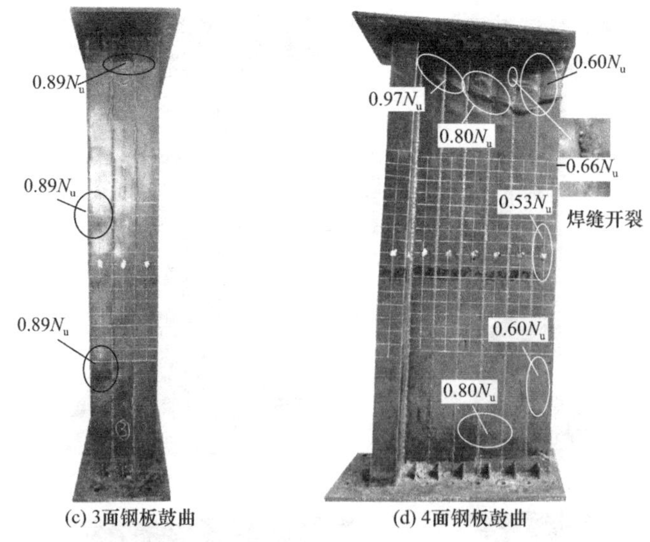

(c) 3面钢板鼓曲　　(d) 4面钢板鼓曲

图 3-24　试件 TE7-1800 破坏模式（二）

3.4　试验结果分析

3.4.1　L 形试件荷载-跨中水平位移关系曲线

采用荷载-跨中挠度关系曲线来表征压弯构件的受力性能，荷载由液压压力机的力传感器直接得到，跨中挠度由布置在试件高度中间的水平位移计测得，得到的荷载-跨中挠度关系曲线如图 3-25 所示，位移为负值表明试件出现不同方向的挠曲变形。由试件的荷载-跨中挠度关系曲线可以得到压弯力学性能指标，见表 3-2。表 3-2 中，SI 为强度因子，用来表征同一参数下不同偏心距对承载力的变化情况，SI 的计算式为：

$$SI = N_i / N_a \tag{3-2}$$

式中　N_i——编号为 i 的试件承载力（kN）；

　　N_a——与编号 i 试件参数相同但偏心距为 0 的试件承载力（kN）。

对于同一组试件，随着偏心距的增加，荷载-跨中挠度关系曲线弹性段斜率减小，试件刚度会有所下降，试件峰值承载力降低，峰值位移会相应增加，下降段趋于平缓。

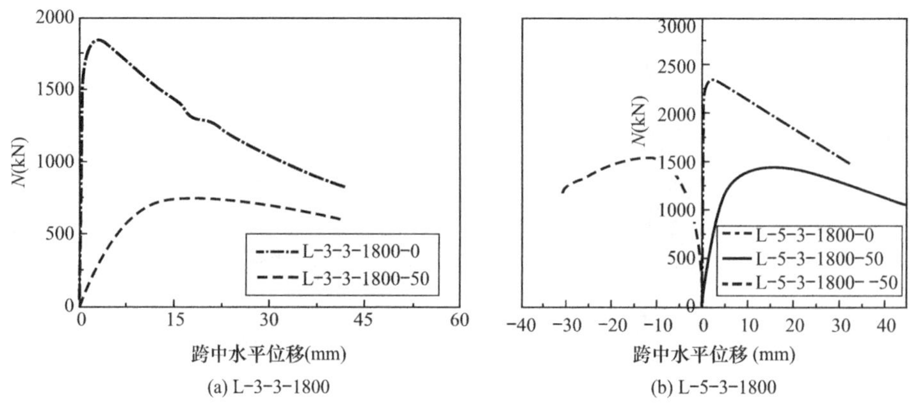

(a) L-3-3-1800　　(b) L-5-3-1800

图 3-25　试件荷载-跨中位移曲线（一）

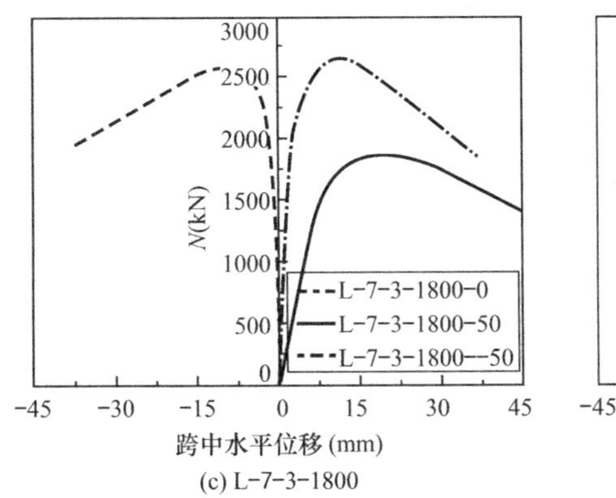

(c) L-7-3-1800

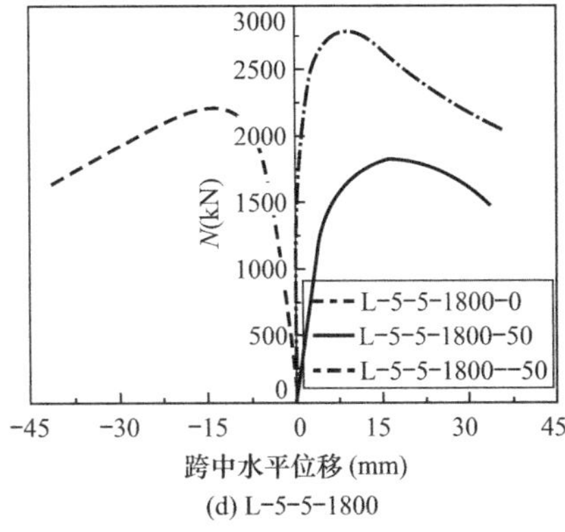

(d) L-5-5-1800

图 3-25　试件荷载-跨中位移曲线（二）

试件压弯力学性能指标　　**表 3-2**

试件编号	P_y（kN）	Δ_y（mm）	Δ_{max}（mm）	P_u（kN）	Δ_u（mm）	SI
L-3-3-1800-0	1762	1.36	3.09	1550	11.5	1.00
L-3-3-1800-50	640	9.00	18.3	638	36.7	0.41
L-5-3-1800-0	2297	0.76	2.29	2020	15.2	1.00
L-5-3-1800-50	1331	9.41	16.4	1253	33.7	0.62
L-5-3-1800--50	1150	3.84	12.0	1335	26.8	0.66
L-7-3-1800-0	2281	3.82	10.8	2253	26.0	1.00
L-7-3-1800-50	1748	10.3	17.3	1614	36.4	0.72
L-7-3-1800--50	2233	3.22	10.4	2190	28.6	0.97
L-5-5-1800-0	2361	3.40	9.38	2375	24.0	1.00
L-5-5-1800-50	1542	6.37	17.3	1566	31.0	0.66
L-5-5-1800--50	1849	5.52	13.7	1890	32.2	0.80

以试件 L-5-3-1800 为例，说明偏心距对试件压弯性能的影响。试件 L-5-3-1800-0 的屈服荷载约为峰值荷载的 95%，试件 L-5-3-1800-0 的屈服荷载约为峰值荷载的 90%，试件 L-5-3-1800-50 的屈服荷载约为峰值荷载的 73%，说明偏心距会影响试件屈服荷载的大小。当偏心距由 0 减少至 50mm 时，承载力下降约 38%；当偏心距由 0 减少至−50mm 时，承载力下降约 34%，可以看出 L 形多腔钢混凝土短肢组合剪力墙的压弯承载力受偏心距的大小和偏心距的位置影响较大。

3.4.2　L 形试件侧向挠度变形曲线

构件挠曲线可以反映出试件的侧向变形特点，通过试验中沿着试件高度$\left(\text{位于 }0、\frac{1}{4}h、\frac{1}{2}h、\frac{3}{4}h\text{ 和 }h，h\text{ 为试件高度}\right)$布置的水平位移计测得不同高度处的水平位移，得到不同荷载级别下试件的侧向变形曲线，如图 3-26 所示。

由图 3-26（a）～图 3-26（d）可以看出，在 $0.6N_{max}$之前，试件挠度基本呈线性增长，并与正弦半波曲线较为吻合；随着荷载的增加，试件挠度急剧增长，尤其是跨中挠度，此时挠度曲线与正弦半波曲线基本吻合，但吻合程度稍逊于弹性阶段。挠度的非线性增长是由于构件受力过程中产生的二阶效应造成的。图 3-26（e）和图 3-26（f）的挠曲变形曲线与正弦半波曲线相差较大，挠度最大处没有出现在试件跨中，可能是由于构件的初始几何缺陷局部较大以及混凝土存在一定离散性造成的。

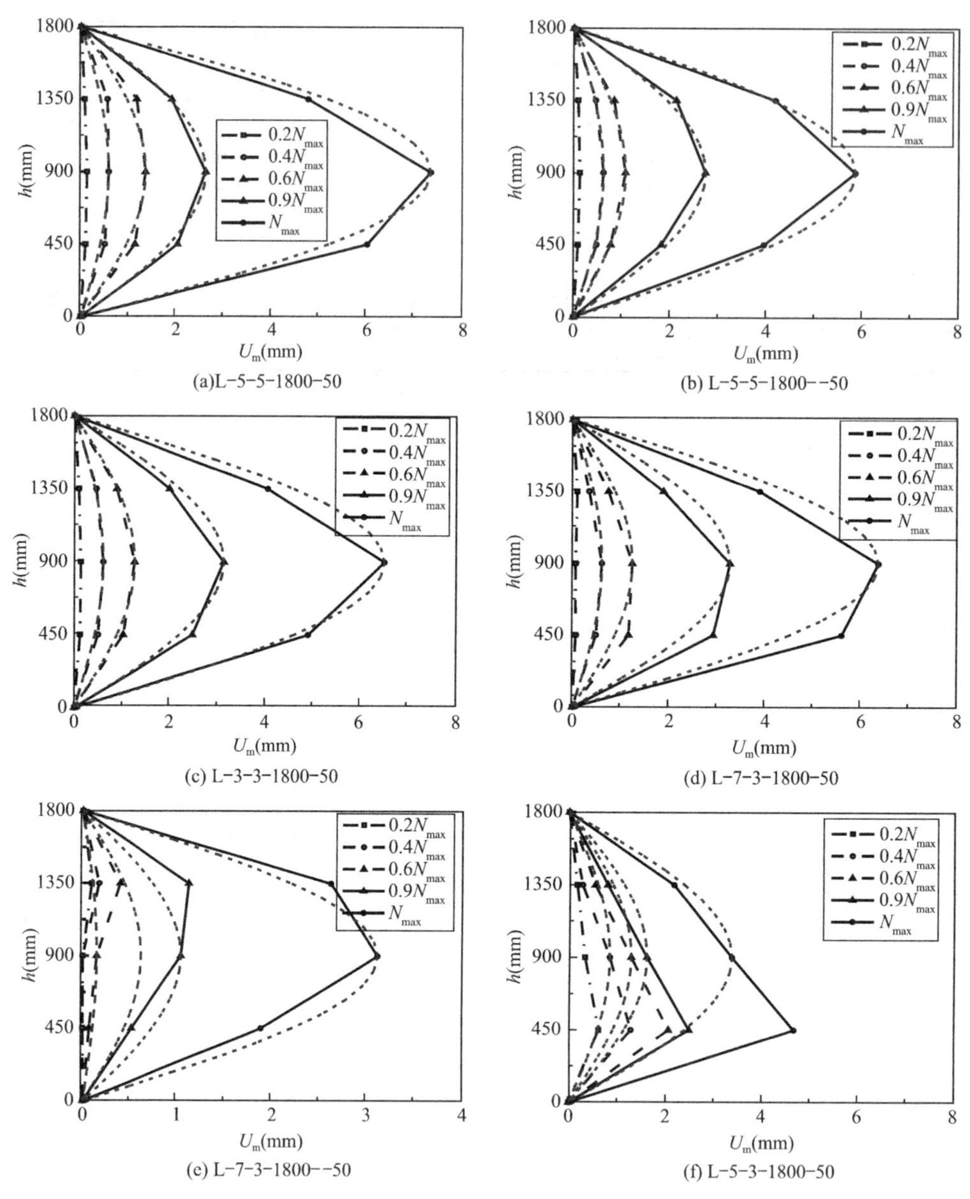

图 3-26　试件荷载-挠度曲线

3.4.3　L 形试件转角-水平挠度关系曲线

根据钢结构稳定理论，异形截面构件在压弯荷载作用下易发生弯扭失稳，本书通过试验测得不同截面高度处的转角，从而判断试件破坏时是否产生扭转。分析布置在同一水平高度处位移计测得的数据，可以得到试件在特定高度处的转角如图 3-27 所示，试验测试了两个高度处的转角。

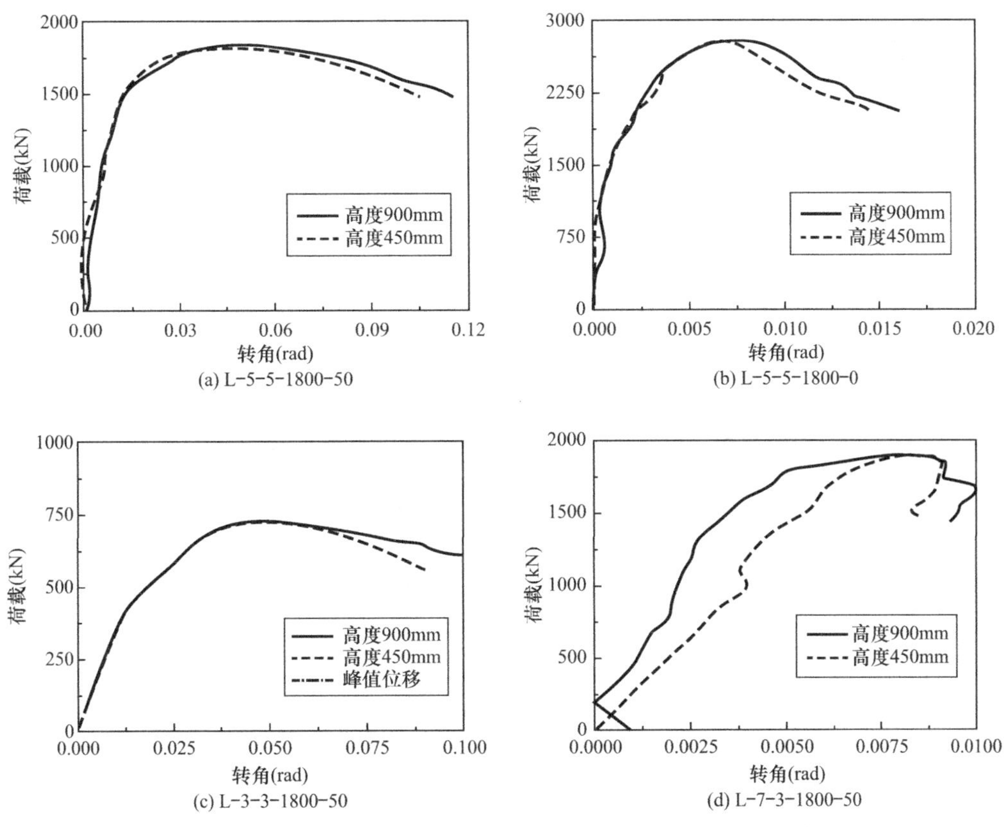

图 3-27　转角-荷载曲线

由图 3-27 可以看出，试件转角较小，没有出现明显的扭转变形；在峰值位移前，不同高度处的转角位移相差较小，说明试验中出现的转角属于整体的转动，试件没有出现弯扭失稳。这种整体的转动是由于随着如图 3-26 所示的挠曲变形的开展，试件端部会出现转角，使得集中力在试件截面上出现水平分量，从而对试件产生扭矩，但扭矩相对于试件的抗扭刚度较小，因此，试件不会出现弯扭失稳。

3.4.4　T 形试件荷载-跨中挠度曲线

实验的 T 形多腔钢-混凝土组合试件均呈现整体弯曲破坏模式，图 3-28 给出了各试件的荷载-跨中挠度关系曲线。从图中可以看出，试件的加载过程大致经历了弹性、弹塑性和破坏三个阶段。在弹性阶段内（$0.7N_u$ 之前，N_u 为试件的偏压承载力），荷载-挠度曲线近似呈线性变化；当试件受压边缘钢板应力达到屈服应变以后，试件荷载-挠度曲线呈现明显的非线性变化，试件进入到弹塑性工作阶段，随着外荷载的继续增加，钢板和混凝土不断进入塑性，试件的刚度不断退化，塑性区深度不断发展，试件的跨中挠度增长加快，在这个过程中多腔钢管和核心混凝土之间产生应力重分布，多腔钢管所承担的荷载不断向核心混凝土转移；随着偏心荷载的继续增长，试件的内外力不能维持平衡从而荷载开始下降；在荷载下降阶段，截面塑性区深度继续增长，受拉区混凝土退出工作，同时构件弯曲变形，产生明显的 P-Δ 效应，使试件承载能力不断降低，试件的侧向挠度急剧增大，

曲线的下降段较为平缓，试件在整个破坏过程中表现出较好的延性。

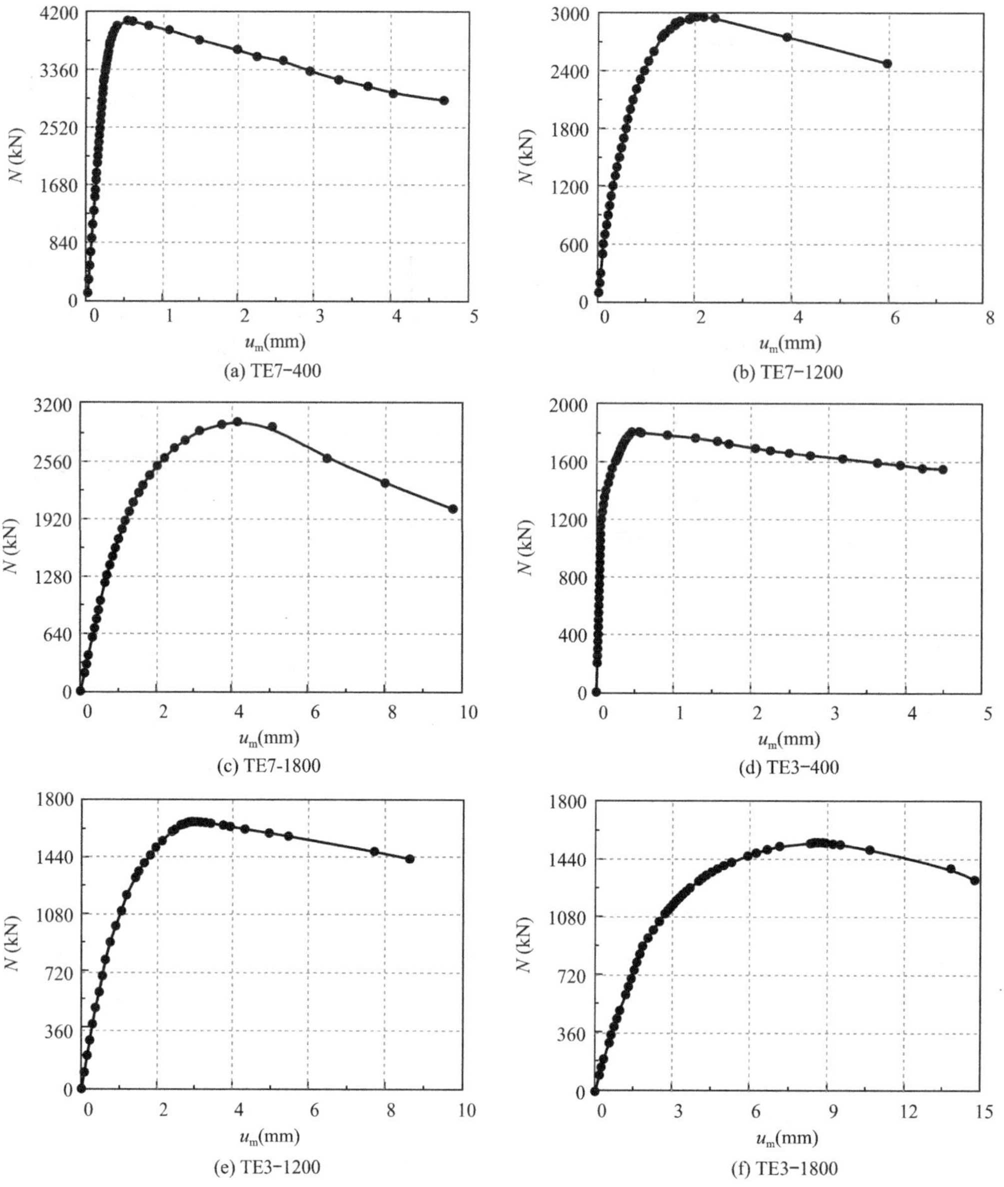

(a) TE7-400

(b) TE7-1200

(c) TE7-1800

(d) TE3-400

(e) TE3-1200

(f) TE3-1800

图 3-28 试件荷载-跨中挠度曲线

图 3-29 为相同截面高厚比和偏心距下，不同高度 T 形多腔钢-混凝土组合试件的荷载-跨中挠度关系曲线。由图可知，试件的高宽比越大，试件的承载力越低，试件的弹性刚度越小，峰值荷载对应的跨中挠度越大，试件的下降段越平缓。对于腔体数量为 5 的 T 形多腔钢-混凝土组合构件，当试件高宽比从 1.71 至 2.57（试件高度从 1200mm 至 1800mm），其偏压承载力减少幅度较小，而跨中截面挠度相差较大；对于腔体数量为 3 的 T 形多腔钢-混凝土组合构件，试件高宽比从 1.33 增至 6（试件高度从 400mm 增至 1800mm），其偏压承载力逐渐降低，且跨中截面挠度逐渐增大。

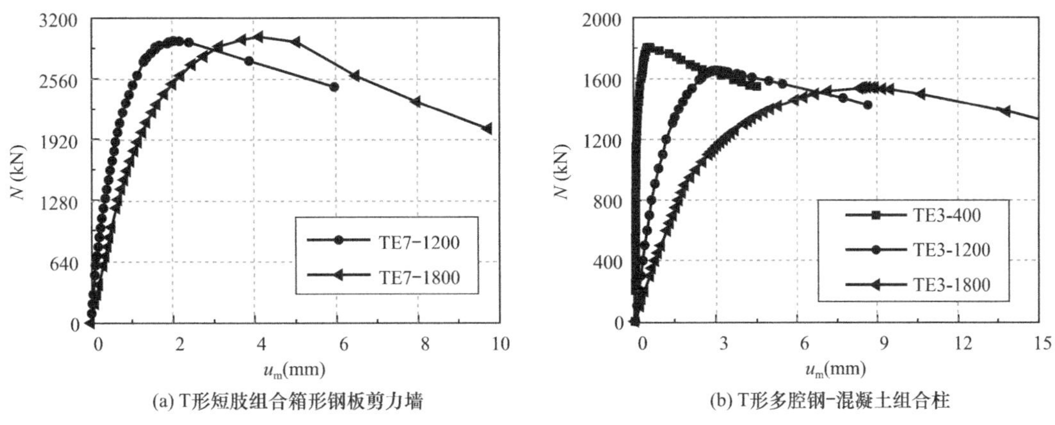

图 3-29　试件荷载-跨中挠度关系曲线对比

3.4.5　T 形试件不同荷载水平构件中截面纵向应变

图 3-30 为 T 形钢-混凝土组合构件中截面的钢管外表面纵向应变分布曲线，图中应变以受拉为正，受压为负，横坐标 284mm 处为截面形心位置。由试件的荷载-纵向位移关系曲线可以得到压弯力学性能指标，见表 3-3。

偏压试件荷载-纵向位移性能指标　　　　**表 3-3**

试件编号	偏心距 e（mm）	屈服位移 δ_y（mm）	屈服荷载 N_y（kN）	峰值位移 δ_u（mm）	峰值荷载 N_u（kN）	极限位移 δ_{max}（mm）	延性系数 DI	N_y/N_u
TE7-400	100	0.69	3608	1.20	4076	3.00	4.37	0.89
TE7-1200	150	1.45	2720	2.35	2963	4.80	3.31	0.92
TE7-1800	150	2.93	2590	3.71	3005	5.08	2.22	0.86
TE3-400	50	0.50	1641	0.71	1808	2.69	5.39	0.91
TE3-1200	50	1.38	1500	1.77	1655	3.46	2.51	0.91
TE3-1800	50	2.02	1309	3.99	1542	5.6	1.69	0.85

从图 3-30 中可以看出，在荷载达到 $0.6N_u$ 前，整个试件的跨中截面纵向应变近似平截面，且各加载段之间的应变差基本接近，这说明试件在这个阶段处于弹性受力状态；当荷载在（0.6～0.8）N_u 之间变化时，各荷载步之间的应变差逐渐增大，这说明试件已开始进入弹塑性；当荷载超过 $0.8N_u$ 后，跨中截面应变沿截面高度的分布与平截面假定有一定偏差，这是由于在峰值荷载前，试件腹板受压边缘附近的部分测点产生钢板鼓曲，这些测点测得的应变远大于钢管的屈服应变；当荷载达到 N_u 时，试件的受压区进入弹塑性或

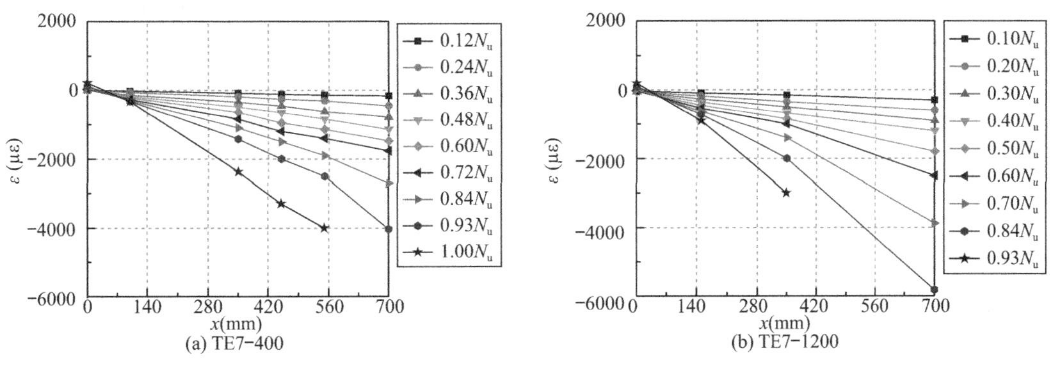

图 3-30　不同荷载阶段试件中截面纵向应变沿截面高度分布图（一）

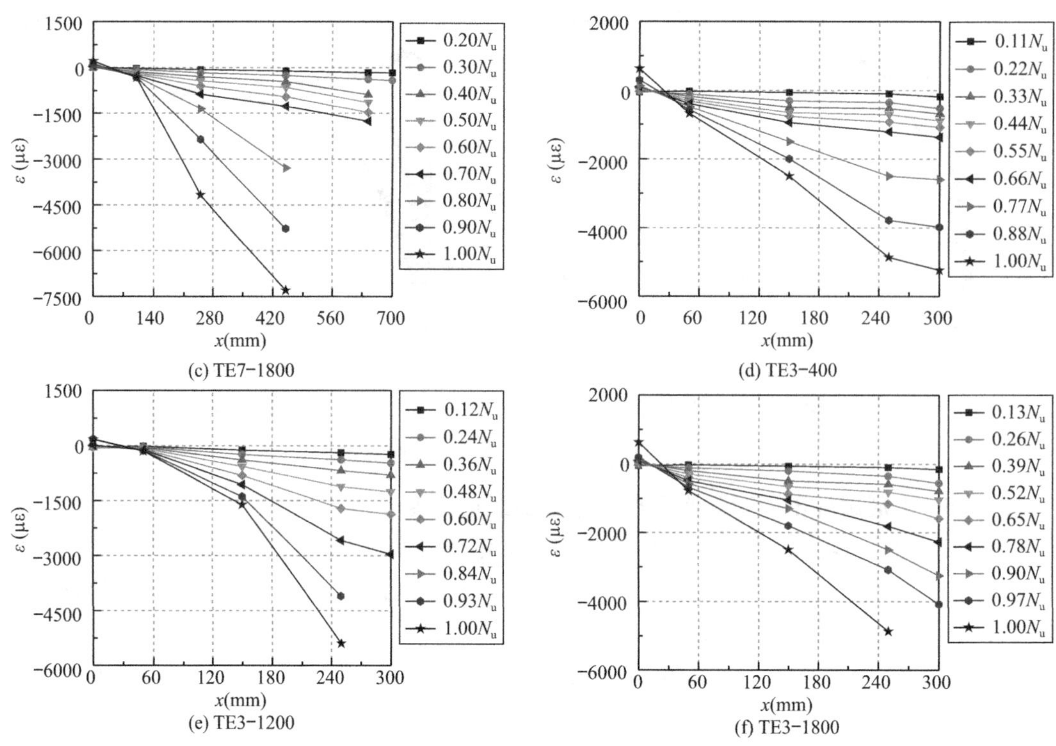

图 3-30　不同荷载阶段试件中截面纵向应变沿截面高度分布图（二）

塑性阶段，截面塑性区的发展深度约为 0.85 倍截面高度，受拉区钢板仍处于弹性工作阶段。此外，由于试件 TE7-1800、TE3-400 和 TE3-1200 在极限荷载前在受压区端部钢板出现鼓曲现象，在端部发生破坏，使得中截面纵向应变的增量变小。此外，由图 3-30 还可以看出，随着偏心荷载的增加，在弯矩受拉区边缘纤维应变先为负值（受压），后转为正值（受拉），截面中和轴逐渐向截面形心轴偏移，塑性区深度逐渐向翼缘方向延伸。

3.5　有限元模型的建立与验证

利用 Abaqus 软件，采用第 2 章已验证的建模方法及本构关系，建立组合箱形钢板剪力墙的有限元模型，为在 Abaqus 分析中考虑试件腔体初始几何缺陷，首先计算多腔钢管在与试件相同边界条件下的一阶屈曲模态，然后按照一阶屈曲模态的变形对多腔钢管施加初始几何缺陷，最后将该屈曲模态下多腔钢管各节点的位移按照一定比例施加到试件上。一阶屈曲模态中钢管的最大变形取为 $3t_w/1000$（t_w 为单个腔体边长，即墙肢厚度）。基于建立的有限元模型，计算得到试验试件在偏压荷载作用下承载力，并将有限元计算所得承载力与试验测得的承载力进行对比，对比结果见表 3-4。统计分析表明，有限元模型计算得到的试件偏压承载力与试验所测得承载力之比的平均值为 0.992，标准差为 0.052，二者吻合良好，表明 Abaqus 有限元软件能较好地模拟组合箱形钢板剪力墙受力性能，可以进行组合箱形钢板剪力墙的压弯构件的模拟分析。其中，试件 TE7-400 的试验结果比有限元模型的计算结果高 10%，这是由于当试件承受偏心荷载时，试件竖向缩短、横向向外扩张，但试件端板与加载梁之间的摩擦力使试件的横向变形受到约束，而该试件的高度较小（试件高宽比仅为 0.57），整个试件均处于边缘效应的影响范围内，因此试件的实测承载力较高。

有限元分析结果与试验结果对比　　表 3-4

试件编号	偏心距 e（mm）	试验结果 N_{u1}（kN）	有限元结果 N_{u2}（kN）	N_{u2}/N_{u1}
L-3-3-1800-0	0	1825	1848	1.01
L-3-3-1800-50	50	750	724	0.97
L-5-3-1800-0	0	2377	2409	1.01
L-5-3-1800-50	50	1474	1488	1.01
L-5-3-1800- -50	−50	1571	1527	0.97
L-7-3-1800-0	0	2794	2804	1.00
L-7-3-1800-50	50	1842	1873	1.02
L-7-3-1800- -50	−50	2224	2146	0.96
L-5-5-1800-0	0	2650	2655	1.00
L-5-5-1800-50	50	1899	1874	0.99
L-5-5-1800- -50	−50	2577	2621	1.02
TE7-400	100	4076	3668	0.90
TE7-1200	150	2963	2908	0.98
TE7-1800	150	3005	3002	0.99
TE3-400	50	1808	1772	0.98
TE3-1200	50	1655	1686	1.02
TE3-1800	50	1542	1655	1.07

3.6　截面承载力参数分析

由 3.5 节的分析结果可知，本章采用的有限元模型对 T 形组合箱形钢板剪力墙截面压弯承载力的计算结果与试验结果吻合良好，说明该有限元模型能较好地预测 T 形组合墙的压弯承载力。本节采用已建立的有限元模型对 T 形组合墙的截面压弯力学性能进行参数分析。根据试验研究和工作机理分析可知，影响 T 形组合箱形钢板剪力墙截面压弯力学性能的主要参数为截面高厚比（l/t_w）、混凝土强度（f_{ck}）钢材屈服强度（f_y）和钢板厚度（t_s）[含钢率（α）]。参考试验墙体的几何尺寸，参数分析时构件的翼缘肢长（b）和墙体厚度（t_w）分别取定值 300mm 和 100mm。其他主要参数详见表 3-5，各参数均在工程常用的取值范围内。基准参数取为截面高厚比 $l/t_w=6$、混凝土轴心抗压强度 C50（$f_{ck}=32.4$MPa）、钢管屈服强度 Q235（$f_y=235$MPa）和钢板厚度 $t_s=3$mm（含钢率 α 为 9.4%），在基准参数的基础上，分析各参数取值变化对截面承载力相关曲线的影响。考虑到截面高厚比变化对 T 形组合剪力墙力学性能的影响是本章主要研究的内容之一，故对除截面高厚比外的其他参数进行分析时，都分别考虑了 3 种不同截面高厚比（4、6 和 8）的情况。此外，采用与 T 形组合墙相同的参数及取值对 T 形多腔钢-混凝土组合柱对比试件（表 3-5 中截面高厚比为 3）进行参数分析，得到不同参数对组合柱力学性能的影响规律，并与组合墙的压弯承载力相关曲线进行对比。

参数分析各参数具体取值 **表 3-5**

参数	取值	基准值
截面高厚比（l/t_w）	3①，4，5，6，7，8	6
钢板厚度 t（mm）	2，2.5，3，4	3
含钢率 α②（%）	3.3，7.8，9.4，12.5	9.4
混凝土强度等级	C30，C40，C50，C60	C50
钢材强度等级 f_y（MPa）	235，345，390	235

注：① 为对比试件 T 形钢-混凝土组合柱试件截面高厚比；

② 含钢率与钢板厚度一一对应，例如：钢板厚度为 2 mm 时，含钢率为 3.3%。

图 3-31 所示为典型的 T 形组合箱形钢板剪力墙压弯构件截面承载力 N-M 关系曲线。图中，N 为构件截面所承受的轴向压力，M 为构件截面所承受的弯矩；N_u 为构件截面的轴压承载力（A 点）；M_u 为构件截面的纯弯承载力（D 点）。B 点为截面弯矩与 D 点纯弯承载力相同的特征点（M_u，N_b）；拐点 C 点为曲线上受弯承载力最大时对应的特征点（M_c，N_c），该点为截面大小偏心受压状态的界限控制点。

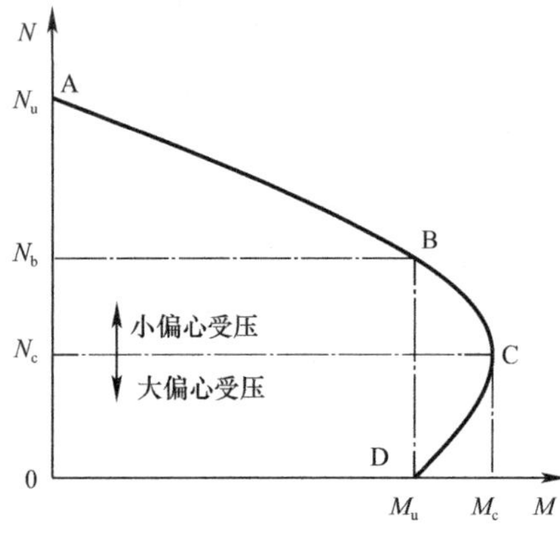

图 3-31 典型压弯构件承载力 N-M 相关曲线

图 3-31 中，A、B、C 和 D 这 4 个特征点的截面应力状态见图 3-32。图中，f_{cc}为考虑约束效应的混凝土抗压强度，a 为中和轴 1 和中和轴 2 距形心轴的距离，x_n 为受压区边缘纤维至中和轴的距离。T 形组合墙绕加载线是非对称的，由于混凝土的抗拉强度较小，截面的拉应力主要由钢管承担，因此在纯弯极限受力状态下截面中和轴高度在形心轴之上，如图 3-32 的 D 点所示；当轴向压力较小时，随压力的增大，截面受压区面积增加，混凝土受压区压溃和受拉区开裂均被推迟，截面的受弯承载力增大，且超过构件纯弯状态时的受弯承载力，此阶段截面发生大偏心受压破坏；当轴向压力增加至使截面中和轴与形心轴重合时，构件的截面受弯承载力达到最大值，如图 3-32 的 C 点所示；当轴向压力继续增加，截面的中和轴高度将低于形心轴高度，截面上低于形心轴高度的压应力部分降低了截面受弯承载力，轴力越大，受弯承载力越小，此阶段截面发生小偏心受压破坏。在这个过程中，存在如图 3-32 所示的 B 点，使截面的受弯承载力与截面纯弯承载力相等。

3.6.1 截面高厚比的影响

图 3-33 所示为截面高厚比（l/t_w）为 3、4、5、6、7 和 8 时，T 形多腔钢-混凝土组合构件截面承载力的 N-M 相关曲线和 N/N_u-M/M_u 相关曲线；图 3-34 给出了各截面高厚比构件在纯弯极限状态时截面中和轴与形心轴的位置关系。由图 3-33 可以看出：

（1）当截面高厚比一定时，随偏心荷载 N 的增大，弯矩承载力 M 先增大后减小，截面压弯承载力相关曲线存在拐点。

（2）随着截面高厚比由 3 增加至 8，N-M 相关曲线包围的面积增大，构件截面的轴压承载力 N_u 及纯弯承载力 M_u 分别增大 467%和 97%，M_u 的增加幅度大于 N_u 的增加幅度，这表明截面高厚比的增加对受弯承载力 M 的贡献小于对轴压承载力 N 的贡献。

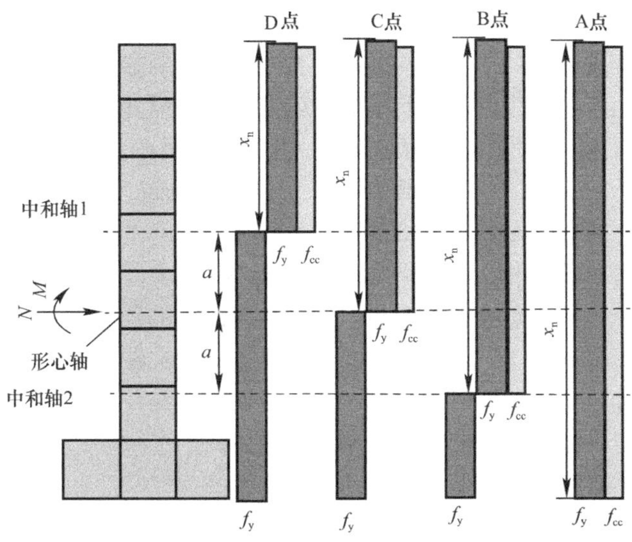

图 3-32　典型压弯构件截面承载力相关曲线特征点应力分布

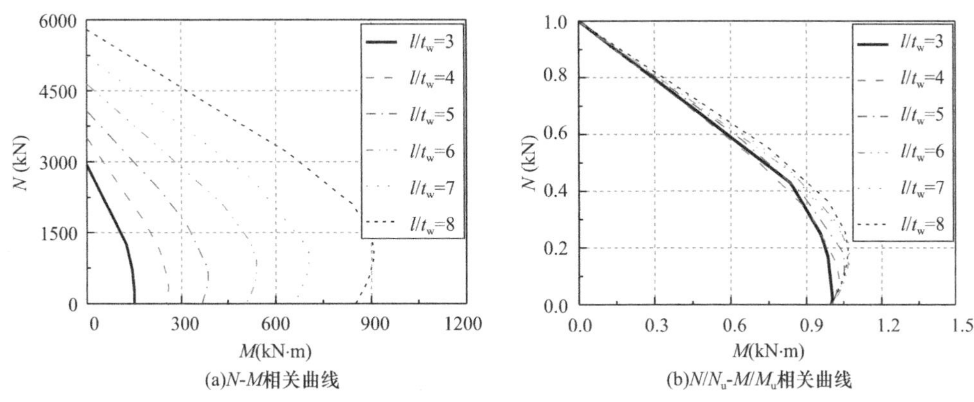

图 3-33　截面高厚比对截面承载力相关曲线的影响

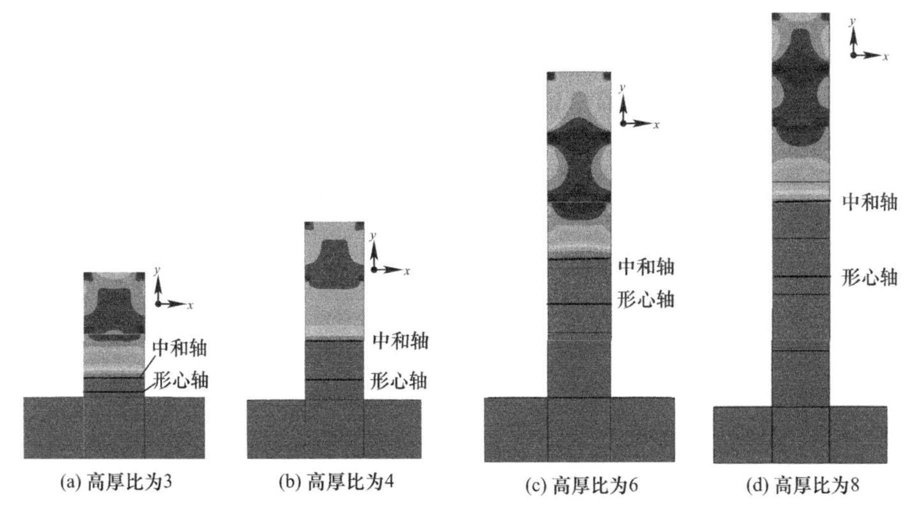

图 3-34　纯弯极限受力状态截面中和轴与形心轴位置

（3）随截面高厚比的增加，截面 N/N_u-M/M_u 相关曲线拐点的横、纵坐标均逐渐增大，即截面承载力相关曲线的形状更向外凸，拐点越来越明显，与钢筋混凝土柱的相关曲线类似。这主要是由于纯弯极限受力状态时，随着截面高厚比的增加，截面中和轴与形心轴的距离越大（图 3-34）、使界限受弯承载力（相关曲线外凸点对应的抗弯承载力）越高，与截面纯弯极限受力状态时的受弯承载力（M_u）的比值也越大。

值得指出的是，当截面高厚比为 3 时（截面高厚比为 3 时为 T 形多腔钢-混凝土柱），其归一化的截面压弯承载力相关曲线界限点的坐标为（1.01，0.06），截面压弯承载力相关曲线同样存在拐点，但拐点相对不明显，曲线向外凸出的程度也较小。

综上所述，T 形多腔钢-混凝土组合构件的截面压弯承载力相关曲线均存在拐点，随着截面高厚比的增加，相关曲线越向外凸，拐点越明显。与 T 形组合箱形钢板剪力墙的相关曲线相比，T 形组合柱的相关曲线拐点相对不明显。

3.6.2 混凝土强度的影响

图 3-35 为 T 形组合箱形钢板剪力墙截面高厚比为 4、6 和 8 时，不同混凝土强度等级（C30～C60）下截面承载力 N-M 相关曲线和 N/N_u-M/M_u 相关曲线。对于截面高厚比一定的构件，可以看出：

（1）当混凝土强度等级相同时，随竖向荷载 N 的增大，构件截面的受弯承载力 M 均先增大后减小。

（2）当混凝土强度等级由 C30 增至 C60 时，构件截面的轴压承载力 N_u 及纯弯承载力 M_u 均增大，当截面高厚比为 4、6 和 8 时，截面轴压承载力 N_u 分别增大 41.8%、45.1%

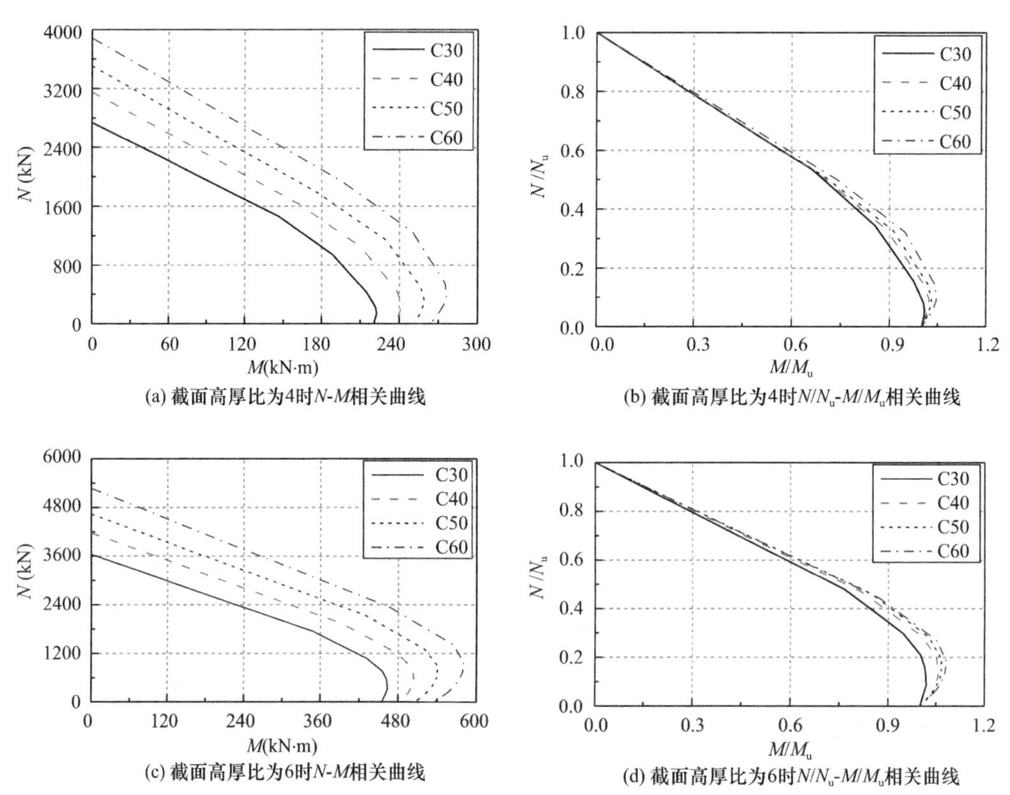

(a) 截面高厚比为4时N-M相关曲线

(b) 截面高厚比为4时N/N_u-M/M_u相关曲线

(c) 截面高厚比为6时N-M相关曲线

(d) 截面高厚比为6时N/N_u-M/M_u相关曲线

图 3-35 混凝土强度对 T 形组合墙截面承载力相关曲线的影响（一）

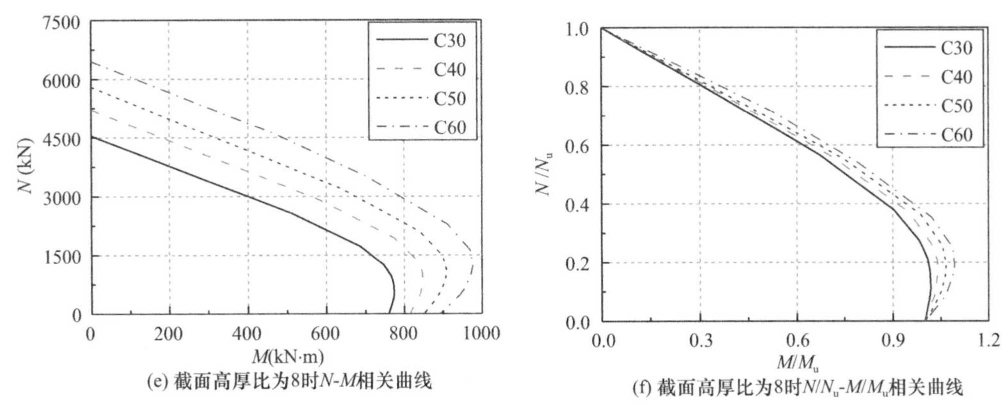

(e) 截面高厚比为8时N-M相关曲线

(f) 截面高厚比为8时N/N_u-M/M_u相关曲线

图3-35 混凝土强度对T形组合墙截面承载力相关曲线的影响（二）

和42.0%，而截面纯弯承载力M_u分别增大19.8%、17.8%和17.3%，截面轴压承载力N_u的增大幅度大于截面受弯承载力M_u，截面承载力N-M相关曲线所包围的面积增大。这表明混凝土强度等级的提高对截面受弯承载力M的贡献小于对轴压承载力N的贡献。

（3）图3-36给出了截面高厚比为4时，混凝土强度等级从C30增至C60，构件在纯弯极限受力状态下，截面中和轴位置与截面形心轴的位置关系，可以看出，当混凝土强度等级由C30增至C60时，中和轴位置（均位于形心轴之上）距形心轴的距离越来越远，因此截面承载力相关曲线界限点的横、纵坐标值均越大，这说明混凝土强度提高对压弯状态下

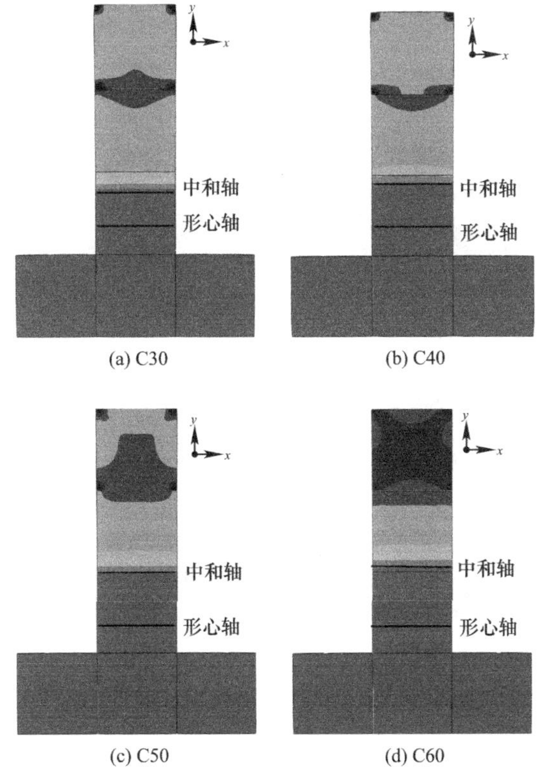

(a) C30

(b) C40

(c) C50

(d) C60

图3-36 纯弯受力极限状态时截面中和轴和形心轴位置（$l/t_w=4$）

抗弯承载力的提高幅度大于对纯弯状态下受弯承载力的提高幅度，即提高混凝土强度等级，截面界限受弯承载力与截面纯弯承载力的比值增加，截面承载力相关曲线越来越外凸，拐点越明显，与钢筋混凝土柱构件相似。

图 3-37 给出了 T 形组合柱（截面高厚比为 3）在混凝土强度等级由 C30 增至 C60 时截面承载力 N-M 相关曲线和 N/N_u-M/M_u 相关曲线的变化情况。纯弯极限状态时，截面中和轴与形心轴位置关系如图 3-38 所示。由图 3-37 可以看出，组合柱截面压弯承载力相关曲线的变化规律与组合墙变化规律相似，但其相关曲线的拐点相对不明显，相关曲线外凸程度小。这是由于同一混凝土强度等级下，纯弯受力状态时组合柱截面中和轴与形心轴距离较组合墙构件的小而引起的。

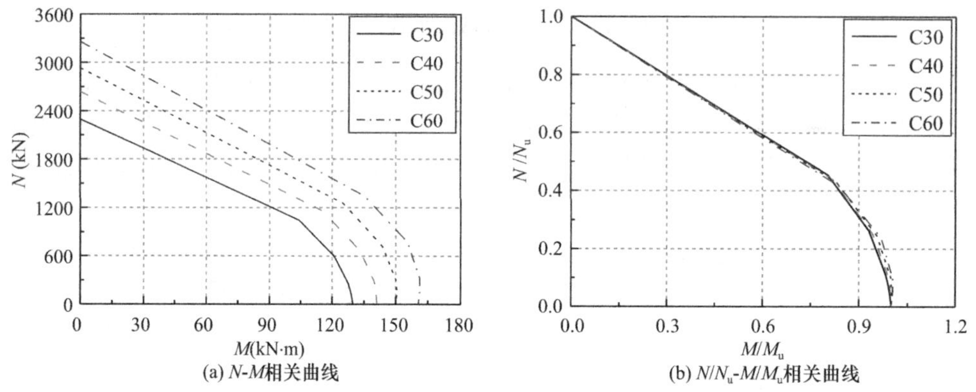

图 3-37　混凝土强度对 T 形多腔钢-混凝土组合柱（$l/t_w=3$）截面承载力相关曲线影响

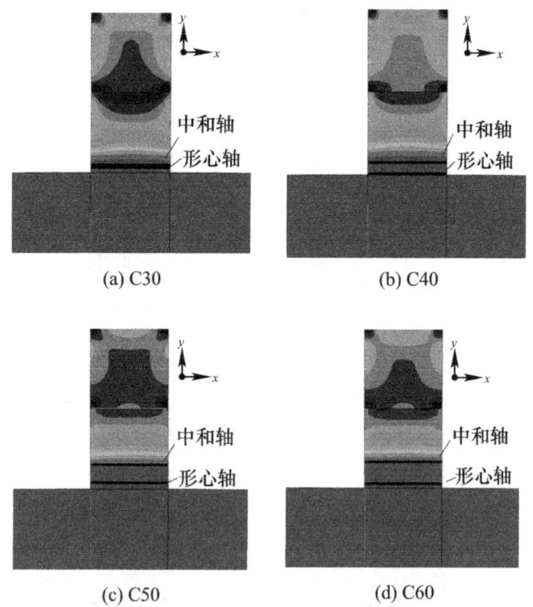

图 3-38　纯弯极限受力状态时构件截面中和轴和形心轴位置（$l/t_w=3$）

3.6.3　钢材屈服强度的影响

T 形组合箱形钢板剪力墙截面高厚比为 4、6 和 8 时，钢材屈服强度等级由 Q235 增至

Q390 时，截面承载力 N-M 相关曲线和 N/N_u-M/M_u 相关曲线的变化如图 3-39 所示，图 3-40给出了截面高厚比为 4 时，纯弯极限受力状态下截面中和轴位置与形心轴的位置关系。由图 3-39 可以看出，对于截面高厚比一定的构件：

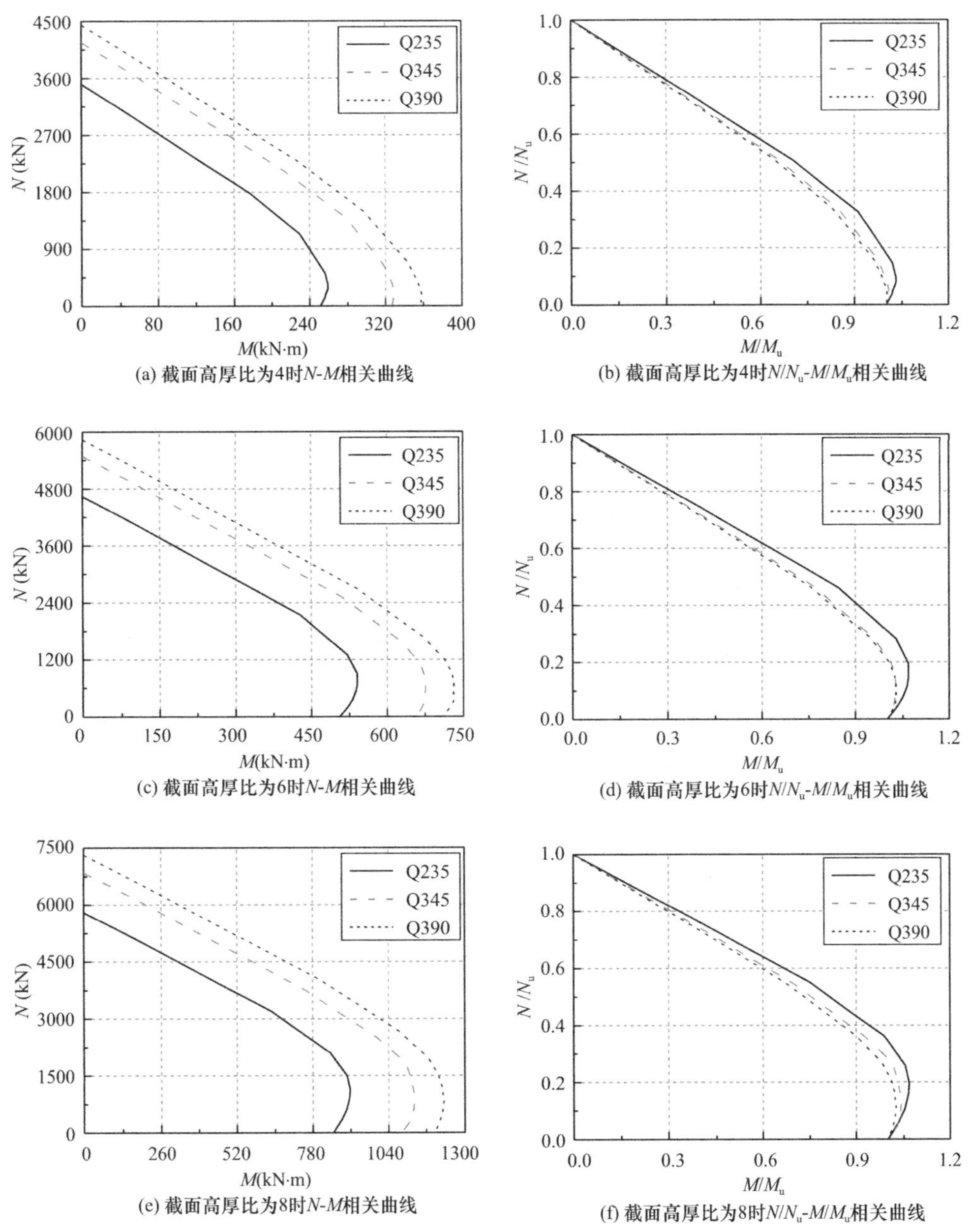

图 3-39 钢材屈服强度对 T 形短肢多腔钢-混凝土组合剪力墙截面承载力相关曲线的影响

（1）当钢材屈服强度等级一定时，试件均表现为随轴向荷载 N 的增大，受弯承载力 M 先增大后减小，截面承载力相关曲线存在拐点。

（2）随着钢材强度等级从 Q235 增加至 Q390，轴压承载力 N_u 及构件纯弯承载力 M_u

均增大，N-M 相关曲线包围的面积增大；当截面高厚比由 4 增至 8，截面轴压承载力 N_u 分别增加 26.5%、25.8%和 26.1%；截面纯弯承载力 M_u 分别增大 41.1%、40.5%和 41.0%，M_u 增加的幅度较 N_u 大，这说明钢材强度等级的提高对试件截面抗弯承载力的贡献大于对截面轴向承载力的贡献。

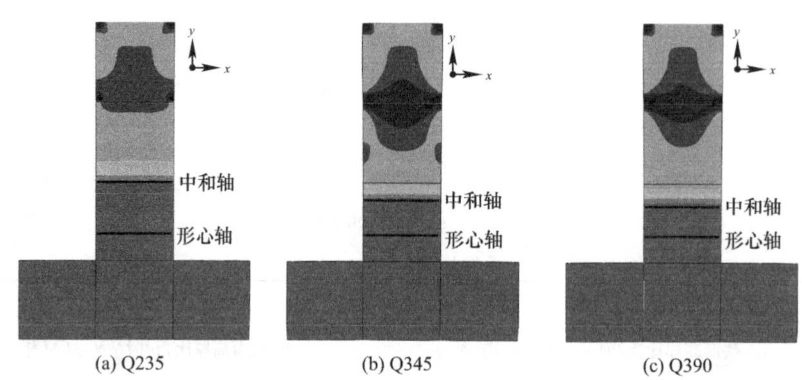

图 3-40　纯弯极限受力状态时构件截面中和轴和形心轴位置（$l/t_w=4$）

（3）随着钢材屈服强度等级提高，截面承载力相关曲线界限点的横、纵坐标值越来越小，即界限受弯承载力与截面纯弯承载力的比值减小，截面承载力相关曲线的形状更向内敛，拐点越不明显（图 3-39），与钢柱的相关曲线类似。这是由于随着钢材强度等级的提高，截面在纯弯极限受力状态时，截面中和轴位置距截面形心轴越来越近。这表明钢材强度等级的提高使压弯状态下截面受弯承载力 M 的提高幅度小于纯弯状态时截面受弯承载力的提高幅度。

图 3-41 为给出了 T 形多腔钢-混凝土组合柱在不同钢材强度等级（Q235～Q390）下截面承载力 N-M 相关曲线和 N/N_u-M/M_u 相关曲线。可以看出，钢材强度等级对 T 形组合柱截面承载力相关曲线的影响规律与 T 形组合墙变化规律相似。不同钢材强度等级下 T 形组合柱纯弯极限受力状态时的截面中和轴与形心轴的位置关系如图 3-42，虽然中和轴位置均位于形心轴之上（图 3-42），但与 T 形组合墙构件相比（图 3-40），组合柱构件的截面中和轴与形心轴之间的距离较小。

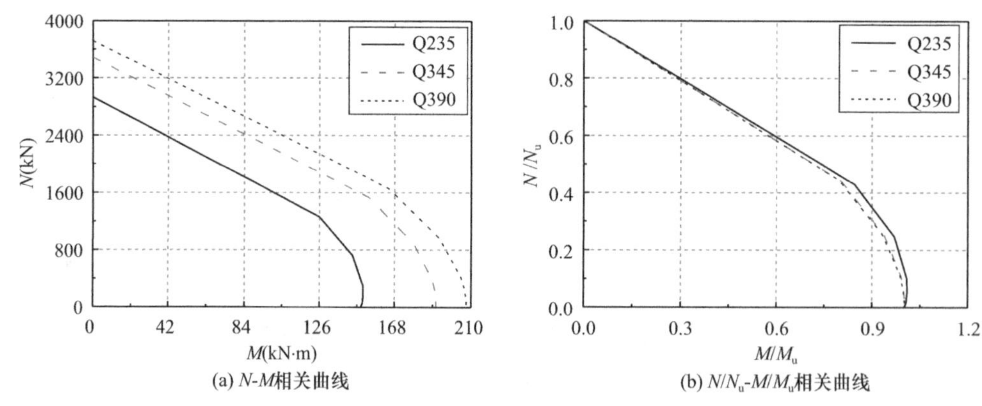

图 3-41　钢材屈服强度对 T 形多腔钢-混凝土组合柱（$l/t_w=3$）截面承载力相关曲线的影响

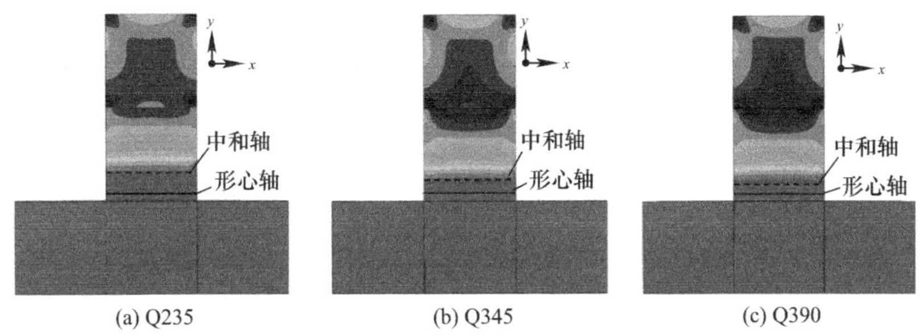

图 3-42　纯弯极限受力状态时构件截面中和轴与形心轴的位置（$l/t_w=3$）

3.6.4　钢板厚度的影响

图 3-43 和图 3-44 所示分别为钢板厚度的增加对 T 形组合箱形钢板剪力墙与 T 形多腔钢-混凝土组合柱承载力 N-M 相关曲线和 N/N_u-M/M_u 相关曲线的影响。由图 3-43 可知，当截面高厚比一定时，钢板厚度的增加与钢材屈服强度的提高对 T 形组合墙截面承载力 N-M 相关曲线和 N/N_u-M/M_u 相关曲线的影响规律相同。由于钢板厚度（2mm、2.5mm、3mm 和 4mm）的变化引起构件截面含钢率（6.6%、8%、9.6%和 12.8%）和钢板宽厚比（50、40、33.3 和 25）产生变化，因此，构件截面含钢率的增加和钢板宽厚比的减小也有类似的截面承载相关曲线变化规律。由图 3-44 可知，钢板厚度的增加对 T 形组合柱截面承载力相关曲线的影响规律与 T 形组合墙相似，但其相关曲线的拐点相对不明显。

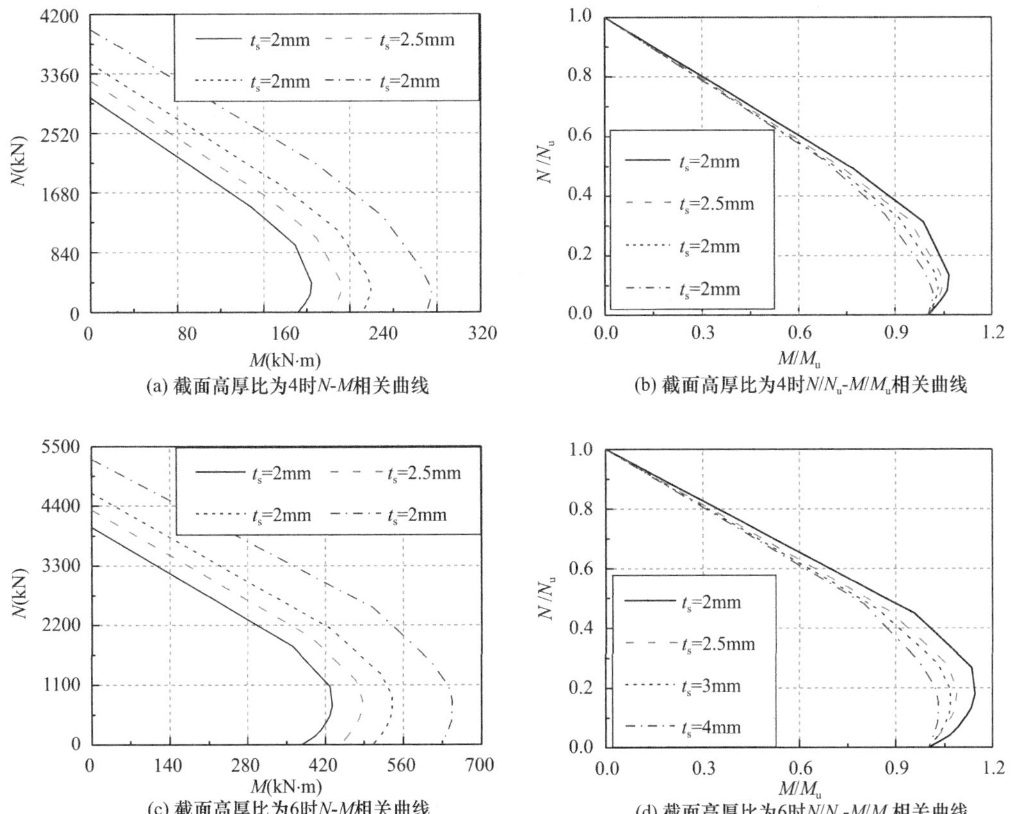

图 3-43　钢板厚度对 T 形短肢多腔钢-混凝土组合剪力墙截面承载力相关曲线的影响（一）

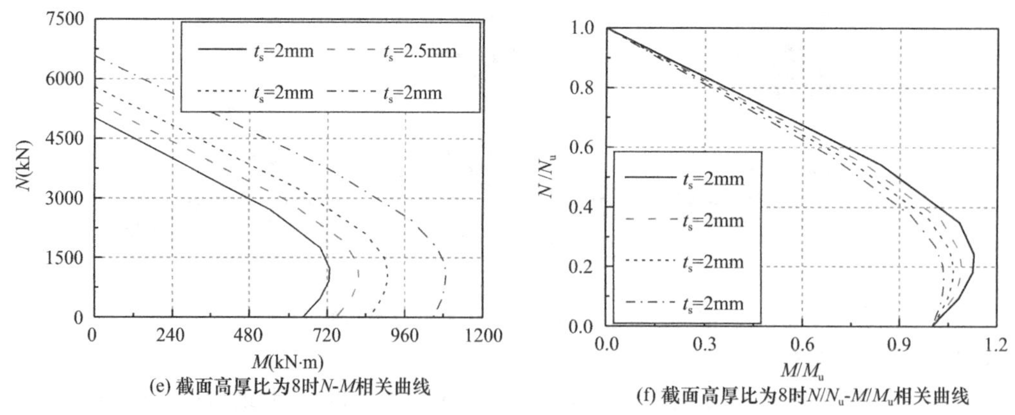

(e) 截面高厚比为8时N-M相关曲线

(f) 截面高厚比为8时N/N_u-M/M_u相关曲线

图 3-43　钢板厚度对 T 形短肢多腔钢-混凝土组合剪力墙截面承载力相关曲线的影响（二）

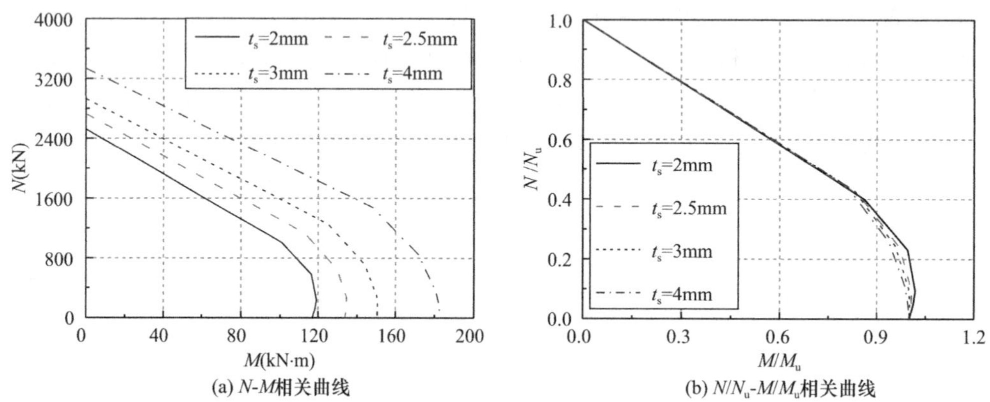

(a) N-M相关曲线

(b) N/N_u-M/M_u相关曲线

图 3-44　钢板厚度对 T 形短肢多腔钢-混凝土组合柱（$l/t_w=3$）截面承载力相关曲线的影响

3.7　截面压弯承载力计算公式

由参数分析结果可知，T 形组合箱形钢板剪力墙截面承载力 N-M 和 N/N_u-M/M_u 相关曲线的形式类似于图 3-45 中曲线 ABCD 的形式，曲线上主要有三个特征点，包括截面轴压承载力 N_u、截面纯弯承载力 M_u 和 N/N_u-M/M_u。相关曲线界限点横坐标值 λ_M（$\lambda_M=M/M_u$）和纵坐标值 λ_N（$\lambda_N=N/N_u$）。首先，建立特征点的计算方法，在此基础上对压弯相关曲线的简化计算公式进行拟合，并通过有限元计算结果和试验结果对拟合得到的简化计算公式进行验证。

3.7.1　基本假设

（1）截面变形后符合平截面假定，即截面任一点的应变大小与该点到中性轴的距离成正比；

（2）当荷载达到 T 形组合箱形钢板剪力墙构件截面强度时，受压区及受拉区的钢板均达到屈服强度；受拉区混凝土退出工作，受压区混凝土应力达到约束混凝土强度 f_{cc}，根据第 2 章组合箱形钢板剪力墙的轴压力学性能的相关内容，取 $f_{cc}=k\cdot f_{ck}$，其中 k 为混凝土强度增大系数，取值为1.13[2]；

（3）极限状态时，钢板未发生局部屈曲。

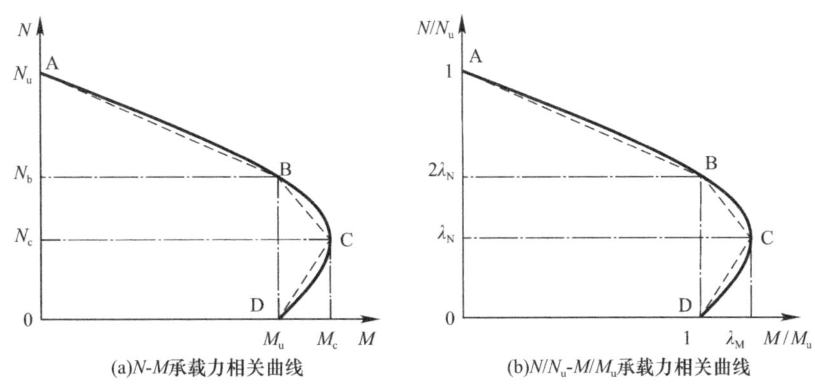

图3-45 T形短肢多腔钢-混凝土组合剪力墙截面承载力相关曲线

3.7.2 特征点计算公式

（1）截面轴压承载力 N_u 和纯弯承载力 M_u

在轴向压力作用下，T形组合箱形钢板剪力墙达到截面承载能力极限状态时，多腔钢管和核心混凝土的应力分布如图3-46所示。轴压承载力计算式为[2]：

$$N_u = f_{cc}A_c + f_yA_y \tag{3-3}$$

式中 N_u——剪力墙轴压承载力（N）；

A_c——构件截面核心混凝土面积（mm^2）；

f_y——钢材屈服强度（N/mm^2）；

A_y——构件截面多腔钢管面积（mm^2）。

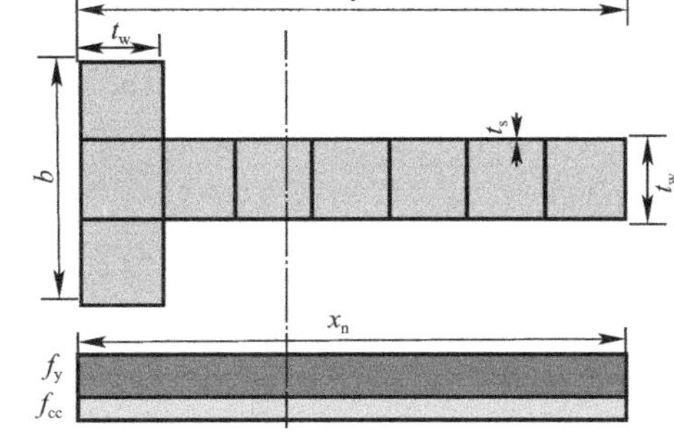

图3-46 受压极限状态

T形组合箱形钢板剪力墙截面仅有一个对称轴，在纯弯受力极限状态时，其截面应力状态见图3-47，假定截面应力状态为图3-47中的任意一种，并根据纯弯极限受力状态时截面内力 $N_{in}=0$ 计算得到截面中和轴的高度，计算式为：

$$N_{in} = f_{cc}A_{cc} + f_yA_{sc} - f_yA_{st} \tag{3-4}$$

式中 N_{in}——T形组合墙截面内力（N）；

A_{cc}——构件截面受压区核心混凝土面积（mm^2）；

A_{sc}——构件截面受压区钢材面积（mm^2）；

A_{st}——构件截面受拉区钢材面积（mm^2）。

若塑性中和轴高度与截面应力分布情况吻合，以截面混凝土受压和受拉界限作为积分点进行计算，计算式为：

$$M_u = f_{cc}A_{cc}d_{cc} + f_yA_{sc}d_{sc} + f_yA_{st}d_{st} \tag{3-5}$$

式中 M_u——T形组合箱形钢板剪力墙截面纯弯承载力（N·mm）；

d_{cc}——受压区混凝土的合力作用点到截面纯弯极限受力状态时中和轴的距离（mm）；

d_{sc}——截面受压区钢板的合力作用点到截面纯弯极限受力状态时中和轴的距离(mm)；

d_{st}——截面受拉区钢板的合力作用点到截面纯弯极限受力状态时中和轴的距离(mm)。

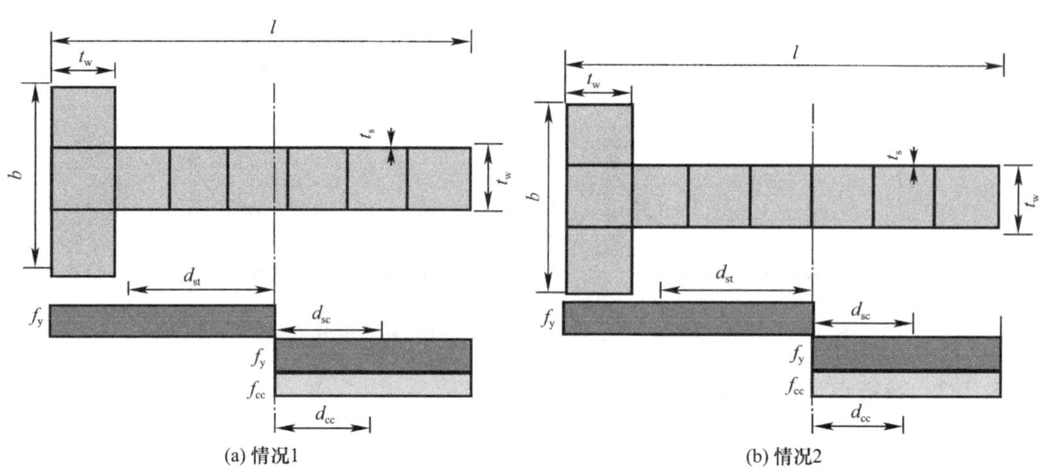

图 3-47　受弯极限时刻截面应力状态

若计算得到的截面中和轴的位置与实际截面应力分布情况矛盾，则假定截面应力分布情况为图 3-47 中的另一种情况，重新计算截面中和轴位置，并采用式（3-5）确定受弯承载力 M_u。

采用式（3-3）和式（3-5）分别计算得到参数分析中各 T 形组合箱形钢板剪力墙的轴压承载力 N_{u1} 和纯弯承载力 M_{u1}，见表 3-6。经统计计算，截面轴压承载力计算式（3-3）的计算结果 N_{u1} 与有限元模型计算结果 N_{u2} 的比值 N_{u1}/N_{u2} 的平均值为 1.005，标准差为 0.027；截面受弯承载力计算式（3-5）计算结果 M_{u1} 与有限元计算结果 M_{u2} 的比值 M_{u1}/M_{u2} 的平均值为 0.951，标准差为 0.024，表明该简化公式具有良好的精度，将简化公式的计算结果与有限元模型的计算结果进行对比，见图 3-48。

公式（3-3）和公式（3-5）计算值与有限元分析值对比　　表 3-6

试件编号①	高厚比 l/t_w	腹板肢长 l (mm)	腔体厚度 t_w (mm)	翼缘肢长 b (mm)	钢板厚度 t_s (mm)	f_{ck} (MPa)	f_y (MPa)	N_{u1} (kN)	N_{u2} (kN)	N_{u1}/N_{u2}	M_{u1} (MPa)	M_{u2} (MPa)	M_{u1}/M_{u2}
4t2Q235C50	4	400	100	300	2	32.4	235	3090	3021	1.023	178.0	188.5	0.944
4t2.5Q235C50		400	100	300	2.5	32.4	235	3313	3259	1.017	199.8	219.5	0.910
4t3Q235C30		400	100	300	3	20.1	235	2702	2740	0.986	207.4	221.3	0.937
4t3Q235C40		400	100	300	3	26.8	235	3157	3154	1.001	221.6	236.8	0.936
4t3Q235C50		400	100	300	3	32.4	235	3536	3506	1.009	231.0	247.7	0.932
4t3Q235C60		400	100	300	3	38.5	235	3950	3898	1.013	239.3	261.9	0.914
4t3Q345C50		400	100	300	3	32.4	345	4163	4162	1.000	311.3	325.1	0.958
4t3Q390C50		400	100	300	3	32.4	390	4420	4436	0.996	341.9	355.1	0.963
4t4Q235C50		400	100	300	4	32.4	235	3983	3984	1.000	289.1	308.4	0.937

续表

试件编号①	高厚比 l/t_w	腹板肢长 l (mm)	腔体厚度 t_w (mm)	翼缘肢长 b (mm)	钢板厚度 t_s (mm)	f_{ck} (MPa)	f_y (MPa)	N_{u1} (kN)	N_{u2} (kN)	N_{u1}/N_{u2}	M_{u1} (MPa)	M_{u2} (MPa)	M_{u1}/M_{u2}
6t2Q235C50	6	600	100	300	2	32.4	235	4104	4327	0.948	360.9	378.2	0.954
6t2.5Q235C50		600	100	300	2.5	32.4	235	4398	4010	1.097	410.8	448.3	0.916
6t3Q235C30		600	100	300	3	20.1	235	3580	3634	0.985	416.0	449.0	0.926
6t3Q235C40		600	100	300	3	26.8	235	4185	4172	1.003	438.8	477.0	0.920
6t3Q235C50	6	600	100	300	3	32.4	235	4691	4638	1.011	453.8	499.9	0.908
6t3Q235C60		600	100	300	3	38.5	235	5243	5271	0.995	481.0	523.5	0.919
6t3Q345C50		600	100	300	3	32.4	345	5516	5483	1.006	621.6	648.9	0.958
6t3Q390C50		600	100	300	3	32.4	390	5854	5833	1.004	686.6	705.0	0.974
6t4Q235C50		600	100	300	4	32.4	235	5279	5263	1.003	574.7	618.8	0.929
8t2Q235C50	8	800	100	300	2	32.4	235	5118	5409	0.946	569.7	618.0	0.922
8t2.5Q235C50		800	100	300	2.5	32.4	235	5482	5013	1.094	690.0	725.5	0.951
8t3Q235C30		800	100	300	3	20.1	235	4457	4543	0.981	730.8	754.4	0.969
8t3Q235C40		800	100	300	3	26.8	235	5214	5219	0.999	775.4	800.0	0.969
8t3Q235C50		800	100	300	3	32.4	235	5847	5798	1.008	803.3	830.0	0.968
8t3Q235C60		800	100	300	3	38.5	235	6536	6450	1.013	826.8	863.5	0.957
8t3Q345C50		800	100	300	3	32.4	345	6870	6847	1.003	1070.8	1088.4	0.984
8t3Q390C50		800	100	300	3	32.4	390	7288	7312	0.997	1175.0	1189.8	0.988
8t4Q235C50		800	100	300	4	32.4	235	6575	6579	0.999	1020.5	1031.5	0.989
3t2Q235C50	3②	300	100	300	2	32.4	235	2583	2524	1.023	110.3	114.2	0.966
3t2.5Q235C50		300	100	300	2.5	32.4	235	2771	2730	1.015	123.2	131.0	0.940
3t3Q235C30		300	100	300	3	20.1	235	2264	2294	0.987	127.1	129.6	0.981
3t3Q235C40		300	100	300	3	26.8	235	2642	2639	1.001	136.2	140.3	0.971
3t3Q235C50		300	100	300	3	32.4	235	2959	2932	1.009	142.2	149.0	0.954
3t3Q235C60		300	100	300	3	38.5	235	3303	3259	1.014	147.5	158.0	0.933
3t3Q345C50		300	100	300	3	32.4	345	3487	3484	1.001	190.0	190.7	0.996
3t3Q390C50		300	100	300	3	32.4	390	3703	3714	0.997	203.0	207.2	0.980
3t4Q235C50		300	100	300	4	32.4	235	3340	3335	1.001	177.5	182.2	0.974

注：① 试件编号命名方法：以 4t2Q235C50 为例，4 表示截面高厚比为 4，t2 表示钢板厚度为 2mm，Q235 表示钢材强度等级，C50 表示混凝土强度等级。

② T 形钢-混凝土组合柱对比构件参数分析计算结果。

表 3-6 中，同时给出了式（3-3）和式（3-5）分别计算参数分析中各 T 形多腔钢-混凝土组合柱构件的轴压承载力 N_{u1} 及纯弯承载力 M_{u1} 的结果，将简化公式的计算结果与有限元模型的计算结果进行对比，见图 3-49。经统计计算，截面轴压承载力计算式（3-3）的计算结果 N_{u1} 与有限元模型计算结果 N_{u2} 的比值 N_{u1}/N_{u2} 的平均值为 1.005，标准差为 0.010；截面受弯承载力计算式（3-5）计算结果 M_{u1} 与有限元计算结果 M_{u2} 的比值 M_{u1}/M_{u2} 的平均值为 0.966，标准差为 0.018，表明 T 形短肢多腔钢-混凝土组合剪力墙截面轴压承载力 N_u 和纯弯承载力 M_u 简化计算式同样适用于 T 形短肢多腔钢-混凝土组合柱。

（2）压弯相关曲线界限点横纵坐标的拟合

基于 3.6 节所述参数范围内的 45 片 T 形组合箱形钢板剪力墙的偏压承载力 N/N_u-M/M_u

相关曲线研究的基础上，对 N/N_u-M/M_u 相关曲线界限点 C 点的坐标（λ_M，λ_N）进行拟合，得到的计算式为：

$$\lambda_M = 0.2\beta_M + 1(\lambda_M \geqslant 1) \tag{3-6}$$

$$\lambda_N = 0.17\ln\beta_N + 0.05(\lambda_N \geqslant 0) \tag{3-7}$$

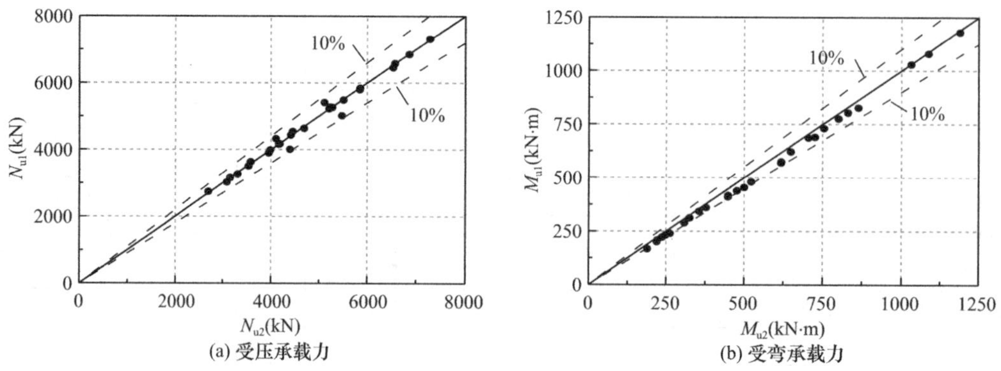

图 3-48　T 形短肢多腔钢-混凝土组合剪力墙受弯与受压极限状态及相应承载力

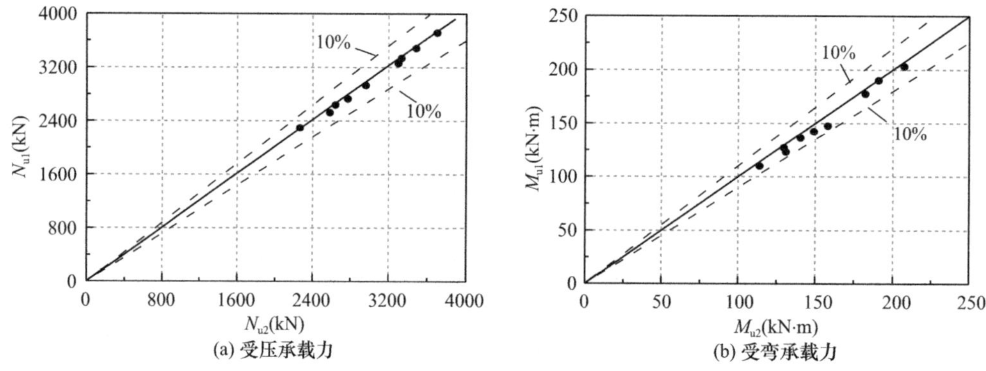

图 3-49　T 形多腔钢-混凝土组合柱受弯与受压极限状态及相应承载力

其中，β_M、β_N 为截面性质参数，可由相关截面参数计算得到，计算式分别为：

$$\beta_M = (l/t_w)(\alpha_c)^5(t_s/t_w)^{0.1} \tag{3-8}$$

$$\beta_N = (l/t_w)^{0.8}(\alpha_c)(t_s/t_w)^{0.1} \tag{3-9}$$

式中　l——T 形组合箱形钢板剪力墙截面腹板墙肢长度（mm）；

t_w——截面墙肢厚度（mm）；

α_c——混凝土工作承担系数，$\alpha_c = f_{ck}A_c/(f_{ck}A_c + f_yA_s)$；

t_s——钢板厚度（mm）。

图 3-50 为采用拟合式（3-6）和式（3-7）计算得到的 T 形组合箱形钢板剪力墙压弯承载力相关曲线界限点坐标值与有限元模型计算结果的对比，经计算，按式（3-6）计算的界限点横坐标 λ_M 与有限元计算结果的比值的平均值为 1.001，标准差为 0.010；按式（3-7）计算的界限点纵坐标 λ_N 与有限元计算结果的比值的平均值为 1.016，标准差为 0.122。这表明，采用拟合公式描述 T 形组合箱形钢板剪力墙截面压弯承载力相关曲线界限

点坐标值具有良好精度。

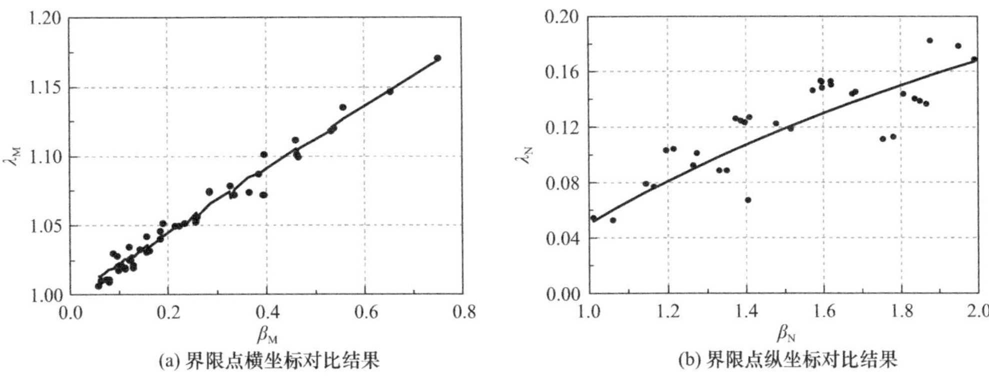

(a) 界限点横坐标对比结果　(b) 界限点纵坐标对比结果

图 3-50 界限点坐标有限元结果与拟合式结果对比

3.7.3 压弯承载力相关曲线拟合

为给出 N/N_u-M/M_u 承载力相关曲线的简化计算方法，本书参考矩形钢管混凝土柱的压弯承载力相关曲线简化方法，采用如图 3-45（a）中虚线所示的三折线 ABCD 来简化 T 形组合箱形钢板剪力墙压弯承载力相关曲线，并参考文献 [3]，假定在 N/N_u-M/M_u 截面承载力相关曲线上 B 点纵坐标取值为 $2\lambda_N$。将特征曲线分为三段进行方程拟合，并结合参数分析结果，本书最终得到压弯相关曲线的建议表达式为：

$$\begin{cases} \dfrac{N}{N_u} - a\dfrac{M}{M_u} \leqslant 1 & \left(\dfrac{N}{N_u} \leqslant \lambda_N\right) \\ \dfrac{c}{b}\dfrac{N}{N_u} + \dfrac{1}{b}\dfrac{M}{M_u} \leqslant 1 & \left(\lambda_N < \dfrac{N}{N_u} \leqslant 2\lambda_N\right) \\ -c\dfrac{N}{N_u} + \dfrac{M}{M_u} \leqslant 1 & \left(2\lambda_N < \dfrac{N}{N_u} \leqslant 1\right) \end{cases} \tag{3-10}$$

$$a = 2\lambda_N - 1 \tag{3-11}$$

$$b = 2\lambda_M - 1 \tag{3-12}$$

$$c = \frac{\lambda_M - 1}{\lambda_N} \tag{3-13}$$

采用式（3-10）对参数分析中部分构件的 N-M 承载力相关曲线进行计算，计算结果见图 3-51，将简化计算公式计算结果（图中虚线）与有限元模型计算结果（图中实线）进行对比，可以看出，两者吻合良好。

图 3-52 给出了采用简化计算式（3-10）计算 T 形组合箱形钢板剪力墙试验试件（不包括试件 TE7-400）和 T 形多腔钢-混凝土组合柱试验试件得到的 N-M 承载力相关曲线与有限元结果和试验结果的比较，其中，图 3-52（a）同时给出了采用《钢板剪力墙技术规程》JGJ/T 380—2015 中双钢板组合剪力墙压弯承载力的计算方法得到的计算结果，采用该规程计算时，材料强度均取标准值。由图 3-52（a）可知，简化公式计算结果与有限元模型计算结果和试验结果均吻合良好，式（3-10）计算结果和 JGJ/T 380—2015 计算结果总体上略低于有限元模型计算结果，该简化计算公式可为该类构件的设计提供参考。由图 3-52（b）可知，采用式（3-10）进行 T 形多腔钢-混凝土组合柱的计算结果较有限元分

析和试件结果偏小，说明该简化公式可以较为保守地预估 T 形多腔钢-混凝土组合柱的压弯承载力，同样适用于 T 形组合柱的截面压弯承载力计算。

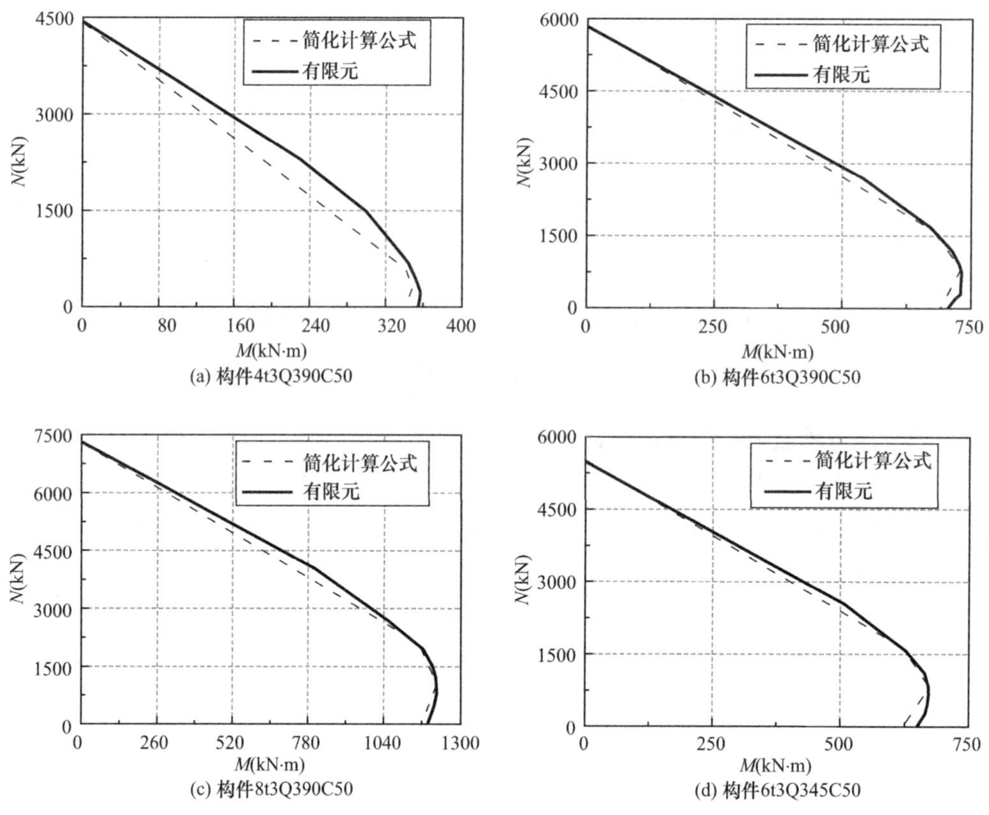

(a) 构件4t3Q390C50 (b) 构件6t3Q390C50

(c) 构件8t3Q390C50 (d) 构件6t3Q345C50

图 3-51 简化计算公式与有限元模型计算的截面承载力相关曲线的对比

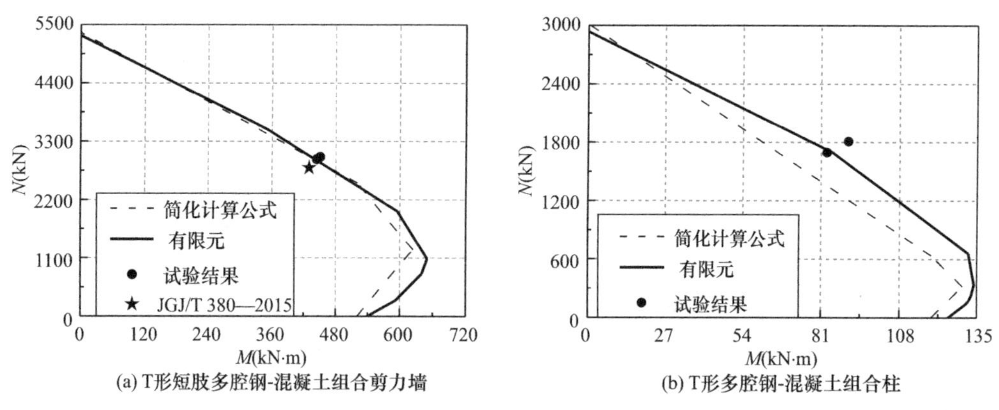

(a) T形短肢多腔钢-混凝土组合剪力墙 (b) T形多腔钢-混凝土组合柱

图 3-52 简化计算公式与有限元结果和试验结果对比

此外，采用文献［4］提出的 T 形钢-混凝土组合柱截面压弯承载力相关曲线简化计算公式，对参数分析中部分试件和试验的 T 形组合箱形钢板剪力墙试件的截面承载力 N-M 相关曲线进行计算，计算结果与有限元和试验结果的比较如图 3-53 所示。可以看出，当截面上轴力为 0 或轴力较大时，组合柱简化计算公式计算结果与有限元分析结果和试验结果均吻合较好，能较好地预测T形组合箱形钢板剪力墙的压弯承载力；而当截面上所承担的轴力较小时，简化计算公式计算结果与有限元计算结果吻合较差，尤其对截面承载力相关曲线拐点的估计偏差较大。

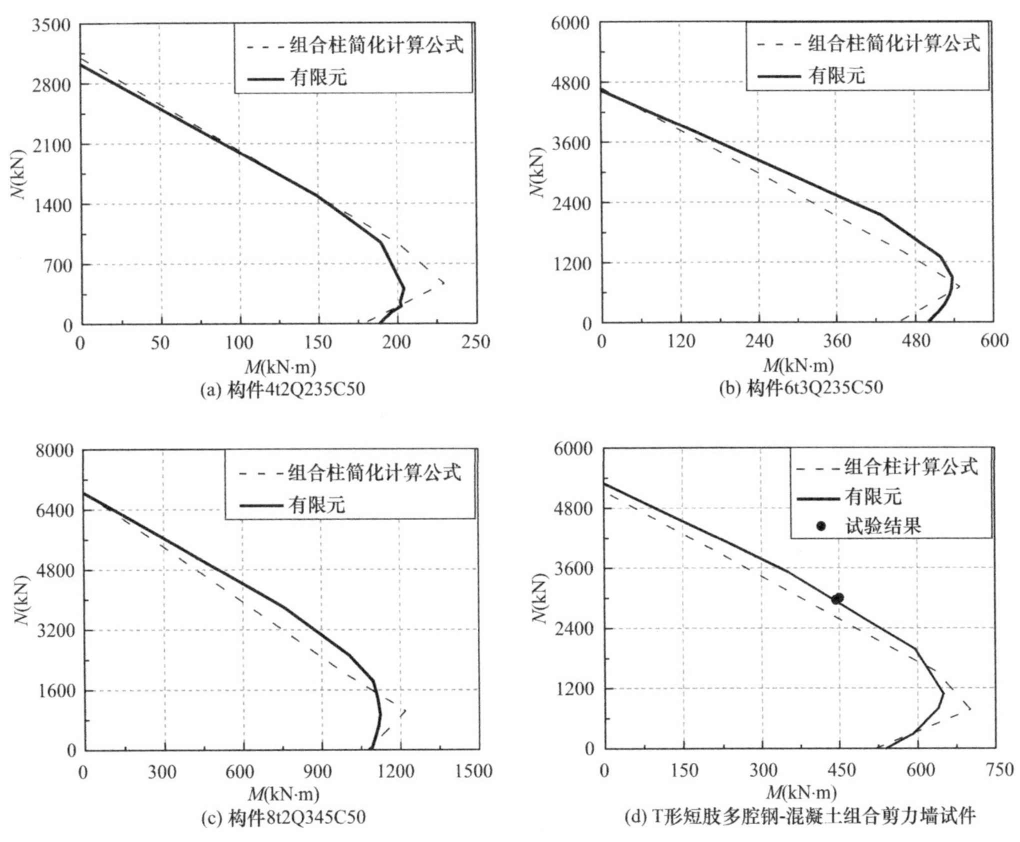

图3-53　T形短肢多腔钢-混凝土组合剪力墙承载力对比

3.8　组合箱形钢板剪力墙压弯承载力设计

工程设计时，组合箱形钢板剪力墙主平面作用弯矩下的承载力可采用全截面塑性设计方法进行简化计算（图3-54）。

剪力墙弯矩设计值 M 应不大于弯矩承载力设计值 $M_{u,N}$，$M_{u,N}$ 可通过联立式（3-14）和式（3-15)求出，计算时考虑剪力对钢板轴向强度的降低系数 ρ 的影响。

$$N = f_c A_{cc} + f_y A_{sfc} + \rho f_y A_{swc} - f_y A_{sft} - \rho f_y A_{swt} \tag{3-14}$$

$$M_{u,N} = f_c A_{cc} d_{cc} + f_y A_{sfc} d_{sfc} + \rho f_y A_{swc} d_{swc} + f_y A_{sft} d_{sft} + \rho f_y A_{swt} d_{swt} \tag{3-15}$$

$$\rho = \begin{cases} 1 & (V/V_u \leqslant 0.5) \\ 1-(2V/V_u-1)^2 & (V/V_u > 0.5) \end{cases} \tag{3-16}$$

$$M \leqslant M_{u,N} \tag{3-17}$$

式中　N——剪力墙的轴压力设计值；

M——剪力墙的弯矩设计值；

V——剪力墙的剪力设计值；

f_c——混凝土的轴心抗压强度设计值；

f_y——钢材的屈服强度；

$M_{u,N}$——钢板组合剪力墙在轴压力作用下的受弯承载力设计值；

A_{cc}——受压混凝土面积；

A_{sfc}——垂直于剪力墙受力平面的受压钢板面积；

A_{sft}——垂直于剪力墙受力平面的受拉钢板面积；

A_{swc}——平行于剪力墙受力平面的受压钢板面积；

A_{swt}——平行于剪力墙受力平面的受拉钢板面积；

d_{cc}——受压混凝土的合力作用点到剪力墙截面形心的距离；

d_{sfc}——垂直于剪力墙受力平面的受压钢板合力作用点到剪力墙截面形心的距离；

d_{sft}——垂直于剪力墙受力平面的受拉钢板合力作用点到剪力墙截面形心的距离；

d_{swc}——平行于剪力墙受力平面的受压钢板合力作用点到剪力墙截面形心的距离；

d_{swt}——平行于剪力墙受力平面的受拉钢板合力作用点到剪力墙截面形心的距离；

ρ——考虑剪应力影响的钢板强度折减系数；

V_u——钢板剪力墙的受剪承载力设计值。

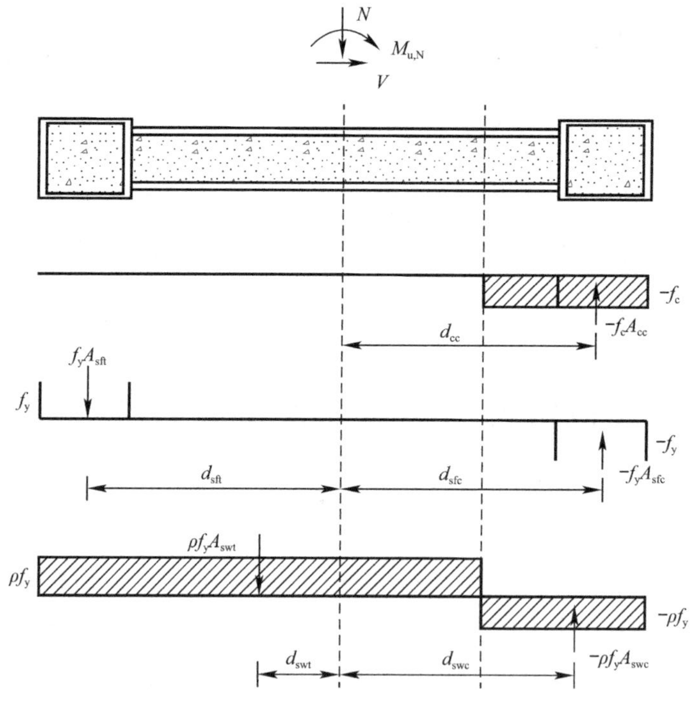

图 3-54　压弯荷载作用下的截面应力分布

当两个主平面均作用有弯矩时，按式（3-14）、式（3-15）分别计算绕主轴 x、y 的受弯承载力设计值M_{ux}、M_{uy}，计算时式（3-14）中 N 取为 0。同时，计算轴心受压承载力设计值 N_{un}，$N_{un}=A_c f_c+A_s f_y$，A_c、A_s 分别为截面中混凝土和钢材的面积。然后按式（3-18）和式（3-19）进行核算，两式需同时满足。

$$\frac{N}{N_{un}}+(1-\alpha_c)\frac{M_x}{M_{ux}}+(1-\alpha_c)\frac{M_y}{M_{uy}}\leqslant 1 \tag{3-18}$$

$$\frac{M_x}{M_{ux}}+\frac{M_y}{M_{uy}}\leqslant 1 \tag{3-19}$$

$$\alpha_c=\frac{A_c f_c}{N_{un}} \tag{3-20}$$

式中　M_x、M_y——剪力墙平面外和平面内弯矩设计值。

式（3-18）、式（3-19）的物理意义是将外凸的 N-M 曲线简化成两条直线，如图 3-55 所示。

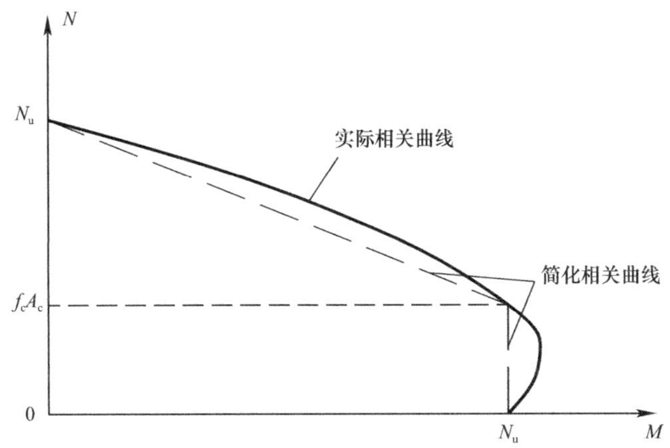

图 3-55　N-M 相关曲线

两个主平面作用有弯矩时的组合箱形钢板剪力墙压弯构件稳定承载力需考虑 P-δ 效应，绕 x 轴的稳定按式（3-21）、式（3-22）计算，绕 y 轴的稳定按式（3-23）、式（3-24）计算。

$$\frac{N}{\varphi_x N_u}+(1-\alpha_c)\frac{M_x}{\left(1-0.8\frac{N}{N'_{ex}}\right)M_{ux}}+\frac{\beta_y M_y}{1.4M_{uy}}\leqslant 1 \tag{3-21}$$

$$\frac{M_x}{\left(1-0.8\frac{N}{N'_{ex}}\right)M_{ux}}+\frac{\beta_y M_y}{1.4M_{uy}}\leqslant 1 \tag{3-22}$$

$$\frac{N}{\varphi_y N_u}+\frac{\beta_x M_x}{1.4M_{ux}}+(1-\alpha_c)\frac{M_y}{\left(1-0.8\frac{N}{N'_{ey}}\right)M_{uy}}\leqslant 1 \tag{3-23}$$

$$\frac{\beta_x M_x}{1.4M_{ux}}+\frac{M_y}{(1-0.8\frac{N}{N'_{ey}})M_{uy}}\leqslant 1 \tag{3-24}$$

$$N'_{Ex}=\frac{N_u}{1.1}\frac{\pi^2 E_s}{\lambda_x^2 f},N'_{Ey}=\frac{N_u}{1.1}\frac{\pi^2 E_s}{\lambda_y^2 f} \tag{3-25}$$

式中　β——等效弯矩系数；

φ_x、φ_y——分别为弯矩作用平面内和平面外的轴心受压稳定系数，按式（2-79）计算；

λ_x 和 λ_y——轴心受压构件的长细比按式（2-81）计算。

参考文献

[1] Mander J B, Priestley M J N, Park R, et al. Theoretical Stress-Strain Model for Confined Concrete [J]. Journal of Structural Engineering, ASCE, 1988, 114 (8): 1804-1826.

[2] 张雄雄. T形短肢多腔钢-混凝土组合剪力墙轴压力学性能研究 [D]. 哈尔滨: 哈尔滨工业大学硕士学位论文, 2017: 75-85.

[3] 聂建国, 王宇航. ABAQUS中混凝土本构模型用于模拟结构静力行为的比较研究 [J]. 工程力学, 2013, 30 (4): 59-67.

[4] 雷敏, 沈祖炎, 李元齐, 等. T形钢管混凝土压弯构件强度承载性能 [J]. 同济大学学报 (自然科学版), 2016, 44 (3): 348-354.

第 4 章　组合箱形钢板剪力墙滞回性能研究

4.1　引言

组合箱形钢板剪力墙结构具有较高的承载力，箱形钢管能有效约束内部混凝土，防止核心混凝土过早出现脆性破坏，因此组合箱形钢板剪力墙具有良好的抗震性能；目前相对组合箱形钢板剪力墙的抗震性能研究还很少，为进一步了解此类构件的抗震性能，进行了 4 片组合箱形钢板剪力墙的滞回性能试验，重点考察低周往复荷载作用下轴压比和截面形式对试件滞回性能的影响，通过试验研究进一步深入了解构件的受力机理，分析轴压比对构件破坏模式、承载力、延性及耗能能力的影响；研究不同截面形式构件的受力机理，并用试验结果验证后续有限元分析结果的合理性。同时采用有限元软件分析组合箱形钢板剪力墙的受力性能，基于有限元分析模型，系统分析构件剪跨比、截面高厚比、端柱钢管宽厚比、腹板宽厚比、内隔板宽厚比、轴压比、钢材屈服强度及混凝土强度等参数对构件滞回性能的影响，并针对该类构件在实际工程中的设计与应用提出相关建议。

4.2　试件设计与加工

本次试验共设计了 2 片"一"字形组合箱形钢板剪力墙和 2 片 T 形截面组合箱形钢板剪力墙，试验中主要考察轴压比和不同截面形式的影响，截面形式分别为"一"字形和 T 形，试件的轴压比分别为 0.3 和 0.5，试件采用 Q345 钢材、C40 混凝土，四个试件编号分别为 CSW-Ⅰ-03、CSW-Ⅰ-05、CSW-T-03 和 CSW-T-05。其中，CSW 表示组合剪力墙，I 和 T 分别表示截面为"一"字形和 T 形，后面的数字表示试件试验轴压比，例如 03 表示试验中试件轴压比为 0.3，试件截面形式如图 4-1 所示。相同截面的剪力墙几何尺寸、材料强度均相同，变化参数仅为轴压比。试件的缩尺比取为 1/2，组合剪力墙的箱形钢管包括端管、腹板和内隔板，端管采用壁厚较大的方钢管，腹板和内隔板采用焊接 H 型钢。

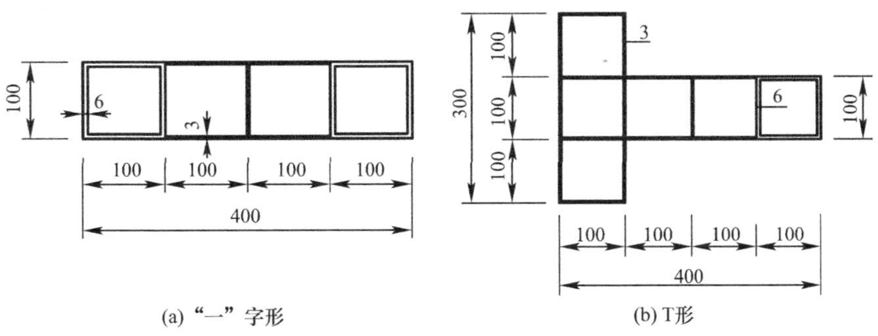

图 4-1　组合箱形钢板剪力墙截面示意图

试件截面尺寸不宜过大，以保证其承载力不超过实验室加载设备的量程，同时尺寸不宜过小，以保证墙体内填混凝土浇筑密实，综合考虑以上两个因素，“一”字形构件截面尺寸为400mm×100mm，试件两端采用外围尺寸为100mm、厚度为6mm的钢管加强，中间多腔钢管壁厚为2mm，具体截面尺寸如图4-1（a）所示；T形截面构件外围尺寸为300mm×400mm，T形截面腹板方向设置4个腔体，并在T形截面端部采用边长为100mm、厚度为6mm的钢管进行加强，其余部位腔体边长为100mm、钢板厚度为2mm，T形截面翼缘方向设置3个腔体，腔体采用厚度为2mm的钢板拼焊而成，具体截面尺寸见图4-1（b），“一”字形截面和T形截面各腔体钢管的宽厚比均满足《矩形钢管混凝土结构技术规程》CECS 159：2004关于钢管宽厚比的要求。试件详细参数见表4-1。

“一”字形、T形试件参数　　　　表4-1

试件编号	a (mm)	b (mm)	m	p	t_1 (mm)	t_2 (mm)	n	α
CSW-Ⅰ-03	100	100	2	—	6	3	0.3	0.147
CSW-Ⅰ-05	100	100	2	—	6	3	0.5	0.147
CSW-T-03	100	100	2	3	6	3	0.3	0.147
CSW-T-05	100	100	2	3	6	3	0.5	0.147

注：a为试件端柱边长；b为内隔板间距；m为腹部墙体腔的个数；p为翼缘腔体的个数；t_1为端柱钢管壁厚；t_2为腹板及内隔板壁厚；n为试件的试验轴压比；α为试件含钢率。

试验采用悬臂加载的方式，试验中组合箱形钢板剪力墙的高度为750mm，为保证试验中底部为嵌固的边界条件，在组合箱形钢板剪力墙底部设置了钢筋混凝土基础梁；由于墙体内隔板位于构件内部，墙体厚度较小时，施工过程中很难连接内部的上下隔板，为真实模拟实际工程中构件的受力性能，内隔板与上部盖板、底部基础梁均不连接，即认为内隔板不能传递竖向荷载，仅起到约束和拉结两侧腹板的作用。为增强墙体与基础梁的抗拔连接，在箱形钢管底部焊接一块底板，底板中心开口，以保证箱形钢管核心混凝土与基础梁混凝土能够整浇密实，箱形钢管与底板间设置多道竖向加劲肋，同时，在钢筋穿过钢管的位置开设孔洞。基础梁的主要作用是将试件承受的荷载通过地锚螺栓传递给刚性地面，按其试验中所受弯矩和剪力计算所得纵筋和箍筋的配筋量进行配筋，试件详细构造和尺寸如图4-2所示。

4.2.1　箱形钢管的加工

箱形钢管利用轧制方钢管和钢板拼焊而成，钢材强度等级为Q345，方钢管为轧制钢管。首先，按照试件设计尺寸下料并切割钢板，在钢板上按照设计尺寸在内隔板、钢管和腹板上加工预留孔洞，将内隔板和两侧腹板焊接成H形截面；然后，将焊接成的H形截面通过角焊缝与两端的方钢管相连，加工中，钢板与钢板、钢板与钢管之间的焊缝均为熔透的对接焊缝；最后，在加工好的箱形钢管底面焊接厚度为10mm的底板，在底板上预留孔洞，保证管内混凝土与基础贯通，同时，为了提高底板的刚度，在底板周围焊接矩形加劲肋。试件的加工过程如图4-3所示。

4.2.2　试件的制作

进行底座的钢筋定位、绑扎，然后支护模板，将加工好的箱形钢管固定在钢筋笼内，而后在箱形钢管和基础梁模板内整体浇筑混凝土。首先浇筑箱形钢管内的混凝土，浇筑过程中用振捣棒振捣，保证箱形钢管内混凝土的密实性，浇筑完箱形钢管内的混凝土后，浇筑底座内的混凝土，同时用振捣棒振捣。混凝土采用C40的商品混凝土。在浇筑混凝土的同时，按照《混凝土结构设计规范》GB 50010—2010（2015年版）的规定，制作了2组共6个边长为150mm混凝土标准立方体试块；同时制作了3个150mm×150mm×300mm混凝土标准棱柱体试块，分别用于测量混凝土抗压强度和弹性模量。浇筑完混凝土后进行混凝土养护，构件和试块在同等条件下进行养护，混凝土立方体试块和棱柱体试块采用锡纸包裹，其养护条件接近于钢管内的混凝土。两周后进行试件的拆模，同时，在箱形钢管顶端焊接厚度为10mm的顶板。试件的制作过程如图4-4所示。

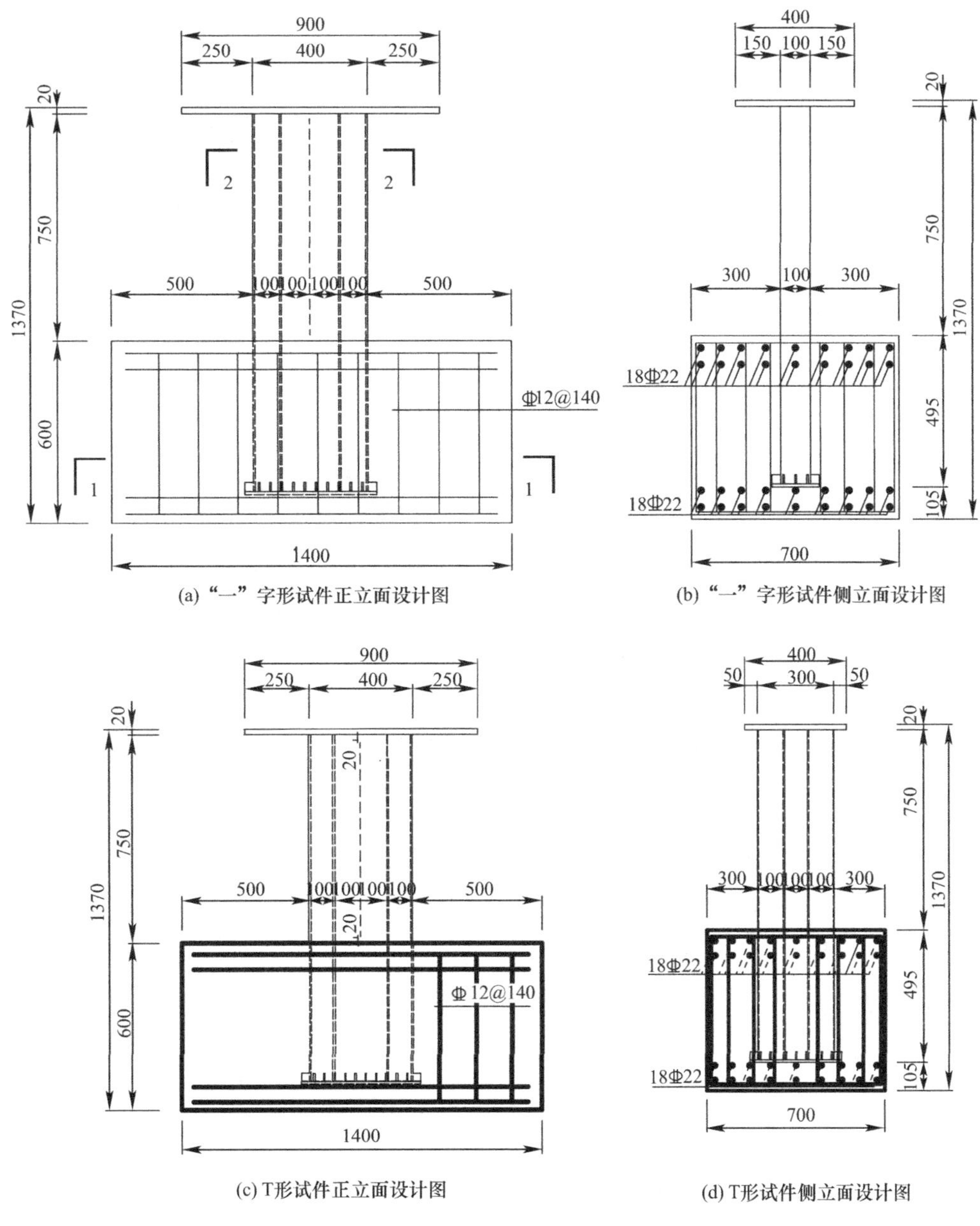

图4-2　"一"字形、T形组合箱形钢板剪力墙试件设计图

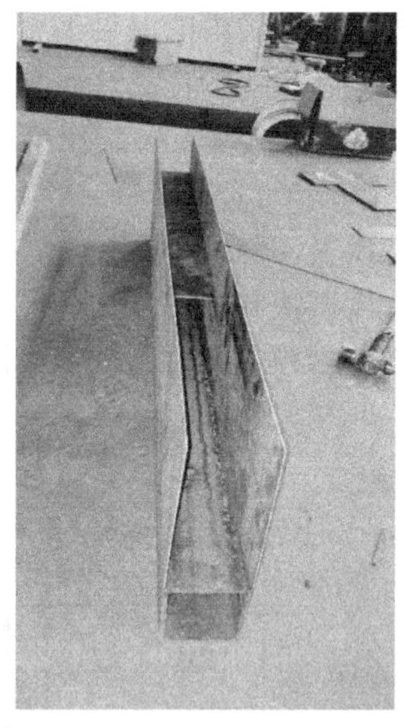

(a) 试件加工图

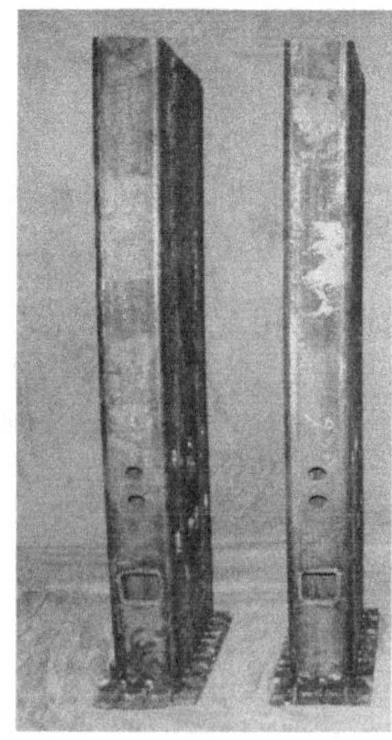

(b) 试件侧立面图

(c) 试件正立面图

图 4-3　箱形钢管的加工

(a) 固定箱形钢管位置

(b) 基础梁支模

(c) 试件养护

(d) 试件拆模

图 4-4　试件制作

4.2.3　材性试验

4.2.3.1　混凝土性能

采用与浇筑试件同时浇筑、同条件养护的混凝土试块进行混凝土材性试验。试验应用哈尔滨工业大学土木工程学院结构与抗震实验室 200t 压力机，依照《普通混凝土力学性能试验方法标准》GB/T 50081—2019 进行，试验结果见表 4-2。

混凝土材性试验结果 **表 4-2**

龄期	f_{cuk} (MPa)				f_c (MPa)				弹性模量 (MPa)	泊松比
	1	2	3	平均	1	2	3	平均		
28d	41.8	45.6	44.7	44.0	—	—	—	—	—	—
试验时	63.7	64.6	68.4	65.6	55.6	46.8	51.7	51.4	33270	0.19

注：f_{cuk}为混凝土标准立方体抗压强度；f_c 为混凝土棱柱体抗压强度。

4.2.3.2 钢材性能

钢材拉伸试件按照《金属材料 拉伸试验第 1 部分：温室试验方法》GB/T 228.1—2010 的规定制作，厚度为 3mm 和 6mm 的拉伸试件各制作 3 个，拉伸试件所用钢材和试验中试件所用钢材在同一块板上下料。拉伸试验所得钢材屈服强度、极限抗拉强度、弹性模量、泊松比及伸长率等参数见表 4-3。

钢材材性试验结果 **表 4-3**

厚度 (mm)	f_y (MPa)				f_u (MPa)				弹性模量 (MPa)	泊松比	伸长率
	1	2	3	平均	1	2	3	平均			
3	330.9	335.3	354.1	340.1	494.7	497.3	523.4	505.1	199820	0.24	0.32
6	405.1	402.1	399.8	402.3	437.3	447.4	450.6	445.1	186700	0.30	0.22

注：f_y 为钢材屈服强度；f_u 为钢材极限抗拉强度。

4.3 试验方案

4.3.1 试验测量方案

试验中布置了位移计和应变片，分别用来监测试件的变形和钢管上应变变化。共布置了 8 个高精度 LVDT 位移传感器，如图 4-5 所示。其中，LVDT1 用于监测基础梁与刚性地面之间的水平滑移；LVDT2 用于测量试件中部的水平位移；LVDT3 用于测量试件顶部的水平位移，其与 LVDT1 测量值之差可以得到试件顶部的相对位移；LVDT4、LVDT5 用于测量加载过程中基础梁两端部的竖向位移，目的是监测基础梁在弯矩作用下是否产生转动，基础梁的水平转动会影响试件顶部的水平位移；LVDT6、LVDT7 分别布置于试件 1 面和 3 面距基础梁顶面 100～200mm 高度范围内，用于测量试件的剪切变形；LVDT8 用于监测试件的平面外位移。

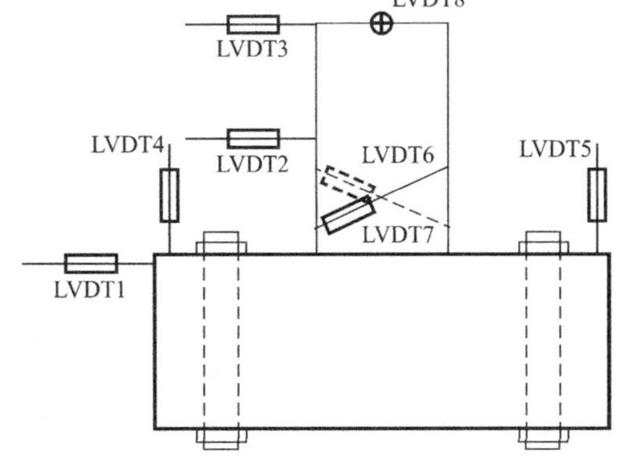

图 4-5 位移计布置示意图

为监测试验中关键点处应变的变化，距基础梁顶面 50mm 和 150mm 处的钢管上粘贴了应变片和应变花，每个试件共粘贴了 8 个应变片和 12 个应变花，图 4-6 中给出了“一”字形和 T 形应变片和应变花布置的截面图，具体布置方式和编号如图 4-6 所示。

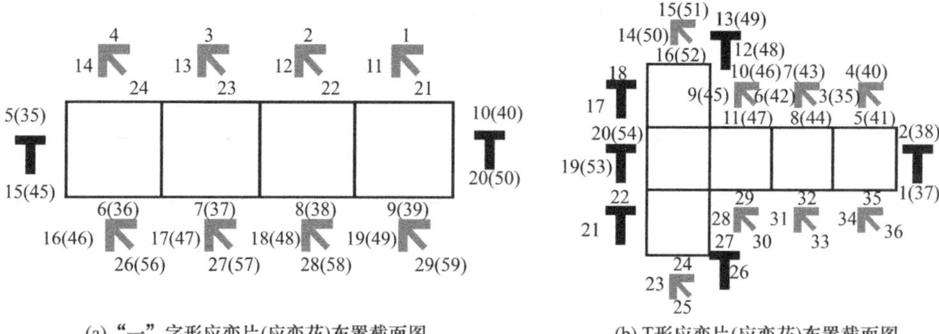

(a)“一”字形应变片(应变花)布置截面图

(b) T形应变片(应变花)布置截面图

图 4-6　应变片（应变花）布置示意图

4.3.2　试验加载装置

试验在哈尔滨工业大学土木工程学院结构与抗震实验室进行，加载装置如图 4-7 所示。

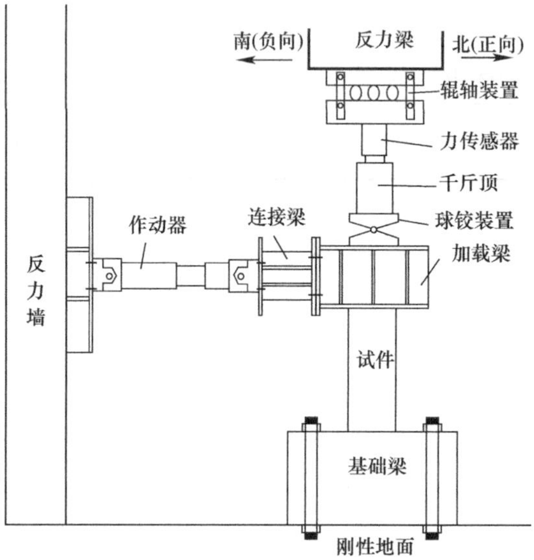

(a) 加载装置立面示意图

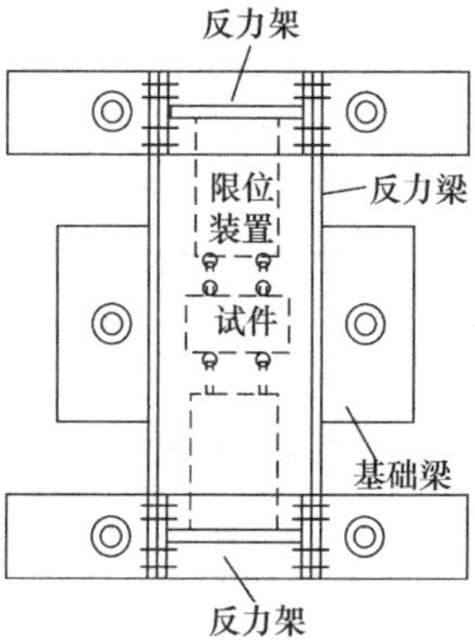

(b) 加载装置俯视示意图

(c) 加载装置实图

(d) 侧向限位装置实图

图 4-7　加载装置图

由图中可以看到，加载装置可以分为竖向加载系统和水平加载系统，竖向加载系统包括：320t 液压千斤顶、500t 力传感器、辊轴装置、球铰装置和反力梁，水平加载系统包括：100t 的 MTS 作动器、侧向支撑和反力墙。将试件通过地锚固定在靠近反力墙的地面上，而后在试件顶部安装加载梁，加载梁通过高强螺栓和试件的顶板连接，在加载梁顶部固定球铰支座，球铰支座能使试件的顶面自由转动，球铰上设置量程为 500t 的液压千斤顶，千斤顶用来施加竖向荷载，竖向荷载通过设置在千斤顶上的力传感器测量，力传感器和顶部的辊轴装置相连，辊轴装置固定在反力架的反力梁上，设置辊轴的目的是使竖向荷载能始终作用在截面顶部的形心上。水平荷载通过量程为 100t 的 MTS 作动器施加，作动器一端固定在反力墙上，一端通过连接梁与试件顶部的加载梁相连，加载梁通过高强螺栓与作动器和加载梁相连。由于试件平面外刚度远小于平面内刚度，为防止试验过程中试件发生出平面失稳，在试件两侧设置了侧向限位装置［见图 4-7（b）］，侧向限位装置固定在两侧反力架的立柱上，与试件接触一侧设置可以转动的辊轴，辊轴和焊接在加载梁两侧的盖板接触，保证试件只能在平面内移动，从而有效防止试件出现平面外失稳现象。

4.3.3　试验加载制度

本次试验采用《建筑抗震试验规程》JGJ/T 101—2015 规定的拟静力试验方案进行加载。第一步施加竖向荷载，竖向荷载大小为构件的截面承载力乘以轴压比，构件的截面承载力按照第 2 章给出的计算公式 $N=1.13f_{ck}A_c+f_yA_s$ 计算，计算中材料的强度取试验实测值，轴压比按照试件设计的轴压比选取，进行竖向荷载预加载，预加载的目的是保证竖向荷载作用在截面形心上，使试件处于轴心受压状态，预加载结束后进行正式竖向加载，分 4 级施加。竖向荷载施加完毕后，采用液压伺服作动器施加水平往复荷载，水平荷载的加载方式为位移加载，通过预先用 ABAQUS 有限元软件模拟，确定试件的屈服位移预估值 Δ'_y，在正式加载前期，分别施加 $\Delta'_y/4$、$-\Delta'_y/4$，$\Delta'_y/2$、$-\Delta'_y/2$，$3\Delta'_y/4$、$-3\Delta'_y/4$……每级各循环两次，直到找到准确的屈服位移 Δ_y，后面以屈服位移的整数倍为各级位移增量，每级荷载循环两次，详细的加载制度如图 4-8 所示。当加载至试件明显破坏已不能维持竖向荷载或者水平承载力下降至极限承载力的 85%时，认为试件破坏，停止加载。

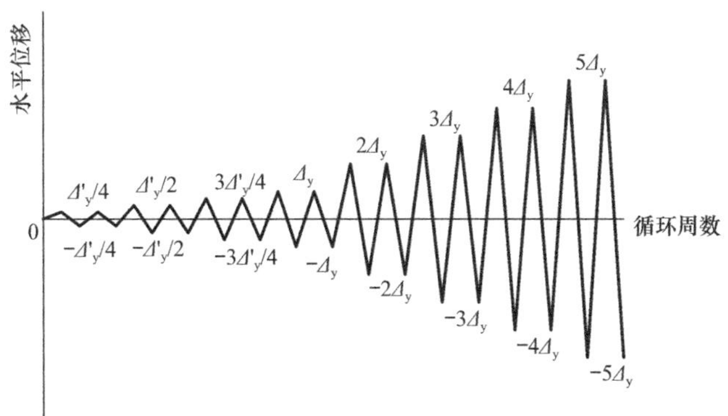

图 4-8　水平加载制度示意图

4.4　试验现象

为便于描述试验现象，将 MTS 作动器对试件施加推力及产生的位移（方向向北）定义为正向加载，对试件施加拉力及产生的位移（方向向南）定义为负向加载。

4.4.1 试件 CSW-I-03 试验现象

首先对试件 CSW-I-03 施加竖向荷载，施加的竖向荷载为 1600kN，分四级加载，每级荷载增量为 400kN。竖向荷载施加完毕后，维持竖向荷载不变，利用作动器进行水平低周往复加载。水平荷载采用位移控制的加载方式，加载初期位移增量为每级 1mm，位移加载至 6mm 后，位移增量为 3mm，每级位移循环两次。当层间位移小于 6mm（层间位移角为 0.75%）时，试件水平荷载和水平位移近似呈线性关系，试件处于弹性段，箱形钢管表面无明显试验现象。正向水平位移为 9mm（对应荷载为 451kN）时，试件发出明显的“咔咔”声，可能是内部核心混凝土与箱形钢管的粘结界面出现破坏，混凝土和箱形钢管之间相互错动所产生的响声。当正向水平位移加载至 12mm（对应荷载为 476kN）时，试件 4 面底部钢管出现整体轻微鼓胀。随着水平位移的逐渐增大，4 面底部钢管的整体鼓胀逐渐增加，当正向水平位移加载至 18mm（对应荷载为 489kN）时，试件正向承载力达到峰值，4 面底部钢管的整体鼓胀变形达到 2mm 左右。当负向加载至－18mm（对应荷载为－445kN）时，2 面底部出现整体鼓胀。加载至正向位移 21mm（荷载为 471kN）时，试件 4 面底部距基础梁顶面 20～50mm 高度范围内出现明显的局部鼓曲，钢板平面外鼓曲变形约 5～7mm；同时 1 面底部与 4 面相临的位置钢管也略微鼓曲，鼓曲高度大约 3mm；此时基础梁与 4 面接触的混凝土在挤压力的作用下有局部压溃的现象，如图 4-9（a）所示。当负向加载至－21mm（荷载为 454kN）时，试件负向承载力达到峰值，试件 2 面底部距基础梁顶面 20～50mm 高度范围内出现明显的局部鼓曲，钢板的平面外鼓曲变形约 4～5mm，如图 4-9（b）所示；同时 3 面底部与 2 面相临位置钢管也略微鼓曲。正向位移加载至 24mm（荷载为 436kN）时，4 面底部的钢管的局部屈曲加剧，钢板平面外鼓曲变形约 15mm，如图 4-9（c）所示；3 面底部距基础梁顶面 50mm 与 4 面相临的位置出现明显局部鼓曲，钢板鼓起约 10mm；1 面底部距基础梁顶面 150mm、距 4 面交界线 100mm 位置出现明显的鼓曲，钢板鼓起约 3mm。负向加载至－24mm（荷载为－435kN）时，2 面底部鼓曲加剧，钢板鼓起约 20mm，如图 4-9（d）所示；3 面底部距基础梁顶面 200mm 处出现肉眼可见的鼓曲，并有形成拉力带的趋势。正向加载至 27mm（荷载为 309kN）时，4 面鼓曲更为严重，钢板鼓起约 30mm；1 面和 3 面均已形成明显由南向北的斜拉力带，钢板鼓起高度约 15mm；此时试件正向荷载已经下降至峰值承载力的 60%，达到破坏标准，正向不宜继续加载。负向加载至－27mm（荷载为－235kN）时，2 面钢板鼓曲更为严重，钢板鼓起约 25mm；1 面和 3 面斜拉力带方向变为由北向南，钢板鼓起高度约 15mm；此时试件负向荷载已经下降至峰值承载力的 40%，达到破坏标准，负向不宜继续加载。试件 CSW-I-03 最终破坏形式如图 4-10 所示。

4.4.2 试件 CSW-I-05 试验现象

首先对试件 CSW-I-05 施加竖向荷载，施加的竖向荷载值为 2500kN，共分 5 级加载，每级荷载增量为 500kN。竖向荷载施加完毕后，维持竖向荷载不变，使用作动器进行水平低周往复加载，水平加载采用与 CSW-I-03 相同的加载制度。正向加载至 6mm（对应荷载为 439kN）时，试件明显发出“咔咔”声，可能是内部核心混凝土与箱形钢管的粘结界面出现破坏，混凝土和箱形钢管之间的相互错动所产生的响声。正向加载至 9mm（对应荷载为 468kN）时，试件 4 面底部钢管出现整体鼓胀，钢管鼓起高度约 2mm，正向

(a) 水平荷载21mm(4面)

(b) 水平荷载-21mm(2面)

(c) 水平荷载24mm(4面)

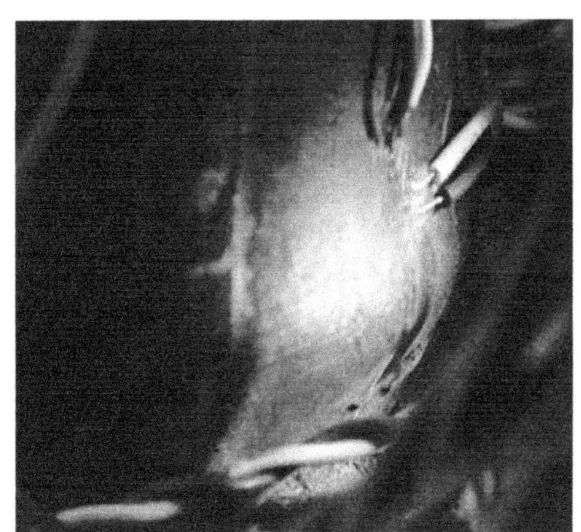
(d) 水平荷载-24mm(2面)

图 4-9　试件钢管局部屈曲发展图

(a)1面

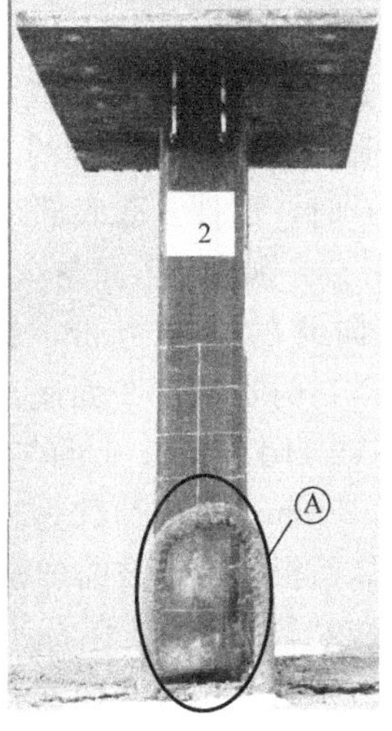

(b)2面

图 4-10　CSW-I-03 试件最终破坏图（一）

(c) 3面

(d) 4面

(e) Ⓐ

(f) Ⓑ

图 4-10 CSW-I-03 试件最终破坏图（二）

承载力达到峰值。负向加载至－9mm（对应荷载为－445kN）时，试件 2 面底部钢管出现整体鼓胀，钢管鼓起高度约 2mm，负向承载力达到峰值。正向加载至 12mm（对应荷载为 464kN）时，试件 4 面底部距基础梁顶面约 50mm 出现明显鼓曲，钢板鼓起约 12mm，如图 4-11（a）所示；1 面与 3 面底部距基础梁顶面 50～200mm 高度范围内已明显出现大面积由南向北的斜拉力带，钢板鼓起约 6～8mm。负向加载至－12mm（对应荷载为－439kN）时，试件 2 面底部距基础梁顶面约 50mm 出现明显鼓曲，钢板鼓起约 10mm，如图 4-11（b）所示；1 面与 3 面斜拉力带方向变为由北向南，钢板鼓起加剧至 8～10mm。加载至 15mm（对应荷载为 336kN）时，试件 4 面底部局部鼓曲加剧，钢板鼓起约 20mm；1 面和 3 面斜拉力带鼓曲加剧，钢板鼓起约 12mm，此时试件正向荷载已经下降至峰值承载力的 79%，达到破坏标准，正向不宜继续加载。负向加载至－15mm（对应荷载为－271kN）时，试件 2 面底部局部鼓曲加剧至 15mm，试件 4 面底部距基础梁顶面约 50mm 处钢板突然发生水平撕裂，负向荷载达到峰值承载力的 67%，达到破坏标准，负向不宜继续加载。试件 CSW-I-05 最终破坏形式如图 4-12 所示。

(a) 水平荷载12mm(4面)

(b) 水平荷载-12mm(2面)

(c) 水平荷载15mm(4面)

(d) 水平荷载-15mm第二圈循环(4面)

图 4-11　试件钢管局部屈曲发展图

4.4.3　试件 CSW-T-03 和试件 CSW-T-05 试验现象

2 片 T 形剪力墙的试验现象与破坏过程较为类似，均经历了局部屈曲、混凝土破碎和焊接断裂的过程，以 CSW-T-03 为例对 T 形箱形组合剪力墙的试验破坏过程和现象进行详细描述。首先对试件 CSW-T-03 施加竖向荷载，施加的竖向荷载为 2000kN，分四级加载，每级荷载增量为 500kN。竖向荷载施加完毕后，维持竖向荷载不变，使用作动器进行水平低周往复加载。水平荷载采用位移控制的加载方式，用试件顶部的层间位移控制试件加载，加载初期位移增量为每级 1mm，位移加载至 6mm 后，每级位移的增量为 3mm，每级位移循环两次。当层间位移小于 12mm（层间位移角为 1/67）时，试件水平荷载和水平位移近似呈线性关系，试件处于弹性段，试件发出明显的“咔咔”声，可能是内部核心混凝土与箱形钢管的粘结界面出现破坏所产生的响声，箱形钢管表面无明显试验现象。正向水平位移为 12mm（层间位移角为 1/67）时，4 面和 6 面钢管开始出现鼓曲；当正向水平位移加载至 15mm（层间位移角为 1/53）时，试件 1 面和 2 面腹板底部开始出现鼓曲；随着水平位移的逐渐增大，在距试件底部大约 50mm 和 150mm 的范围内陆续出现局部屈曲，

(a) 1面　(b) 2面　(c) 3面　(d) 4面　(e) Ⓒ　(f) Ⓓ

图 4-12　CSW-I-05 试件最终破坏图

如图 4-13（a）所示。当正向加载至 18mm（层间位移角为 1/44）时，4 面和 6 面交界处的焊缝出现撕裂，试件承载力开始下降，试件正向不宜继续加载。此后，仅进行试件负向循环加载，直至负向荷载降低至峰值荷载的 85%。试件最终破坏如图 4-14（a）所示。

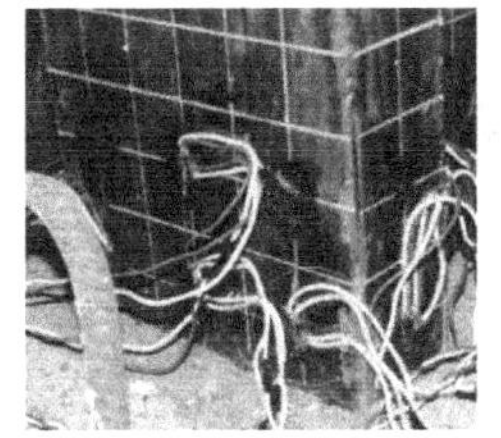
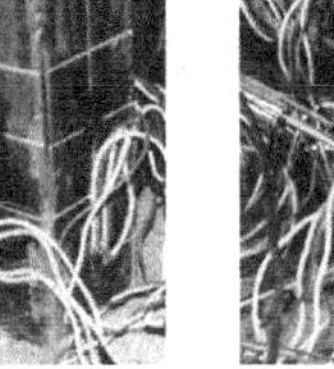
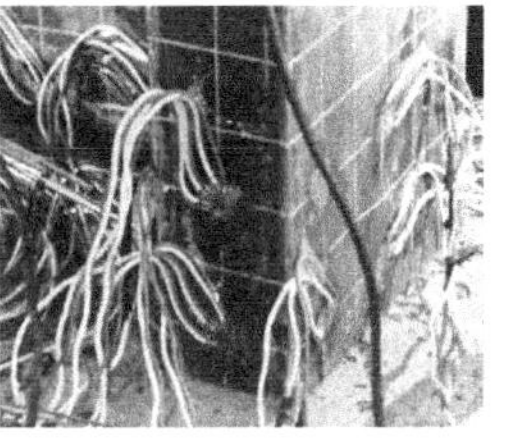
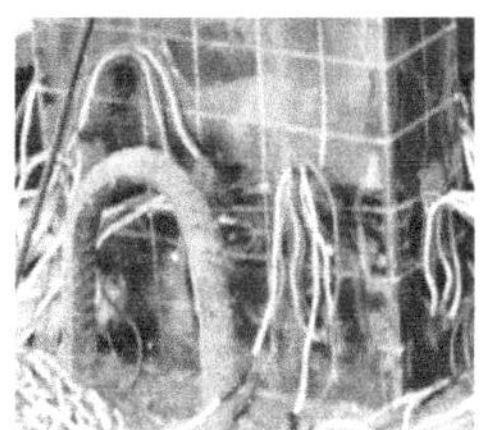

12 mm 位移　　21 mm位移　　4 mm位移　　12 mm位移

(a) 试件 CSW-T-03局部屈曲　　(b) 试件 CSW-T-05局部屈曲

图 4-13　试件钢管局部屈曲发展图

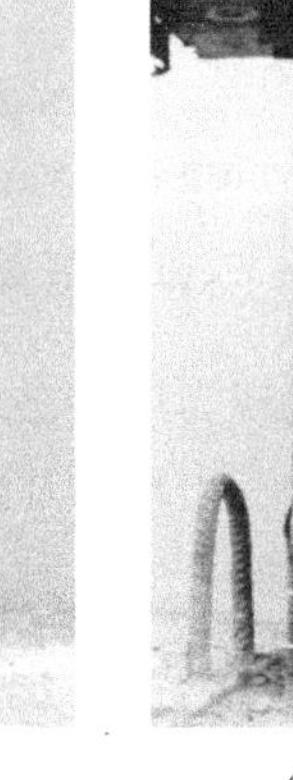

(a) 试件CSW-T-03正视图　　(b) 试件CSW-T-05正视图

图 4-14　试件 CSW-T-03 和 CSW-T-05 破坏形态

相比 CSW-T-03 而言，试件 CSW-T-05，施加的轴力相对更大，为 3333kN，因此局部屈曲出现得更早，局部屈曲出现在位移达到 5mm 时，如图 4-13（b）所示。这是由于轴压力较大，箱形钢管在压弯作用下屈服。试件破坏模态如图 4-14（b）所示，可以看出，钢管屈曲程度大于 CSW-T-03，且主要集中在试件翼缘处。

试验结束后，将表面出现局部屈曲的钢管剥离，内填混凝土的状态如图 4-15 所示。

(a) 试件CSW-T-03正视图　　(b) 试件CSW-T-03左视图

图 4-15　试件 CSW-T-03 和 CSW-T-05 最终破坏图（一）

(c) 试件CSW-T-05正视图

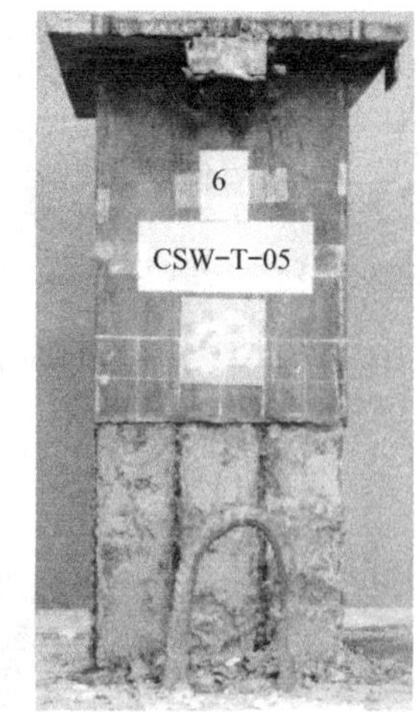

(d) 试件CSW-T-05左视图

图 4-15 试件 CSW-T-03 和 CSW-T-05 最终破坏图（二）

从图中可以看出，混凝土主要表现为压溃破坏，且主要集中在翼缘区域，但是由于箱形钢管的约束作用，试件承载力并没有出现明显的下降。

4.5 试验结果分析

4.5.1 滞回曲线

试验中，MTS 作动器可以直接测得试件施加的水平荷载，利用试验中布置的位移计 LVDT3 与 LVDT1 的差值可以得到试件顶部相对于底部的层间位移，图 4-16 给出了试验得到的水平荷载-层间位移（层间位移角）关系曲线，层间位移角为层间位移和试件高度的比值。从图 4-16 中可以看出，T 形试件与一字形试件的滞回曲线呈现较为饱满的梭形，表明组合箱形钢板剪力墙具有良好的耗能能力。加载初期，当层间位移角较小时，试件基本处于弹性阶段，荷载-层间位移关系曲线基本呈线性变化，在往复滞回荷载作用下试件基本无残余变形；随着层间位移角的增大，试件进入弹塑性段，滞回曲线愈加饱满，当荷载卸载至零时，对应的残余变形也逐渐增加。

图 4-17 给出了不同层间位移角下试件 CSW-I-03 和试件 CSW-I-05 的对比结果，从图中可以看出，试件 CSW-I-05 的滞回曲线较试件 CSW-I-03 更为饱满，说明试件的耗能能力随轴压比的增大而变强。分析其主要原因是：①内隔板主要起到加劲和拉结作用，内隔板由于不与剪力墙的上下顶板相连，即在实际受力过程中主要产生横向拉力，用来约束内部的混凝土，其受力机理更接近于钢管约束混凝土，随着轴压比的增加，核心混凝土的纵向和横向变形逐渐增大，隔板对核心混凝土的约束效果越高；②轴力越大，核心混凝土的横向膨胀越大，导致 CSW-I-05 试件核心混凝土与箱形钢管的界面法向力较大，界面切向摩擦力随之变大，造成粘结滑移变小，滞回曲线相对饱满；③较大的轴力限制了核心混凝土的过早开裂，使得轴压比较高的试件 CSW-I-05 受混凝土裂缝张开、闭合影响较小，因此，宏观上表现为轴压比越大，在峰值承载力之前，试件的滞回曲线越饱满。

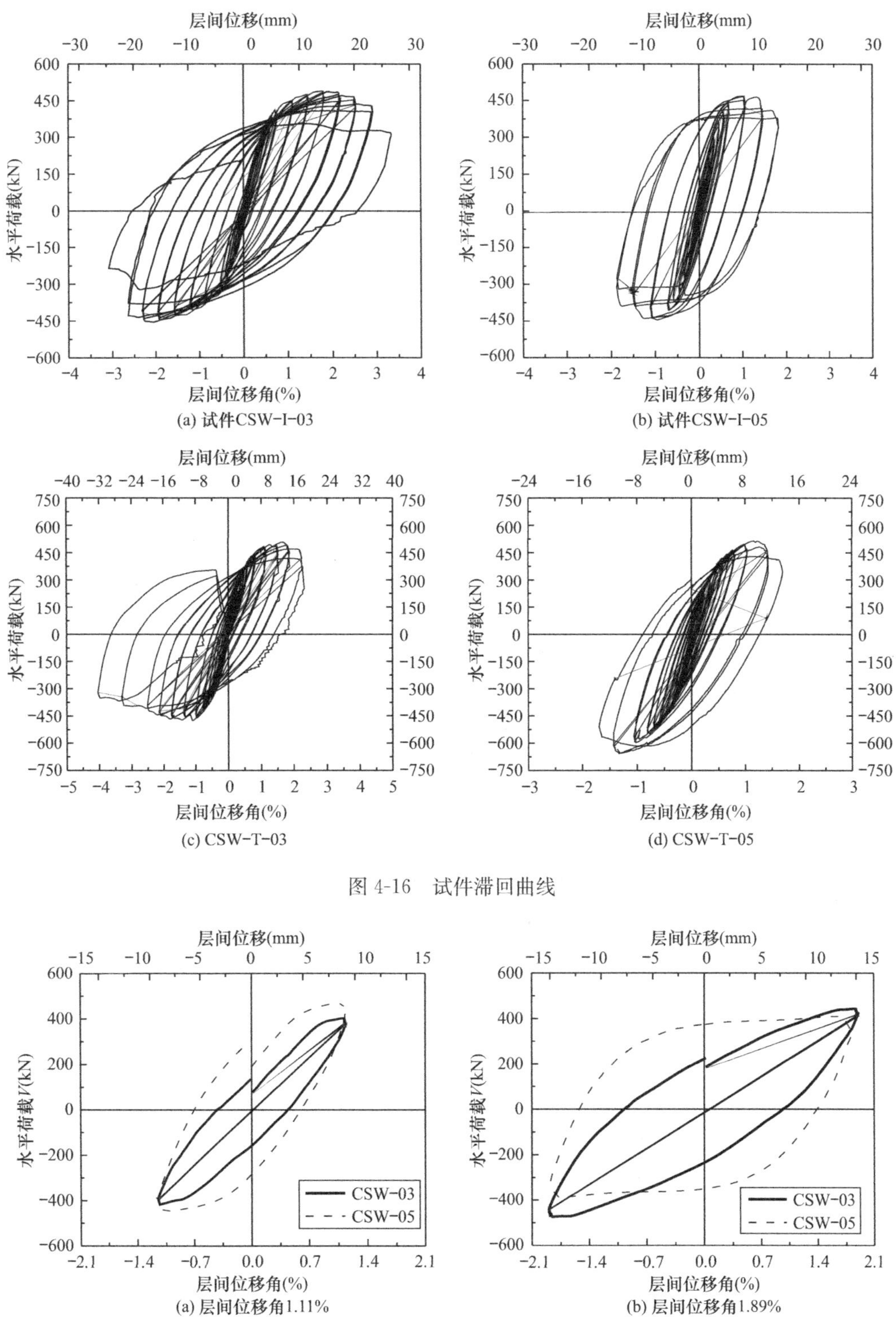

图 4-16　试件滞回曲线

图 4-17　不同层间位移角下试件滞回环对比

4.5.2 骨架曲线

将试件滞回曲线各级循环加载的峰值点依次连接，形成的曲线即为骨架曲线，骨架曲线可以较为直观地反映构件在不同阶段的强度、刚度、延性和耗能能力等特性。图 4-18 给出了本次试验 4 个试件的骨架曲线，可以明显看出，随轴压比增大，试件的延性明显降低，而峰值承载力无明显下降。

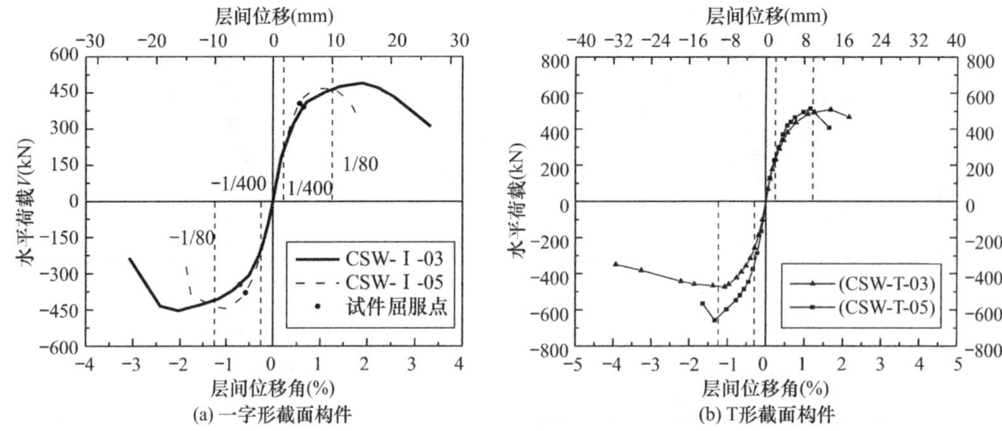

图 4-18 试件骨架曲线的对比

根据《钢板剪力墙技术规程》JGJ/T 380—2015 的规定：在风荷载和多遇地震作用下，钢板组合剪力墙弹性层间位移角不宜大于 1/400；在罕遇地震下，钢板组合剪力墙弹塑性层间位移角不宜大于 1/80。由图 4-18 可以发现，试件 CSW-03 正负两个方向的屈服层间位移角分别为 1/156、1/142，试件 CSW-05 正负两个方向的屈服层间位移角分别为 1/179、1/172，均远大于 1/400，这表明规程给出的弹性层间位移角限值过于保守。

4.5.2.1 变形能力

采用前文位移延性系数的计算方法，计算出各试件的位移特征值及位移延性系数，如表 4-4 所示，从表 4-4 中数据可以看出，对于“一”字形组合箱形钢板剪力墙，位移延性系数均大于 3，平均值为 3.4，表明“一”字形截面组合箱形钢板剪力墙具有非常好的延性；对于 T 形组合箱形钢板剪力墙，位移延性系数在轴压比为 0.5 时下降至 3 以下，表明截面形式变为不对称时，组合箱形钢板剪力墙的延性会有所下降，但仍有一定的安全保障。轴压比为 0.3 的试件延性系数明显大于轴压比 0.5 的试件，说明轴压比增大会显著降低试件的延性，原因是加载后期较大轴压比会使受压区混凝土过早达到其最大受压承载力，使构件的承载力下降更为迅速。

试件参数 **表 4-4**

试件编号		Δ_y（θ_y）(mm)	Δ_{max}（θ_{max}）(mm)	Δ_u（θ_u）(mm)	P_y (kN)	P_{max} (kN)	P_u (kN)	μ
CSW-I-03	正向	5.13 (1/156)	15.2 (1/53)	19.3 (1/41)	390.0	489.9	416.4	3.76
	负向	5.62 (1/142)	16.3 (1/49)	20.7 (1/39)	350.7	453.9	385.8	3.68
CSW-I-05	正向	4.47 (1/179)	7.77 (1/103)	13.5 (1/59)	405.0	468.3	398.1	3.02
	负向	4.66 (1/172)	7.81 (1/102)	14.2 (1/56)	379.5	445.0	378.3	3.04

续表

试件编号		Δ_y（θ_y）(mm)	Δ_{max}（θ_{max}）(mm)	Δ_u（θ_u）(mm)	P_y (kN)	P_{max} (kN)	P_u (kN)	μ
CSW-T-03	正向	5.7 (1/141)	13.5 (1/59)	17.3 (1/46)	416	509	468	3.05
	负向	4.8 (1/167)	8.6 (1/93)	23.4 (1/34)	382	473	402	4.88
CSW-T-05	正向	5.0 (1/160)	9.3 (1/86)	12.1 (1/66)	433	515	438	2.42
	负向	5.3 (1/151)	10.7 (1/75)	13.2 (1/61)	518	658	567	2.49

注：θ_y 为屈服层间位移角；θ_{max}为峰值层间位移角；θ_u 为极限层间位移角。

4.5.2.2　刚度退化

在水平往复荷载作用下，随着循环荷载周数的增加及位移的增大，试件的刚度必然出现下降，通常采用环线刚度来表示这种刚度退化的程度。环线刚度 K_L 计算公式如下：

$$K_L = \frac{\sum_{i=1}^{n} P_j^i}{\sum_{i=1}^{n} \Delta_j^i} \tag{4-1}$$

式中　P_j^i——位移延性为 j 时，第 i 次循环的峰值荷载点；

Δ_j^i——位移延性为 j 时，第 i 次循环的峰值位移值；

n——每级荷载循环次数。

图 4-19 为 4 片组合箱形钢板剪力墙环线刚度退化曲线。从图中可以看出，T 形试件与“一”字形试件表现出较为相似的变化规律，以“一”字形试件为例说明。加载初期两试件环线刚度值较为接近，随着荷载的增加，试件 CSW-I-03 刚度迅速退化，而试件 CSW-I-05 刚度退化相对较慢，主要原因是较大的轴压比在加载初期有利于钢管和混凝土间的界面粘结，增强了试件的组合作用；继续加载，试件 CSW-I-05 的刚度退化趋势基本不变，最终呈近乎脆性的破坏，而试件 CSW-I-03 的刚度退化趋势逐渐变缓，后期表现出了很好的延性，主要原因是加载后期较大的轴压比加剧了混凝土的破坏，从而没有充分发挥箱形钢管的约束作用。

4.5.2.3　承载力退化

随加载的进行，试件承载力退化程度可以用承载力降低系数 λ_j 表示，其计算方法如下：

$$\lambda_j = \frac{Q_{j,\min}^i}{Q_{j,\max}^1} \tag{4-2}$$

式中　$Q_{j,\min}^i$——位移延性系数为 j 时，第 i 次加载循环的峰值承载力；

$Q_{j,\max}^1$——位移延性系数为 j 时，第 1 次加载循环的峰值承载力。

4 片剪力墙的承载力降低系数 λ_j 如图 4-20 所示。由图 4-20 中可以看出，两个试件的承载力降低系数都随位移的增大而降低。试件 CSW-I-03 的承载力下降较为平缓且幅度较小，而轴压比较大的试件 CSW-I-05 承载力下降较为突然且下降幅度很大，表明轴压比的变化对试件承载力退化影响较大，轴压比越大，试件的承载力退化越早，退化幅度越大。对于 T 形箱形剪力墙，强度退化系数在 0.9 左右，退化幅度较“一”字形试件小，能量积累较多，破坏时延性较“一”字形试件差。

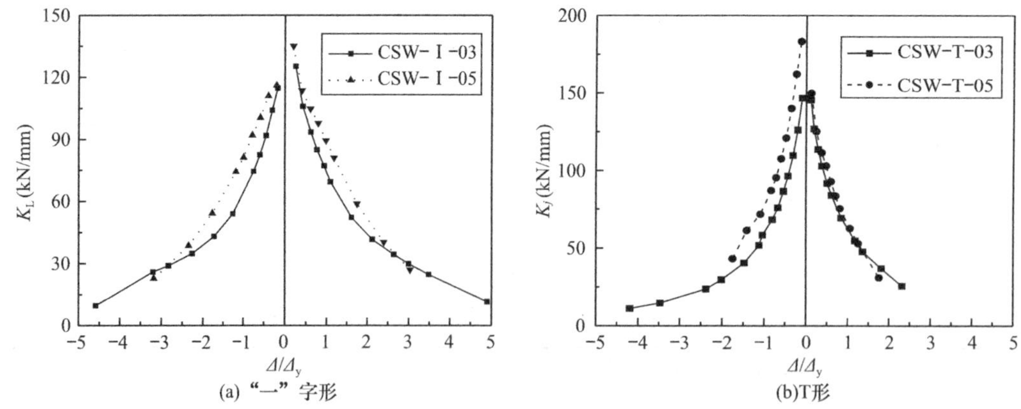

图 4-19 试件环线刚度退化曲线

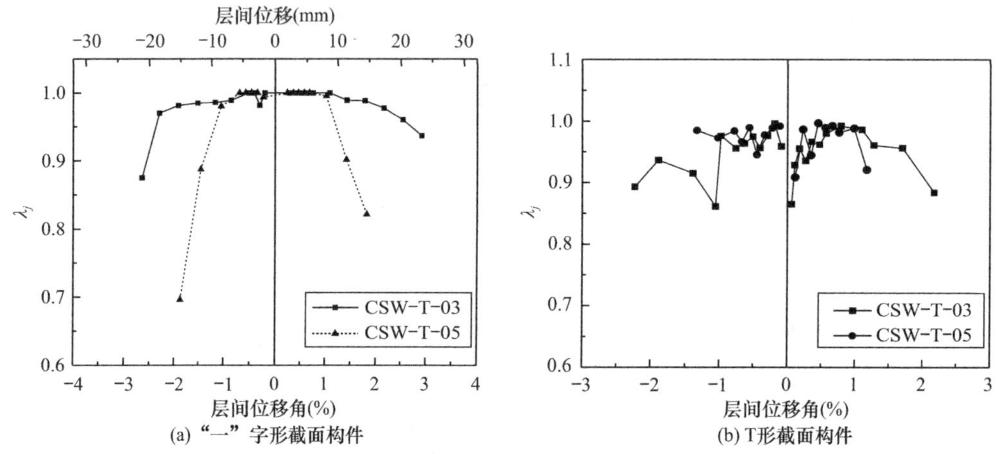

图 4-20 试件承载力退化曲线

4.5.3 耗能能力

试件的耗能能力是衡量其抗震性能的重要指标，通常采用单周耗能、单周累积耗能、能量耗散系数评价试件的耗能能力。其中，单周耗能、单周累积耗能体现了试件在滞回加载中所吸收能量的大小；能量耗散系数反映了试件耗能效率的高低。如图 4-21 所示，单周耗能即为试件荷载-位移曲线中单个滞回环的面积，对于同一加载级别，本书取两次循环所得滞回环面积的平均值，能量耗散系数 E 按下式计算：

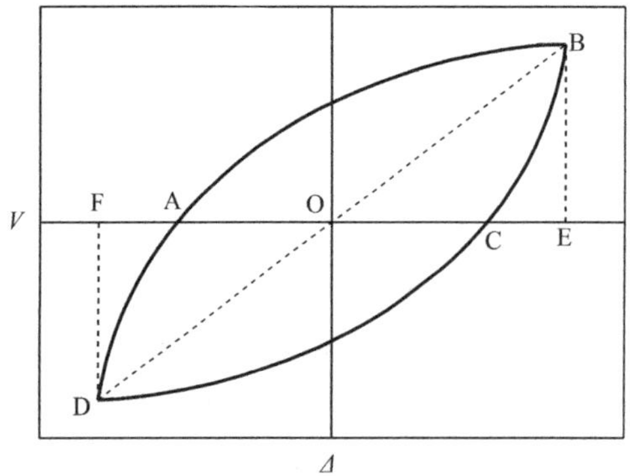

图 4-21 荷载-位移曲线中的单个滞回环

$$E=\frac{S_{ABC}+S_{CDA}}{S_{OBE}+S_{ODF}} \tag{4-3}$$

式中 $S_{ABC}+S_{CDA}$——滞回环所包围面积；

$S_{OBE}+S_{ODF}$——相应三角形面积。

试件 CSW-I-03 和 CSW-I-05 的单周耗能、

单周累积耗能计算结果如图 4-22 所示。可以看出，随着层间位移角的增加，试件的耗能能力明显提高，尤其是加载到屈服位移以后，试件的刚度、承载力增长均明显变缓，但是耗能能力增长速率基本不变。对比两试件耗能能力，可以发现相同层间位移角下，轴压比较大的试件 CSW-I-05 耗能能力明显高于试件 CSW-I-03，其单周耗散能量约为试件 CSW-I-03 的 2 倍；从单周累积耗能角度看，由于试件 CSW-I-03 的延性较好，后期耗能能力较强，两试件从加载到破坏的整个周期中，CSW-I-05 的单周累积耗能约为试件 CSW-I-03 的 1/2。

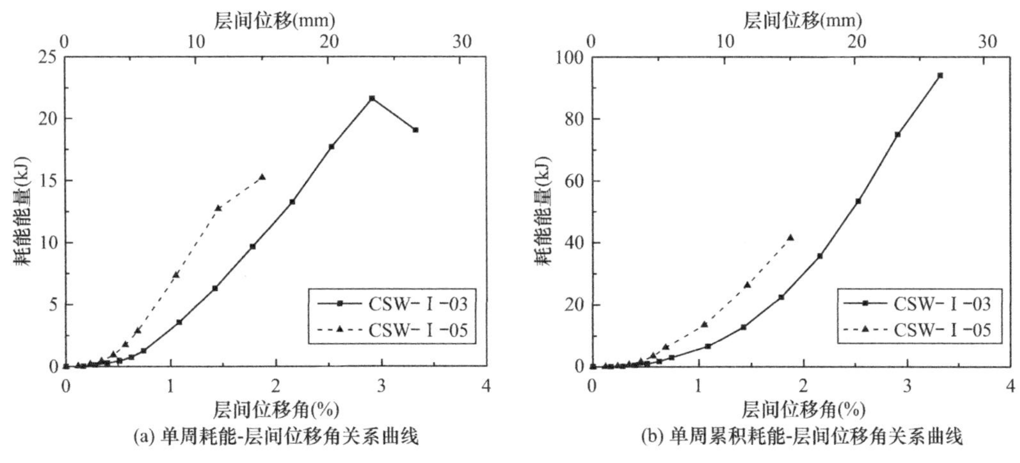

图 4-22　试件能量耗散-位移曲线

试件的能量耗散系数计算结果如图 4-23 所示。可以看出，加载初期层间位移角较小时，试件的能量耗散系数较低，主要原因是试件处于弹性段，几乎无塑性变形；随着层间位移角的增大，试件的能量耗散系数迅速提高，说明随位移的增大，滞回环变得更加饱满，且两者在屈服位移荷载附近都出现明显的转折，表明试件在屈服荷载处塑性变形急剧增大，耗能陡增。轴压比为 0.5 的能量耗散系数明显高于轴压比为 0.3 的能量耗散系数，且随层间位移角的增加两者差值也逐渐增大，加载初期两者的比值约为 1.1，到试件 CSW-I-05 破坏时（层间位移角为 1.69%）两者比值已增加到 2，这表明轴压比越大，试件的能量耗散系数越大。

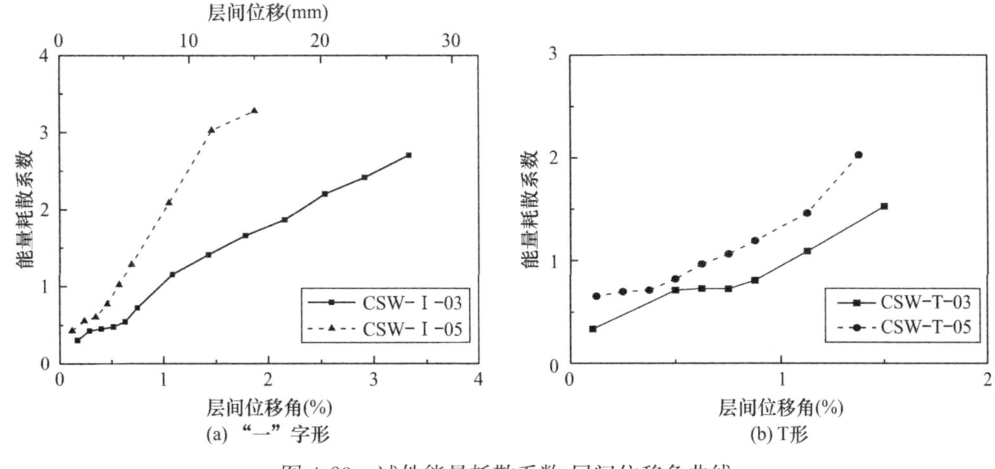

图 4-23　试件能量耗散系数-层间位移角曲线

4.5.4 变形分析

根据高精度位移计 LVDT1、LVDT2、LVDT3 的测量结果，可以得到试件的竖向位移分布如图 4-24 所示。可以发现，在各级位移加载过程中，两试件沿高度方向的变形基本呈直线，没有表现出明显的剪切变形或弯曲变形；结合前面所观察到的试验现象，可以发现试件 CSW-I-03 和 CSW-I-05 的破坏形式较为一致，均为在施加破坏荷载时腹板产生拉力带，试件底部钢板发生屈曲、混凝土被压溃，由此判定试件均为弯剪型破坏；同样，T 形截面内构件也表现出类似的变形规律。

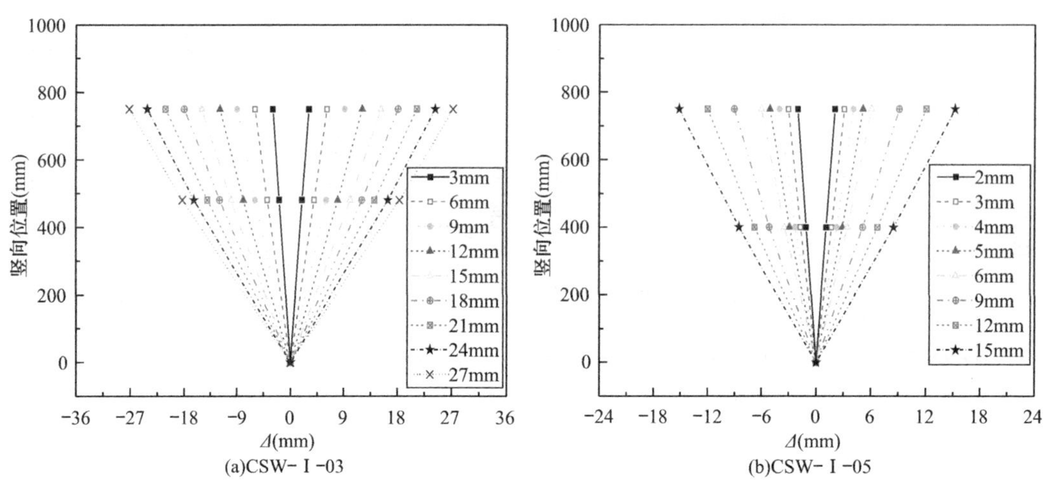

图 4-24 竖向位移分布

4.5.5 应变分析

由于各试件的破坏主要集中在底部，因此本书着重选取每个试件 2、3、4 面距基础梁顶面 50mm 高度处的测点进行应变分析，以下以“一”字形截面为例，分析构件的应变变化规律，其中 3 面上的四个测点应变值取为 1 面和 3 面相应位置实测应变的平均值，以消除试件沿垂直于位移加载方向的初偏心，相应位置应变片编号的个位数字即为测点编号，各测点编号如图 4-25 所示。

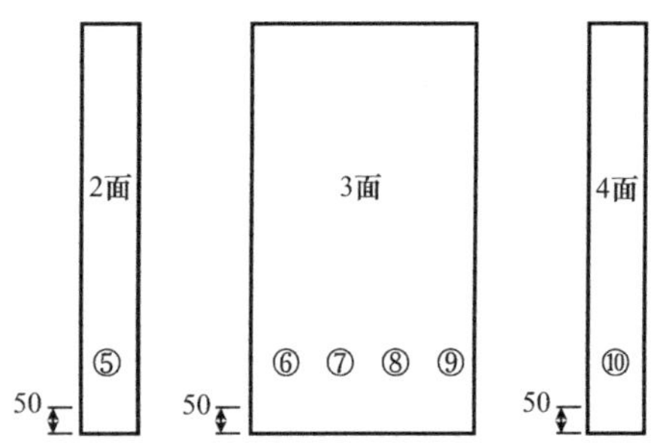

图 4-25 各测点编号示意图

经计算，各试件 6、7、8、9 号测点所得剪应变变化如图 4-26 所示。可以看出，在两试件屈服位移之前，试件基本处于弹性段，各测点处钢板剪切应变基本随位移呈线性变化；当位移加载超过试件屈服位移后，轴压比相对较小的试件 CSW-I-03 各测点剪切应变继续随位移加载级别增大而增大，轴压比较大的试件 CSW-I-05 两侧端柱剪切应变呈非线性变化，表明此时两侧端柱钢管部分已发生局部屈曲。

试件截面竖向应变在不同位移加载级别下分布规律如图 4-27 所示。可以看出，在水平往复加载过程中的弹性段，试件 CSW-I-03 和试件 CSW-I-05 的腹板基本呈线性分布，符合一般理论计算时的平截面假定，但试件两侧端柱竖向应变明显比平截面假定偏大，其原因可能是两侧端柱内填混凝土较早出现压溃，导致两侧端管竖向刚度及承载力较早出现降低。两试件的计算屈服位移均位于 3～6mm。由图 4-27 也可看出，位移级别由 3mm 增长到 6mm 时，试件整个截面的竖向应变呈现出非线性增长，印证了屈服位移计算的正确性。

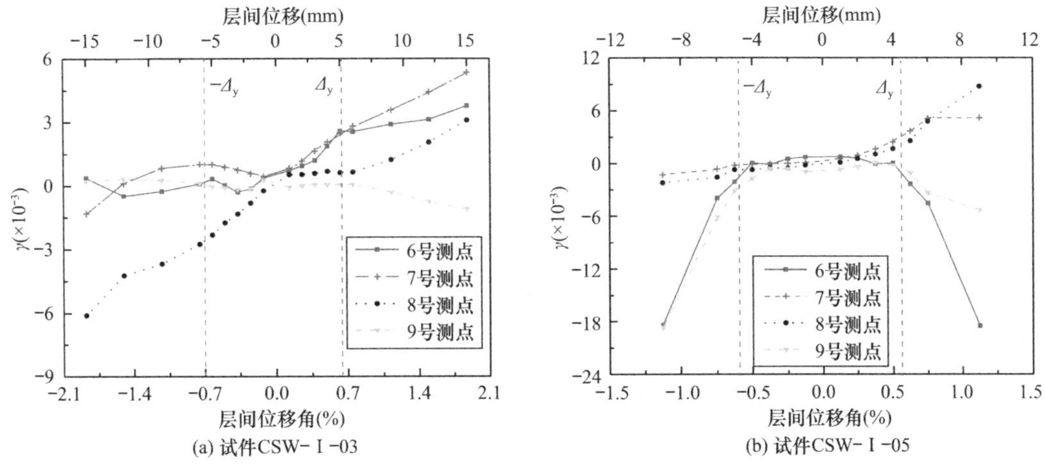

(a) 试件CSW-Ⅰ-03　(b) 试件CSW-Ⅰ-05

图 4-26　各测点剪应变-层间位移角曲线

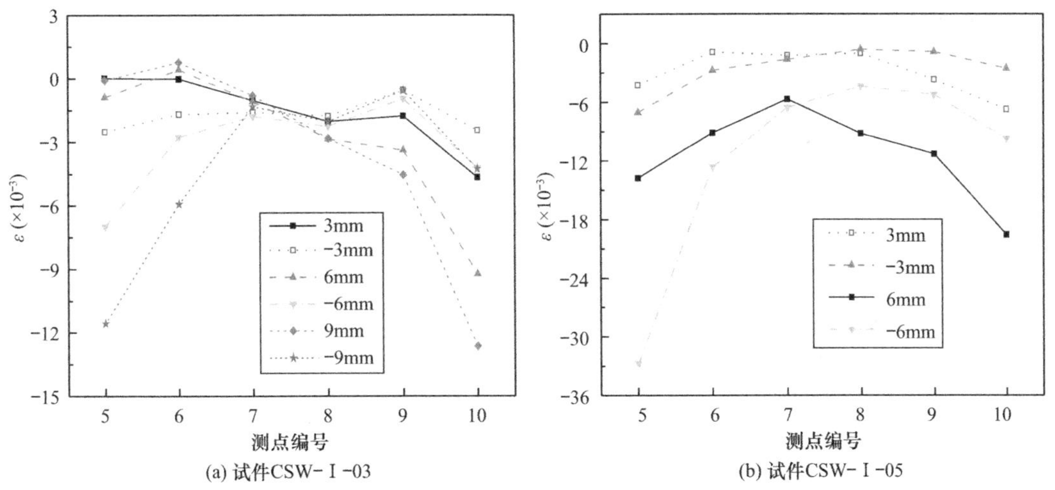

(a) 试件CSW-Ⅰ-03　(b) 试件CSW-Ⅰ-05

图 4-27　竖向应变分布曲线

“一”字形截面试件各测点 Mises 应力随位移加载级别变化如图 4-28 所示。可以看出，随试件位移加载级别的增长，两试件各测点的 Mises 应力均呈非线性增长，且各测点均在试件屈服位移附近达到屈服应力。对比两试件 Mises 应力-层间位移角曲线可以发现，在加载初期，轴压比相对较小的试件 CSW-I-03 腹板的 Mises 应力水平明显高于端柱。而轴压比较大的试件 CSW-I-05 腹板的 Mises 应力水平低于端柱。这表明，在竖向加载初期，组合箱形钢板剪力墙的荷载主要由腹板承担，随着竖向荷载的增加，端柱承担荷载的比重逐渐增加。

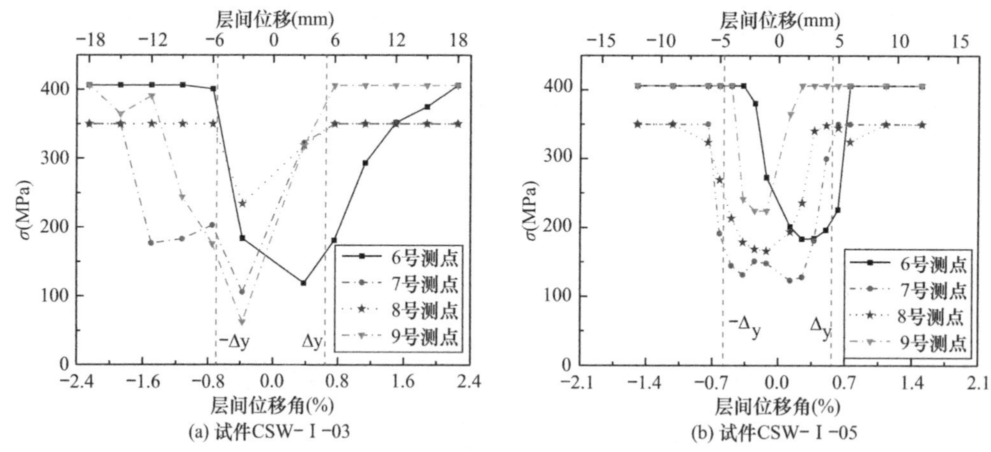

(a) 试件CSW-Ⅰ-03　(b) 试件CSW-Ⅰ-05

图 4-28　Mises 应力-层间位移角曲线

4.6　有限元模型的建立与验证

组合箱形钢板剪力墙滞回性能的有限元模拟建立在轴压模拟的基础上，因此，有限元建模的大部分内容与第 2 章轴压构件的建模过程类似，单元类型的选取与轴压构件相同，在此不再赘述，仅对建模过程中的不同之处予以介绍。

4.6.1　混凝土本构模型

混凝土本构模型采用塑性损伤模型，其中，混凝土的单轴拉、压应力-应变关系同第 2 章，其具体滞回规则如图 4-29 所示。图中，d_t、d_c 分别表示混凝土受拉、受压时的塑性损伤因子，w_t、w_c 分别表示混凝土受拉及受压时的刚度恢复因子。本章取默认值 $w_c=1$、$w_t=0$，其中 $w_c=1$ 表示在外部荷载作用下，混凝土由受拉变为受压后，其弹性模量能完全恢复为上次受压卸载时的弹性模量；$w_t=0$ 表示在外部荷载作用下，混凝土由受压变为受拉后，其弹性模量不能恢复，而是取为本次受压卸载时弹性模量的（$1-d_t$）倍。损伤因子的计算参考张劲[1]等人的研究成果，如式（4-4）所示。

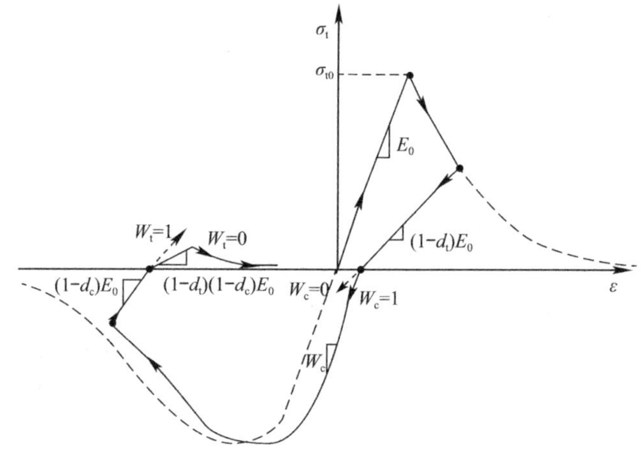

图 4-29　混凝土单轴应力循环曲线（拉-压-拉）

$$d_k = \frac{(1-b_k)\cdot \varepsilon^{in}\cdot E_0}{\alpha_k + (1-b_k)\cdot \varepsilon^{in}\cdot E_0} \qquad (k = t,c) \tag{4-4}$$

上式中，t、c 分别代表混凝土受拉、受压状态。b_t、b_c 为受拉、压时混凝土塑性应变与非弹性应变的比值，两者数值均来自于试验，由循环荷载卸载后加载的应力路径确定，本书按文献［2］建议取：$b_c=0.7$，$b_t=0.9$。

ABAQUS 塑性损伤模型采用的屈服准则是关于 6 个应力分量的屈服函数，其建立于 Lubliner[3] 等人研究的基础上，同时考虑了 Lee[4] 等人的修正，提出了关于受拉、压时等效塑性应变 $\tilde{\varepsilon}_t^{pl}$、$\tilde{\varepsilon}_c^{pl}$ 的屈服函数 F，如式（4-5）～式（4-10）所示。

$$F = \frac{1}{1-\alpha}[\bar{q} - 3\alpha\bar{p} + \beta(\tilde{\varepsilon}^{pl})(\hat{\bar{\sigma}}_{max}) - \gamma(-\hat{\bar{\sigma}}_{max})] - \bar{\sigma}_c(\tilde{\varepsilon}_c^{pl}) = 0 \tag{4-5}$$

其中

$$\alpha = \frac{\left(\frac{\sigma_{b0}}{\sigma_{c0}}\right)-1}{2\left(\frac{\sigma_{b0}}{\sigma_{c0}}\right)-1};0 \leqslant \alpha \leqslant 0.5 \tag{4-6}$$

$$\beta = \frac{\bar{\sigma}_c(\tilde{\varepsilon}_c^{pl})}{\bar{\sigma}_t(\tilde{\varepsilon}_t^{pl})}\cdot(1-\alpha)-(1+\alpha) \tag{4-7}$$

$$\gamma = \frac{3(1-K_c)}{2K_c-1} \tag{4-8}$$

$$\bar{p} = -\frac{1}{3}\mathrm{trace}(\bar{\sigma}) \tag{4-9}$$

$$\bar{q} = \sqrt{\frac{2}{3}(\bar{S}:\bar{S})} \tag{4-10}$$

式中　$\bar{\sigma}$——有效应力；

$\hat{\bar{\sigma}}_{max}$——有效主应力的最大值；

$\bar{p}$——有效静水压应力；

$\bar{q}$——Mises 等效应力；

$\bar{S}$——有效应力偏张量；

σ_{b0}/σ_{c0}——二轴受压屈服强度与单轴受压屈服强度比值；

K_c——受拉、压子午线偏量第二应力不变量的比值，其对 π 平面坐标下屈服面的影响如图 4-30 所示。

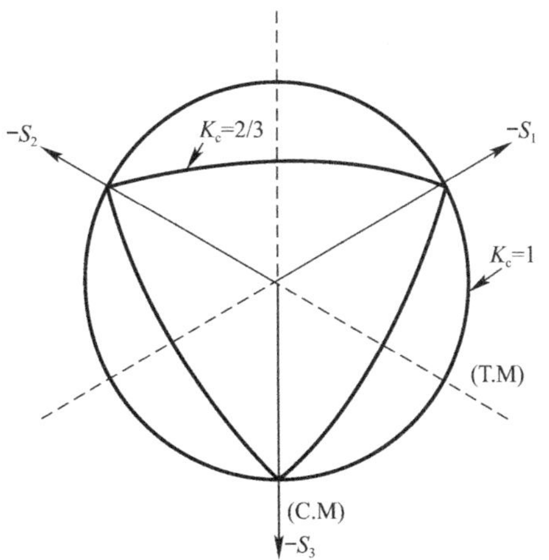

图 4-30　不同 K_c 值对应的屈服面

当材料进入塑性阶段，应力与应变关系不再一一对应，广义胡克定律已不再适用，ABAQUS 塑性损伤模型采用非关联流动法则，即假定塑性应变增量与塑性势面正交但与屈服面不正交。其塑性势的数学表达式采用 Drucker-Prager 双曲面函数，即：

$$G = \sqrt{(\varepsilon\cdot\sigma_{t0}\cdot\tan\psi)^2 + \bar{q}^2} - \bar{p}\cdot\tan\psi \tag{4-11}$$

式中　ψ——膨胀角；

σ_{t0}——单轴抗拉强度；

ε——流动势函数偏心率。

相应塑性损伤模型计算参数同第 3 章取值。

4.6.2 钢材本构模型

在本章的有限元模拟中，所用钢材均假设为各向同性材料，非线性分析时屈服条件满足 Mises 屈服准则，屈服后流动法则采用双线性随动强化模型。对于与本文试验对比验证的有限元模型，钢材的本构关系采用材性试验实测数据；对于参数分析部分的有限元模型，钢材的本构关系采用理想弹塑性模型，其应力-应变关系曲线如图 4-31 所示，其屈服强度 f_y 按本章表 4-2 和表 4-3 选用，弹性模量 $E_s=2.06\times10^5$MPa，泊松比$\nu=0.3$，强化段切线模量 $E_t=E_s/100$。

4.6.3 荷载及边界条件

在组合箱形钢板剪力墙滞回性能试验中，试件的下端采用地锚螺栓完全固定；试件侧面采用辊轴，防止其由于强轴、弱轴抗弯刚度相差过大而发生侧向失稳；试件顶端采用千斤顶进行轴力加载，同时采用作动器对其进行水平方向的低周反复位移加载，试件为底部固定、上端自由的悬臂柱。在本章的分析中，试件仍简化为悬臂柱，在试件下端同时限定节点六个方向的自由度，对顶端限定平面外位移及侧向、轴向转角；为模拟千斤顶、作动器的荷载，对试件顶端施加集中力 $n\cdot N$，其中 n 为试件的轴压比，N 为按第 2 章所提出公式计算得到的试件轴压承载力，同时，按照试验中的加载制度在试件顶端施加往复位移，最大位移取试件高度的 1/20。由于计算量较大，本章利用模型的对称性，所有有限元模型均取半进行计算，最终建立的有限元模型如图 4-32 所示。

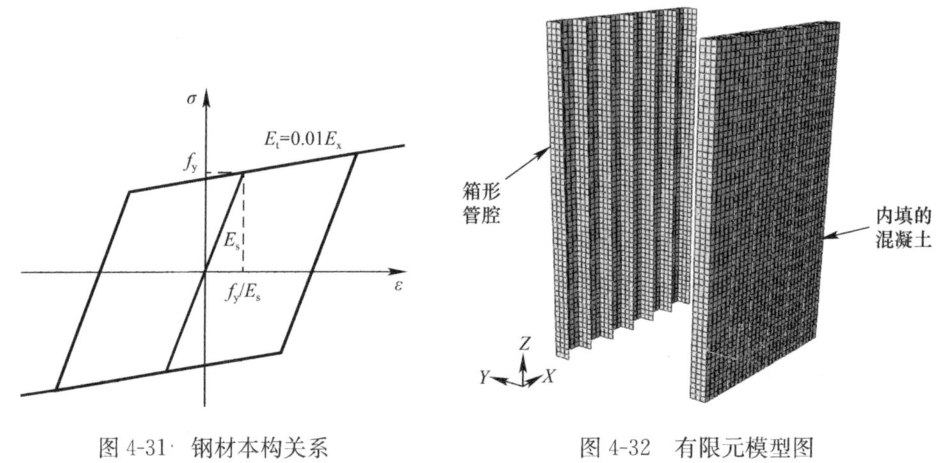

图 4-31 钢材本构关系　　图 4-32 有限元模型图

4.7 有限元模型的验证

采用上述建模方法，建立“一”字形截面试件 CSW-Ⅰ-03 和 CSW-Ⅰ-05 的有限元模型，试件尺寸及材料强度与实测结果相同，图 4-33 给出了有限元计算结果和试验结果的对比情况，可以看出，试件有限元模拟滞回曲线、骨架曲线、破坏模式均与试验结果吻合良好。滞回曲线对比表明采用 ABAQUS 有限元模型模拟试件与试验得到数据捏

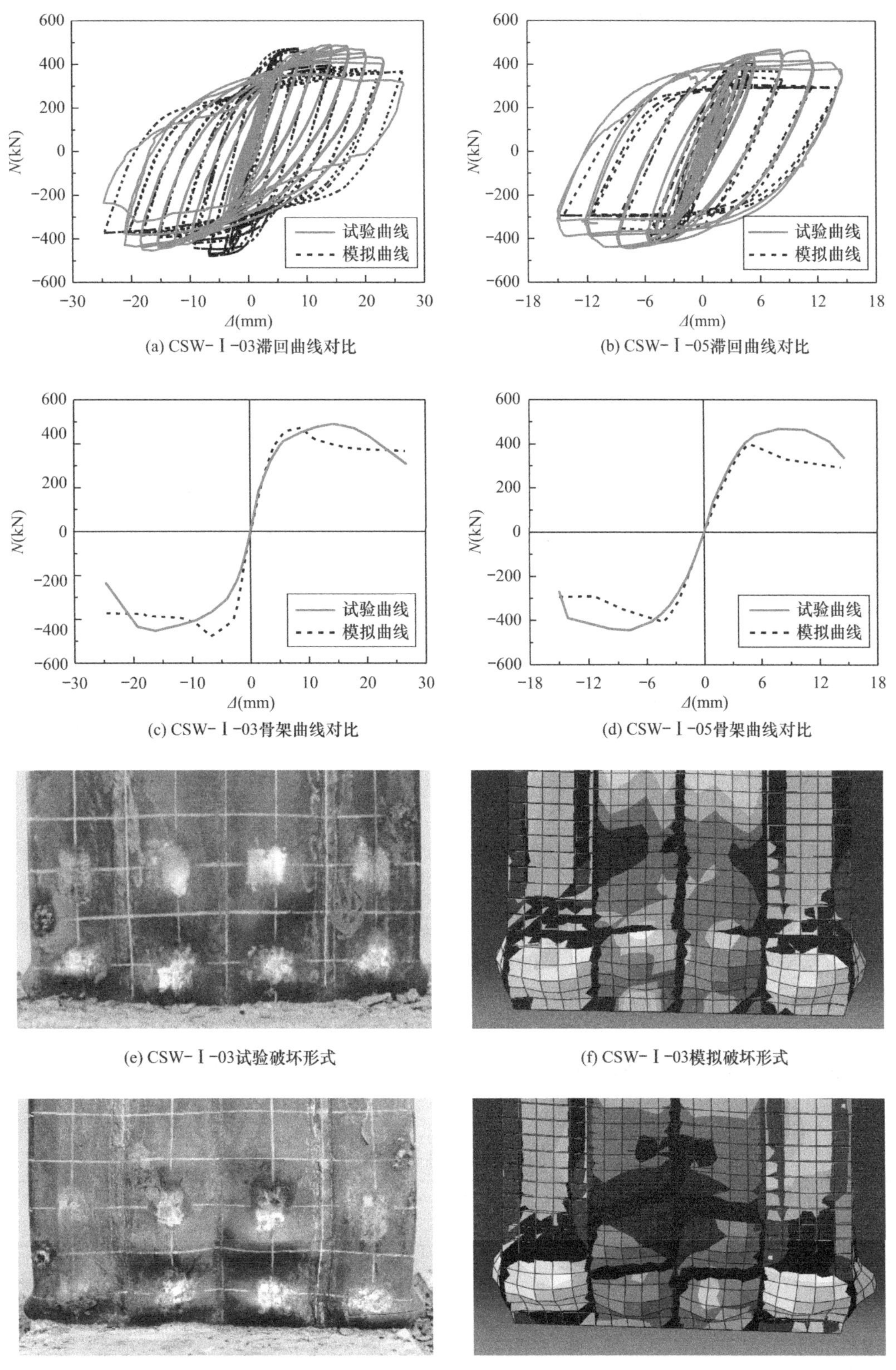

(a) CSW-Ⅰ-03滞回曲线对比　(b) CSW-Ⅰ-05滞回曲线对比

(c) CSW-Ⅰ-03骨架曲线对比　(d) CSW-Ⅰ-05骨架曲线对比

(e) CSW-Ⅰ-03试验破坏形式　(f) CSW-Ⅰ-03模拟破坏形式

(g) CSW-Ⅰ-05试验破坏模式　(h) CSW-Ⅰ-05模拟破坏模式

图 4-33　有限元模型和试验比较

拢程度较为接近，这说明用 ABAQUS 模拟试件的耗能能力是可行的；有限元模型模拟试件 CSW-Ⅰ-03 峰值承载力与试验相比，正反两个加载方向最大差值为 5.6%，试件 CSW-Ⅰ-05 峰值承载力正反两个加载方向对比最大差值为 13%，表明计算精度可以满足工程要求；通过骨架曲线对比可以发现，有限元模拟的试件抗侧刚度相比于试验结果偏高，其主要原因是 ABAQUS 无法模拟混凝土裂缝闭合，且 ABAQUS 无法准确模拟混凝土材料的抗剪力学性能。由图 4-33（e）～图 4-33（h）的对比可以发现，有限元模拟分析的试件钢板局部屈曲与试验观察到的鼓曲位置及鼓曲程度非常一致，这证明本书建立的有限元模型可以较为准确地模拟组合箱形钢板剪力墙的滞回性能。

4.8　组合箱形钢板剪力墙参数分析

为进一步了解影响组合箱形钢板剪力墙滞回性能的因素，本节首先分析典型构件的受力性能，在此基础上进一步分析剪跨比、端柱钢管宽厚比、腹板宽厚比、轴压比、钢材屈服强度和混凝土强度等参数对构件受力性能的影响。其中，剪跨比 $\lambda=H/B$，B 为构件截面宽度；轴压比由实际轴压比控制，同时采用文献［5］提出的设计轴压比进行对比，实际轴压比 n 由构件截面承载力计算得到，设计轴压比 n' 按下式计算：

$$n'=\frac{1.25N}{f_cA_c/1.4+f_yA_s/1.1} \tag{4-12}$$

式中　N——施加在构件上的轴力；

f_c——混凝土轴心抗压强度标准值；

A_c——混凝土截面面积；

f_y——钢材屈服强度；

A_s——钢管截面面积。

采用本章所述的建模方法建立组合箱形钢板剪力墙的有限元分析模型，模型中固定单个腔体外围尺寸为 200mm×200mm，结合实际工程中常用范围确定各参数的具体对比方案，如表 4-5 所示，分析构件的截面尺寸示意详见图 4-1（a）。分析中，采用位移控制的方式进行加载，由于有限元模拟计算前不能准确确定各构件的屈服位移，故本章参数分析近似取屈服位移 $\Delta_y=H/400$[5]，第一级加载位移取 $\Delta_y/2$，第二级加载位移取 Δ_y，后面每级加载位移增量均为 Δ_y，每级循环两次，直到加载至层间位移达到 $H/40$。具体加载制度如下：$\Delta_y/2$，$-\Delta_y/2$，$\Delta_y/2$，$-\Delta_y/2$，Δ_y，$-\Delta_y$，Δ_y，$-\Delta_y$，……，$10\Delta_y$，$-10\Delta_y$，$10\Delta_y$，$-10\Delta_y$。

有限元模拟滞回性能参数分析　　表 4-5

编号	m	t_1 (mm)	t_2 (mm)	H (mm)	n	n'	λ	f_{cuk} (N/mm²)	f_y (N/mm²)	α
MCSW-1	4	8	4	1800	0.4	0.73	1.5	50	345	0.090
MCSW-2	4	8	4	1500	0.4	0.73	1.25	50	345	0.090
MCSW-3	4	8	4	2100	0.4	0.73	1.75	50	345	0.090
MCSW-4	4	8	4	2400	0.4	0.73	2	50	345	0.090
MCSW-5	4	8	4	2700	0.4	0.73	2.25	50	345	0.090
MCSW-6	4	8	4	3000	0.4	0.73	2.5	50	345	0.090

续表

编号	m	t_1 (mm)	t_2 (mm)	H (mm)	n	n'	λ	f_{cuk} (N/mm^2)	f_y (N/mm^2)	α
MCSW-7	2	8	4	1800	0.4	0.72	2.25	50	345	0.105
MCSW-8	3	8	4	1800	0.4	0.73	1.8	50	345	0.096
MCSW-9	5	8	4	1800	0.4	0.73	1.29	50	345	0.086
MCSW-10	6	8	4	1800	0.4	0.74	1.125	50	345	0.083
MCSW-11	4	8	2	1800	0.4	0.72	1.5	50	345	0.072
MCSW-12	4	8	3	1800	0.4	0.72	1.5	50	345	0.081
MCSW-13	4	8	5	1800	0.4	0.74	1.5	50	345	0.099
MCSW-14	4	8	6	1800	0.4	0.74	1.5	50	345	0.108
MCSW-15	4	8	7	1800	0.4	0.75	1.5	50	345	0.118
MCSW-16	4	8	4	1800	0.2	0.37	1.5	50	345	0.090
MCSW-17	4	8	4	1800	0.3	0.55	1.5	50	345	0.090
MCSW-18	4	8	4	1800	0.5	0.91	1.5	50	345	0.090
MCSW-19	4	8	4	1800	0.6	1.10	1.5	50	345	0.090
MCSW-20	4	4	4	1800	0.4	0.74	1.5	50	345	0.063
MCSW-21	4	6	4	1800	0.4	0.73	1.5	50	345	0.077
MCSW-22	4	10	4	1800	0.4	0.73	1.5	50	345	0.103
MCSW-23	4	12	4	1800	0.4	0.73	1.5	50	345	0.117
MCSW-24	4	8	4	1800	0.4	0.73	1.5	40	345	0.090
MCSW-25	4	8	4	1800	0.4	0.73	1.5	60	345	0.090
MCSW-26	4	8	4	1800	0.4	0.73	1.5	70	345	0.090
MCSW-27	4	8	4	1800	0.4	0.72	1.5	80	345	0.090
MCSW-28	4	8	4	1800	0.4	0.73	1.5	50	235	0.090
MCSW-29	4	8	4	1800	0.4	0.73	1.5	50	390	0.090
MCSW-30	4	8	4	1800	0.4	0.73	1.5	50	420	0.090

注：m 为腹部墙体腔的个数；t_1 为端柱钢管壁厚；t_2 为腹板及内隔板壁厚；H 为构件层间高度的一半；n 为实际轴压比；n'为设计轴压比；λ 为剪跨比；f_{cuk}代表边长为 150mm 的混凝土立方体标准试件抗压强度；f_y 代表钢材屈服强度；α 为含钢率。

4.8.1 典型构件分析

本节选取编号为 MCSW-1 的组合箱形钢板剪力墙模型作为典型构件进行详细分析，以进一步揭示该类构件在水平荷载作用下的滞回特性及受力机理，构件高度为 1800mm。图 4-34 给出了构件 MCSW-1 滞回曲线、骨架曲线上的特征点示意图，其中，A 点表示混凝土开裂，B 点表示构件达到屈服位移，C 点表示构件达到峰值承载力，D 点表示构件达到破坏荷载的点。下面将按照加载过程中各特征点出现的顺序，对相应时刻的钢材和混凝土应力应变状态及钢材与混凝土间相互作用进行更为细致的分析（本书竖向荷载加载方向为 z 轴负方向，水平位移加载正向为 x 轴正方向）。

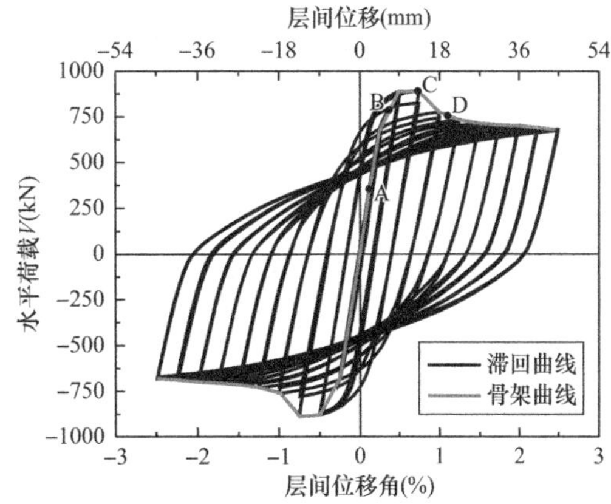

图 4-34　构件 MCSW-1 特征点示意图

1. 混凝土开裂点

由于 ABAQUS 中混凝土塑性损伤模型不支持混凝土裂缝的显示，故本书用混凝土第一主应力的大小判断混凝土是否开裂，并采用混凝土主塑性应变矢量图显示混凝土裂缝的宽度及走向。

开始加载时，“一”字形组合箱形钢板剪力墙构件中钢材和混凝土均处于弹性阶段，构件的水平荷载-位移曲线基本呈直线。当构件由－2.25mm 推向＋4.5mm 过程中，加载至层间位移角为0.125％时，由图4-35（a）可以看到，在构件受拉侧，端柱核心混凝土受拉边缘的混凝土最大主应力已经达到 2.77MPa，超过了 C50 混凝土受拉开裂强度 2.64MPa，可以判断该处混凝土已出现裂缝。图 4-35（b）为该时刻混凝土主塑性应变矢量图，图中的红色箭头表示混凝土的第一主塑性应变，黄色箭头表示混凝土的第二主塑性应变，蓝色箭头表示混凝土的第三主塑性应变，由于第一主塑性应变的方向与裂缝方向垂直，大小与裂缝宽度成正比，故可以通过图中红色箭头的大小和方向判断此时核心混凝土的开裂情况。由图 4-35 可以看出，构件核心混凝土的大部分区域都没有出现塑性应变，仅在两侧端柱底部附近出现少量竖向裂缝。

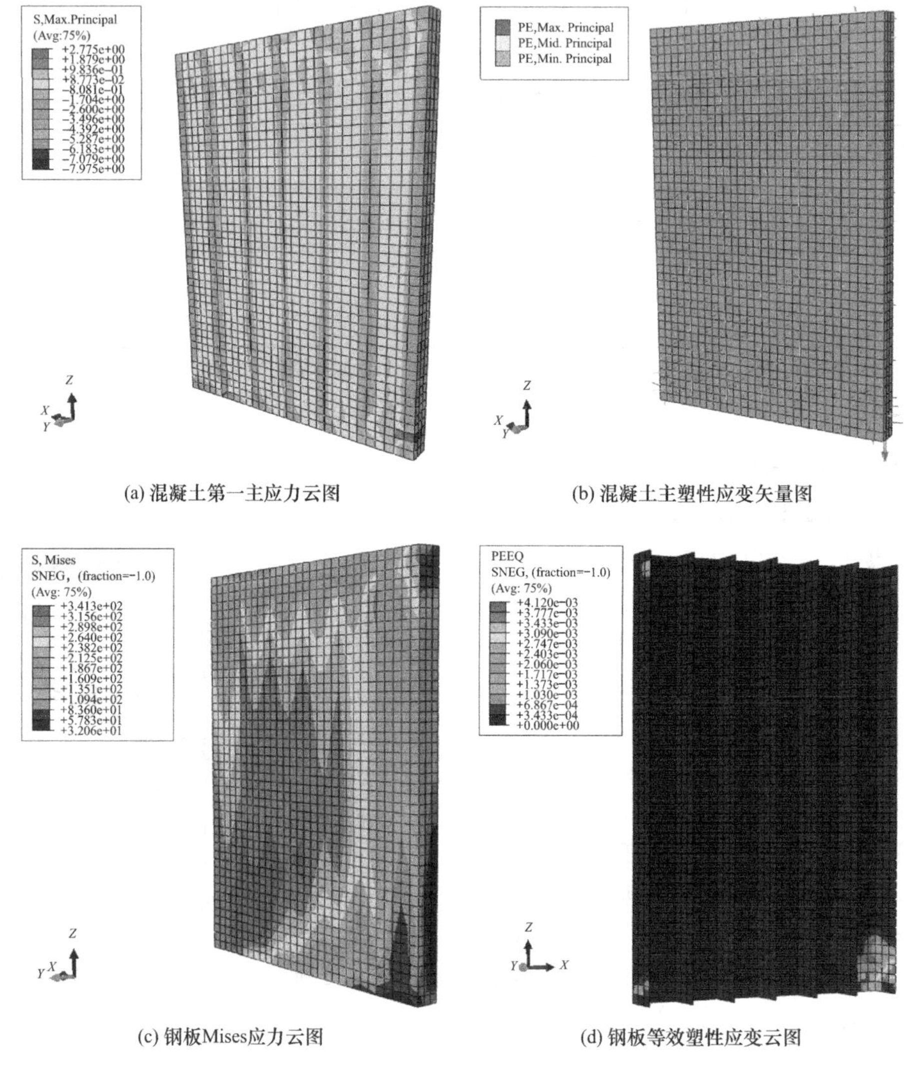

(a) 混凝土第一主应力云图

(b) 混凝土主塑性应变矢量图

(c) 钢板Mises应力云图

(d) 钢板等效塑性应变云图

图 4-35　开裂荷载构件受力状态（一）

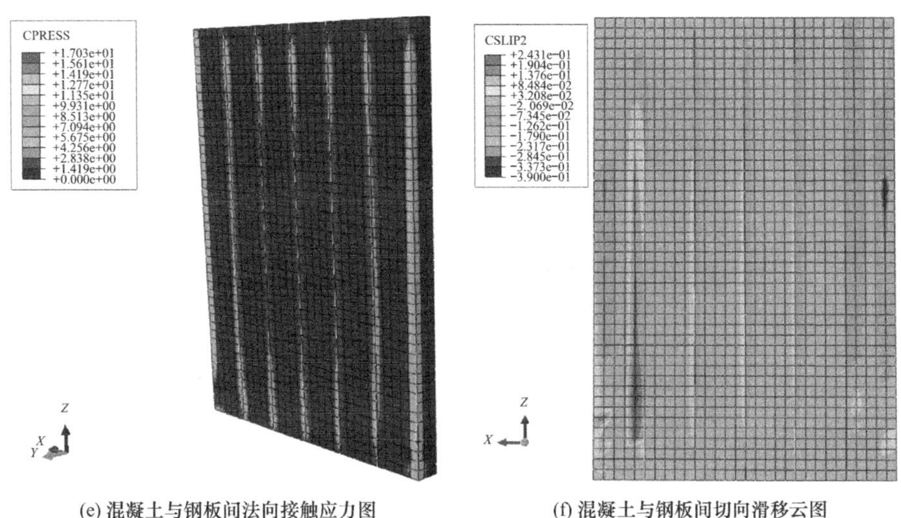

(e) 混凝土与钢板间法向接触应力图　　(f) 混凝土与钢板间切向滑移云图

图 4-35　开裂荷载构件受力状态（二）

图 4-35（c）、图 4-35（d）分别为混凝土开裂点的钢板 Mises 应力分布云图和钢板的等效塑性应变云图。可以看出，构件受压侧钢板 Mises 应力较大，主要是因为竖向荷载及水平荷载造成的附加弯矩在该侧产生的压应力与构件初始竖向压应力方向相同，两者互相叠加所导致；此刻，其两侧端柱底部钢板已经出现塑性应变，表明钢板屈服出现在混凝土开裂之前，主要原因是本章构件轴压比相对偏大，初始较大的竖向荷载不仅限制了混凝土的开裂，同时也加快了箱形钢管的屈服；而此时钢板的 Mises 应力最大值为 341.3MPa，小于 Q345 钢材的屈服荷载 345MPa，原因是在钢板屈服后，构件卸载到反向加载过程中，钢材承受荷载下降，而混凝土由于损伤累积出现开裂。

图 4-35（e）、图 4-35（f）分别为钢板与混凝土间的法向接触应力云图、切向滑移云图。可以看出，箱形钢管各腔体角部与混凝土间的法向接触应力最大值达到 17MPa，法向接触应力主要分布在钢管的角部，其主要原因是：方钢管对内填核心混凝土的约束作用为角部最强，其次是混凝土的中心，边部最弱；构件箱形钢管与核心混凝土大部分均未产生滑移，仅两端管处产生明显滑移，最大值发生在构件受拉侧，达到 0.39mm。

2. 构件屈服点

本章采用作图法判断构件的屈服位移，构件 MCSW-1 的正向屈服位移为 6.85mm，屈服荷载为 786.8kN。构件由－4.5mm 位移加载至＋9mm 过程中，加载至位移角为 0.38％时（位移为 6.85mm），构件达到屈服位移，此时构件的受力状态如图 4-36 所示。

由图 4-36（a）、图 4-36（b）可以看出，相比于混凝土开裂点，此时钢材与混凝土间法向接触应力提高幅度较大，最大值已经达到 21.8MPa，表明钢材对混凝土的环向约束力在逐级增强；构件两端部切向滑移明显增大，最大值已经达到 0.798mm，这表明此时端柱钢管与核心混凝土间的界面粘结已发生大面积破坏。

图 4-36（c）、图 4-36（d）给出了混凝土的竖向应力云图及主塑性应变矢量图。由图 4-36（c）中可以看出，构件在水平滞回荷载下，各腔体内填混凝土的整体工作性能较差，表现出明显单独工作的性质，各腔体核心混凝土竖向压应力分布均与单根方钢管混凝土柱内填混凝土受力状态相似，这说明组合箱形钢板剪力墙在水平剪力作用下，其受力机

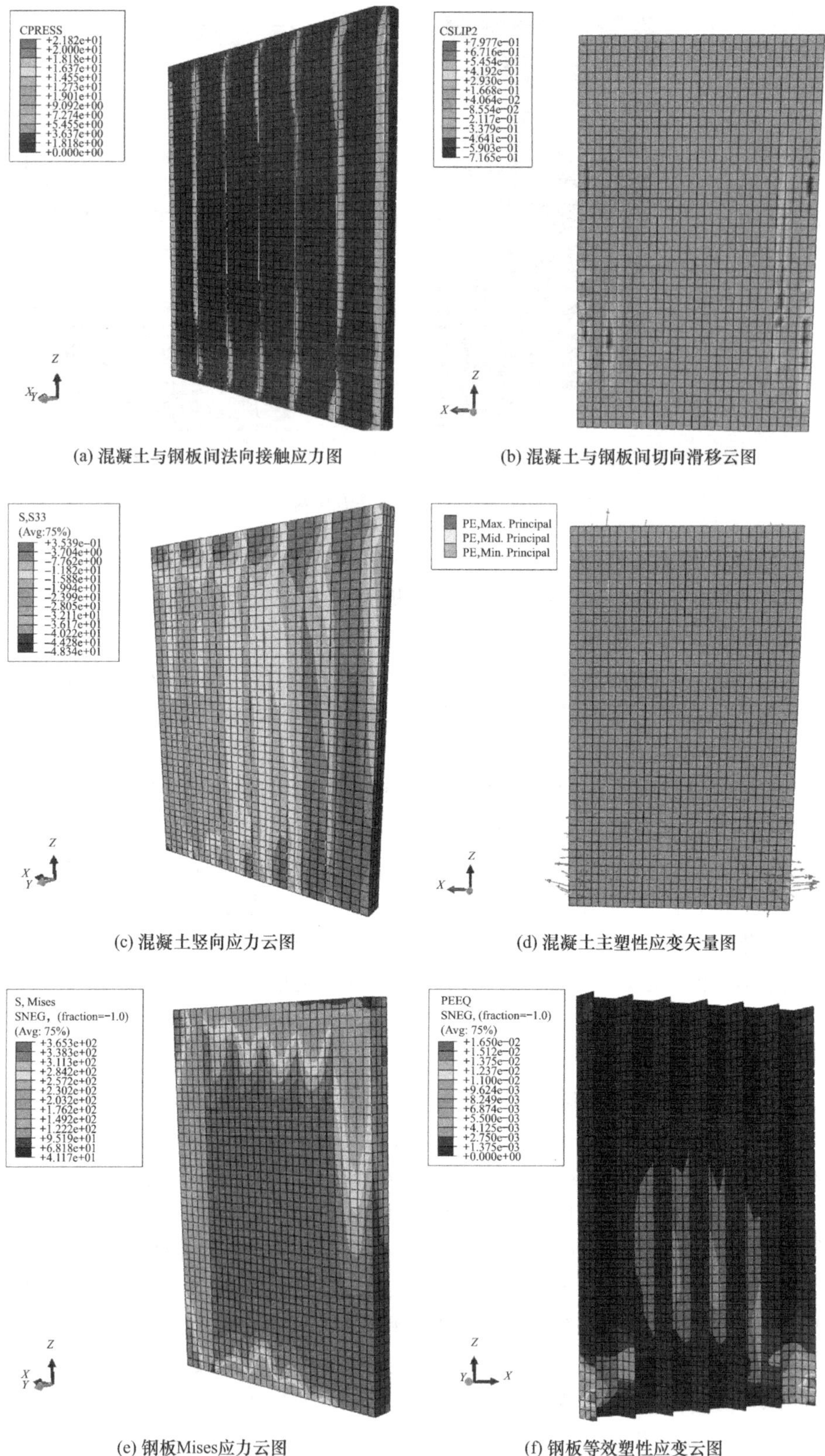

(a) 混凝土与钢板间法向接触应力图

(b) 混凝土与钢板间切向滑移云图

(c) 混凝土竖向应力云图

(d) 混凝土主塑性应变矢量图

(e) 钢板Mises应力云图

(f) 钢板等效塑性应变云图

图 4-36　屈服荷载构件受力状态

理接近联排钢管混凝土组合柱[6]，各腔体不能维持平截面假定，主要原因是各腔体内填混凝土与外包钢管之间抗剪粘结较弱，在滞回荷载作用下滑移较大；此时，各腔体核心混凝土大部分受压区压应力均达到 C50 混凝土峰值强度 32.4MPa，压应力最大值已超过 C50 混凝土峰值强度达到 48.3MPa，主要原因是钢管与混凝土法向接触应力大幅提高，在钢管约束下混凝土三向受力，其竖向抗压强度得到提高。由图 4-36（d）可以看出，此时两端管内核心混凝土端部裂缝发展较为迅速，裂缝宽度增长较快；端管侧面在竖向荷载和逐级增加的水平荷载共同作用下，出现许多细小的斜裂缝，斜裂缝方向大致与竖直方向成 60°角。

从图 4-36（e）、图 4-36（f）可以看出，由于水平荷载的增大，构件整体钢材的 Mises 应力迅速增大，最大值已经达到 354.9MPa；构件钢材的塑性应变也逐渐发展，塑性变形主要集中在构件两端管底部、腹板中部，且在构件受压侧，端管底部出现明显的局部屈曲，其主要原因是：在竖向荷载和水平荷载的共同作用下，构件两端管底部正应力水平最大，腹板相对较薄，其中部剪应力水平最大。

由图 4-34 可以看出，构件的骨架曲线在 B 点出现明显转折，经上述分析可以发现其主要原因是：构件两端管底部钢材及混凝土的应力水平基本已经达到屈服点，且钢管出现明显局部屈曲，混凝土裂缝迅速发展，这些因素导致构件的抗侧刚度出现明显下降，最终表现为构件的骨架曲线出现明显转折。

3. 峰值荷载点

构件由－9.0mm 位移加载推向＋13.5mm 过程中，加载至位移角为 0.74％时，构件达到峰值荷载 889.3kN，该时刻构件的受力状态如图 4-37 所示。

由图 4-37（a）、图 4-37（b）可以看出，在峰值荷载点，箱形钢管与混凝土间法向接触应力最大值已经达到 25.9MPa，钢管对混凝土的整体约束作用很强；构件整体范围内钢管与混凝土产生切向滑移，这表明箱形钢管与混凝土的界面粘结已基本全部破坏。

从图 4-37（c）可以看出，在箱形钢管的约束作用下，构件受压侧底部混凝土压应力均值已经达到 50MPa 左右，最大压应力达到 105MPa；从图 4-37（d）可以看出，构件两端管底部混凝土端面裂缝已大范围扩展，在水平反复荷载作用下，侧面混凝土出现许多纵横交错的新裂缝，这表明构件端柱核心混凝土外边缘已接近压溃。

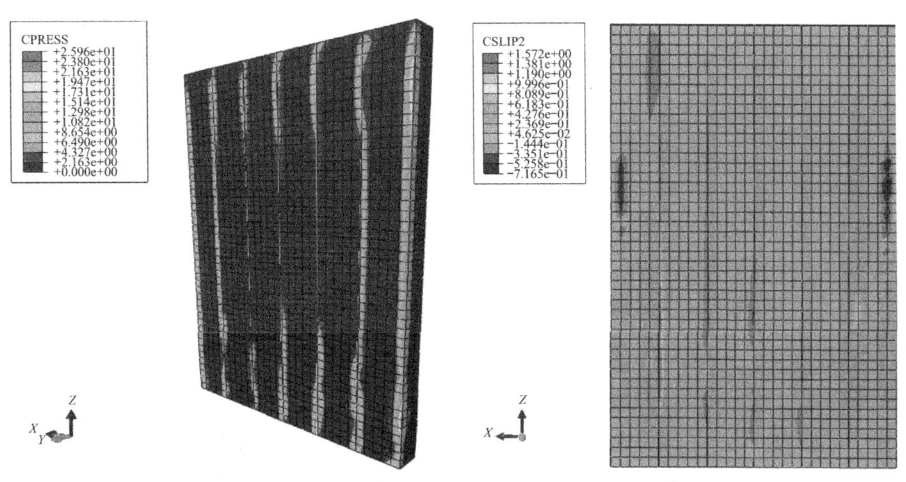

(a) 混凝土与钢板间法向接触应力图　　(b) 混凝土与钢板间切向滑移云图

图 4-37　峰值荷载构件受力状态（一）

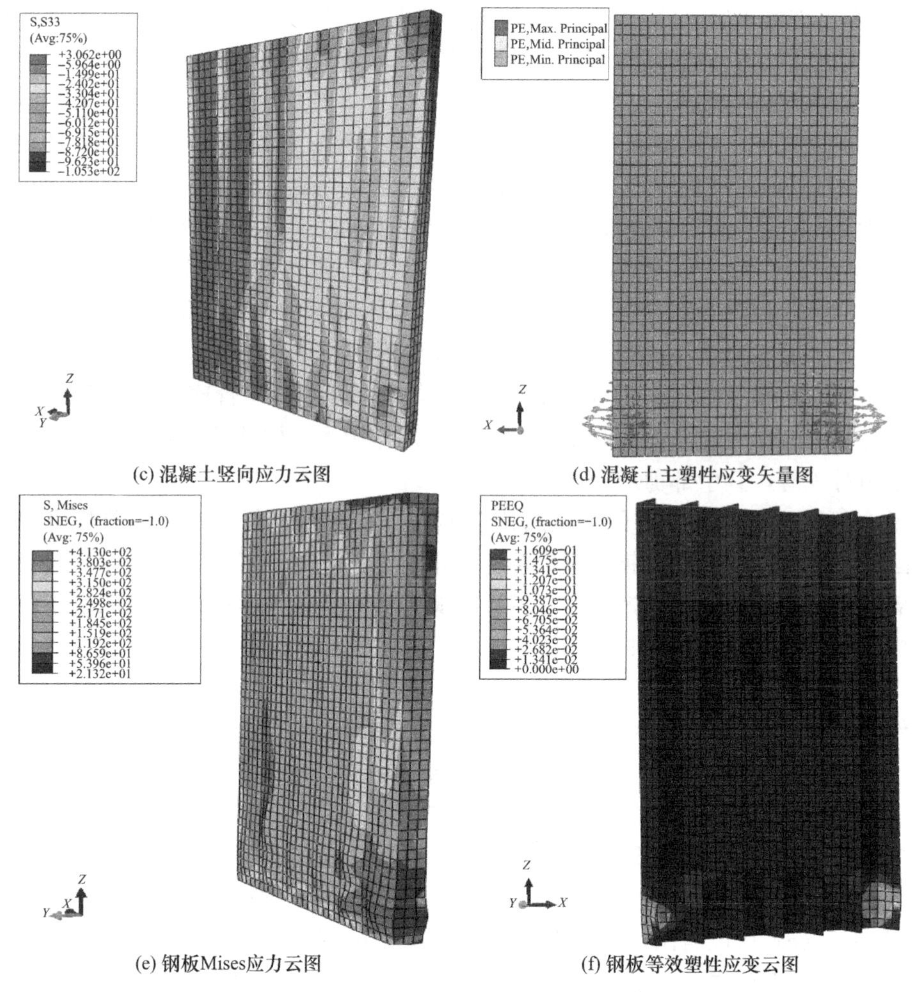

图 4-37　峰值荷载构件受力状态（二）

由图 4-37（e）、图 4-37（f）可以看出，从加载至达到峰值荷载，构件 MCSW-1 的三块内隔板塑性等效应变始终保持为 0，这表明构件内隔板在骨架曲线的上升段始终处于弹性段；构件受压侧端管和侧面腹板已出现多处局部屈曲，钢材平均 Mises 应力达到 300MPa 以上，最大 Mises 应力达到 413MPa，腹板中部已出现大面积屈服，最大等效塑性应变已达到 0.157，这表明此时构件整体钢材的性能已基本得到充分发挥。

4. 破坏荷载点

本章取构件骨架曲线下降段相应于构件峰值荷载 85%的荷载作为构件的破坏荷载。构件由−18.0mm 位移反向加载至 22.5mm 过程中，加载至位移角为 1.1%时，构件达到极限荷载 755.9kN，此时构件的受力状态如图 4-38 所示。

由图 4-38（a）可以看出，箱形钢管与核心混凝土间法向接触应力继续增大，在构件受压侧端部最大值达到 37.1MPa，主要原因是该处混凝土已经被压溃，无法保持原有柱体形状，随竖向压力向外挤压钢板。由图 4-38（b）可知，钢管与混凝土间的滑移普遍达到 0.2mm 左右，构件受拉端部滑移达到最大值 3.2mm，这表明箱形钢管与核心混凝土间粘结作用已完全失效。

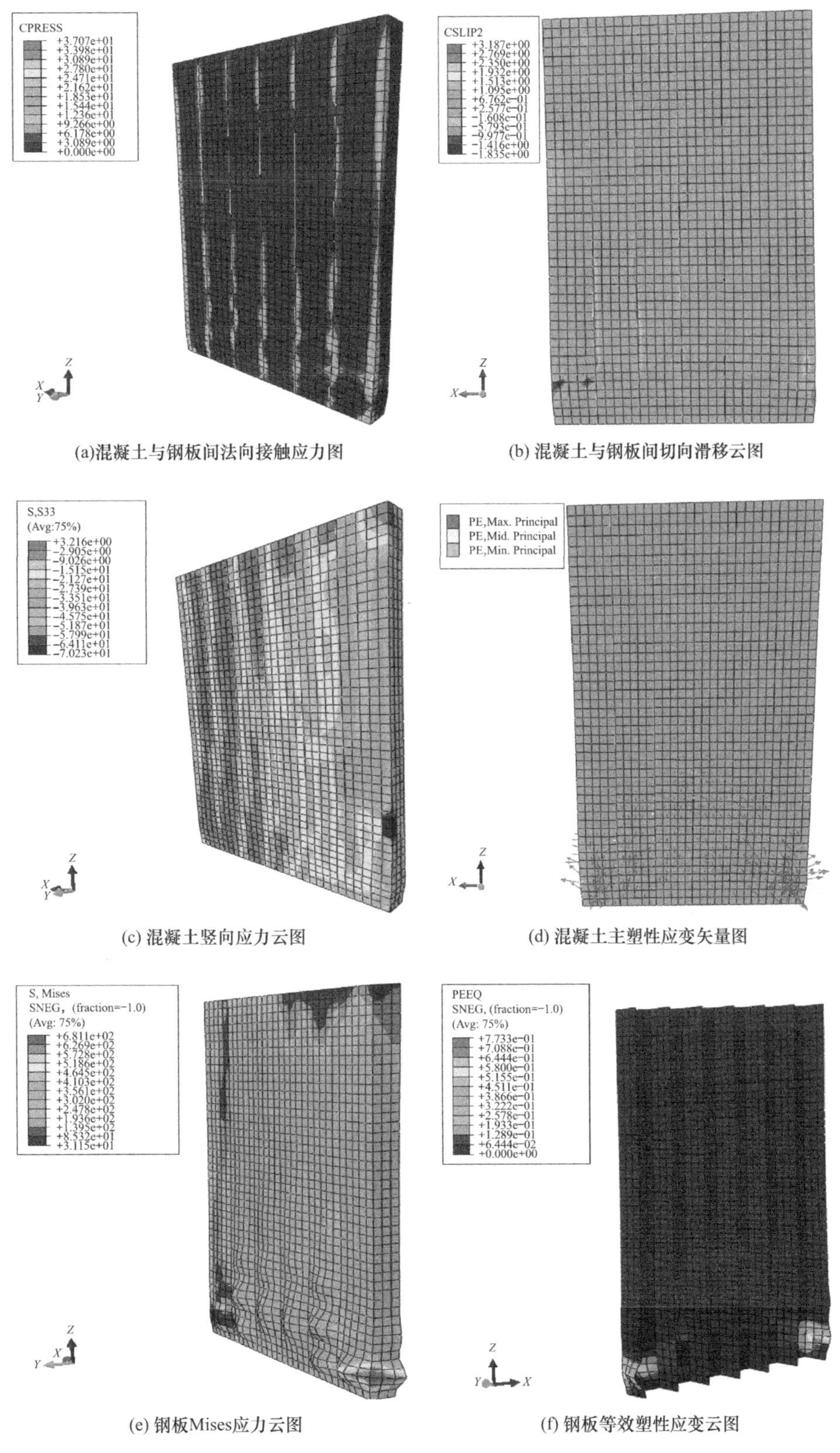

(a)混凝土与钢板间法向接触应力图　(b) 混凝土与钢板间切向滑移云图

(c) 混凝土竖向应力云图　(d) 混凝土主塑性应变矢量图

(e) 钢板Mises应力云图　(f) 钢板等效塑性应变云图

图 4-38　极限荷载构件受力状态

从图 4-38（c）、图 4-38（d）可以看出，构件核心混凝土的应力出现整体下降，竖向应力最大值已下降到 70.2MPa，这表明箱形钢管对内部核心混凝土的约束能力在逐渐减弱，构件两侧端柱底部核心混凝土均出现密集裂缝，且构件端部裂缝有沿斜向构件中部发展的趋势，主要原因是加载后期虽然水平荷载逐渐降低，但由竖向荷载产生的附加弯矩仍在增大，加剧了混凝土的破坏。

从图 4-38（e）、图 4-38（f）可以看出，箱形钢管底部局部屈曲加剧，腹板同时出现多处鼓曲，这解释了箱形钢管对混凝土约束作用的降低，构件受压侧端部钢材局部 Mises 应力达到最大值 681.1MPa，此处钢材等效塑性应变达到 0.773，远远大于钢材的极限应力、应变，这是由于本章有限元模拟中钢材本构取双折线模型，导致计算过程中钢材的应力和应变没有极限值，故钢材不会发生破坏。这也表明采用本章建立的有限元模型计算构件的下降段，结果会比实际偏高。

4.8.2 剪跨比的影响

剪跨比是剪力墙分析中的一个重要设计参数，本节固定有限元模型截面高度为 1200mm，通过改变模型层间高度来改变各构件的剪跨比，分析了剪跨比在 1.25～2.5 之间变化时对各构件滞回性能的影响，各构件的实际轴压比为 0.4，腹部腔体数为 4，端柱壁厚为 8mm，腹板及内隔板壁厚为 4mm，混凝土强度等级为 C50，钢材材质为 Q345，计算结果如图 4-39 所

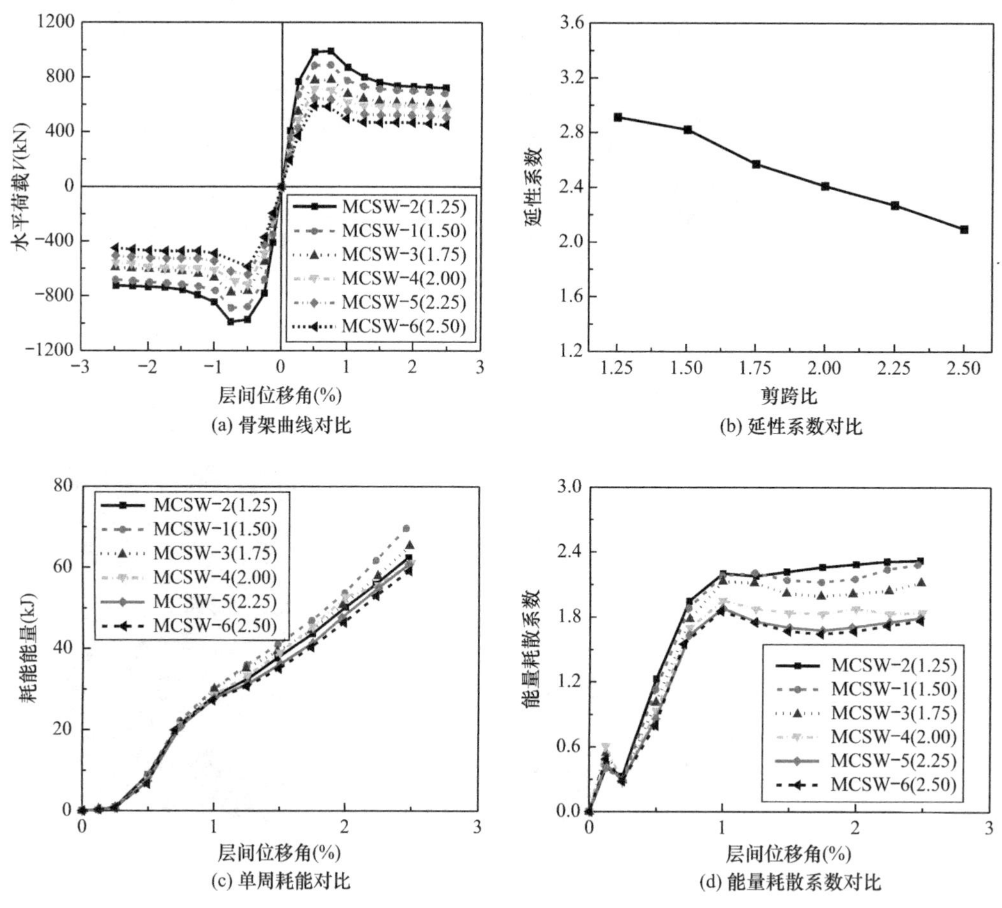

(a) 骨架曲线对比

(b) 延性系数对比

(c) 单周耗能对比

(d) 能量耗散系数对比

图 4-39　不同剪跨比下各构件滞回性能对比

示（图中各构件编号后面括号内数字代表其剪跨比）。

从图 4-39（a）、图 4-39（b）可以看出，构件剪跨比从 1.25 提高至 2.5 的过程中，构件的峰值位移逐渐减小，构件的峰值荷载、延性系数也随之逐渐降低，即随构件剪跨比的提高，构件的承载力、延性均降低，主要原因是构件剪跨比越高，其相对层间高度越大，由水平位移产生的附加弯矩也越大，这加速了箱形钢管的屈服，大大降低了构件的承载力和延性。

从图 4-39（c）、图 4-39（d）可以看出，随构件剪跨比的增大，构件的单周耗能先增大后减小，能量耗散系数一直增大，这表明随剪跨比的提高，构件滞回环的面积先增大后减小，滞回环的饱满程度逐渐降低，主要原因是滞回环的面积受构件承载力和塑性变形能力的影响，二者乘积在剪跨比 1.5 左右达到最大值，滞回环的饱满程度主要受混凝土开裂和滑移的影响，剪跨比越大，构件所受弯矩也越大，混凝土开裂越早，故滞回曲线捏缩越明显，饱满程度越差。

4.8.3　轴压比的影响

轴压比是剪力墙分析中的一个重要设计参数，本节分析了实际轴压比在 0.2～0.6 之间变化时对各构件滞回性能的影响（相应设计轴压比在 0.37～1.1 之间变化），各构件的高度为 1800mm，腹部腔体数为 4，端柱壁厚为 8mm，腹板及内隔板壁厚为 4mm，混凝土强度等级为 C50，钢材材质为 Q345，计算结果如图 4-40 所示。

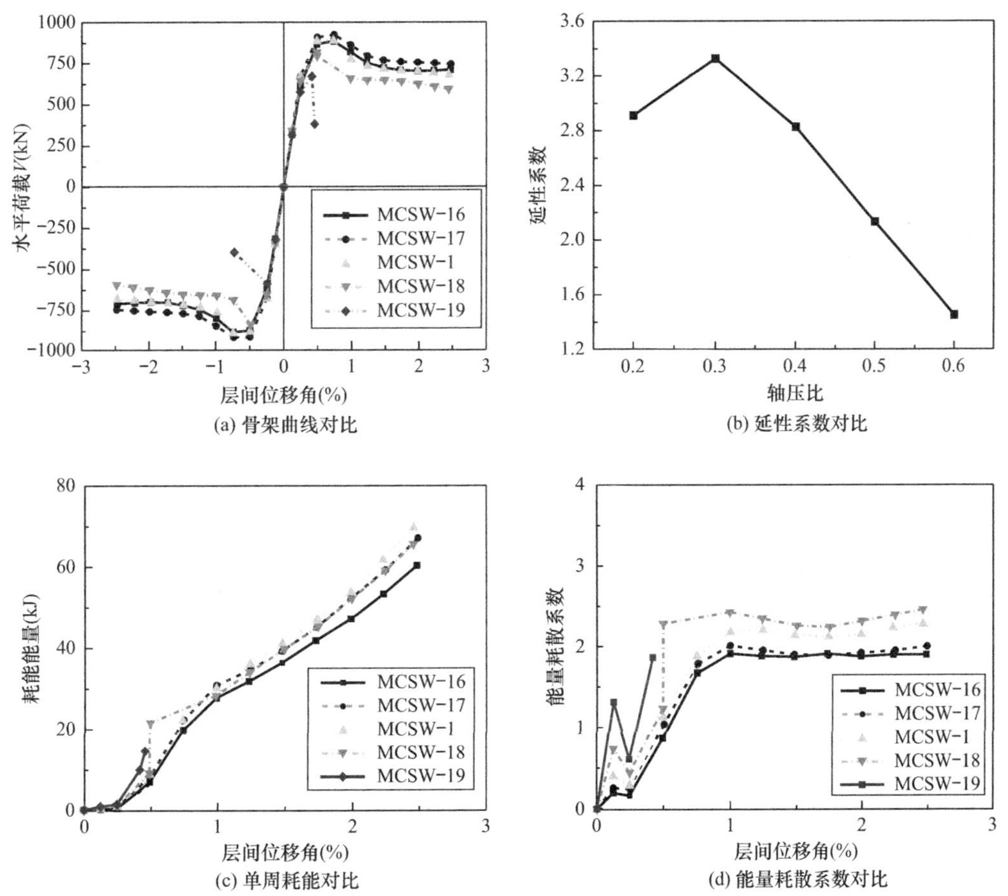

图 4-40　不同轴压比下各构件滞回性能对比

由图 4-40（a）、图 4-40（b）可以看出，随构件轴压比增大，构件的峰值位移、峰值荷载逐渐降低，在实际轴压比 0.2～0.4 的范围内降低幅度较小，当实际轴压比增至 0.5 以上时，构件峰值荷载降低幅度陡然增加；构件的延性系数随轴压比先增大后减小，在实际轴压比 0.3 附近时达到最大，其主要原因是，较大的轴力可以限制混凝土在弯矩作用下的过早开裂，提高构件的延性，但过大的轴力又会加剧箱形钢管的局部屈曲，降低构件的后期承载力。

由图 4-40（c）、图 4-40（d）可以看出，在弹性段，随构件轴压比的增大，构件单周耗能量、能量耗散系数均逐渐提高，当构件的位移超过屈服位移后，高轴压比构件的单周耗能量急剧下降，其主要原因是轴压比对构件弹性段影响力较小，而较高的轴压比可以防止混凝土的过早开裂和滑移，使得高轴压比的构件在弹性段具有更饱满的滞回环，当构件进入塑性段，高轴压比的构件过早出现破坏，峰值承载力较低，且塑性变形能力较差，使得其后期单周耗能量增长缓慢。

4.8.4 腹板宽厚比的影响

本节通过改变模型腹板厚度的方法来改变各构件模型的腹板宽厚比，分析了腹板宽厚比在 28.6～100 之间变化时对各构件滞回性能的影响，各构件的高度为 1800mm，轴压比为 0.4，腹部腔体数为 4，端柱壁厚为 8mm，混凝土强度等级为 C50，钢材材质为 Q345，分析结果如图 4-41 所示（图中各构件编号后面括号内数字代表其腹板宽厚比）。

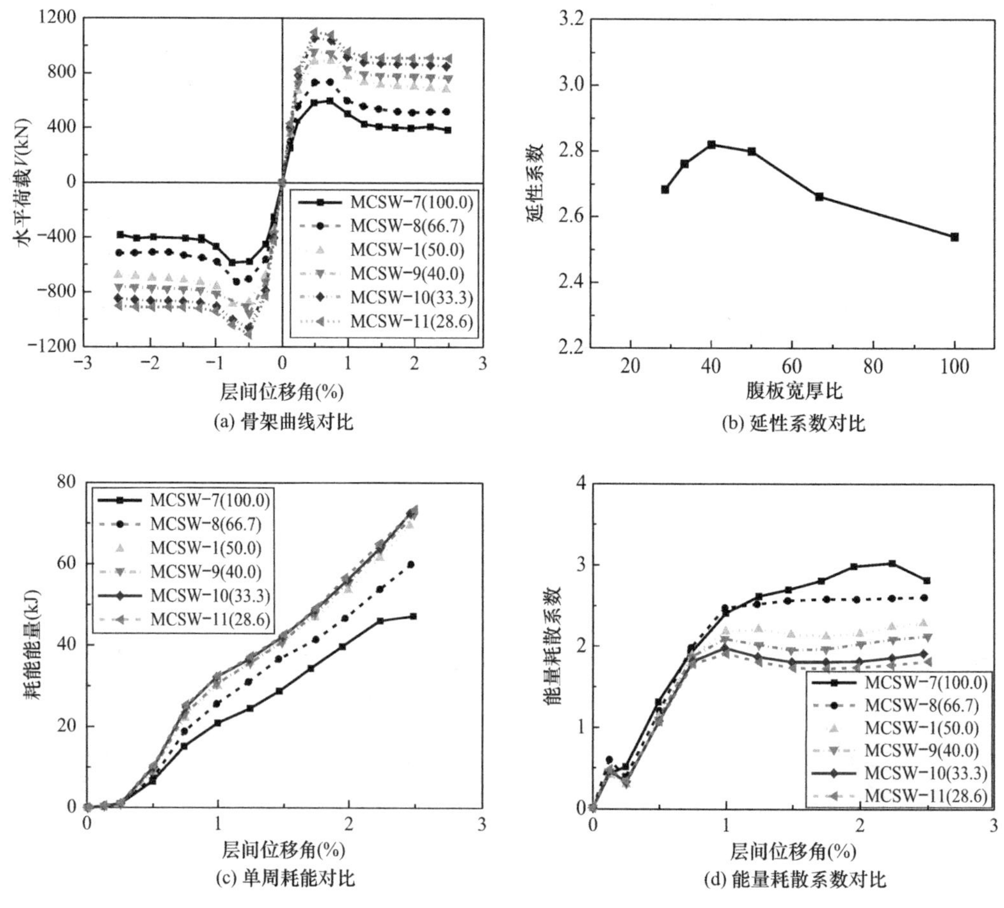

图 4-41 不同腹板宽厚比下各构件滞回性能对比

从图 4-41（a）、图 4-41（b）可以看出，构件腹板宽厚比从 28.6 提高至 100 的过程中，构件的峰值荷载、峰值位移均随之变小，构件的延性系数先增大后减小，主要原因是腹板宽厚比越大，腹板钢材厚度越小，在竖向荷载和水平滞回荷载的共同作用下越早出现屈曲，对混凝土的约束能力较早出现降低，使得其峰值荷载和峰值位移均变小，而影响位移延性系数的因素包括屈服位移和极限位移两个因素，当腹板宽厚比很小时，钢板的局部屈曲出现较晚，使得构件的屈服位移较大，延性系数较低。

从图 4-41（c）、图 4-41（d）可以看出，随构件腹板宽厚比的增大，构件的单周耗能逐渐减小，能量耗散系数逐渐增大，这表明随腹板宽厚比的提高，构件滞回环的面积逐渐减小，而滞回环的饱满程度逐渐提高。

4.8.5　端柱宽厚比的影响

本节通过改变“一”字形组合箱形钢板剪力墙构件的端柱壁厚来改变端柱宽厚比，分析了端柱宽厚比在 16.7～50 之间变化时对各构件滞回性能的影响，各构件的高度为 1800mm，腹部腔体数为 4，实际轴压比为 0.4，腹板及内隔板壁厚为 4mm，混凝土强度等级为 C50，钢材材质为 Q345，计算结果如图 4-42 所示。

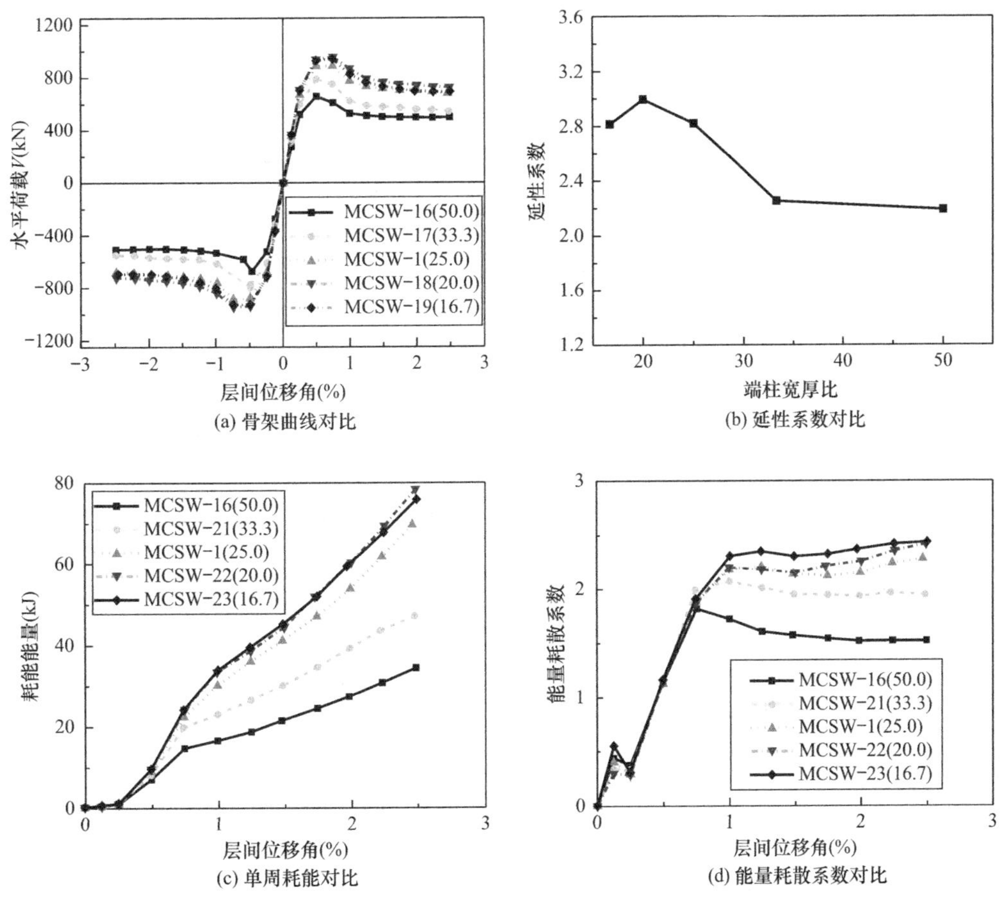

图 4-42　不同端柱宽厚比下各构件滞回性能对比

由图 4-42（a）、图 4-42（b）可以看出，当构件端柱宽厚比由 16.7 提高至 25 的过程中，构件峰值荷载、峰值位移略有降低，由 25 提高至 50 的过程中，降低幅度大大增加，其主要原因是当端柱宽厚比较大时，端柱壁厚很薄，提高端柱壁厚可以有效防止端柱钢管的过早局部屈曲，显著提高构件承载力，当端柱壁厚超过一定值，提高壁厚仅相当于提高钢材用量，对提高构件承载力的作用变小；随构件端柱宽厚比的提高，构件的延性系数先增加后减小，在端柱宽厚比为 20 左右取得最大值，主要原因是当腹板宽厚比小于 20 时，端柱壁厚过厚，局部屈曲出现较晚，构件的屈服位移大大提高，导致构件延性系数降低。

由图 4-42（c）、图 4-42（d）可以看出，随构件端柱宽厚比的增加，构件的单周耗能及能量耗散系数均降低，其主要原因是随端柱宽厚比的增加，端柱壁厚减小，构件的承载力和塑性变形能力均降低，导致构件滞回环的面积减小，饱满程度降低；此外，由图 4-42（d）可以明显看出，在构件骨架曲线的上升段，端柱宽厚比对构件的能量耗散系数几乎没有影响。

4.8.6 混凝土强度的影响

本节分析了混凝土强度等级分别为 C40、C50、C60、C70、C80 时对构件滞回性能的影响，各构件的高度为 1800mm，腹部腔体数为 4，实际轴压比为 0.4，端柱壁厚为 8mm，腹板及内隔板壁厚为 4mm，钢材材质为 Q345，计算结果如图 4-43 所示。

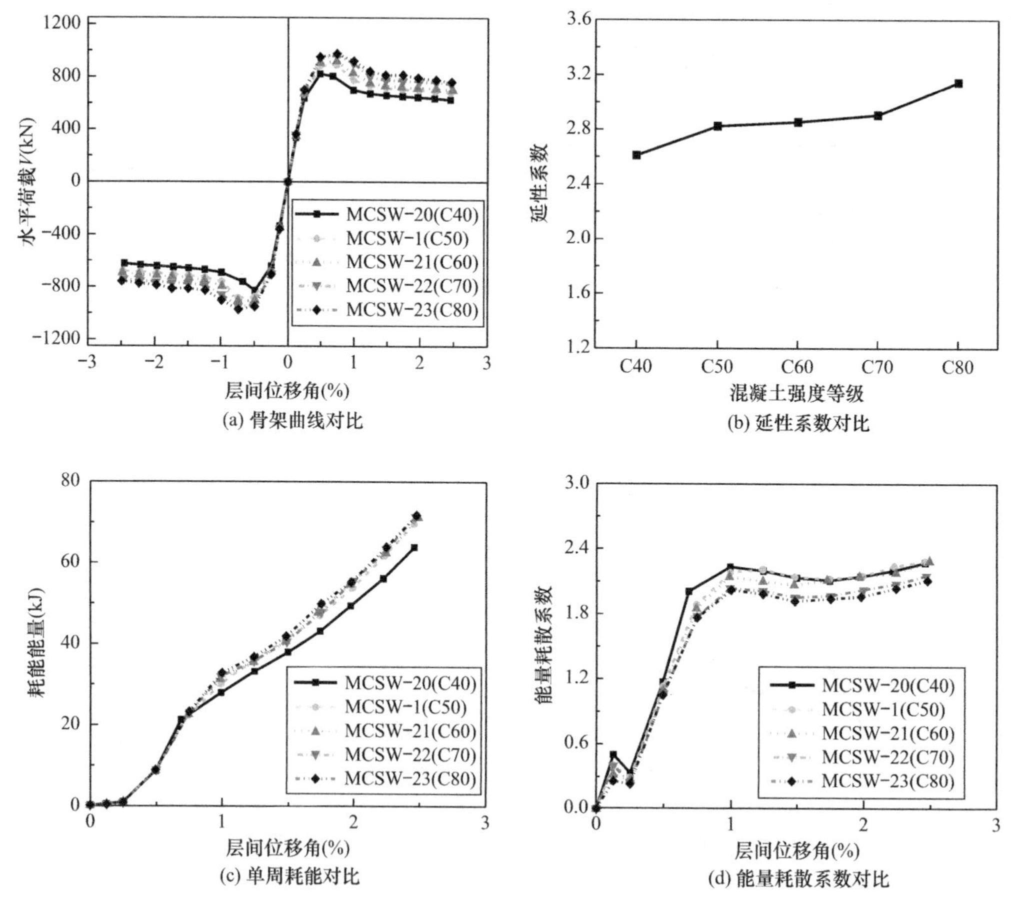

图 4-43 不同混凝土强度下各构件滞回性能对比

从图中可以看出，随混凝土强度的提高，构件的峰值荷载、峰值位移均逐渐增大，其原因是随混凝土强度的提高，混凝土的轴压承载力和受剪承载力均提高，峰值应变也相应增大；延性系数略有提高，其原因是混凝土强度较低时，构件内混凝土较早出现压溃，不能充分发挥钢材的约束能力，使得构件较早达到破坏荷载；单周耗能略有增加，能量耗散系数逐渐降低，其主要原因是随混凝土强度的提高，构件承载力相应提高，滞回环面积也随之增大，但混凝土抗拉强度增加相对较为缓慢，混凝土与钢材的界面粘结力基本不变，导致构件更容易产生裂缝和滑移，使得滞回环捏缩更为严重。

4.8.7　钢材屈服强度的影响

本节分析钢材材质分别为 Q235、Q345、Q390 时对构件滞回性能的影响，各构件的高度为 1800mm，腹部腔体数为 4，实际轴压比为 0.4，端柱壁厚为 8mm，腹板及内隔板壁厚为 4mm，混凝土强度等级为 C50，计算结果如图 4-44 所示。

从图中可以看出，随钢材屈服强度的提高，构件的峰值荷载、峰值位移均逐渐增大；延性系数基本保持在 2.8 不变，这表明当钢材屈服强度大于 235MPa 时，C50 混凝土已不能充分发挥钢材的材料性能，使得钢材强度造成一定的浪费；单周耗能略有增加，能量耗散系数逐渐降低，其主要原因是随钢材屈服强度的提高，构件承载力相应提高，滞回环面积也随之增大，但钢材与混凝土的界面粘结力基本不变，这导致构件相对更加容易产生滑移，使得滞回环捏缩更为严重。

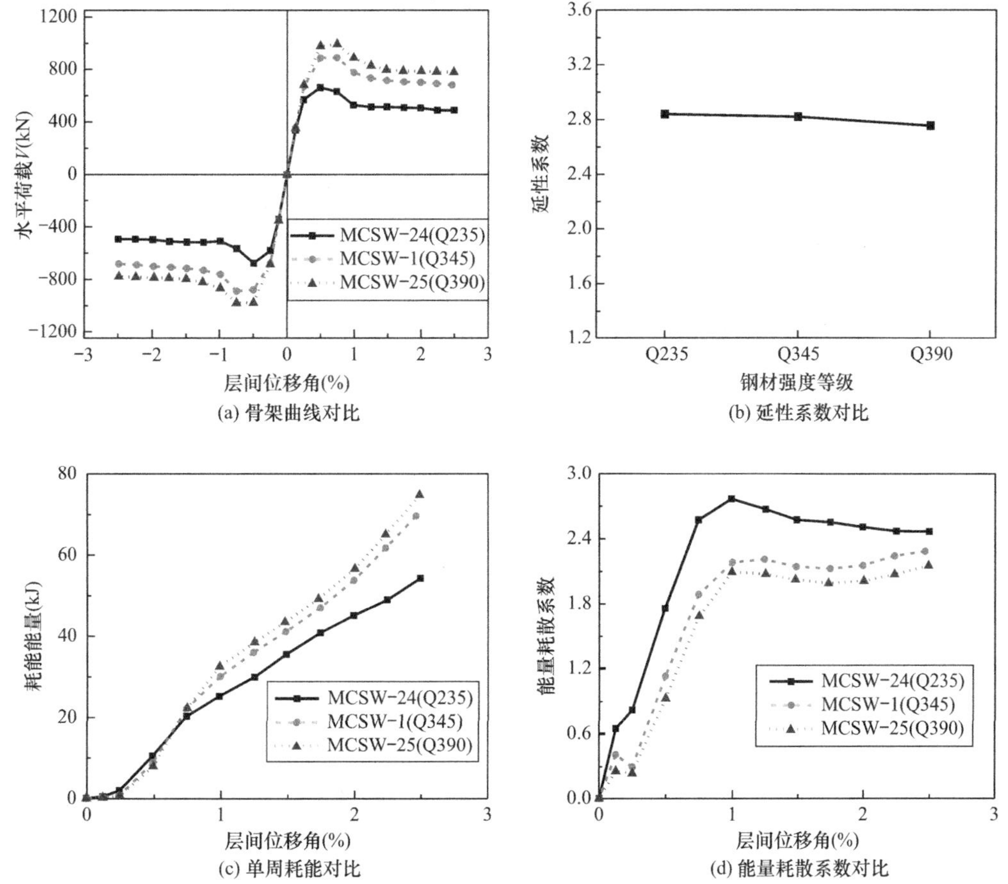

图 4-44　不同钢材强度下各构件滞回性能对比

4.9　组合箱形钢板剪力墙层间位移角（轴压比）限值

考虑地震作用的钢板组合剪力墙在重力荷载代表值作用下的轴压比不宜超过表4-6的限值，轴压比按下式计算：

$$n=\frac{N}{f_{c}A_{c}+f_{y}A_{s}} \tag{4-13}$$

箱形钢板剪力墙墙肢轴压比限值　　　　**表4-6**

抗震等级	一级（9度）	一级（6、7、8度）	二、三级
轴压比限值	0.4	0.5	0.6

在风荷载和多遇地震作用下，箱形钢板剪力墙弹性层间位移角不宜大于1/400；在罕遇地震作用下，弹塑性层间位移角不宜大于1/80。

参考文献

[1] 张劲，王庆扬，胡守营，王传甲. ABAQUS混凝土塑性损伤模型参数验证［J］. 建筑结构，2008，38（8）：127-130.

[2] BIRTEL V，MARK P. Parameterized finite elemnt modeling of RC［C］. ABAQUS Users' Conference，2006.

[3] Lubliner J，Oliver J，Oller S，Onate E. A Plastic-damage model for concrete［J］. International Journal of Solids and Structures，1989，25（3）：299-326.

[4] Lee J，Fenves G L. Plastic-damage model for cyclic loading of concrete sturctures［J］. Journal of Engineering Mechanics，1998，124（8）：892-900.

[5] 李盛勇，聂建国，刘付钧等. 外包多腔钢板-混凝土组合剪力墙抗震性能试验研究［J］. 土木工程学报，2013，46（10）：26-38.

[6] 蒋峰. 连排钢管混凝土柱带耗能件组合剪力墙抗震性能试验研究［D］. 北京：北京工业大学硕士学位论文，2012.

第 5 章 组合箱形钢板剪力墙节点设计

5.1 前言

节点是结构中不同构件连接的重要部位，是将构件的轴力、弯矩或剪力进行传递的关键部件，节点设计是否合理不仅直接关系到结构的整体可靠性，还对结构的施工质量、工程进度及整个工程的造价产生直接影响，且节点一旦破坏，可能导致整个结构发生倒塌破坏，因此在结构设计中一直强调“强节点、弱构件”的设计理念。对于组合箱形钢板剪力墙来说，其特点是截面高度大而厚度相对较小，在实际应用中存在剪力墙在平面内连接梁构件和平面外连接梁构件的工况，如何保证梁上的内力有效传递给剪力墙？此时节点的设计和构造特别关键，同时，组合剪力墙的柱脚节点不同于钢管混凝土，也需要进行专门的考虑和设计。本章结合组合箱形钢板剪力墙的截面形式和特点，简要介绍组合箱形钢板剪力墙平面内墙梁节点和平面外墙梁节点构造和设计理念，探讨钢管和核心混凝土之间的抗剪连接件的确定方法，最后介绍墙体底部与基础连接节点的设计与构造建议。

5.2 钢管与核心混凝土协同工作性能分析

组合剪力墙与钢梁连接时由于钢梁仅与多腔钢管相连，因此梁端剪力首先传递给外围钢管，而不是同时传递给节点处的钢管和核心混凝土。但实际上钢管和混凝土之间存在一定的粘结力，钢管和混凝土之间粘结力的大小取决于混凝土龄期和强度、管壁粗糙度、构件长细比、轴压比和混凝土浇筑方式等因素，其在一定数值范围内变化，例如对于方形钢管混凝土，粘结强度值为 0.1～0.35MPa。实际工程中，若梁端剪力较大，可根据需要在钢管内设置内隔板或栓钉等措施，以保证钢管上的内力通过隔板或栓钉等连接件有效传递给核心混凝土，从而提高节点的安全性。

为进一步清晰了解组合箱形钢板剪力墙竖向荷载作用下多腔钢管和核心混凝土承担的比例及传力过程，以下采用弹性理论分析竖向荷载作用下钢管和管内混凝土的内力分布，为简化计算，同时偏于安全地考虑两者的共同作用，分析中未考虑钢管和混凝土之间的粘结力。

组合箱形钢板剪力墙分析模型如图 5-1 所示，模型中 N_s、E_s、A_s 和 u_1 分别为钢管承担的轴力、钢材弹性模量、钢管截面面积和轴力作用下的纵向变形，N_c、E_c、A_c 和 u_2 分别为核心混凝土承担的轴力、混凝土的弹性模量、混凝土的截面面积和产生的纵向变形，根据内力与位移的关系，有：

$$N_s(x) = E_s A_s \frac{du_1(x)}{dx} \tag{5-1}$$

$$N_c(x) = E_c A_c \frac{du_2(x)}{dx} \tag{5-2}$$

界面抗滑移力：

$$q_u = -k(u_1 - u_2) = -ks_0 \tag{5-3}$$

$$\frac{dN_s}{dx} = ks_0 \tag{5-4}$$

$$\frac{dN_c}{dx} = -ks_0 \tag{5-5}$$

将式（5-1）乘以 E_cA_c，式（5-2）乘以 E_sA_s，两式相减，并求导。

令 $EA_0 = E_sA_sE_cA_c/(E_sA_s + E_cA_c)$

简化后得：

$$EA_0\ddot{s}_0 - ks_0 = 0 \tag{5-6}$$

令 $\rho = \sqrt{k/(EA_0)}$，求解微分方程(5-6)，有：

$$s_0 = c_1\sinh(\rho x) + c_2\cosh(\rho x) \tag{5-7}$$

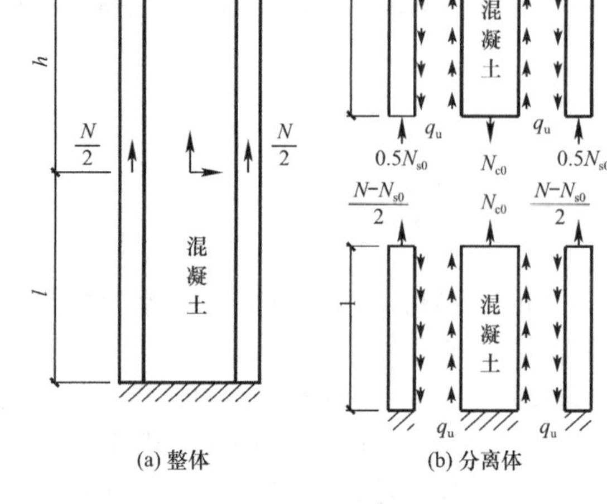

图 5-1 钢管和混凝土竖向传力计算简图

根据轴力平衡条件，竖向荷载作用点处上分离体表面钢管和混凝土的轴力 N_{s0}、N_{c0} 大小相等，方向相反，即：

$$N_{c0} = -N_{s0} \tag{5-8}$$

对于下半部分分离体，边界条件如下：

当 $x=-l$ 时，$s_0(-l)=0$，有：

$$c_1\sinh(-\rho l) + c_2\cosh(-\rho l) = 0 \tag{5-9}$$

当 $x=0$ 时，$N_s(0)=E_sA_s\dot{u}_1(0)=N+N_{s0}$，$N_c(0)=E_cA_c\dot{u}_2(0)=N_{c0}=-N_{s0}$，$\dot{u}_1(0)-\dot{u}_2(0)=\dot{s}_0(0)=c_1\rho$，因此有：

$$\dot{s}_0(0) = (N+N_{s0})/(E_sA_s) + N_{s0}/E_cA_c \tag{5-10}$$

得：

$$c_1 = \frac{1}{\rho}\left(\frac{N}{E_sA_s} + \frac{N_{s0}}{EA_0}\right) \tag{5-11}$$

代入式（5-7），有：

$$c_2 = \left(\frac{N}{E_sA_s} + \frac{N_{s0}}{EA_0}\right)\frac{\tanh(\rho l)}{\rho} \tag{5-12}$$

从而有：

$$s_0 = \left(\frac{N}{E_sA_s} + \frac{N_{s0}}{EA_0}\right)\frac{\sinh(\rho x + \rho l)}{\rho\cosh(\rho l)} \tag{5-13}$$

由式（5-13）可求得 $x=0$ 时的滑移值为：

$$s_0(0^-) = \left(\frac{N}{E_sA_s} + \frac{N_{s0}}{EA_0}\right)\frac{\tanh(\rho l)}{\rho} \tag{5-14}$$

对于上半部分分离体，边界条件如下：当 $x=0$ 时，$N_s(0)=N_{s0}$；$N_c(0)=-N_{s0}$。

$$c_1 = \frac{N_{s0}}{\rho \cdot EA_0} \tag{5-15}$$

当 $x=h$ 时，$N_s(h)=N_c(h)=0$，有：

$$c_1\cosh(\rho h)+c_2\sinh(\rho h)=0 \tag{5-16}$$

将式（5-15）代入式（5-16），有：

$$c_2=-\frac{N_{s0}}{\rho\cdot EA_0}\frac{1}{\tanh(\rho h)} \tag{5-17}$$

代入式（5-17），有：

$$s_0=-\frac{N_{s0}}{\rho EA_0}\frac{\cosh(\rho h-\rho x)}{\sinh(\rho h)} \tag{5-18}$$

由式（5-18）可求得 $x=0$ 时的滑移值为：

$$s_0(0^+)=-\frac{N_{s0}}{\rho\cdot EA_0}\frac{1}{\tanh(\rho h)} \tag{5-19}$$

根据变形连续性，式（5-14）与式（5-19）相等，有：

$$\left(\frac{N}{E_sA_s}+\frac{N_{s0}}{EA_0}\right)\frac{\tanh(\rho l)}{\rho}=-\frac{N_{s0}}{\rho\cdot EA_0}\frac{1}{\tanh(\rho h)} \tag{5-20}$$

进而有：

$$N_{s0}=-\beta\frac{EA_0}{E_sA_s}N \tag{5-21}$$

$$\beta=\frac{\tanh(\rho l)\tanh(\rho h)}{1+\tanh(\rho l)\tanh(\rho h)} \tag{5-22}$$

当 $x\leqslant 0$ 时：

$$s_0=(1-\beta)\frac{N}{E_sA_s}\frac{\sinh(\rho x+\rho l)}{\rho\cosh(\rho l)} \tag{5-23}$$

$$q_u=-k(1-\beta)\frac{N}{E_sA_s}\frac{\sinh(\rho x+\rho l)}{\rho\cosh(\rho l)} \tag{5-24}$$

因此：

$$N_s=N+N_s^0-\int_x^0 ks_0\,\mathrm{d}x=\frac{E_sA_s\cdot N}{E_sA_s+E_cA_c}\left[1+(1-\beta)\frac{E_cA_c}{E_sA_s}\frac{\cosh(\rho x+\rho l)}{\cosh(\rho l)}\right] \tag{5-25}$$

$$N_s=N_c^0+\int_x^l ks_0\,\mathrm{d}x=\frac{E_cA_c\cdot N}{E_sA_s+E_cA_c}\left[1-(1-\beta)\frac{E_cA_c}{E_sA_s}\frac{\cosh(\rho x+\rho l)}{\cosh(\rho l)}\right] \tag{5-26}$$

$$u_1=\frac{N(x+l)}{E_sA_s+E_cA_c}\left[1+\frac{(1-\beta)}{\rho(x+l)}\frac{E_cA_c}{E_sA_s}\frac{\sinh(\rho x+\rho l)}{\cosh(\rho l)}\right] \tag{5-27}$$

当 $x>0$ 时：

$$s_0=\beta\frac{N}{E_sA_s}\frac{\cosh(\rho h-\rho x)}{\rho\sinh(\rho h)} \tag{5-28}$$

$$q_u=-k\beta\frac{N}{E_sA_s}\frac{\cosh(\rho h-\rho x)}{\rho\sinh(\rho l)} \tag{5-29}$$

因此：

$$N_s=-\beta\frac{E_cA_c\cdot N}{E_sA_s+E_cA_c}\frac{\sinh(\rho h-\rho x)}{\sinh(\rho h)} \tag{5-30}$$

$$N_c=\beta\frac{E_cA_c\cdot N}{E_sA_s+E_cA_c}\frac{\sinh(\rho h-\rho x)}{\sinh(\rho h)} \tag{5-31}$$

$$u_1=\frac{Nl}{E_sA_s+E_cA_c}\left[1+(1-\beta)\frac{E_cA_c}{E_sA_s}\frac{\tanh(\rho l)}{\rho l}-\frac{\beta}{\rho l}\frac{E_cA_c}{E_sA_s}\frac{\cosh(\rho h)-\cosh(\rho h-\rho x)}{\sinh(\rho h)}\right] \tag{5-32}$$

根据上述公式可以求得界面抗滑移力分布和所需栓钉要求。

当 $l\to+\infty$，$h\to+\infty$ 时，$\lim\limits_{l\to+\infty}\frac{\sinh(\rho x+\rho l)}{\cosh(\rho l)}=e^{\rho x}$，$\lim\limits_{l\to+\infty}\frac{\cosh(\rho h-\rho x)}{\sinh(\rho h)}=e^{-\rho x}$，由式（5-22）求得 $\beta=0.5$。代入式（5-24）、式（5-29），有：

$$q_u=-\frac{k}{2\rho}\frac{N}{E_sA_s}e^{-\rho|x|} \tag{5-33}$$

此时，界面抗滑移力在荷载作用点上、下对称分布，以指数形式衰减。限制上、下各一层高度范围内的抗滑移力总值不小于 95%该集中力，则对其他楼层的轴力分配影响很小，有：

$$0.95\frac{E_cA_c\cdot N}{E_sA_s+E_cA_c}=2\int_{-H}^{H}\frac{k}{2\rho}\frac{N}{E_sA_s}\cdot e^{-\rho|x|}\,\mathrm{d}x \tag{5-34}$$

式中，H 为楼层层高，解得 $e^{-\rho H}=0.05$，$\rho H=3.0$。栓钉的抗滑移刚度按文献［1］取 $k=1.4n_0N_V^s/H$，其量纲单位为 $\mathrm{N/mm^2}$，式中 N_V^s 为栓钉承载力设计值，则每层管腔内设置的栓钉颗数：

$$n_0\geqslant 6.43EA_0/(N_V^sH) \tag{5-35}$$

由式（5-25）、式（5-26）、式（5-30）和式（5-31）可知，在压力 N 作用下，上层竖向构件的钢管和管内混凝土分别产生拉力和压力，离作用点越远绝对值越小；对下层则均为压力，离作用点越远钢管压力越小，而混凝土压力则越大。因此，每一层高范围内，钢管和混凝土分担的轴力是变化的，并不固定。

对总层数为 n 层的钢管混凝土构件在第 m［$1\leqslant m\leqslant(n-2)$］楼层处的钢管和混凝土轴力分配情况进行分析时，考虑到当 $\rho H\geqslant 3.0$ 时，第 $m-2$ 层以下和第 $m+2$ 层以上楼层的作用力对本层钢管和混凝土间轴力分配影响很小，可以忽略。由式（5-25）、式（5-26）、式（5-30）和式（5-31）可求得：

$$N_c(0^-)=\zeta_c^-\cdot\frac{(n-m+1)NE_cA_c}{E_sA_s+E_cA_c} \tag{5-36}$$

$$N_s(0^-)=\zeta_s^-\cdot\frac{(n-m+1)NE_sA_s}{E_sA_s+E_cA_c} \tag{5-37}$$

$$N_c(0^+)=\zeta_c^+\cdot\frac{(n-m+1)NE_cA_c}{E_sA_s+E_cA_c} \tag{5-38}$$

$$N_s(0^+)=\zeta_s^+\cdot\frac{(n-m+1)NE_sA_s}{E_sA_s+E_cA_c} \tag{5-39}$$

式中 0^+ 和 0^- 分别表示计算截面取楼层的上方和下方，其他系数 ζ_c^-、ζ_c^+、ζ_s^- 和 ζ_s^+ 见式（5-40）～式（5-43）：

$$\zeta_c^-=1-\frac{1}{2(n-m+1)} \tag{5-40}$$

$$\zeta_c^+=1+\frac{1}{2(n-m+1)} \tag{5-41}$$

$$\zeta_s^-=1+\frac{E_cA_c}{2E_sA_s(n-m+1)} \tag{5-42}$$

$$\zeta_s^+ = 1 - \frac{E_c A_c}{2E_s A_s (n-m+1)} \tag{5-43}$$

系数 ζ_c^-、ζ_c^+、ζ_s^- 和 ζ_s^+ 表示的物理意义为与完全组合时的混凝土和钢管间轴力分配值的比值，大小与本层以上楼层的数量及钢管和混凝土的轴压刚度有关。取 $E_s/E_c=6$，$A_s/A_c=0.1$ 进行试算，结果见表 5-1。

影响系数 ζ_c^-、ζ_c^+、ζ_s^- 和 ζ_s^+ 与楼层层数关系　　表 5-1

系数	$N-m$					
	2	5	10	20	30	40
ζ_c^-	0.83	0.92	0.95	0.98	0.98	0.99
ζ_c^+	1.25	1.10	1.05	1.03	1.02	1.01
ζ_s^-	1.28	1.14	1.08	1.04	1.03	1.02
ζ_s^+	0.58	0.83	0.92	0.96	0.97	0.98

对于顶上第二层，将坐标原点取为第 $n-1$ 层标高处，并取 $\rho H=3.0$，由式（5-22）、式（5-25）、式（5-26）、式（5-30）和式（5-31）可求得：

$$N_c(0^-) = \zeta_c^- \cdot \frac{2NE_c A_c}{E_s A_s + E_c A_c} \tag{5-44}$$

$$N_s(0^-) = \zeta_s^- \cdot \frac{2NE_s A_s}{E_s A_s + E_c A_c} \tag{5-45}$$

$$N_c(0^+) = \zeta_c^+ \cdot \frac{NE_c A_c}{E_s A_s + E_c A_c} \tag{5-46}$$

$$N_s(0^+) = \zeta_s^+ \cdot \frac{NE_s A_s}{E_s A_s + E_c A_c} \tag{5-47}$$

式中：$\zeta_c^-=0.738$，$\zeta_s^-=1+0.262E_cA_c/(E_sA_s)$，$\zeta_c^+=1.475$，$\zeta_s^+=1-0.475E_cA_c/(E_sA_s)$，与式（5-40）～式（5-43）取 $n-m=1$ 时差别不大。

对于顶层，显然钢管承担的竖向力为 N，管内混凝土承担的竖向力为 0。

对于底层嵌固端，$\zeta_c^+=1+(e^{-\rho H}+e^{-2\rho H})/(2n)$，$\zeta_s^+=1-(E_cA_c/E_sA_s)(e^{-\rho H}+e^{-2\rho H})/(2n)$。由于 $e^{-\rho H}=0.05$，因此 ζ_c^+ 和 ζ_s^+ 近似为 1，也就是轴力按钢管和核心混凝土的轴压刚度的比例进行分配。

5.3　组合箱形钢板剪力墙与钢梁连接节点的设计与构造

实际工程中，组合箱形钢板剪力墙与钢梁存在平面内连接和平面外连接两种方式，通常钢梁与组合剪力墙的连接设计成刚性连接节点，即保证钢梁上的弯矩和剪力通过节点有效传递给组合剪力墙。当平面外钢梁与组合剪力墙连接时，会使墙体受到平面外弯矩的作用，同时平面内的节点使组合剪力墙承受平面内的弯矩，因此实际结构中的组合剪力墙往往处于双向压弯受力状态，需按双向压弯构件来确定其承载力。从节点的连接形式分析，矩形钢管混凝土梁柱刚接节点与组合墙与钢梁的连接有相似之处，因此矩形钢管混凝土梁柱刚接节点的构造和研究成果具有一定的借鉴意义。

矩形钢管混凝土柱-钢梁常用的连接形式有内隔板式、外伸内隔板式、外隔板式及外肋环板式。不同连接形式有各自的优缺点，内隔板式连接节点构造简单、钢材用量少、观感好、承载力高、延性好和耗能能力强等优点，因此实际工程中应用最普遍；传力上要求内隔板需与钢梁翼缘对齐，并与四周管壁全熔透焊接，这要求节点具有较高的加工精度和同时保证焊接质量。但内隔板式连接节点对柱构件截面尺寸有一定限制，当截面尺寸较小时会影响钢管内混凝土的浇筑质量，导致钢管内混凝土特别在节点区域不易密实，特别是同一节点区域有多块内隔板时，节点混凝土密实更难以保证[2,3]。外隔板式节点是指在钢管外设置水平环板，钢梁翼缘与外环板焊接，此节点的特点是施工简单、传力明确可靠，柱构件尺寸不受限制。为保证荷载有效传递给柱构件，节点中外隔板尺寸一般较大，因此对于边柱、角柱及洞口边缘的柱构件受建筑功能限制较多，不做吊顶的房间观感较差。

外伸内隔板式需将管柱在梁翼缘对应位置断开，管壁与隔板焊接，钢梁翼缘与伸出管壁的隔板焊接，这种连接形式通常用于截面尺寸较大的柱构件，但其构造复杂，焊接工作量大。

外肋环板节点是在外隔板节点的基础上，将其另外两侧的水平外隔板改为平贴于柱侧的竖向肋板，再将梁翼缘焊接在竖向肋板上以传递梁端弯矩（图 5-2）。这种节点不受钢管截面尺寸限制，比较适用于截面尺寸较小的柱构件，此类节点构造简单，加工安装方便，传力明确、可靠；其缺点是肋板突出梁翼缘部分对免模楼板（如钢筋桁架楼承板）的铺设略有不便。

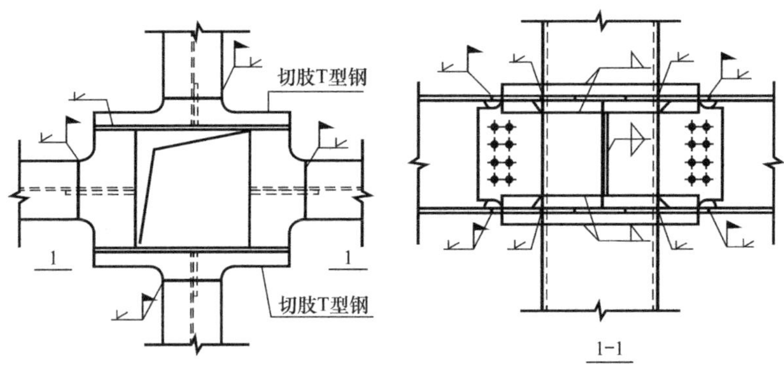

图 5-2　外肋环板式连接

根据组合墙的截面特点，并参考矩形钢管混凝土梁柱连接形式，竖板连接和内隔板连接是比较适用的两种连接节点（图 5-3）。当组合墙体宽度较大时（如超高层建筑墙体），采用内隔板形式的连接节点比较合适，当组合墙体宽度较小（如住宅结构墙体），采用竖板连接形式的节点更为适用。

竖板连接形式是在组合墙腔壁焊接两片竖向钢板，钢梁腹板与墙壁板焊接，钢梁翼缘则与竖板和墙壁板焊接而成的刚性节点（图 5-3、图 5-4）。钢梁处于组合墙平面内时，竖板与墙身的腹板平行（图 5-3）或贴在腹板外侧。钢梁处于组合墙平面外时，竖板与组合墙内隔板对齐（图 5-4）。梁端弯矩一部分通过竖板传至墙身，另一部分从梁翼缘传至墙壁板（图 5-5）。

假定竖板传递的水平力与梁翼缘中心重合，根据静力平衡，竖板承担的水平荷载为：

$$P_1 = 2(2l_y + t_{bf})t_d f_y \tag{5-48}$$

式中　l_y——竖板突出梁翼缘的高度；

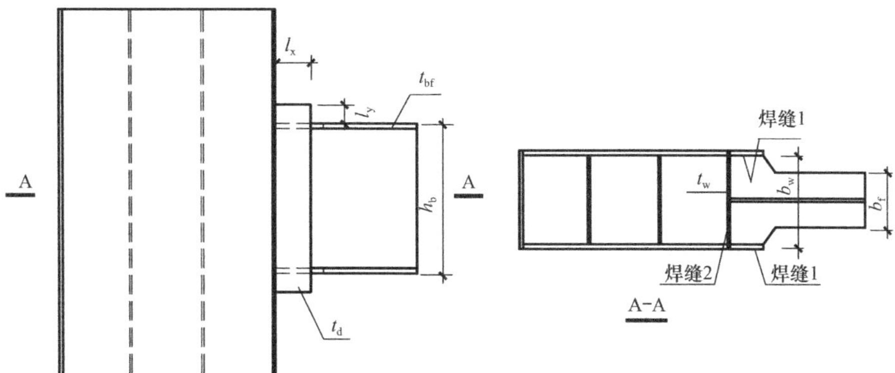

图 5-3　竖板连接大样一

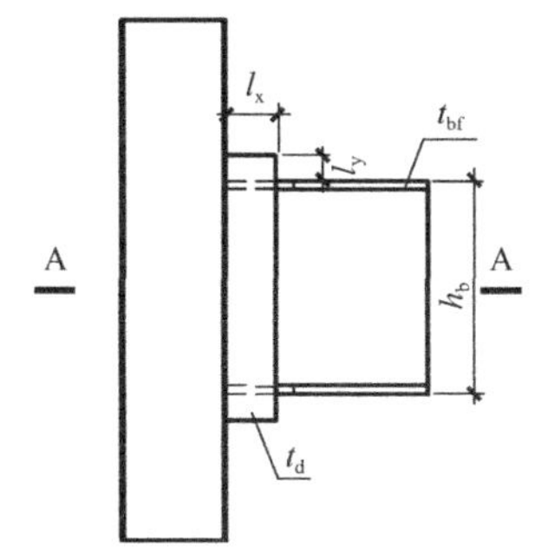

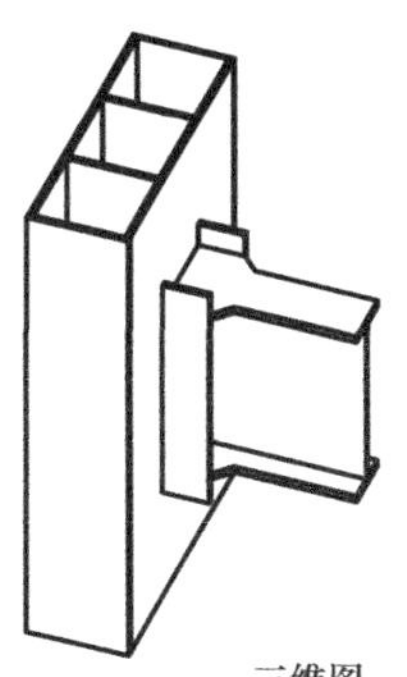

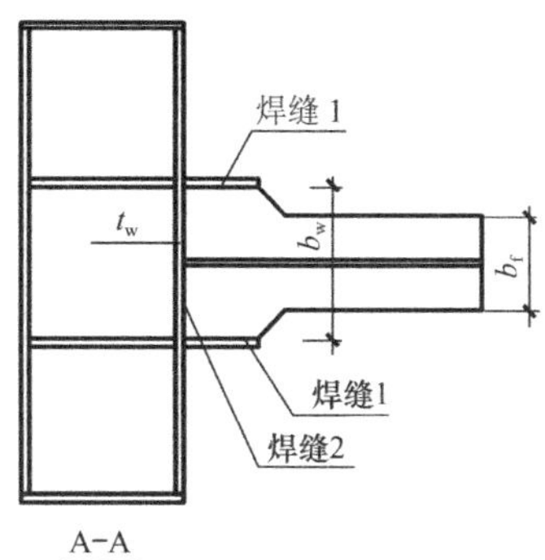

图 5-4　竖板连接大样二

t_{bf}——梁翼缘厚度；

f_y——竖板钢材屈服强度；

t_d——竖板厚度。

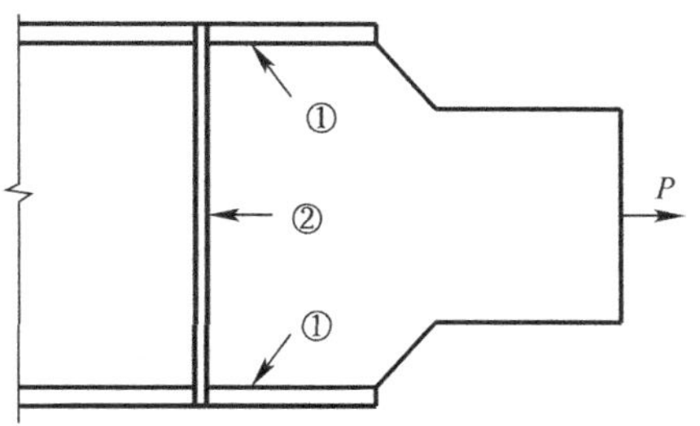

图 5-5　节点受力机理分析

组合墙壁板所承担的水平力根据屈服线理论导出，假定墙壁板的屈服机制如图 5-6 所示，壁板内力虚功为：

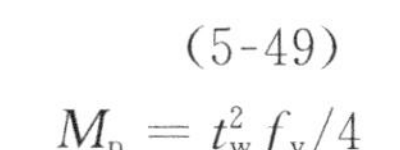

$$E_c = P_2\delta = (8x + 4t_{bf})M_p\delta/b_1 + 4b_w M_p\delta/x \tag{5-49}$$

$$M_p = t_w^2 f_y/4 \tag{5-50}$$

则有：

$$P_2 = (8x + 4t_{bf})M_p/b_1 + 4b_w M_p/x \tag{5-51}$$

$dP_2/dx=0$，得：

$$x = \sqrt{b_1 b_w/2} \tag{5-52}$$

式中 t_w——组合墙壁板厚；

f_y——组合墙壁板屈服强度；

b_1、b_w——见图 5-6。

竖板连接屈服时对应受弯承载力为：

$$M_y = \alpha(P_1 + P_2)(h_b - t_{bf}) \tag{5-53}$$

式中 α——共同工作系数；

h_b——钢梁高度。

式（5-49）～式（5-53）中，用钢材的极限抗拉强度 f_u 替换屈服强度 f_y 可求得竖板连接时对应的极限受弯承载力 M_u。已有分析结果表明，求连接竖板屈服对应的承载力时 $\alpha=0.8$，求连接竖板的极限承载力时取 $\alpha=0.7$[4]。

当 $b_w=b_f$ 时，式（5-51）不适用，此时屈服机制见图 5-7。根据虚功原理，有：

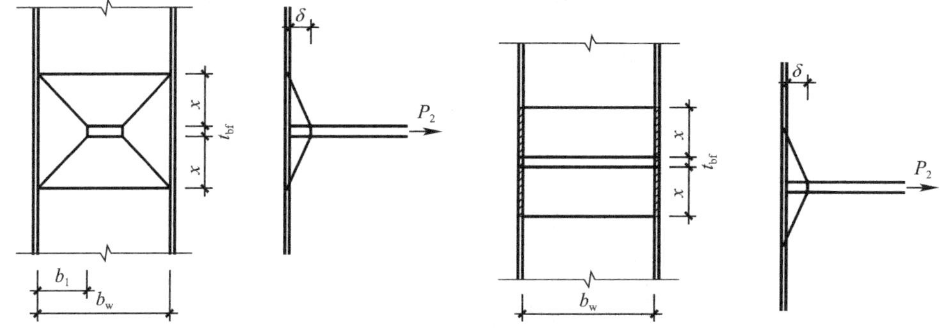

图 5-6　墙壁板屈服机制　　　　图 5-7　墙壁板屈服机制

$$E_c = P_2\delta = 4b_w M_p\delta/x + 2f_y t_d t_{bf}\delta + 4\int_0^x t_d f_y \delta(x-y)/x\mathrm{d}y \tag{5-54}$$

求得：

$$P_2 = 4b_w M_p/x + 2f_y t_d(t_{bf} + x) \tag{5-55}$$

$dP_2/dx=0$，得：

$$x = \sqrt{\frac{b_w t_w^2}{2t_d}} \tag{5-56}$$

竖板连接节点还需验算焊缝 1 和焊缝 2 的强度，保证内力的有效传递，两条焊缝 1 承担的荷载为 P_1，焊缝 2 承担的荷载为 P_2。

5.4 组合箱形钢板剪力墙与钢梁内隔板连接节点的设计与构造

内隔板连接节点是矩形钢管混凝土柱与钢梁刚性连接最常用的一种连接方式，当组合剪力墙的截面厚度较大时，通常厚度不小于 400mm，钢梁与组合剪力墙的连接可以采用内隔板连接方式，即在组合墙中与钢梁翼缘对应位置的腔体内设置水平隔板（图 5-8），隔板开设灌浆孔和透气孔便用来浇灌混凝土和保证节点区域混凝土的密实。组合剪力墙与钢梁内隔板连接节点的设计方法可参考相关矩形钢管混凝土与钢梁内隔板节点的设计方法。

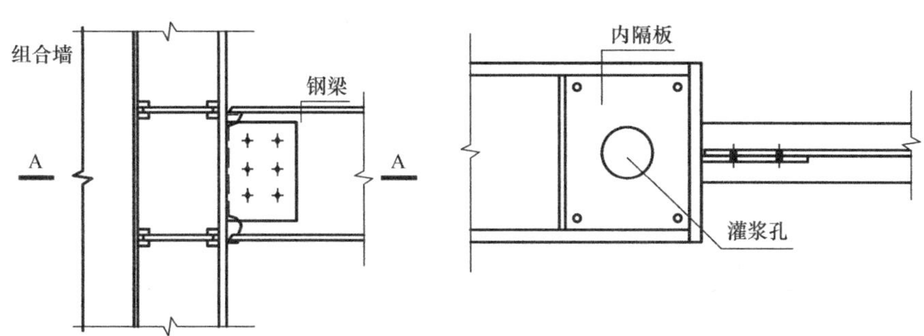

图 5-8　内隔板连接大样

梁翼板于梁腹板扇形开孔尖端处，应力集中现象极为明显，容易发生断裂。因此，扇形开孔细节要求比较讲究，力求此处应力平顺。采用梁端塑性铰外移的构造形式，如盖板加强型、侧板加强型等，将提高此连接的受弯承载力和延性。

5.5　墙脚节点的设计与构造

柱脚是上部钢管混凝土结构与基础连接的重要节点，是将柱底轴力、弯矩和剪力传递给基础的关键部件，柱脚设计是否合理不仅直接关系到结构的整体可靠性，还对结构的施工质量、工程进度及整个工程的造价产生直接影响。而且，柱脚一旦破坏，可能导致整个结构发生倒塌破坏。工程中采用的钢管混凝土柱脚形式有三种，分别为外露式、外包式和埋入式，相对而言，外包式柱脚和埋入式柱脚应用较多。外包式柱脚节点施工方便，但需要在柱外侧包覆钢筋混凝土，由于建筑空间的限制，柱脚包覆的混凝土厚度不能过大，使得外包式柱脚的刚度和承载力很难达到完全刚接的要求；此外，外包式柱脚占用建筑使用空间，不美观。埋入式柱脚节点由于柱需要埋入基础底板或桩承台，以满足柱底抗压、抗弯、抗剪和抗冲切需求，因此对埋入深度有一定要求。

对于组合箱形钢板剪力墙与基础的连接，常采用埋入式连接节点，如图 5-9 所示。为进一步减小组合剪力墙的埋入深度，通常在组合墙底部设置上盖板和底板，两层钢板板间焊接竖向加劲肋，加劲肋与管腔壁和纵向内隔板对齐。上盖板和底板在管腔内均开设孔洞，以便墙脚底部基础混凝土的浇灌密实。上盖板与基础顶筋焊接连成整体。当上盖板和底板水平尺寸较大时，设置一定数量的透气孔。组合墙较一般钢柱压力小而弯矩大，墙肢的两端产生较大的拉力。因此在底板下部焊接一定数量的角钢。安装阶段角钢作为墙体的支撑使用，使用阶段角钢代替一般的锚栓承受拉力。角钢的底部设置调节螺母（图 5-10），在首节墙体就位时有微调作用。如墙肢端部产生的拉力非常大，也可以将墙体两端一个或几个腔体延伸至基础底部来抵抗拉力，剩余墙体部分设置角钢。

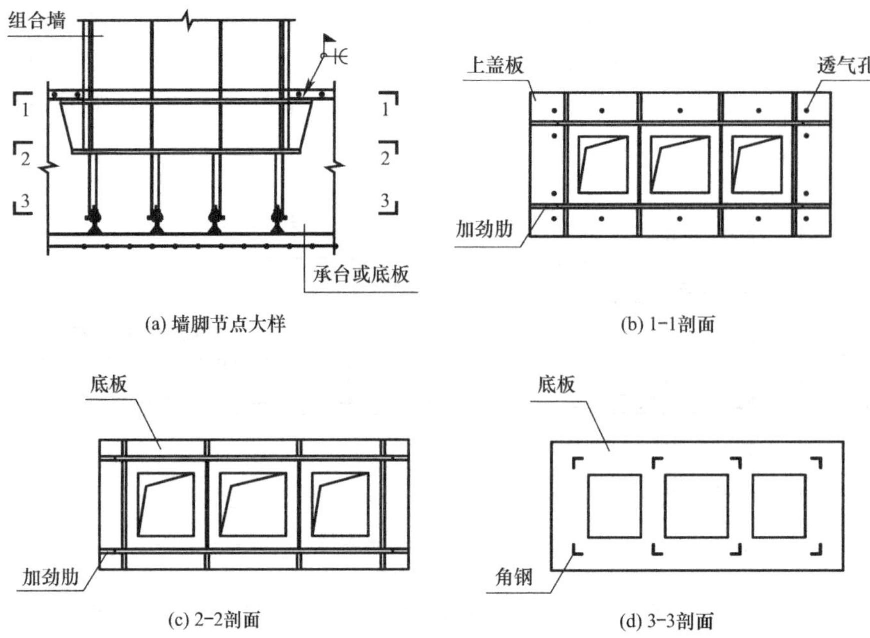

图 5-9　组合墙与基础连接节点

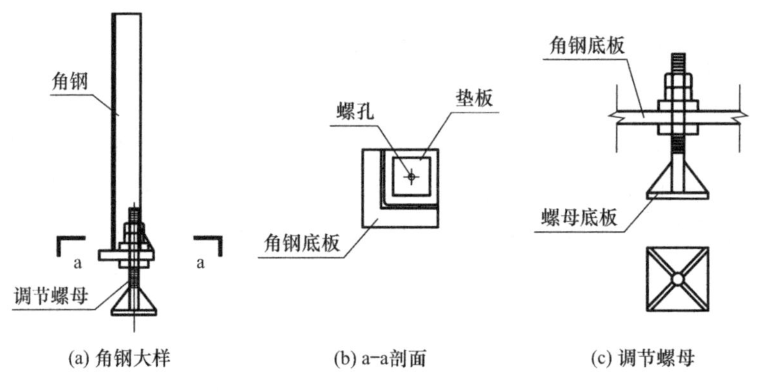

图 5-10　抗拔角钢

一般墙体厚度不大，而基础较厚，因此，角钢受拉承载力计算时应扣除混凝土破坏锥体的重叠部分，如图 5-11 所示。

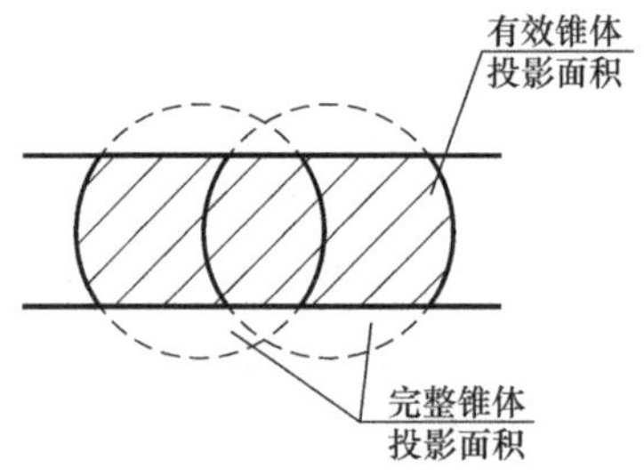

图 5-11　混凝土锥体受力图

5.6　组合箱形钢板剪力墙与楼板的连接节点

楼板除承受楼面竖向荷载之外，还对楼层水平剪力在各竖向构件的分配比例起重要作用。楼板平面内刚度相对竖向构件的刚度足够大时，楼板可以假定为无限刚性，此时任何层的剪力将以竖向构件对楼层侧向刚度的贡献的比例进行分配。反之，如果楼板非常柔时，各竖向构件几乎是独立地起作用，竖向构件的剪力接近基于“从属面积”的剪力。

组合墙将楼板从中间分割开，钢材和混凝土的界面粘结力很小。如果两者之间的界面不做处理，将严重削弱楼板的整体性，减小楼板平面内刚度。此时，楼板无法有效地将水平力传递至组合剪力墙，也无法对组合墙平面外提供有效的侧向支撑；组合墙也不能对楼板钢筋提供锚固作用，无法形成抗连续倒塌机制。

连接设计时，可在组合墙管腔壁外侧焊接小牛腿（图 5-12），楼板钢筋与小牛腿采用双面角焊缝焊接，焊接长度不小于 5d，d 为钢筋直径。板边的剪力和弯矩通过牛腿传递至组合墙。施工时，小牛腿作为免模楼板（如钢筋桁架楼承板）的支座使用。

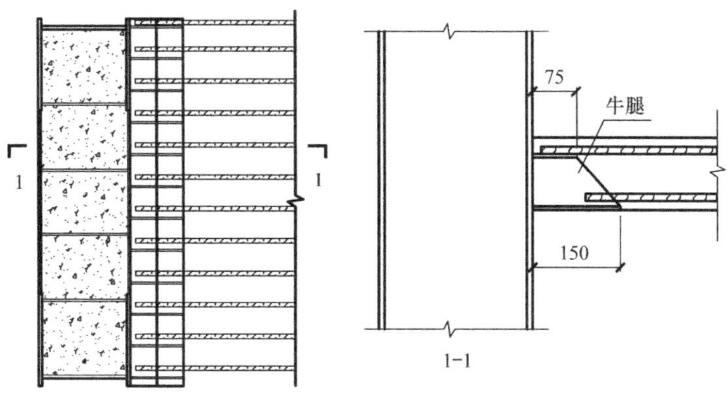

图 5-12　组合墙与楼板的连接

参考文献

[1]　童根树. 钢结构设计方法 [M]. 北京：中国建筑工业出版社，2007：144-149.

[2]　郭笑. 关于钢管混凝土浇筑产生气泡问题的试验研究 [J]. 钢结构，2012，27 (3)：32-36.

[3]　胡伯杭. 方钢管混凝土柱施工工艺的应用 [J]. 山西建筑，2010，36 (33)：132-133.

[4]　中国工程建设标准化协会. 矩形钢管混凝土节点技术规程：T/CECS 506：2018 [S]. 北京：中国计划出版社，2018：16-17.

第6章　组合箱形钢板剪力墙典型工程应用

6.1　前言

组合箱形钢板剪力墙以其承载力高、截面尺寸小、延性好、耗能能力强及施工便捷等优点在工程中得到大量的应用。当构件截面高度较小时，可以作为框架柱应用于结构中；当截面高度较大时，可利用其较高的抗侧刚度作为抗侧力构件应用于结构体系中，特别是用于住宅结构中时，组合箱形钢板剪力墙的厚度可以做到与分隔墙基本等厚，能有效避免传统矩形柱的凸角问题，建筑效果较好。当用于高层和超高层建筑中，由于此类剪力墙竖向承载力是钢筋混凝土剪力墙的几倍，因此墙体可以做得更薄，能有效降低结构自重，增加建筑使用空间，因此，组合箱形钢板剪力墙在多高层、高层和超高层建筑中均具有良好的应用前景。目前，组合箱形钢板剪力墙已在三十余栋高层和超高层建筑中得到了推广应用，取得良好的经济效益，同时，此类结构钢构件在工厂内生产，在施工现场无需支模、拆模等工序，属于装配式建筑结构体系的一种，且用钢量明显低于纯钢结构，随着装配式建筑在我国的持续推广和实施，组合箱形钢板剪力墙将得到进一步的推广和应用。本章主要介绍组合箱形钢板剪力墙在高层办公楼、高层住宅和大跨度结构等典型工程中的应用，为此类结构的设计提供参考和借鉴。

6.2　珠海横琴国贸大厦

6.2.1　工程概况

珠海横琴国贸大厦位于珠海横琴新区口岸服务区，是一幢集商业、办公等功能于一体的现代化大厦，总建筑面积约12.5万m^2。塔楼与裙房设有4层地下室，为停车、库房以及机电设备用房，其中地下4层局部设有人防。地上塔楼与裙房连为一体，主楼地上44层，裙房地上10层，除个别层外，层高均为4.4m。主体结构屋顶高188.640m，其顶部另有11m高装饰性构架。塔楼标准层平面尺寸为42.5m×42.5m，高宽比约为4.43，建筑效果图见图6-1，施工现场照片见图6-2。

6.2.2　结构体系

工程结构设计使用年限50年，安全等级为二级，抗震设防烈度为7度，设计基本地震加速度为0.10g，地震分组为第一组，场地类别为Ⅳ类。50年一遇基本风压为0.85kN/m^2，地面粗糙度类别为A类，10年一遇风压为0.50kN/m^2。本工程在风荷载和地震作用下，楼层侧向力较大，对结构抗侧刚度的要求相应也较高。考虑到这一特点，10层以下受建筑功能限制，采用框架-核心筒结构，外框柱距为9m（图6-3）；塔楼13层以上采用筒中筒结构，外框筒柱距为4.5m（图6-4）；10～13层间设转换桁架（图6-5）。28～31层为避难层和设备层，设置有一道腰桁架（图 6-6），目的是使外筒各框架柱承受的轴力变化均匀，提高外筒的抗倾覆能力，进而减小楼层侧向位移。

图 6-1　建筑效果图

图 6-2　现场照片

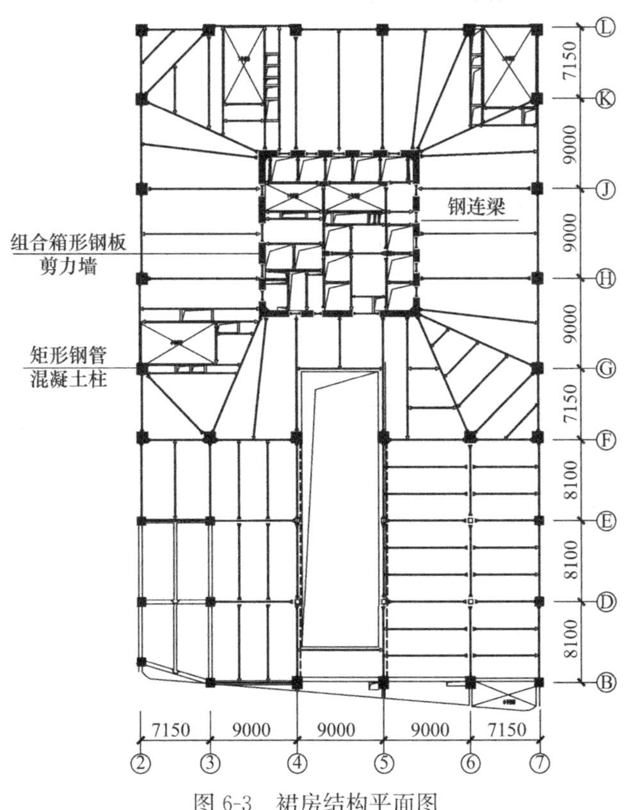

图 6-3　裙房结构平面图

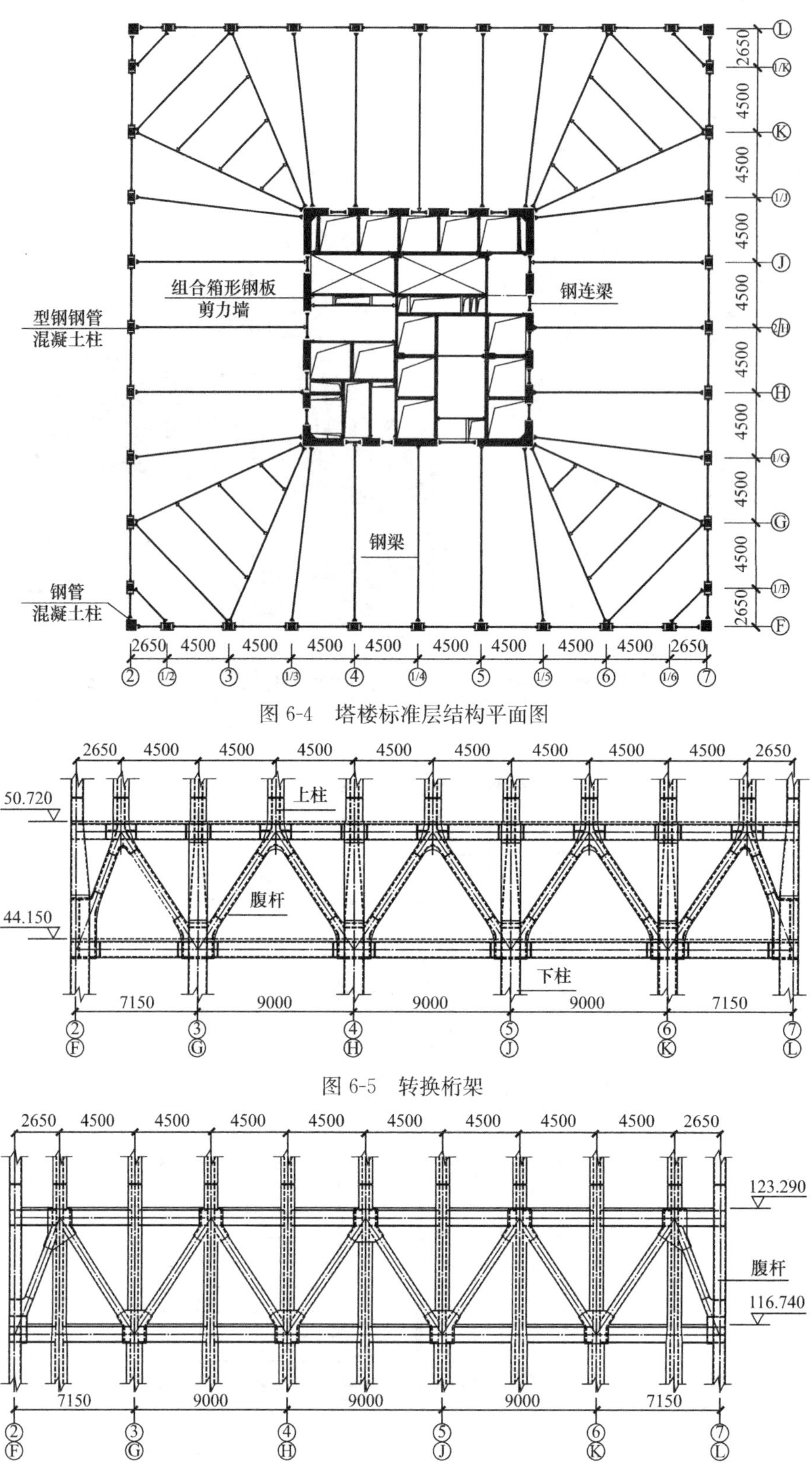

图 6-4　塔楼标准层结构平面图

图 6-5　转换桁架

图 6-6　腰桁架

6.2.3　框架柱

塔楼 10 层及以下楼层外框架采用截面尺寸为 1100mm×1100mm×40mm 的方钢管混凝土柱，13 层以上外框筒角柱采用截面尺寸为 700mm×700mm 的方钢管混凝土柱，随着高度的增加，钢管壁厚从 36mm 逐渐减薄至 25mm。而对于 13 层以上其他外框架柱，则采用 2 个宽翼缘热轧 H 型钢焊接而成的组合柱（图 6-7，以下简称型钢钢管混凝土柱），并在组合柱的墙体内设置栓钉，保证钢构件和混凝土共同工作。组成型钢钢管混凝土柱的型钢由底部的 HW502×470 逐渐减小至屋顶层的 HW388×402。转换桁架上、下弦采用 900mm（高）×500mm（宽）×36mm（壁厚）箱形梁；腹杆采用截面为 500mm×600mm 矩形钢管混凝土柱，壁厚 36mm。腰桁上、下弦采用 HN900×300 热轧 H 型钢，腹杆截面为箱形 400mm×500mm，壁厚 25mm。

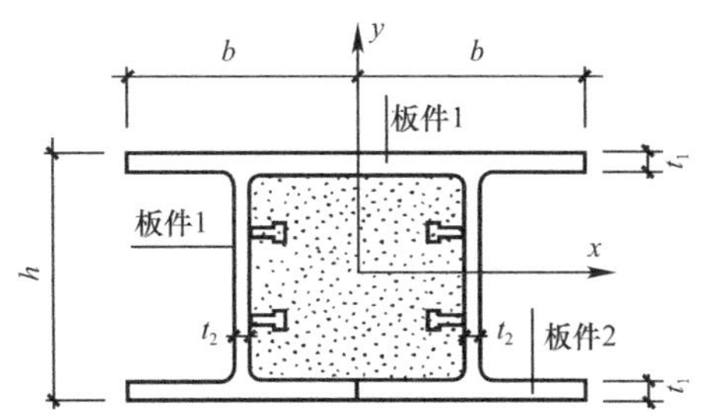

图 6-7　型钢钢管混凝土柱截面

型钢钢管混凝土柱设计时采用叠加理论，即其截面承载力仅为钢构件和核心混凝土的简单叠加，偏于安全不考虑钢构件对核心混凝土的约束作用，构件承载力验算时参考《矩形钢管混凝土结构技术规程》CECS 159：2004 中矩形钢管混凝土设计方法，对于承受双向压弯作用的型钢钢管混凝土构件，其承载力应同时满足式（6-1）和式（6-2）。

$$\frac{N}{N_{un}}+(1-\alpha_c)\frac{M_x}{M_{unx}}+(1-\alpha_c)\frac{M_y}{M_{uny}}\leqslant\frac{1}{\gamma} \tag{6-1}$$

$$\frac{M_x}{M_{unx}}+\frac{M_y}{M_{uny}}\leqslant\frac{1}{\gamma} \tag{6-2}$$

双轴压弯作用时的稳定性应满足式（6-3）～式（6-6）。

$$\frac{N}{\varphi_x N_u}+(1-\alpha_c)\frac{\beta_x M_x}{\left(1-0.8\frac{N}{N'_{Ex}}\right)M_{ux}}+\frac{\beta_y M_y}{1.4M_{uy}}\leqslant\frac{1}{\gamma} \tag{6-3}$$

$$\frac{\beta_x M_x}{\left(1-0.8\frac{N}{N'_{Ex}}\right)M_{ux}}+\frac{\beta_y M_y}{1.4M_{uy}}\leqslant\frac{1}{\gamma} \tag{6-4}$$

$$\frac{N}{\varphi_y N_u}+\frac{\beta_x M_x}{1.4M_{ux}}+(1-\alpha_c)\frac{\beta_y M_y}{\left(1-0.8\frac{N}{N'_{Ey}}\right)M_{uy}}\leqslant\frac{1}{\gamma} \tag{6-5}$$

$$\frac{\beta_x M_x}{1.4M_{ux}}+(1-\alpha_c)\frac{\beta_y M_y}{\left(1-0.8\frac{N}{N'_{Ey}}\right)M_{uy}}\leqslant\frac{1}{\gamma} \tag{6-6}$$

式（6-1）～式（6-6）中，N、M_x 和 M_y 为轴心压力设计值、绕 x 轴和绕 y 轴弯矩设计值；N_{un}、N_u 为轴心受压时净、毛截面受压承载力设计值；M_{unx}、M_{ux}为绕 x 轴净、毛截面受弯承载力设计值；M_{uny}、M_{uy}为绕 y 轴净、毛截面受弯承载力设计值；β_x、β_y 为等效弯矩系数；φ_x、φ_y 为轴心受压稳定系数；α_c 为混凝土工作系数；N'_{Ex}、N'_{Ey}为绕 x、y 轴构件的欧拉临界力除以 1.1。参考《矩形钢管混凝土结构技术规程》CECS 159：2004 中矩形钢管混凝土的承载力设计方法，推导了型钢钢管混凝土构件的承载力计算方法，其中，型钢钢管混凝土净、毛截面受弯承载力 M_{unx}、M_{uny}、M_{ux} 和 M_{uy} 计算时截面参数见图 6-7，受弯承载力计算按塑性理论计算，即假定为受拉区钢材和受压区钢材均达到屈服强度，忽略受拉区混凝土对承载力的贡献，假定受压区混凝土达到抗压强度，经推导得到：

绕 x 轴受弯承载力：

$$M_{ux} = [0.5A_s(h-2t_1-d_{nx})+2bt_1(t_1+d_{nx})]f \tag{6-7}$$

$$d_{nx} = \frac{A_s-4bt_1}{(b-t_2)f_c/f+4t_2} \tag{6-8}$$

式中 A_s——钢管截面面积；

f_c——核心混凝土轴心抗压强度设计值；

d_{nx}——受压区高度。

绕 y 轴受弯承载力：

$$M_{uy} = M_{uy1}+M_{uy2} \tag{6-9}$$

$$M_{uy1} = (b-t_2)(1.5b+0.5t_2)t_1 f \tag{6-10}$$

$$M_{uy2} = [0.5A_{sj}(b-t_2-d_{ny})+ht_2(t_2+d_{ny})]f \tag{6-11}$$

$$A_{sj} = 2bt_1+2ht_2-2t_1t_2 \tag{6-12}$$

$$d_{ny} = \frac{A_{sj}-2ht_2}{(h-2t_1)f_c/f+4t_1} \tag{6-13}$$

型钢钢管混凝土中，钢板按照边界条件不同可分为两类，对于与混凝土接触的板件 1（详见图 6-7）可以近似为四边固接板件，此时板件的受力性能和矩形钢管混凝土中钢板的受力性能相近；对于边缘部位的板件 2（详见图 6-7）可以近似简化为一边自由、一边固结、加载方向两边简支的边界条件。板件宽厚比限值采用式（6-14）的统一形式表示。

$$b_0/t_1、b_2/t_2 \text{ 及 } b_1/t_1 \leqslant 28.13\sqrt{k}\sqrt{235/f_y} \tag{6-14}$$

式中：$b_0=b-t_2$，$b_1=0.5b-0.5t_2$，$b_2=h-2t_1$，b、h、t_1 和 t_2 详见图 6-7。

采用势能驻值原理，可推导得到均匀压力作用下板件 1 和板件 2 的屈曲系数 k 值分别为 10.67 和 1.207。对比纯钢箱形截面壁板的 $k=4$ 和 H 型钢翼缘 $k=0.425$，管内混凝土提高了钢管壁板的稳定性。

板件弹塑性屈曲计算时，还需考虑钢材进入屈服的弹性模量折减影响[69]，宽厚比限值：

$$b_0/t_1 \text{ 及 } b_1/t_1 \leqslant 28.13\sqrt{k}\sqrt[4]{\eta}\sqrt{235/f_y} \tag{6-15}$$

式中：$\eta=E_{st}/E$，E_{st} 为钢材的强化模量。

根据《钢结构设计标准》GB 50017—2017，塑性设计时，板件宽厚比限值对于箱形截面为 $30\sqrt{235/f_y}$，H 型钢翼缘的限值为 $9\sqrt{235/f_y}$。根据式（6-14）和式（6-15），板件 1 和板件 2 的宽厚比限值分别为 $49\sqrt{235/f_y}$ 和 $15.2\sqrt{235/f_y}$。本工程设计时，图 6-7 所示的板件宽厚比限值取 b_0/t_1，$b_2/t_2 \leqslant 45\sqrt{235/f_y}$，$b_1/t_1 \leqslant 15\sqrt{235/f_y}$，均能满足要求，即在板件进入屈服之前不会出现局部屈曲，因此在设计中无须考虑板件局部屈曲的影响。

以下选取第 13 层中一个型钢钢管混凝土柱计算为例：

设计基本条件：$b=470$mm，$t_1=25$mm，$t_2=20$mm，轴力 $N=13202$kN，弯矩 $M_x=$

465kN・m，M_y＝1278kN・m，非地震组合，γ＝1.0。计算长度 $l_x=l_y=4.4$m，管内混凝土强度等级 C55，钢材强度等级为 Q345。

1）截面特性计算：

钢材面积 $A_s=6.508\times10^4\ \mathrm{mm}^2$，混凝土面积 $A_c=2.034\times10^5\ \mathrm{mm}^2$。

惯性矩：

钢材绕 x 轴惯性矩 $I_{sx}=2.984\times10^9\ \mathrm{mm}^4$，绕 y 轴惯性矩 $I_{sy}=4.460\times10^{-3}\mathrm{m}^4$，

混凝土绕 x 轴惯性矩 $I_{sx}=3.463\times10^{-3}\mathrm{m}^4$，绕 y 轴惯性矩 $I_{sy}=3.432\times10^9\ \mathrm{mm}^4$。

当量回转半径：

$$r_{x0}=\sqrt{\frac{I_{sx}+I_{cx}E_c/E_s}{A_s+A_c f_c/f_s}}=208.3\mathrm{mm}$$

$$r_{y0}=\sqrt{\frac{I_{sy}+I_{cy}E_c/E_s}{A_s+A_c f_c/f_s}}=247.4\mathrm{mm}$$

长细比：

$$\lambda_x=l_{0x}/r_{x0}=21.124,\ \lambda_y=l_{0y}/r_{y0}=17.784$$

相对长细比：

$$\lambda_{x0}=\frac{\lambda_x}{\pi}\sqrt{\frac{f_s}{E_s}}=0.254,\ \lambda_{y0}=\frac{\lambda_y}{\pi}\sqrt{\frac{f_s}{E_s}}=0.214$$

2）强度验算：

轴压承载力 $N_u=A_s f_s+A_c f_c=2.434\times10^4$kN

绕 x 轴弯曲时的混凝土受压区高度：

$$d_{nx}=\frac{A_s-4bt_1}{(b-t_2)f_c/f+4t_2}=152.5\mathrm{mm}$$

绕 x 轴受弯承载力：

$$M_{ux}=[0.5A_s(h-2t_1-d_{nx})+2bt_1(t_1+d_{nx})]f=4.106\times10^3\mathrm{kN\cdot m}$$

绕 y 轴弯曲时的混凝土受压区高度：

$$A_{sj}=2bt_1+2ht_2-2t_1t_2=4.258\times10^4\ \mathrm{mm}^2$$

$$d_{ny}=\frac{A_{sj}-2ht_2}{(h-2t_1)f_c/f+4t_1}=162.1\mathrm{mm}$$

绕 y 轴受弯承载力：

$$M_{uy1}=(b-t_2)(1.5b+0.5t_2)t_1 f=2.373\times10^3\mathrm{kN\cdot m}$$

$$M_{uy2}=[0.5A_{sj}(b-t_2-d_{ny})+ht_2(t_2+d_{ny})]f=2.347\times10^3\mathrm{kN\cdot m}$$

$$M_{uy}=M_{uy1}+M_{uy2}=4.72\times10^3\mathrm{kN\cdot m}$$

混凝土承担系数：

$$\alpha_c=0.211$$

稳定系数计算：

当 $\lambda_0\leqslant0.215$ 时，$\varphi=1-0.65\lambda_0^2$

当 $\lambda_0>0.215$ 时，

$$\varphi=\frac{1}{2\lambda_0^2}\left[(0.965+0.300\lambda_0+\lambda_0^2)-\sqrt{(0.965+0.300\lambda_0+\lambda_0^2)^2-4\lambda_0^2}\right]$$

求得 $\varphi_x=0.958$，$\varphi_y=0.970$。

将上述参数代入式（6-1）、式（6-2），得：

$$\frac{N}{N_{un}}+(1-\alpha_c)\frac{M_x}{M_{unx}}+(1-\alpha_c)\frac{M_y}{M_{uny}}=0.845<1.0$$

$$\frac{M_x}{M_{unx}}+\frac{M_y}{M_{uny}}=0.384<1.0$$

强度验算满足要求。

3）稳定承载力验算

$$N'_{Ex}=\frac{N_u}{1.1}\frac{\pi^2 E_s}{\lambda_x^2 f}=3.418\times10^5\text{kN}$$

$$N'_{Ey}=\frac{N_u}{1.1}\frac{\pi^2 E_s}{\lambda_y^2 f}=4.823\times10^5\text{kN}$$

将上述参数代入式（6-3）～式（6-6），有：

$$\frac{N}{\varphi_x N_u}+(1-\alpha_c)\frac{\beta_x M_x}{\left(1-0.8\dfrac{N}{N'_{Ex}}\right)M_{ux}}+\frac{\beta_y M_y}{1.4M_{uy}}=0.852<1$$

$$\frac{\beta_x M_x}{\left(1-0.8\dfrac{N}{N'_{Ex}}\right)M_{ux}}+\frac{\beta_y M_y}{1.4M_{uy}}=0.310<1$$

$$\frac{N}{\varphi_y N_u}+\frac{\beta_x M_x}{1.4M_{ux}}+(1-\alpha_c)\frac{\beta_y M_y}{\left(1-0.8\dfrac{N}{N'_{Ey}}\right)M_{uy}}=0.858<1$$

$$\frac{\beta_x M_x}{1.4M_{ux}}+(1-\alpha_c)\frac{\beta_y M_y}{\left(1-0.8\dfrac{N}{N'_{Ey}}\right)M_{uy}}=0.358<1.0$$

稳定验算满足要求。

4）板件宽厚比验算

$$b_0=450\text{mm},\ b_1=225\text{mm},\ b_2=452\text{mm}$$

$$b_0/t_1=18<37.1,\ b_1/t_1=9<12.4,\ b_2/t_2=22.6<37.1$$

板件宽厚比满足要求。

6.2.4 剪力墙

由于结构承受较大的水平荷载和竖向荷载，而水平荷载绝大部分又被组合剪力墙核心筒承受，经初步试算，若采用钢筋混凝土剪力墙，墙厚将厚达 1m，不仅牺牲较多的楼层使用面积，而且由于外框架中竖向构件采用组合柱，梁采用钢梁，因此存在钢梁和混凝土剪力墙节点连接困难的问题，也很难保证钢梁和钢筋混凝土节点的刚性连接；此外，钢筋混凝土剪力墙延性差，对层间位移角的限值较为严格，与周边组合框架的性能不太匹配。综上因素，本工程内筒采用组合箱形钢板剪力墙代替传统的钢筋混凝土剪力墙，其性能和周边组合框架能更好地匹配。本工程 2013 年设计完成，当时还未见有关组合剪力墙的相关标准，参考超限审查和图审专家的意见，本工程对楼层层间位移的建议取钢结构和混凝土结构的平均值。采用组合箱形钢板剪力墙后，底部墙体的厚度为 650mm，钢板厚度为 30mm，墙体厚度较钢筋混凝土剪力墙厚度减小 35%，显著增加了结构的使用面积。随着高度的增加，墙体厚度逐步减小，至顶层组合剪力墙厚度减小至 400mm，对应钢板厚度为 12mm，内筒设计中采用了 L 形和“一”字形两种形式的组合剪力墙。以下以一片组合箱形钢板剪力墙为例，介绍其设计过程。

设计基本条件：组合墙长度 2.6m，厚度 650mm，墙体计算长度 $l_x = l_y = 6$m，墙体内部竖向隔板间距 500mm。为提高剪力墙的受力性能同时方便边缘部位与梁的连接，对组合剪力墙的两端部腔体钢板进行加强处理，端部腔体的钢板厚度取 30mm，并有 50mm 外突，中部区域的钢板厚度为 20mm。墙体内混凝土强度等级为 C60，采用 Q345B 钢材。组合墙截面尺寸详见图 6-8。经结构体系分析得到，组合剪力墙的轴力设计值 $N = 53354$kN，绕两主轴的弯矩设计值分别为 $M_x = 1686$kN · m，$M_y = 12685$kN · m，为非地震参与组合工况，$\gamma = 1.0$。计算轴压比时的轴力为 27667kN。

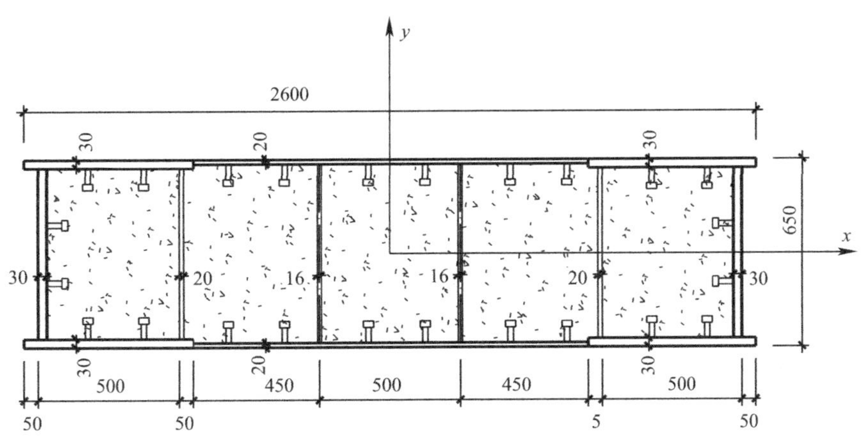

图 6-8　组合剪力墙截面

1）截面特性计算：

钢材面积 $A_s = 1.64 \times 10^5\ \text{mm}^2$，混凝土面积 $A_c = 1.466 \times 10^6\ \text{mm}^2$

轴压刚度 $EA = 8.657 \times 10^7$kN

绕 x 轴抗弯刚度 $EI_x = 4.605 \times 10^6$kN · m^2

绕 y 轴抗弯刚度 $EI_y = 5.503 \times 10^7$kN · m^2

当量回转半径：

$$r_{x0} = \sqrt{\frac{I_{sx} + I_{cx}E_c/E_s}{A_s + A_c f_c/f_s}} = 273\text{mm}$$

$$r_{y0} = \sqrt{\frac{I_{sy} + I_{cy}E_c/E_s}{A_s + A_c f_c/f_s}} = 943\text{mm}$$

长细比：

$$\lambda_x = l_{0x}/r_{x0} = 22，\lambda_y = l_{0y}/r_{y0} = 6.4$$

相对长细比：

$$\lambda_{x0} = \frac{\lambda_x}{\pi}\sqrt{\frac{f_s}{E_s}} = 0.263，\lambda_{y0} = \frac{\lambda_y}{\pi}\sqrt{\frac{f_s}{E_s}} = 0.08$$

2）强度验算：

轴压承载力 $N_u = A_s f_s + A_c f_c = 8.871 \times 10^4$kN

绕 x 轴受弯承载力：

$$M_{ux} = 1.481 \times 10^4 \text{kN} \cdot \text{m}$$

绕 y 轴受弯承载力：

$$M_{uy} = M_{uy1} + M_{uy2} = 4.511 \times 10^4 \text{kN} \cdot \text{m}$$

混凝土承担系数

$$\alpha_c = 0.454$$

稳定系数计算：

当 $\lambda_0 \leqslant 0.215$ 时，$\varphi = 1 - 0.73\lambda_0^2$

当 $0.215 < \lambda_0 \leqslant 1.05$ 时，

$$\varphi = \frac{1}{2\lambda_0^2}\left[(0.906 + 0.595\lambda_0 + \lambda_0^2) - \sqrt{(0.906 + 0.595\lambda_0 + \lambda_0^2)^2 - 4\lambda_0^2}\right]$$

求得 $\varphi_x = 0.936$，$\varphi_y = 0.996$。

$$\frac{N}{N_{un}} + (1 - \alpha_c)\frac{M_x}{M_{unx}} + (1 - \alpha_c)\frac{M_y}{M_{uny}} = 0.817 < 1.0$$

强度验算满足要求。

3）稳定承载力验算

$$N'_{Ex} = \frac{N_u}{1.1}\frac{\pi^2 E_s}{\lambda_x^2 f} = 1.148 \times 10^6 \text{kN}$$

$$N'_{Ey} = \frac{N_u}{1.1}\frac{\pi^2 E_s}{\lambda_y^2 f} = 1.372 \times 10^7 \text{kN}$$

将上述参数代入式（8-3）～式（8-6），有：

$$\frac{N}{\varphi_x N_u} + (1 - \alpha_c)\frac{\beta_x M_x}{\left(1 - 0.8\frac{N}{N'_{Ex}}\right)M_{ux}} + \frac{\beta_y M_y}{1.4M_{uy}} = 0.908 < 1$$

$$\frac{N}{\varphi_y N_u} + \frac{\beta_x M_x}{1.4M_{ux}} + (1 - \alpha_c)\frac{\beta_y M_y}{\left(1 - 0.8\frac{N}{N'_{Ey}}\right)M_{uy}} = 0.845 < 1$$

稳定验算满足要求。

4）轴压比验算

$$n = \frac{2.767 \times 10^4}{8.871 \times 10^4} = 0.312 < 0.6$$

轴压比满足要求。

从上面算例可以看出，无论是型钢钢管混凝土柱还是组合箱形钢板剪力墙，承载力验算时需要进行大量的计算，工作量巨大。当设计软件无法自动完成时，需要自编一些计算程序来辅助计算。本工程设计时采用自编软件（图 6-9）解决型钢钢管混凝土柱和组合箱形钢板剪力墙的承载力验算工作，从而利用目前常用的设计软件完成新型构件的承载力验算。首先，在 PKPM 软件中，采用刚度相等原则将型钢钢管混凝土柱和组合箱形钢板剪力墙等代成矩形钢管混凝土柱和钢筋混凝土剪力墙；第二步，读取 SATWE 计算结果中各层的配筋文件和内力文件，得到型钢钢管混凝土柱和组合箱形钢板剪力墙的各工况内力及其他必要信息；第三步，对其进行截面赋值；第四步，进行荷载组合，并对每一组合下的杆件强度和稳定承载力进行验算，找出最不利工况组合，并给出相应工况组合下的构件承载力计算书。不建议只核算 SATWE 配筋文件中的控制工况，因为等效截面和真实截面的控制工况有时并不完全一致。

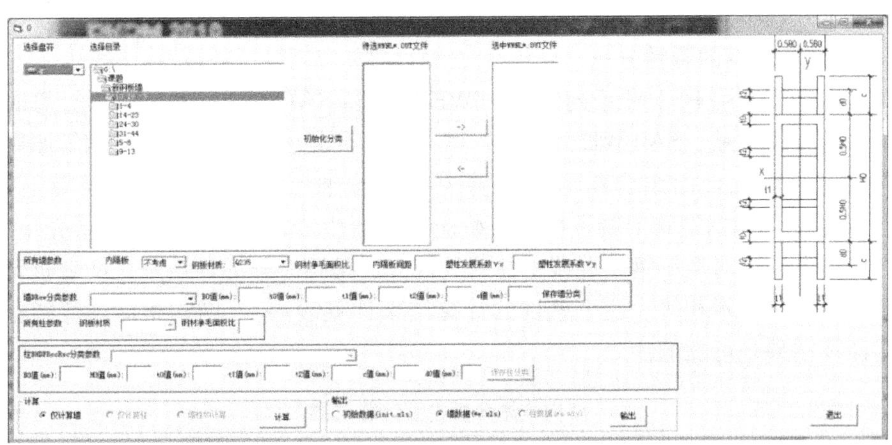

图 6-9　组合墙计算软件界面

6.2.5　型钢钢管混凝土柱与钢梁连接节点

型钢钢管混凝土柱选用 2 个 HW394×398 型钢拼焊而成，连接的外框筒梁为 H 型钢 HN900×300（图 6-10）。查《热轧 H 型钢和剖分 T 型钢》GB/T 11263—2017 各 H 型钢截面尺寸，求得图中 b_f=300mm，t_{bf}=28mm，h_b=900mm，l_x=193.5mm，t_d=18mm，b_w=358mm，b_1=25mm，t_d=18mm，t_w=11mm，l_y 计算时应力按 45°扩散计算，$l_y=l_x$=193.5mm。钢梁的弹性受弯承载力为 2.65×10³kN·m，塑性受弯承载力为 3.55×10³kN·m。钢梁上、下翼缘与 HW394×398 的翼缘和腹板采用全熔透焊缝。

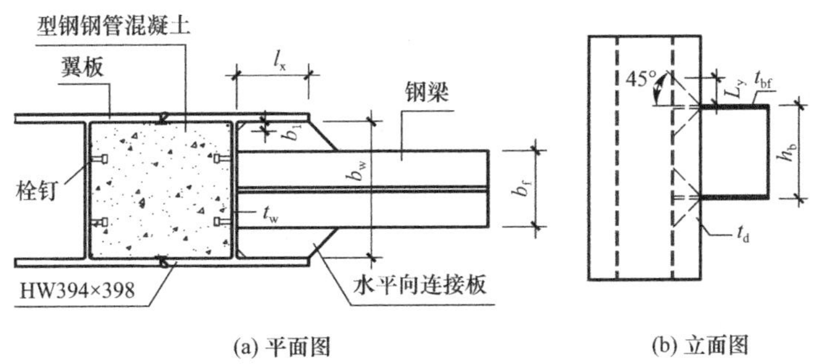

图 6-10　型钢钢管混凝土柱侧板连接节点

根据第 5.2 节关于节点的设计方法，组合节点的设计如下：

1）弹性阶段验算

竖板承担的水平荷载 $P_{1e}=2(2l_y+t_{bf})t_d f=4407\text{kN}$，$x=\sqrt{b_1 b_w/2}=66.9\text{mm}$。

$M_p=t_w^2 f_y/4=14.2\text{kN}\cdot\text{m/m}$，$P_{2e}=(8x+4t_{bf})M_p/b_1+4b_w M_p/x=422\text{kN}$。

因此，弹性阶段连接的受弯承载力为：

$M_e=0.8\ (P_{1e}+P_{2e})\ (h_b-t_{bf})\ =3.369\times10^3\text{kN}\cdot\text{m}>2.65\times10^3\text{kN}\cdot\text{m}$，满足要求。

2）极限承载力验算

计算时用 f_u 代替 f，有：$P_{1u}=7.022\times10^3\text{kN}$，$P_{2u}=672.4\text{kN}$

$$M_u = 0.7(P_{1u} + P_{2u})(h_b - t_{bf})$$

$$M_u = 4.697 \times 10^3 \text{kN} \cdot \text{m} > 1.3 \times 3.55 \times 10^3 = 4.615 \times 10^3 \text{kN} \cdot \text{m}$$

满足要求。

6.2.6 结构体系的弹性分析

结构整体计算采用 PKPM 系列的 SATWE 软件和 SAP2000 两种软件。计算时考虑管内混凝土对刚度的贡献。SATWE 计算时，型钢钢管混凝土柱按抗弯刚度相等原则等效成矩形钢管混凝土输入，而组合箱形钢板剪力墙则按轴压刚度相等等效混凝土剪力墙。SAP2000 模型中，型钢钢管混凝土柱通过截面编辑器生成，而墙体则按分层壳单元输入。可以看出，两个软件对型钢钢管混凝土柱的处理方法是不一样的，结果是两者抗弯刚度相同，轴压刚度接近但不相等。两个软件的计算结果详见表 6-1，结构整体计算指标相差不大，表明计算结果是可靠的。

结构整体分析主要计算结果 **表 6-1**

计算程序			SATWE	SAP2000
地上结构总质量（t）			104859	105171
自振周期（s）	T_1、T_2、T_3		4.08，4.04，2.58	4.15，4.13，2.86
周期比	T_3/T_1		0.632	0.689
基底剪力（kN）	风	X 向/Y 向	32118/30190	33288/31536
	地震	X 向/Y 向	19693/19852	18278/18538
最大层间位移角（楼层）	风	X 向	1/626	1/657
		Y 向	1/591	1/630
	地震	X 向	1/1104	1/1247
		Y 向	1/1074	1/1196

结构自振前 3 阶振型对应的自振周期分别为 4.08，4.04 和 2.58，第一扭转与第一平动周期比值为 0.632，满足规范限值 0.9 的要求，结果表明，结构抗扭刚度良好，两个主轴方向动力特性相近。风荷载和小震作用下最大层间位移角分别为 1/591 和 1/1074，满足 1/400 的限值要求。由此可见，小震作用下的层间位移角有较大的富余，风荷载是结构设计的控制性荷载。PKPM 计算结果和风洞试验报告表明，重现期为 10 年的最大峰值加速度为 0.224m/s^2，小于 0.25m/s^2 的规范要求。小震作用下结构 X 和 Y 向剪重比分别为 1.84%和 1.87%，满足规范最小剪重比 1.46%和 1.44%的要求；各层的楼层位移比和层间位移比最大值为 1.35，不超过 1.4，但底部裙房较多楼层扭转位移比超过 1.2。

为了提高结构的抗震性能，本工程性能化目标为 D 级，底部加强区的箱形钢板组合剪力墙、转换桁架及其连接的框架柱、腰桁架及其连接的框架柱为关键构件。中震和大震作用下的结构内力采用等效弹性方法进行计算，并对各构件进行验算，计算软件为 PKPM。

6.2.7 非线性弹塑性时程分析

本工程性能化目标为 D 级，目标性能水准罕遇地震作用下，结构构件可以产生塑性变形。为评估大震下的塔楼结构性能，本工程采用 SAP2000 对整体结构进行了动力弹塑性分析，计算时考虑材料非线性和几何非线性即 P-Δ 效应。钢框架梁采用梁单元进行模拟，梁两端设置弯矩铰，弯矩铰典型受力与变形曲线如图 6-11 所示。图中，点 A 为原点，点 B 代表屈服点，点 C 代表极限强度，点 D 代表残余强度，点 E 代表破坏；IO（立即使用）、LS（生命安全）和 CP（防止倒塌）为构件性能标志点。塑性铰各参数根据 FEMA 356 选取。钢连梁设弯矩铰的同时设有剪力铰。

钢管混凝土柱和型钢钢管混凝土柱设有基于纤维模型的 P-M2-M3 耦合塑性铰，考虑轴力和弯矩的相互作用。计算时钢材应力应变采用理想弹塑性模型，即双直线模型，未考虑强化段。混凝土按《混凝土结构设计规范》GB 50010—2012（2015 版）附录 C 单轴受拉和受压的应力应变曲线，不考虑钢构件对核心混凝土的约束作用。模型中组合箱形钢板剪力墙采用分层壳单元模拟，钢材和混凝土材料本构关系同钢管混凝土柱材料。大震弹塑性分析选用 2 条天然波和 1 条人工波，各条波主、次和竖向峰值加速度比为 1∶0.85∶0.65，峰值加速度取 220cm/s^2。

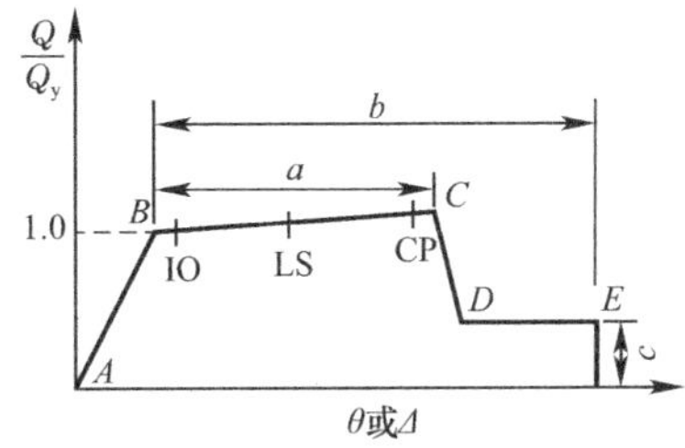

图 6-11　典型非线性受力与变形曲线

主要的结构安全性指标用于考察结构的最大弹塑性层间位移角及各结构构件的塑性变形，结构的最大层间位移角限值取 1/100，界于钢结构和钢筋混凝土筒中筒结构之间。计算结果显示，塑性变形发生在中上部楼层的钢连梁和框架梁（图 6-12），塑性铰状态在 IO 范围内；转换桁架、框架柱等重要区域都保持在弹性受力状态，底部加强区组合墙混凝土轻微进入塑性，外包钢板仍处于弹性受力状态（图 6-13），最大弹塑性层间位移角为 1/155（图 6-14），小于 1/100 限值的要求。

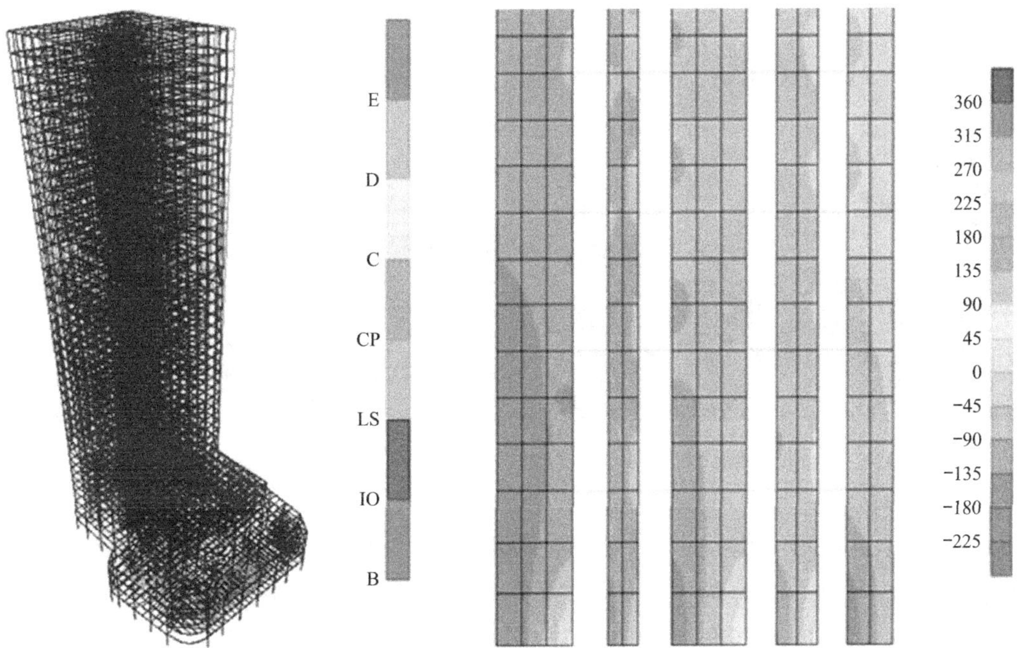

图 6-12　大震作用下塑性铰发展情况

图 6-13　Y 向大震作用下底部墙体钢板应力分布情况

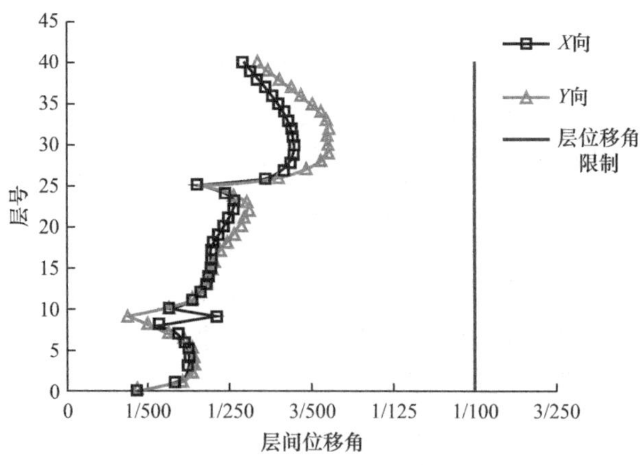

图 6-14　大震作用下层间位移角

6.3　重庆忠县电竞馆

6.3.1　工程概况

本工程位于重庆市忠县（图 6-15，图 6-16），平面尺寸约为 120m×207m，建筑面积 94337m^2，电竞馆共 5 层，包括地下一层和地上 4 层，地下一层为汽车库和设备用房，1～4 层圆筒外为休息厅、配套商业、展示、室外休息平台等功能。地下一层层高 6.0m，1 层层高为 8.65m，2、3 层层高为 8m，4 层为大空间；圆筒内为 6000 座电竞场馆和后勤配套用房。结构屋面形状为曲面，材料为玻璃和铝板，地坪到屋顶最高点距离 72.86m，外墙面为玻璃幕墙。

图 6-15　建筑效果图

图 6-16　现场照片

6.3.2　结构体系

本工程设计中有以下几个特点：平面尺寸比较大，因此结构的温度效应比较明显；结构跨度大，柱距达到 16m 左右；看台和观景平台悬挑尺寸较大，最大悬挑距离达到 12m；在看台上空有直径 98m 的屋面。如图 6-17～图 6-19 所示。综合考虑上述各方面因素，整体选用钢框架-组合箱型剪力墙结构体系。

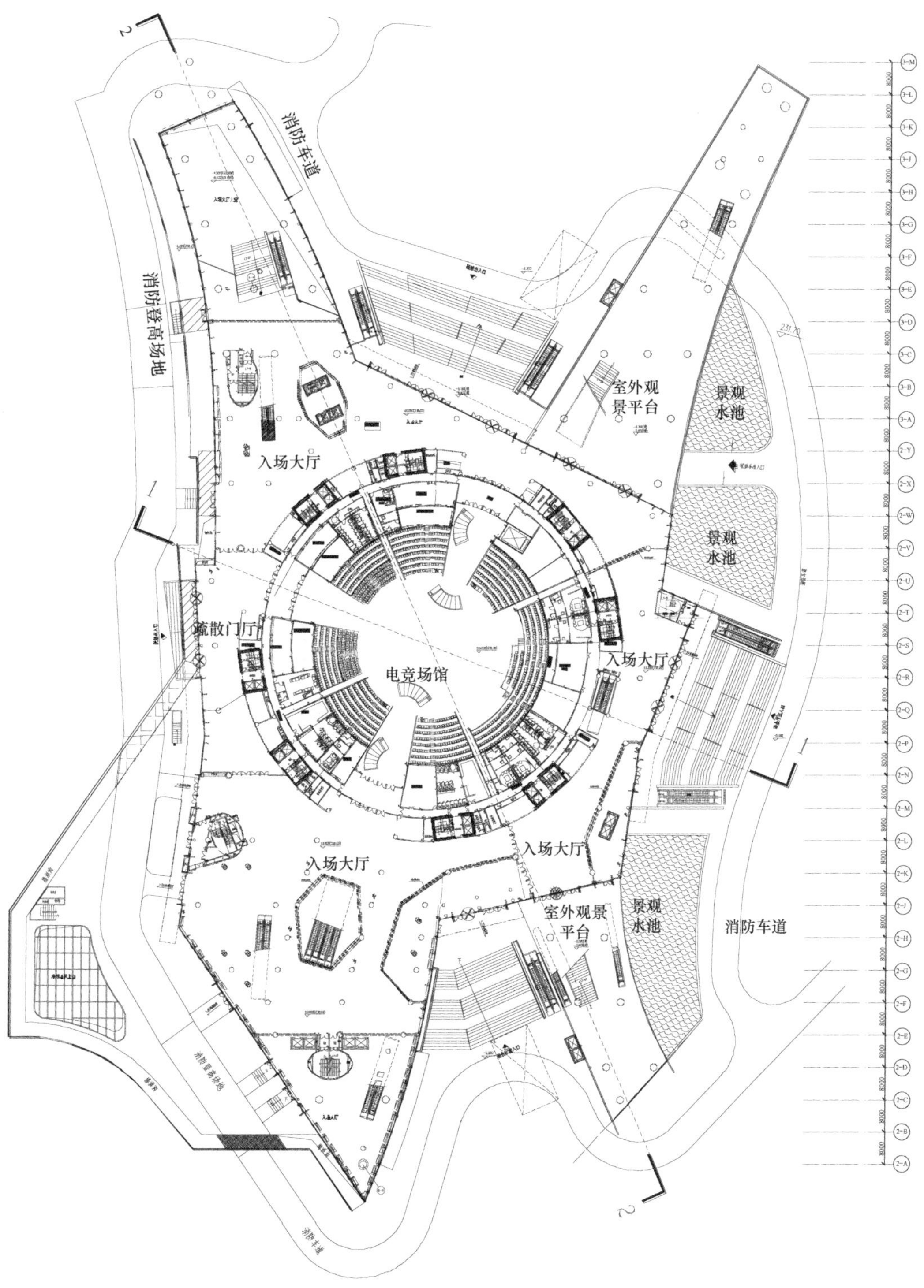

图 6-17　一层平面布置图

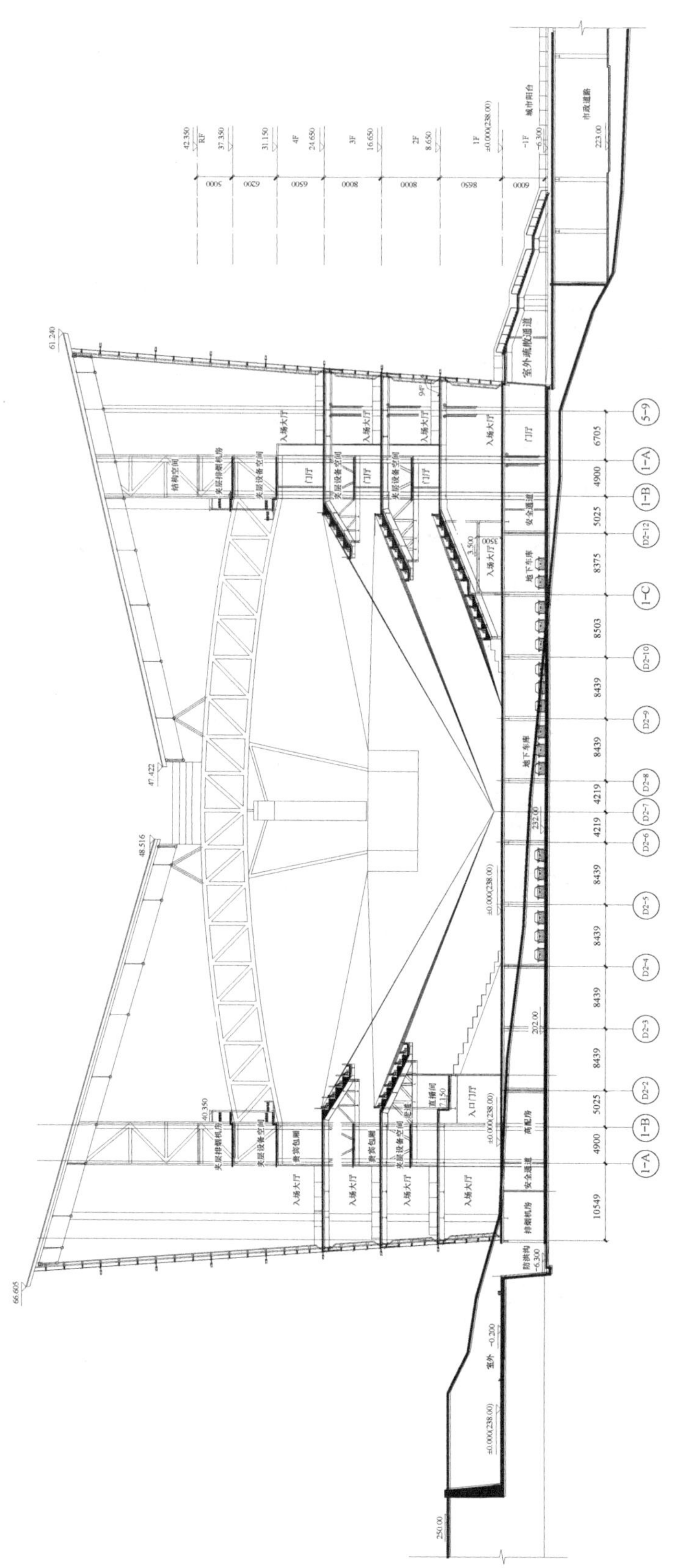

图6-18 1-1剖面图

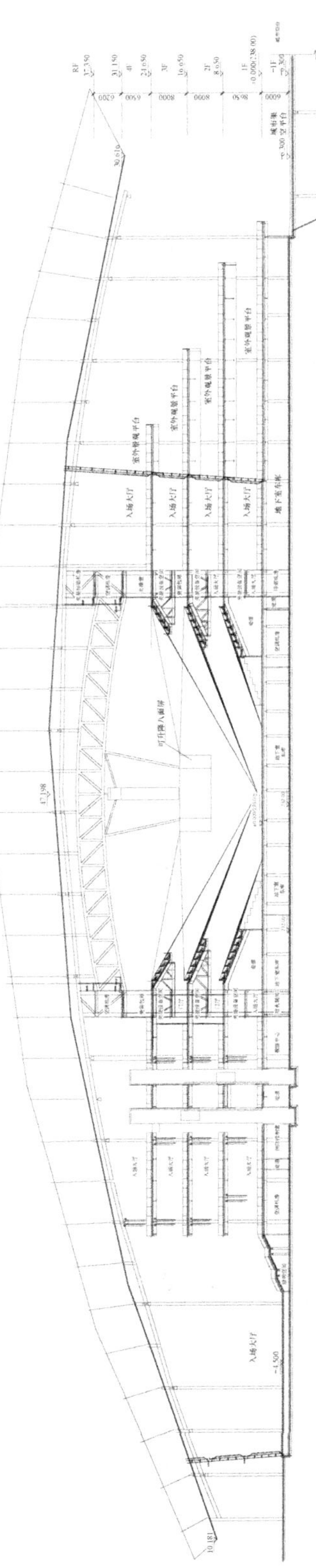

图6-19　2-2剖面图

由组合剪力墙组成的 8 个筒体分布在电竞主题体验中心四周（图 6-20），墙体从基础升至 30.650m，上接屋面支撑筒。每个筒体平面尺寸为 5.65m×10.35m，墙体厚度 350mm，组合剪力墙中钢板厚度为 16mm，采用 Q345B 钢，内填 C40 混凝土。框架柱采用圆钢管，框架梁采用 H 型钢，截面高度 500～1500mm。三层和四层各有一个悬挑座位看台（图 6-21），三层悬挑长度为 11.5m，四层悬挑长度为 8.5m。三层看台桁架根部高度 4.2m，上弦截面为 H800mm×300mm×22mm×30mm，下弦截面为 H700×300×25×35，腹杆截面为 HW300×300。四层看台桁架根部高度 4.2m，上、下弦截面为 HM594×302×14×23，腹杆截面为 HW300×300，为了增加下弦的稳定性，设置有水平支撑。

电竞主题体验中心设置穹顶桁架（图 6-22）用来支撑上层的轻质屋面，同时铺放设备

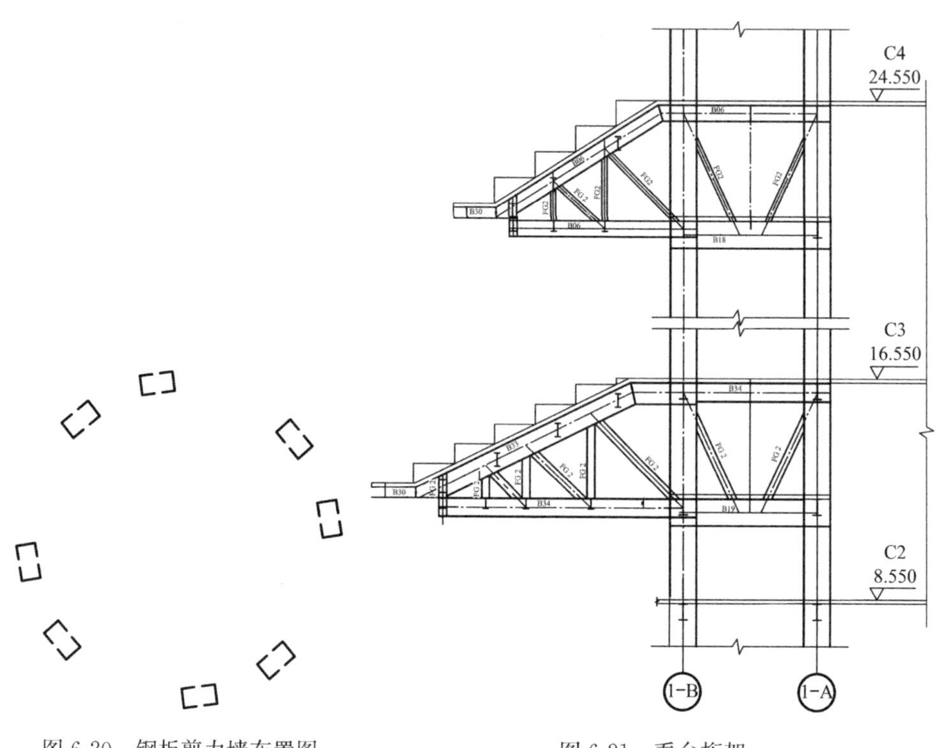

图 6-20　钢板剪力墙布置图

图 6-21　看台桁架

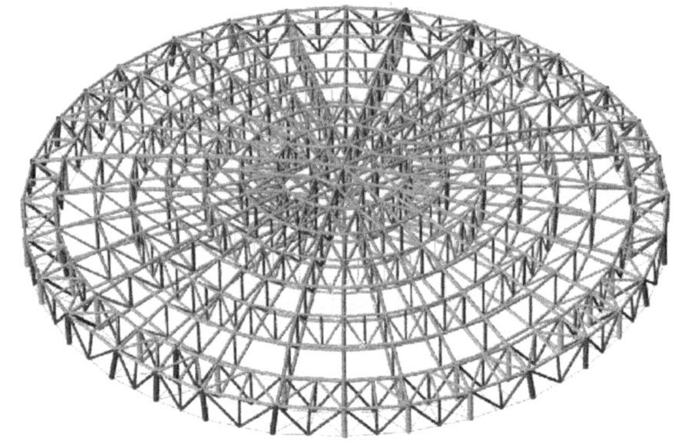

图 6-22　穹顶桁架空间布置形式

管线和检修马道。穹顶的直径 96m，矢高 4.9m。桁架高度 6m，径向沿框架柱和组合钢板剪力墙布置，另外环向设置 6 道桁架，径向桁架上、下弦截面为 ϕ573×20，腹杆 ϕ478×16，环桁架上、下弦截面为 ϕ351×8。

由于屋面结构较高，设置屋面支撑筒体（图 6-23），为屋面结构提供很大的抗侧刚度。斜撑从组合钢板剪力墙顶面升出，斜柱截面 ϕ402×14，ϕ573×20。

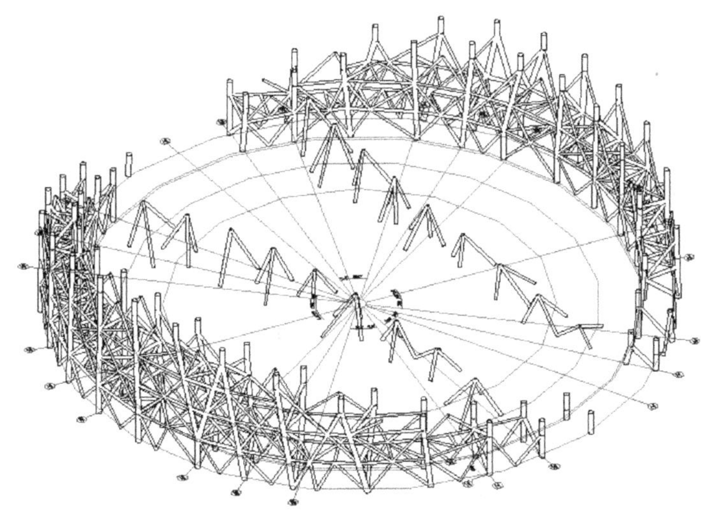

图 6-23　屋面支撑筒

屋面结构双向均为框架结构，屋面梁最大跨度约为 30m，典型框架形式见图 6-24。

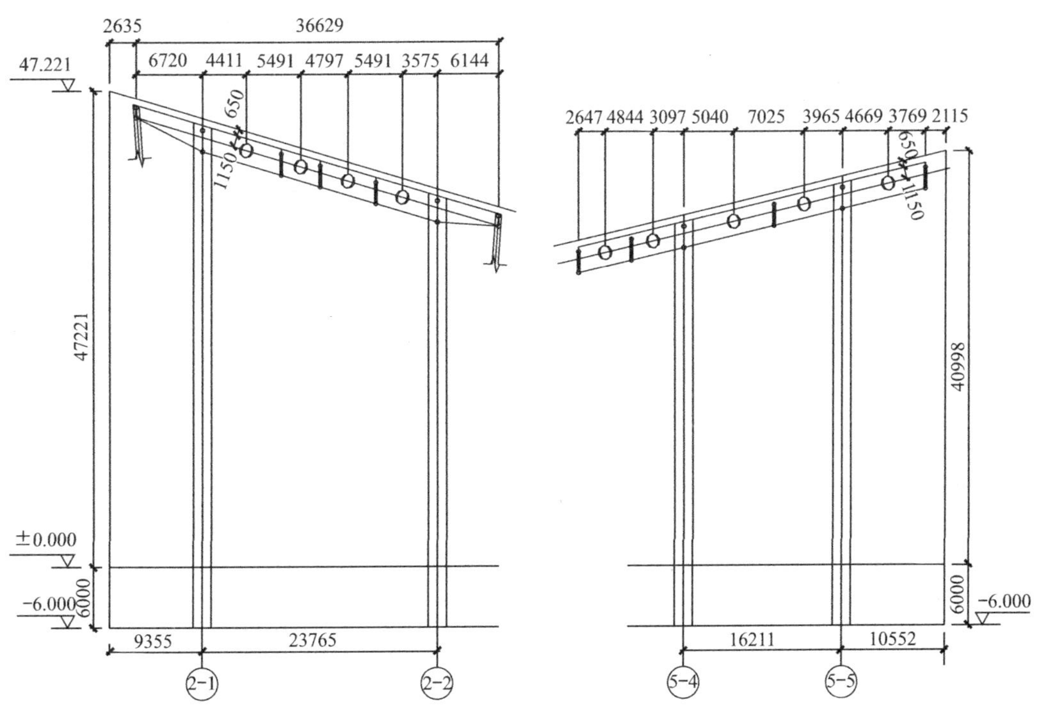

图 6-24　典型框架形式

组合箱形剪力墙的设置方便与框架梁、桁架弦杆和腹杆的连接，简化了连接构造，增加了连接的安全性。

6.3.3 弹性分析

工程结构设计使用年限 50 年，抗震设防类别为乙类，安全等级为一级。抗震设防烈度为 6 度，设计基本地震加速度为 0.05g，地震分组为第一组，场地类别为Ⅱ类，特征周期为 0.35s。50 年一遇基本风压为 0.40kN/m^2，地面粗糙度类别为 B 类。根据风洞研究报告，考虑山地地形修正系数为 1.39。温升、温降对楼盖结构分别取 20℃和－22℃，对屋盖结构分别取 24℃和－25℃。合拢温度取 17～23℃。

建筑功能复杂，空间变化丰富，建筑布局对结构不利。对照《重庆市超限高层建筑工程界定规定》(2016 年版)，本工程有多个超限项次：①考虑偶然偏心扭转位移比为 1.59，超一；②偏心率 0.32，超三；③结构平面突出部分长度与其连接宽度的比值 2.69，超三；④楼板有效宽度与该层楼板典型宽度的比值 0.445，超二。

结构整体计算采用 YJK 和 ETABS 两种软件并对计算结果进行了对比。两个模型计算中都有局部振动的情况发生，为满足有效质量参与系数达到 90%的要求，计算振型数取 51 个。结构的计算结果见表 6-2。

结构整体分析主要计算结果 **表 6-2**

计算程序			YJK
地上结构总质量（t）			130268
自振周期（s）	T_1、T_2、T_3		1.05，1.01，0.66
周期比	T_3/T_1		0.629
基底剪力（kN）	风	X 向/Y 向	10138/9948
	地震	X 向/Y 向	16532/18114
最大层间位移角（楼层）	风	X 向	1/625
		Y 向	1/2786
	地震	X 向	1/1100
		Y 向	1/1152
位移比	地震	X 向	1.59
		Y 向	1.49
框架承担的地震倾覆力矩百分比	X 向		57.8%
	Y 向		62.2%
有效质量参与系数	X 向		99.7%
	Y 向		99.8%

结构第一平动自振周期约为 1s，最大层间位移角为 1/625，满足规范要求并有富余，因此结构整体抗侧刚度较好。由于楼层平面存在较多的突出部位，位移比较大，最大值 1.59。为保证地震效应计算的相对准确性，采用时程分析法进行多遇地震下的补充计算，共选取了 5 组天然波和 2 组人工波。计算结果表明：7 条地震波计算的楼层剪力平均值与反应谱的比值处于 0.91～1.09 之间。多遇地震弹性分析时，考虑时程和反应谱计算结果的包络值。

电竞主题体验中心穹顶桁架施工模拟计算分 8 个步骤，具体如下：

第 1 步：建立圆筒四周的竖向和水平结构及外框立柱，并施加荷载［图 6-25（a）］。

第 2 步：添加四榀径向主桁架单元［图 6-25（b）］，穹顶中心设一竖向支座，每榀主桁架另设 4 个竖向支座［图 6-25（c）］，同时施加主桁架的自重。竖向支座模拟施工时的临时胎架，胎架底部支承在 1 层楼板，1 层楼板与基础间设有竖向支撑加固楼板。

第 3 步：添加穹顶部中心四周的环桁架和水平支撑［图 6-25（d）］，同时施加自重。

第 4 步：添加剩余的径向桁架［图 6-25（e）］，同时施加自重。

第 5 步：添加其余的环桁架［图 6-25（f）］，同时施加自重。

第 6 步：去除 4 榀主桁架上的竖向支座，也就是去除临时胎架［图 6-25（g）］。

第 7 步：添加轻质屋面的结构梁，同时施工恒载和活载［图 6-25（h）］

第 8 步：添加穹顶桁架部分的恒载和活载（穹顶部分的吊挂、设备等荷载），如［图 6-25（i）］。

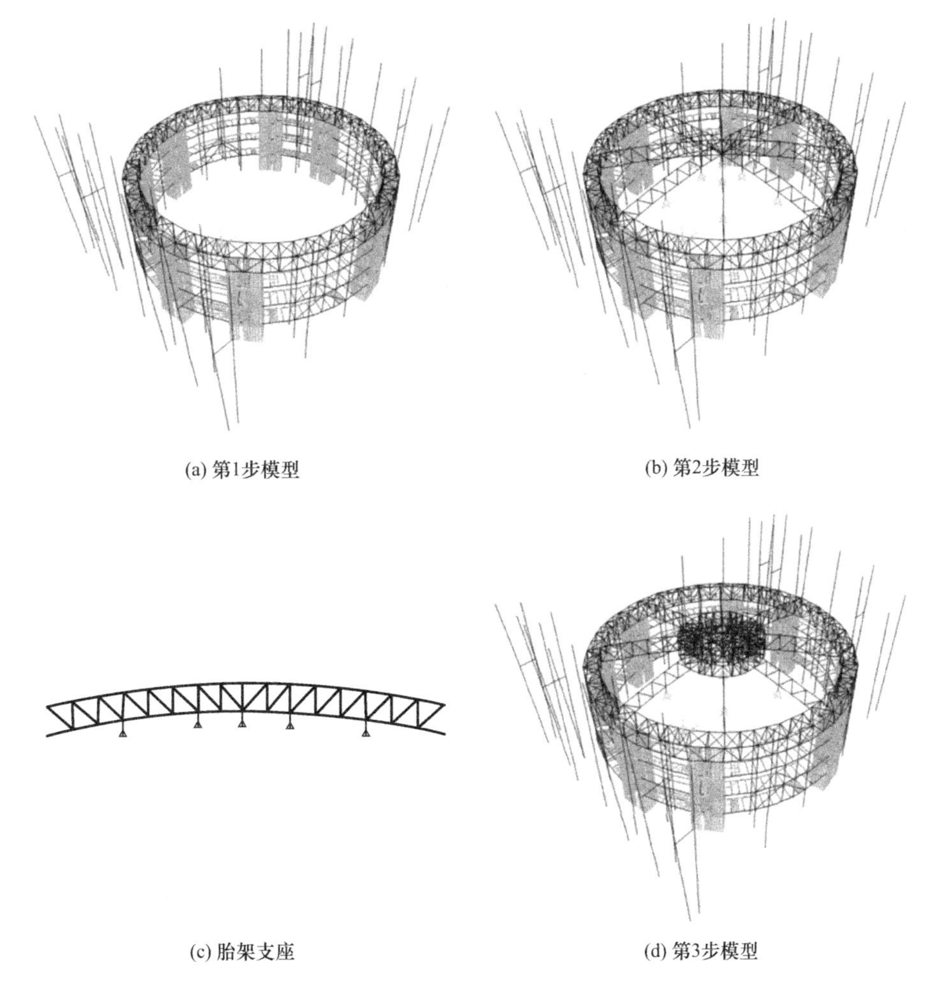

(a) 第1步模型　(b) 第2步模型

(c) 胎架支座　(d) 第3步模型

图 6-25　穹顶桁架施工模拟计算（一）

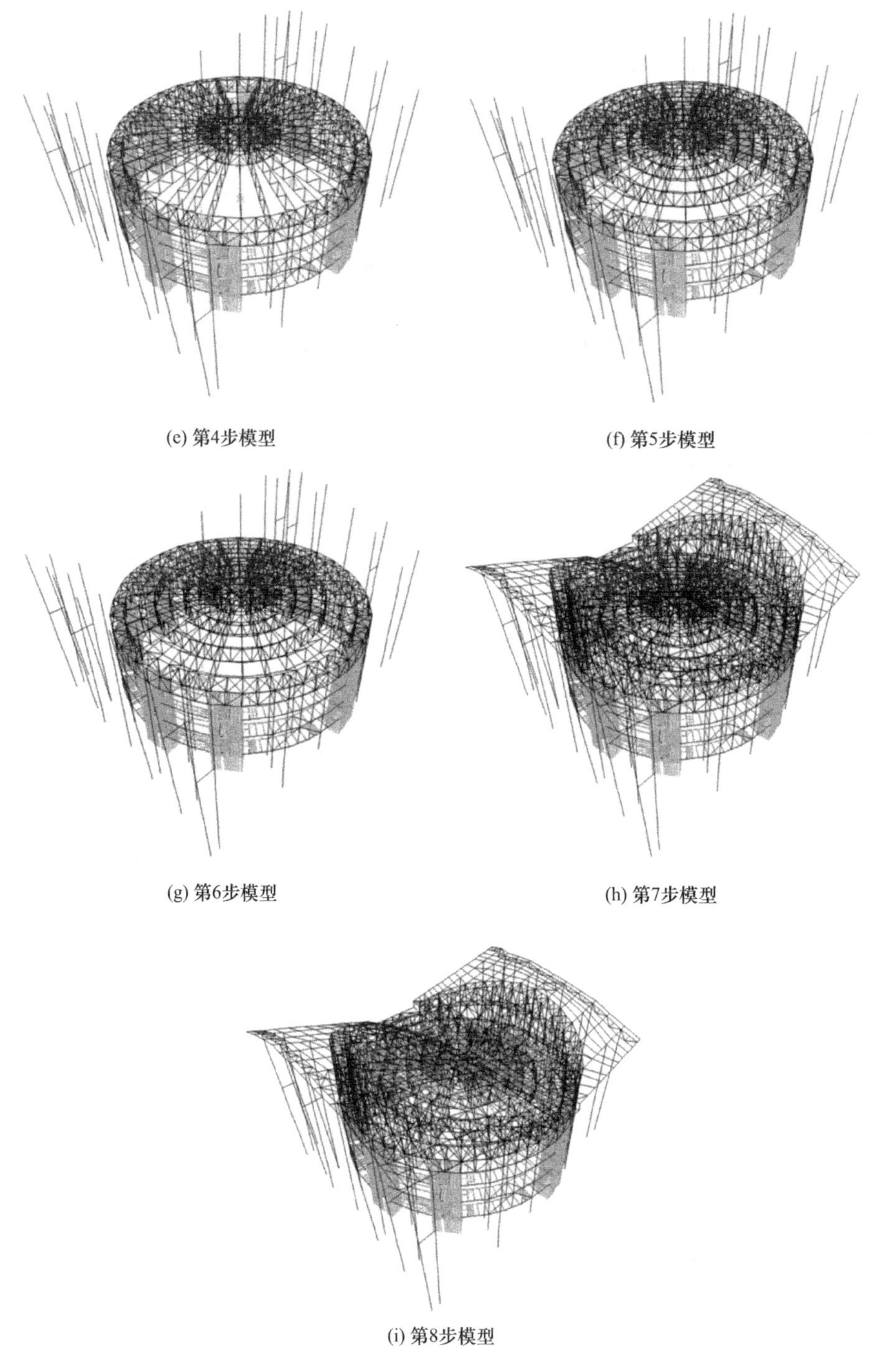

(e) 第4步模型

(f) 第5步模型

(g) 第6步模型

(h) 第7步模型

(i) 第8步模型

图 6-25　穹顶桁架施工模拟计算（二）

穹顶中心的竖向变形为 72.2mm。整体模型计算时穹顶中心的竖向变形为 62.6mm，模拟计算结果略大 15%，施工时需考虑预起拱。模拟计算时各杆件最大应力比约为 0.8，满足要求。

6.3.4 弹塑性分析

综合考虑抗震设防类别、设防烈度、场地条件、结构自身特性等因素，本工程的结构抗震性能目标定为 C 级。对抗震设防性能目标进行细化，如表 6-3 所示。

主要结构构件抗震性能目标 **表 6-3**

地震烈度		多遇地震	设防地震	罕遇地震
结构整体性能	性能等级	充分运行	基本运行	生命安全
	定性描述	完好无损，一般不需修理即可继续使用	轻度损坏，稍加修理即可继续使用	中度损坏，修复或加固后可继续使用
	位移角限值	1/400	—	1/80
	计算方法	反应谱，弹性时程	反应谱	弹塑性时程分析
剪力墙底部加强区（关键构件）		弹性不出现拉应力	抗剪弹性，压弯及拉弯弹性	满足抗剪不屈服；主应变 $\varepsilon \leqslant 2\varepsilon_y$
其他部位墙体（普通竖向构件）		弹性不出现拉应力	抗剪不屈服，压弯及拉弯不屈服	满足抗剪截面控制条件；主应变 $\varepsilon \leqslant 8\varepsilon_y$
框架柱（关键构件）		弹性	弹性	抗剪不屈服；可形成塑性铰，破坏程度轻微，即 θ<IO
框架梁（普通构件）		弹性	抗剪不屈服，允许进入塑性	可形成塑性铰，破坏程度可修复并保证生命安全，即 θ<LS
连梁（耗能构件）		弹性	抗剪不屈服，允许进入塑性	最早进入塑性允许弯曲破坏，即 θ<CP
屋盖构件		弹性	允许进入塑性	允许出现塑性变形，破坏较严重但防止倒塌，即 θ<CP
节点		不先于构件破坏		

注：1. θ 为构件杆端塑性转角值，ε 为杆件轴向塑性拉压应变值；
2. 性能目标 IO 表示立即入住，LS 表示生命安全，CP 表示防止倒塌。

罕遇地震动力时程分析时，剪力墙墙体采用分层壳元模型，钢材应力应变采用理想弹塑性模型，即双直线模型，未考虑强化段。混凝土按《混凝土结构设计规范》GB 50010—2012（2015 版）附录 C 单轴受拉和受压的应力应变曲线，不考虑钢构件对核心混凝土的约束作用。钢框架柱、钢框架梁、连梁、屋盖构件采用带塑性铰的框架单元模拟。计算时选取 5 组天然波和 2 组人工波，考虑竖向分量，各条波主、次和竖向峰值加速度比为 1∶0.85∶0.65，分析软件为 ETABS 2016。

上部结构弹塑性动力时程分析的平均基底剪力分别为 102733kN（X 向）和 89837kN（Y 向），相应的剪重比分别为 11.1%（X 向）和 9.7%（Y 向）。与弹性时程结果相比，弹塑性时程基底剪力的平均值相比降低了 5%～10%，说明结构整体轻微进入塑性，但塑性程度总体不高。X 向和 Y 向的最大层间位移角平均值分别为 1/259（X 向）和1/335（Y 向），均满足规范的限值要求，且具有很大的余量。

分析结果表明，钢框架柱总体处于弹性，处于“立即入住 IO”的性能水平。Y 向为主时程作用下个别柱（9 根）出现拉力，最大拉力值 251kN，拉力值很小。钢框架梁、连梁和屋盖钢结构总体处于弹性阶段，仅在底部楼层出现轻微的塑性铰，处于“立即入住 IO”的性能目标。外包钢板剪力墙是本工程主要抗侧力构件，外包钢板最大压应力 192MPa，最大拉应力 145MPa（图 6-26），均远小于钢板屈服强度 345MPa，处于弹性状态且距离屈服尚有较大距离。底部加强区局部腔内混凝土等效单轴压应力最大值为 18.5MPa（图 6-27），小于 C30 混凝土抗压强度标准值。腔内混凝土拉应力水平一般区域为 1.4～1.6MPa，底部区域局部最大达到 2.0～2.1MPa（图 6-27），接近或略微超过混凝土抗拉强度标准值 2.01MPa，局部出现轻微开裂，开裂应变一般在 400$\mu\varepsilon$ 内，结构刚度略有降低，总体未出现明显的开裂。依据《高层建筑混凝土结构技术规程》JGJ 3—2010、《高层民用建筑钢结构技术规程》JGJ 99—2015，在小震、中震、大震下分别满足 1、3、4 性能水准，满足性能化 C 级的设计要求。

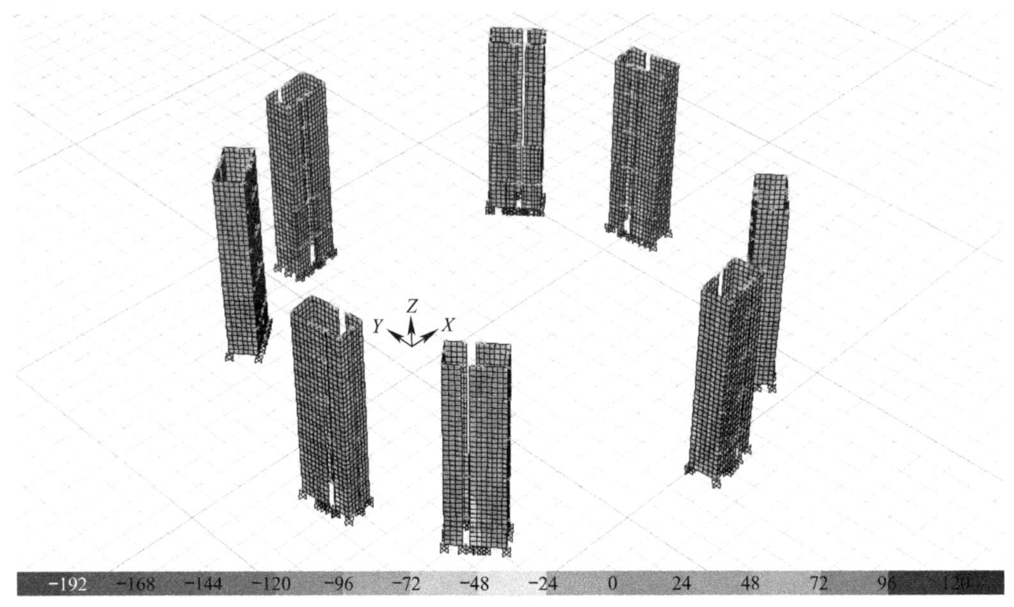

图 6-26　Y 向时程剪力墙钢板应力

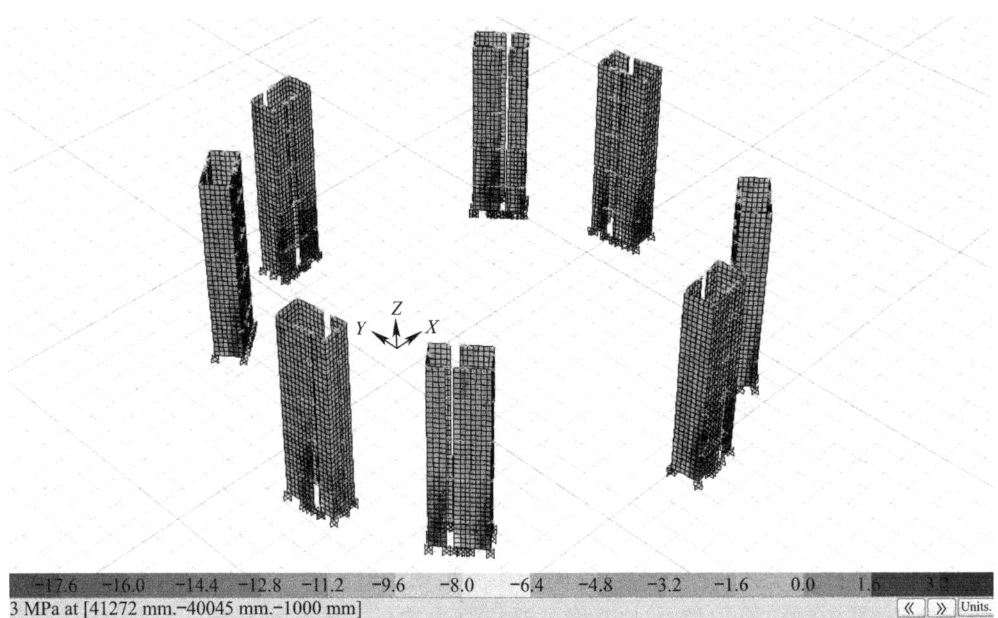

图 6-27　Y 向时程剪力墙混凝土应力

6.4　盈都商业广场

6.4.1　项目概况

“杭政储出［2011］65 号地块”项目位于下沙新城金沙大道以北、文渊路以西、高沙路以东，地块北侧是规划道路，整个项目由地下室、裙房、4 栋主楼组成，其中 5 号楼购物中心与 1 号办公楼沿 1 号楼西侧边柱设缝脱开，具体布局见图 6-28。各单体的层数与总高度见表 6-4，整体效果见图 6-29。

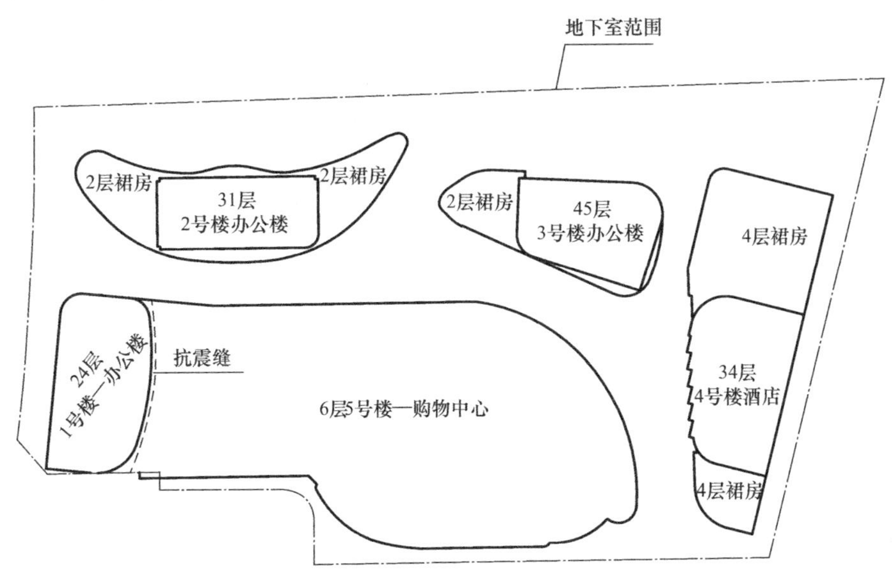

图 6-28　各单体平面布置图

建筑物层数与总高度　　表 6-4

楼栋号	层数	总高度或埋深（m）	楼栋号	层数	总高度或埋深（m）
1 号楼-办公	24	95.600	4 号楼-酒店	34	132.950
2 号楼-办公	31	99.600	5 号楼-购物中心	6	34.650
3 号楼-办公	45	144.400	地下室	4	18.200

1～3 号楼平面为长方形，抗侧力平面布置规则对称，侧向刚度沿高度变化均匀；而 4 号、5 号楼由于建筑需求，存在多个不规则项，其中 5 号楼采用钢框架结构，不是本书讨论的内容。4 号楼的主要平面图与剖面图见图 6-30～图 6-33。4 号楼存在以下几个抗震不利的因素：①裙房面积大，东西向北宽（35.8m）南窄（12.9m），南北向较长，有 95.65m；②4 层与 5 层间竖向缩进较大；③由于酒店大堂上空，6 层楼板大开洞；④技术层（27 层）层高 2.15m。

图 6-29　效果图

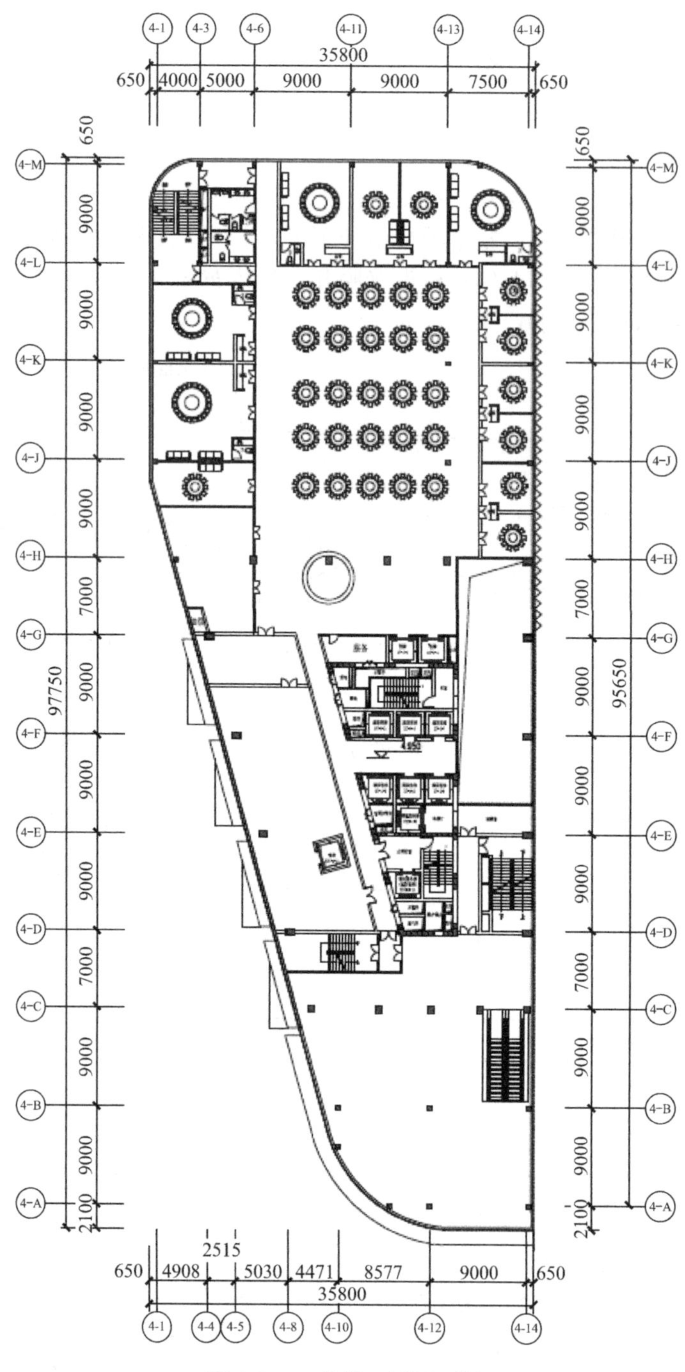

图 6-30　4 号楼二层平面图

6.4.2　结构体系

4 号主塔楼地上 34 层，地下室 4 层。主要屋面高度 132.95m，顶部另有机房屋、停机坪和装饰架，其顶部高 140.15m。塔楼高宽比为 4.4，小于《建筑抗震设计规范》GB 50011—2010 第 8.1.2 条规定的数值 6.5，采用钢管混凝土框架-组合箱形钢板剪力墙结构。钢柱采用宽翼缘热轧 H 型钢拼接，空腔内浇筑混凝土。截面随高度逐渐减小，底部为 3 个 HW502×

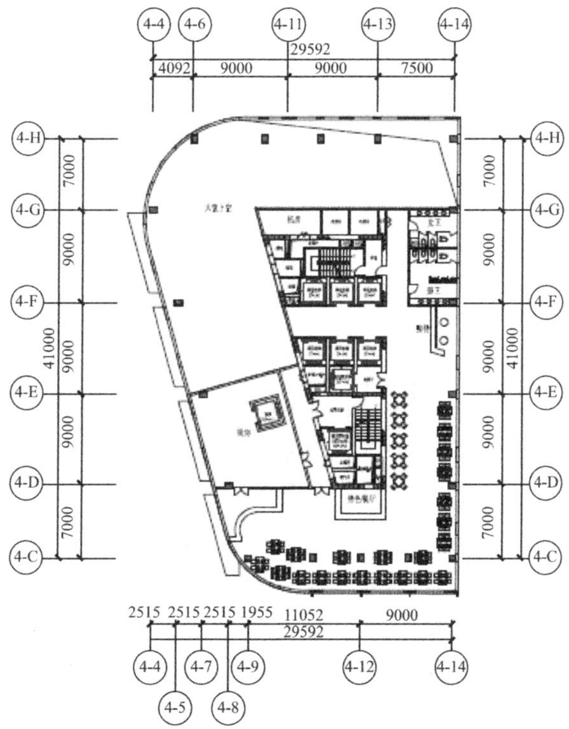

图 6-31　4 号楼六层平面图

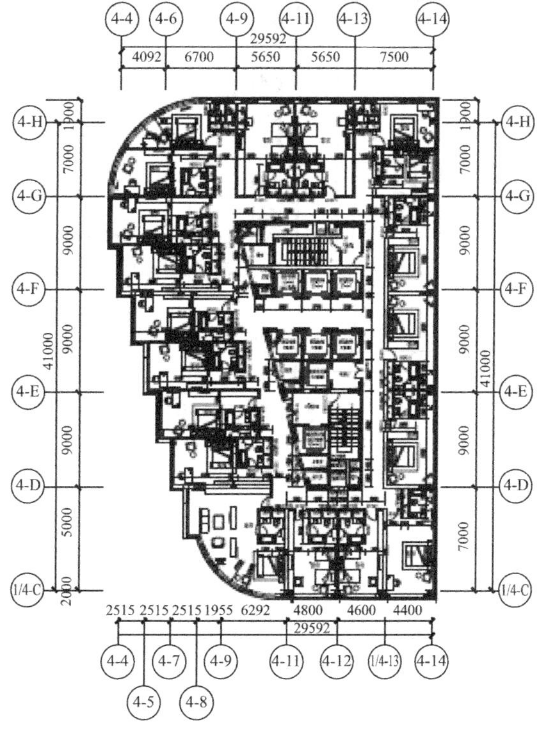

图 6-32　4 号楼标准层平面图

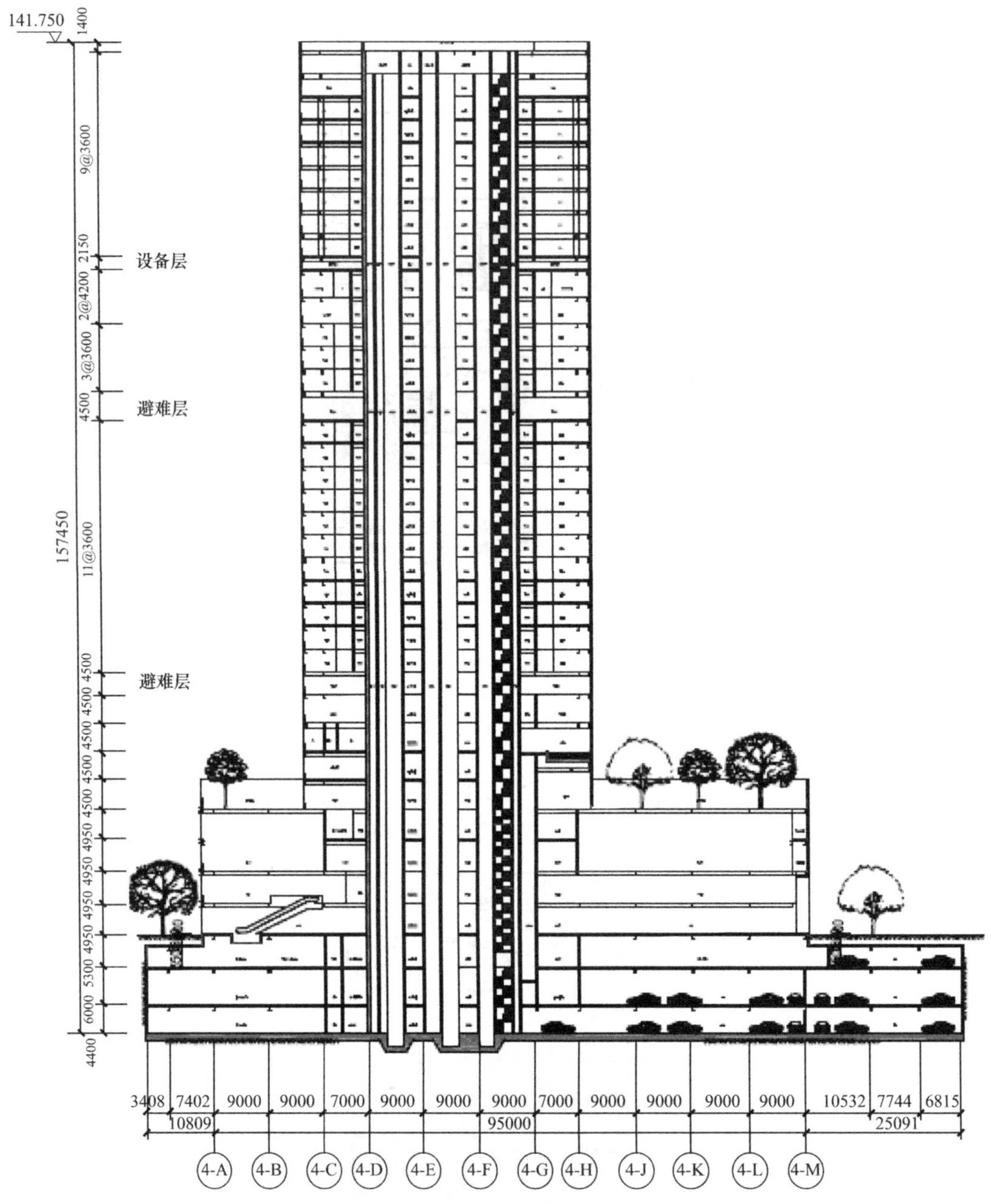

图 6-33　4 号楼剖面图

470，顶部为两个 HW394×398。组合箱形钢板剪力墙截面厚度为 450mm，壁厚随高度从 24mm 减至 10mm。梁采用钢梁；楼板采用钢筋桁架楼承板。图 6-34 为标准层结构布置图。

6.4.3　抗震性能要求

4 号楼抗震性能评估时取性能目标 C，即小震满足结构抗震性能水准 1，中震满足性能水准 3，大震满足性能水准 4 的要求，具体见表 6-5。

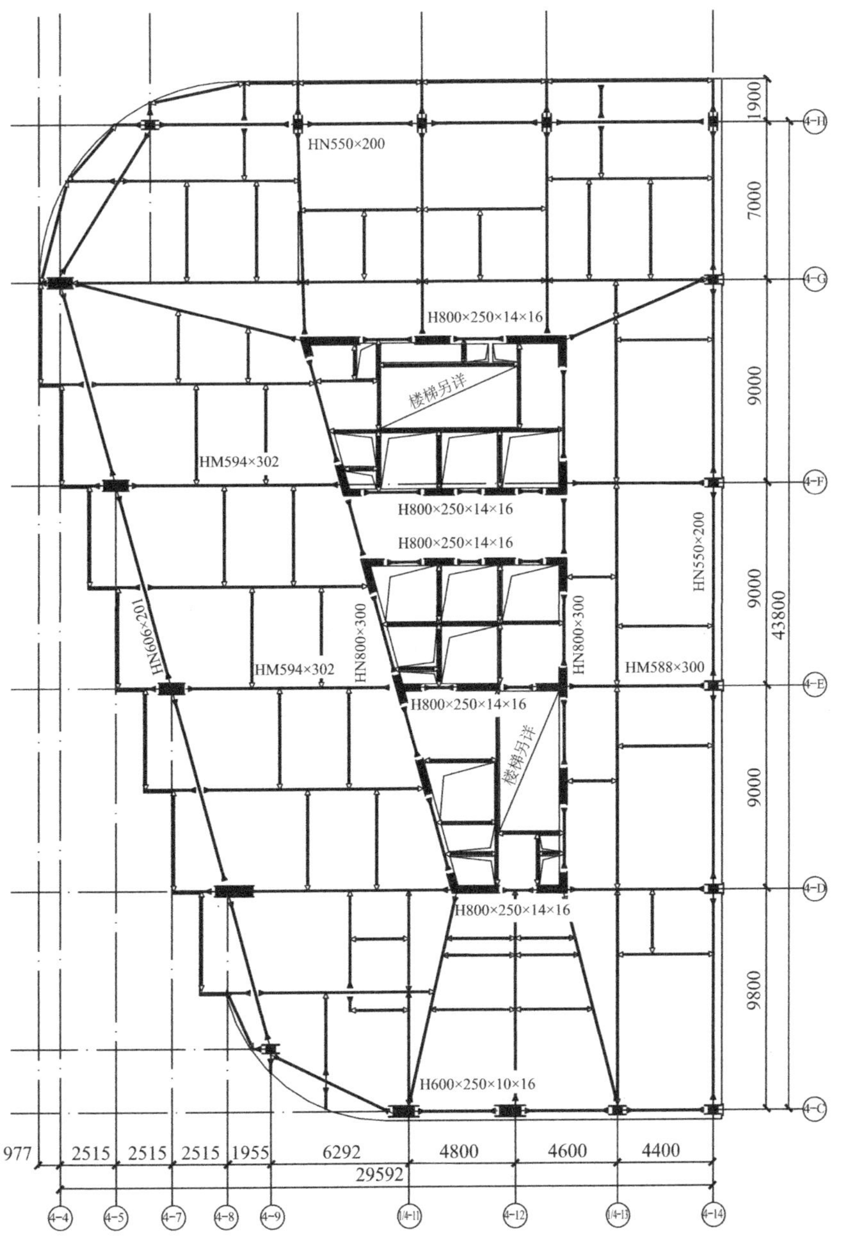

图 6-34　结构布置图

抗震设计要求及性能目标　　**表 6-5**

设计构件	地震水准		
	多遇地震	设防烈度地震	预估的罕遇地震
基础～5 层、26～27 层墙、柱	无损坏	轻微损坏（不屈服）	部分中度损坏（部分屈服）
其他楼层墙、柱	无损坏	轻微损坏（不屈服）	部分中度损坏（部分屈服）
框架梁	无损坏	部分中度损坏（部分屈服）	中度损坏部分比较严重损坏
钢连梁	无损坏	部分中度损坏（部分屈服）	中度损坏部分比较严重损坏
楼板	无损坏	轻微损坏（不屈服）	中度损坏部分比较严重损坏

续表

设计构件	地震水准		
	多遇地震	设防烈度地震	预估的罕遇地震
计算方法	弹性反应谱弹性时程	弹性反应谱弹性时程	Pushover 动力弹塑性分析
程序	SATWE SAP2000	SATWE SAP2000	SAP2000

6.4.4 弹性分析

4 号楼主要计算指标见表 6-6，整体计算采用 SATWE 和 SAP2000 两种软件。

结构整体分析主要计算结果 **表 6-6**

计算程序			SATWE	SAP2000
地上结构总质量（t）			65360	65765
自振周期（s）	T_1、T_2、T_3		5.52，4.92，4.35	5.67，5.07，4.70
周期比	T_3/T_1		0.788	0.829
基底剪力（kN）	X 向/Y 向		4818/4945	4842/4900
最大层间位移角	风	X 向	1/402	1/426
		Y 向	1/579	1/591
	地震	X 向	1/600	1/633
		Y 向	1/723	1/748

小震作用下框架中倾覆弯矩和层剪力占比见表 6-7，楼层剪力占比大于 20%，比常规混合结构中框架占比要大。常规混合结构中框架楼层剪力占比一般在 10%以内。因此，框架-组合箱形钢板剪力墙核心筒结构更能符合多道抗震防线的抗震概念要求。

小震作用下框架中倾覆弯矩和层剪力占比 **表 6-7**

地震作用方向	框架位置			
	底层		五层	
	倾覆弯矩	层剪力	倾覆弯矩	层剪力
X 向	44.72%	31.48%	49.79%	23.19%
Y 向	48.08%	28.80%	54.26%	22.46%

6.4.5 关键构件性能设计

中震和大震作用下结构性能按等效弹性方法进行计算。表 6-8 选取了 2 层关键部位部分墙柱验算结果，选取的构件位置详见图 6-35。

结构整体分析主要计算结果 **表 6-8**

墙编号（墙厚）	正应力比				X、Y 向稳定应力比			
	大震不屈服	中震弹性	小震		大震不屈服	中震弹性	小震	小震
			计入风荷载	不计入风荷载			计入风荷载	不计入风荷载
墙 1（500）	0.767	0.532	0.647	0.433	0.837	0.607	0.695	0.467
墙 6（450）	0.853	0.567	0.654	0.456	0.994	0.679	0.735	0.546
墙 20（300）	0.589	0.417	0.564	0.351	0.710	0.533	0.681	0.453

续表

墙编号（墙厚）	正应力比				X、Y 向稳定应力比			
	大震不屈服	中震弹性	小震		大震不屈服	中震弹性	小震	小震
			计入风荷载	不计入风荷载			计入风荷载	不计入风荷载
墙 24（450）	0.717	0.489	0.578	0.419	0.832	0.583	0.648	0.479
墙 30（600）	0.732	0.717	0.827	0.717	0.802	0.765	0.891	0.765
柱 19	0.885	0.617	0.683	0.617	0.924	0.634	0.702	0.634

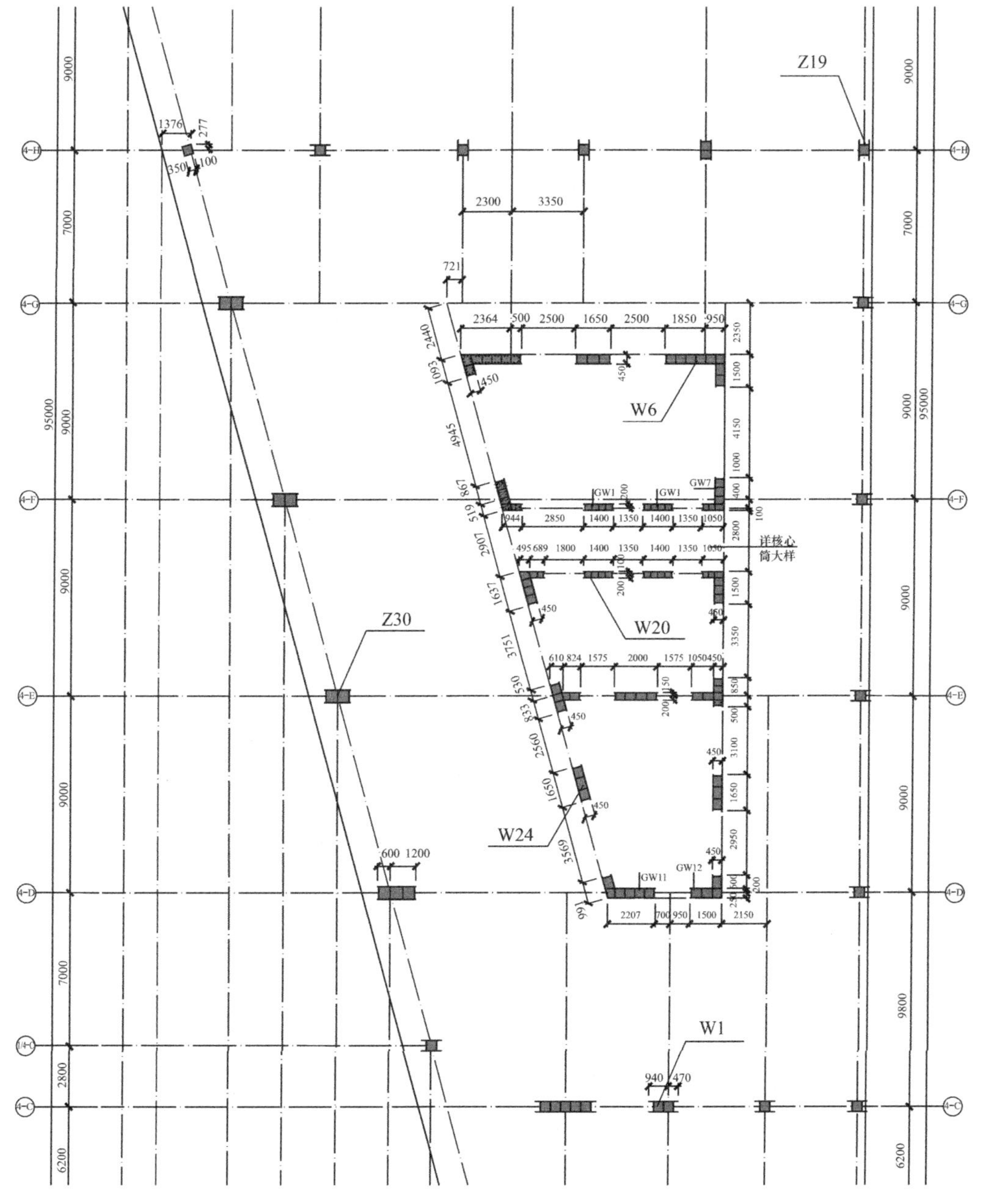

图 6-35　验算构件定位图

6.4.6 弹塑性分析

6.4.6.1 杆件描述

1. 钢框架梁

抗弯框架钢梁采用梁单元进行模拟。梁的两端设置弯矩铰，塑性铰参数根据 FEMA 356 表 5-6 选取，典型受力与变形曲线见图 6-36。

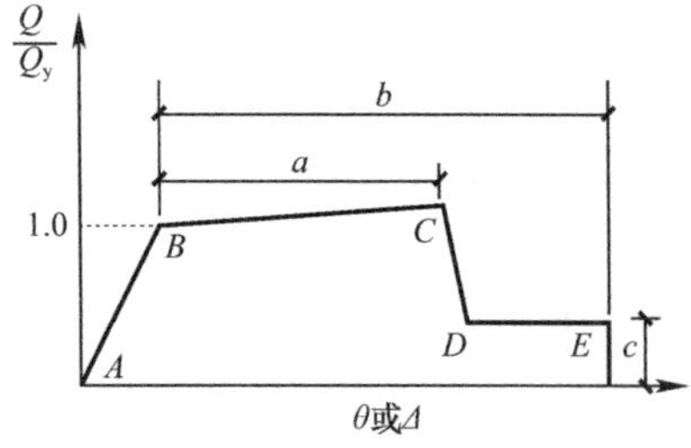

图 6-36　延性行为构件的典型受力与变形曲线（FEMA 356）

这些参数包括：强度显著退化时的塑性铰 $a=9y$，最大塑性转角 $b=11y$，以及残余强度 $c=0.6$。

2. 钢连梁

钢连梁两端设弯矩铰的同时，还设有剪力铰。

3. 钢管混凝土柱和型钢钢管混凝土柱

柱采用线杆元进行模拟。塑性铰包含轴力-主弯矩-次弯矩（P-M-M）相互关系，相互关系基于纤维模型得到，计算时钢材应力应变采用理想弹塑性模型，混凝土按《混凝土结构设计规范》GB 50010—2012 附录 C 单轴受拉和受压的应力-应变曲线。

4. 箱形钢板剪力墙

箱形钢板剪力墙采用分层壳单元模拟，仅考虑 S22 方向（竖向）的非线性属性。钢材和混凝土的材料属性见图 6-37。

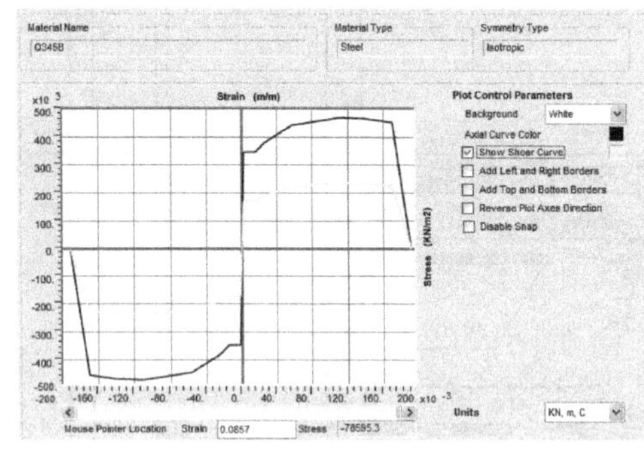

(a) Q345本构关系曲线

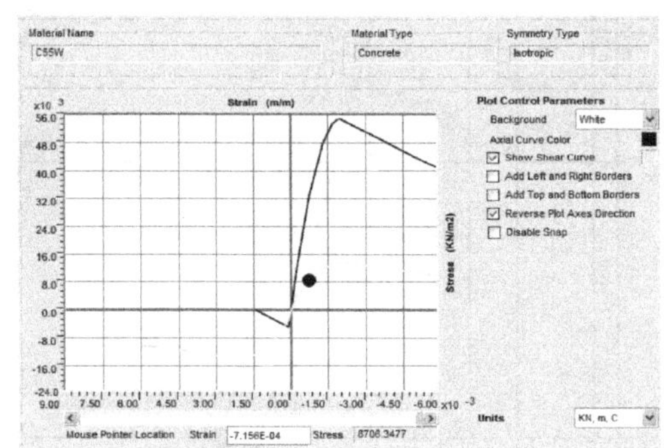

(b) 混凝土(以C55为例)

图 6-37　本构关系曲线

6.4.6.2 非线性分析步骤

时程分析：非线性分析采用两个阶段进行，首先，施加重力荷载（采用十个均匀加载步骤），然后施加地面地震加速度。两个阶段表示如下：

第一步＝1.0DL＋SDL＋0.5LL

第二步＝第一步＋E

其中 DL 为结构自重，SDL 为附加恒荷载，LL 为活荷载，E 为地震输入（地面加速度）。

静力推覆：推覆过程分两个步骤，首先施加竖向力，然后施加侧推荷载。侧推荷载分两种模式：振型分布模式和倒三角分布模式。

6.4.6.3 静力推覆结果

本工程采用均布荷载、倒三角两种加载方式进行加载，考虑重力荷载非线性因素（在该工况基础上进行推覆分析），分别沿 X 正负方向、Y 正负方向进行静力弹塑性分析。本工程 6 度区，大震时能力谱和需求谱见图 6-38 和图 6-39。

1. X 向静力推覆

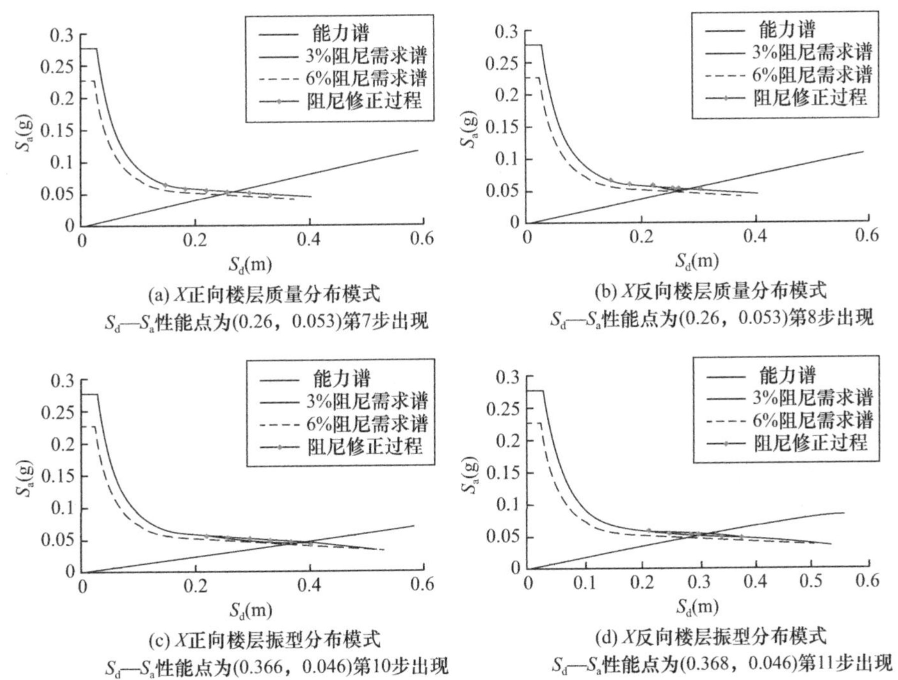

图 6-38　X 向静力推覆

2. Y 向静力推覆

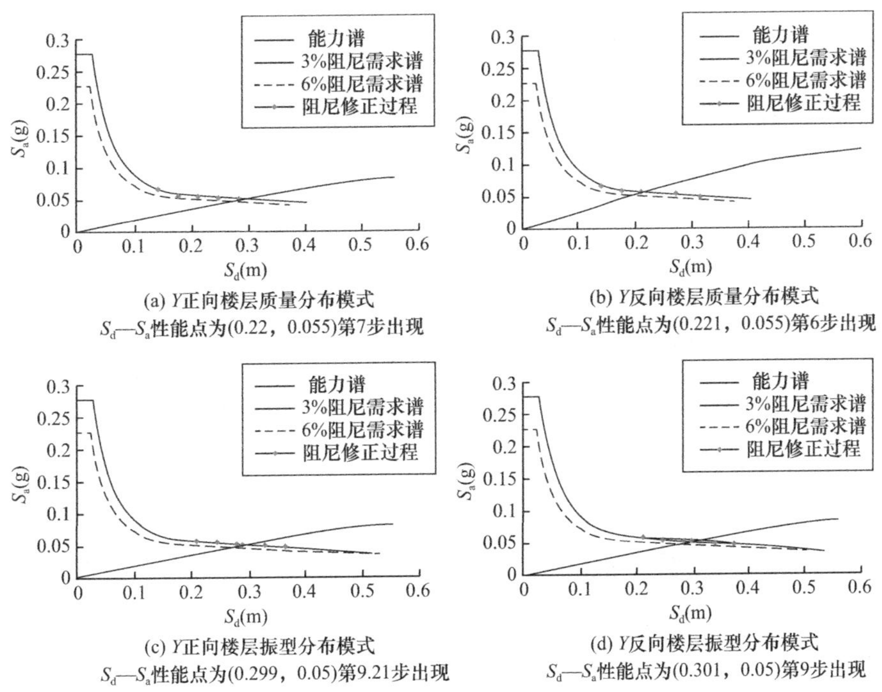

图 6-39　Y 向静力推覆

性能点对应的楼层最大层间位移角见表 6-9。

楼层最大层间位移角 **表 6-9**

	振型加载模式	质量分布加载模式
X 正向	1/175	1/214
X 反向	1/179	1/196
Y 正向	1/199	1/256
Y 反向	1/258	1/284

大震时最大层间位移角满足 1/180 的要求且有较大富余。

3. 塑性铰位置及组合墙应力分布

以 X 向推覆分析为例，在性能点对应的推覆步开始出现塑性铰，塑性铰位置在结构底部 2～8 层的少量框架梁和连梁上，继续加载塑性铰往上部楼层发展，塑性铰及绝大部分铰在“IO-直接使用”范围，第一批出铰的连梁上出现“LS-生命安全”范围。框架柱未出现塑性铰。性能点对应的组合墙钢板最大压应力约为－250MPa，最大拉应力约为 110MPa；混凝土最大压应力约为 30.5MPa，均未超过材料的标准值。塑性铰和组合墙应力分布情况见图 6-40～图 6-42。

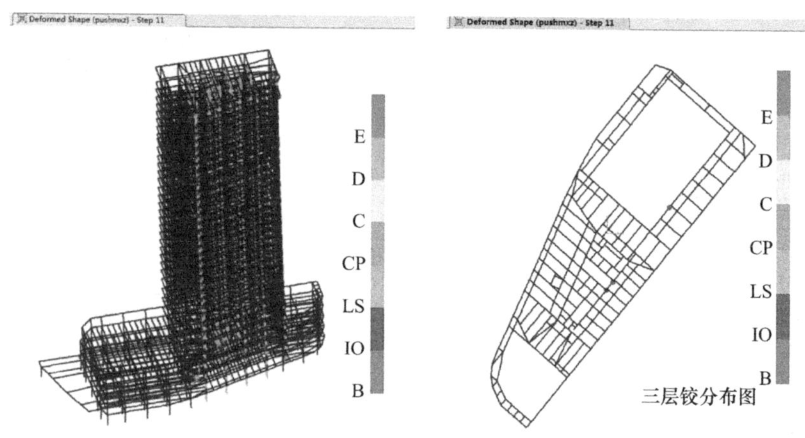

图 6-40 性能点对应的塑性铰分布

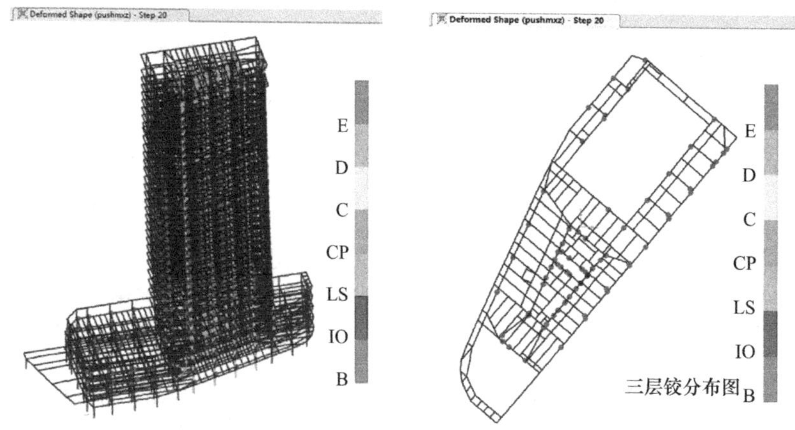

图 6-41 最后加载步对应的塑性铰分布

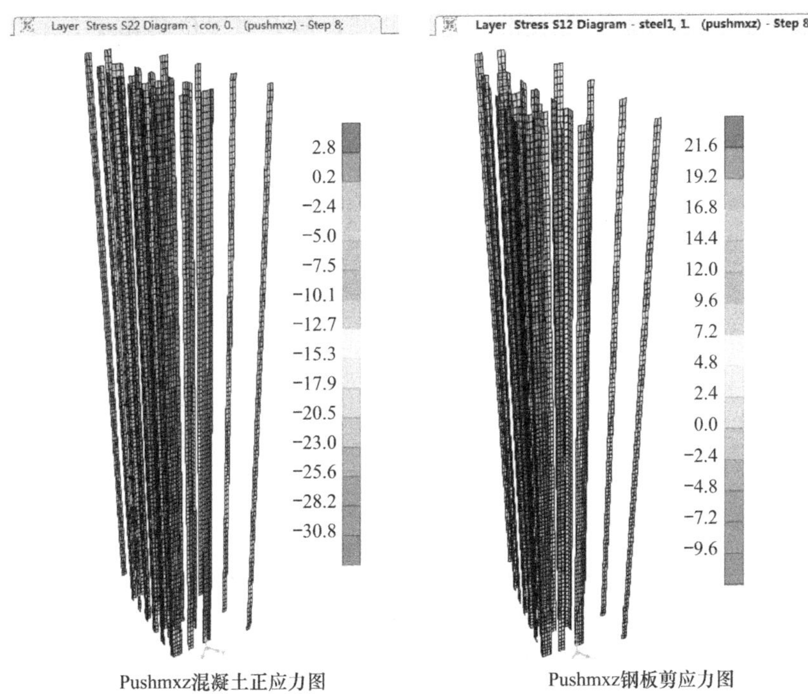

图 6-42　钢材和混凝土应力图

6.4.6.4　弹塑性动力时程分析结果

共选取了 2 条天然波和 1 条人工波进行弹塑性动力时程分析，地震波峰值加速度取 125cm/s²。5%阻尼比下所选地震波的反应谱与规范谱的比较见图 6-43、图 6-44。三条弹性时程与反应谱分析的 X 向基底剪力比值分别为 1.00、1.051 和 0.797，平均值为 0.95；Y 向基底剪力比值分别为 0.796、1.067 和 0.701，平均值为 0.855。

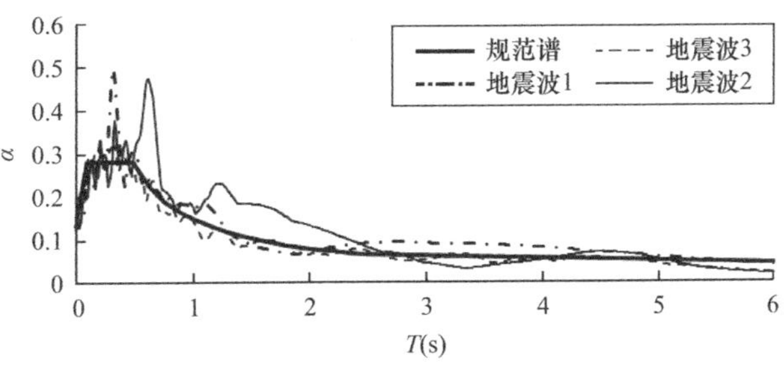

图 6-43　各地震波反应谱与规范谱的比较

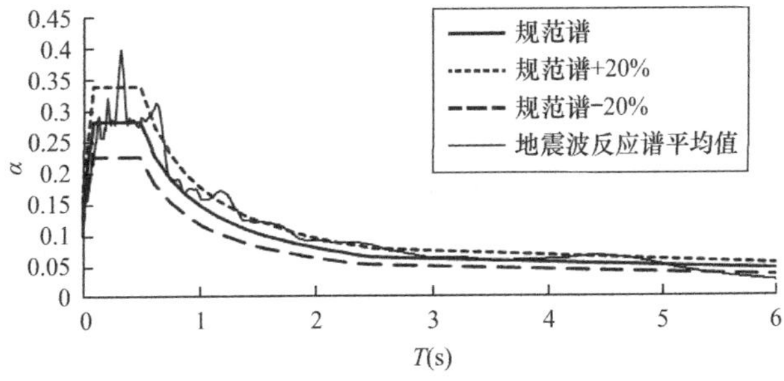

图 6-44　地震波反应谱平均值与规范谱的比较

各条地震波作用下楼层位移角分布见图 6-45，最大楼层位移角见表 6-10，最大值 1/157，满足规范 1/80 的要求且有富余。

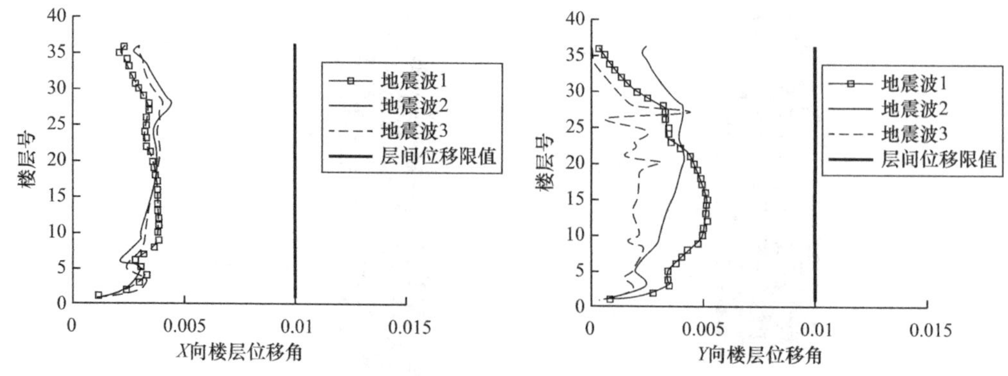

图 6-45 楼层位移角

最大楼层位移角 表 6-10

地震波名称	X 向	Y 向
地震波 1	1/260	1/157
地震波 2	1/225	1/187
地震波 3	1/246	1/177

各地震波作用下楼层剪力见图 6-46。底部剪力与小震反应谱计算值的比值，X 向最大值为 5.2，平均值为 4.8；Y 向最大值为 6.0 倍，平均值为 5.7 倍。

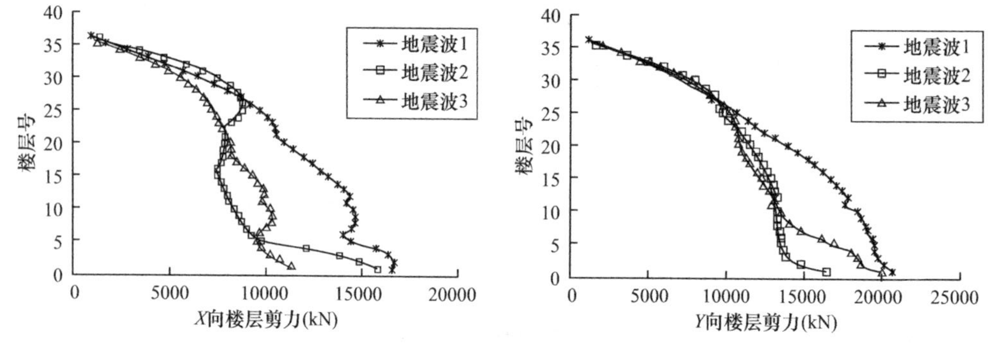

图 6-46 楼层剪力

各地震波作用下，组合墙中钢材拉应力和压应力及混凝土压应力低于材料标准值。图 6-47 为地震波 1 作用下的应力分布图。

本工程分析表明：

(1) 大震下的层间位移角为 1/157，小于 1/100 的限值要求，能够满足大震不倒的要求；

(2) 能达到结构抗震性能设计目标 C 级要求；

(3) 框架柱在大震下基本处于弹性状态，框架梁和连梁出现屈服，大震下表现良好，未出现严重破坏；

(4) 核心筒钢板墙在大震作用下，钢板和混凝土应力均未超过屈服应力，大震下表现良好。

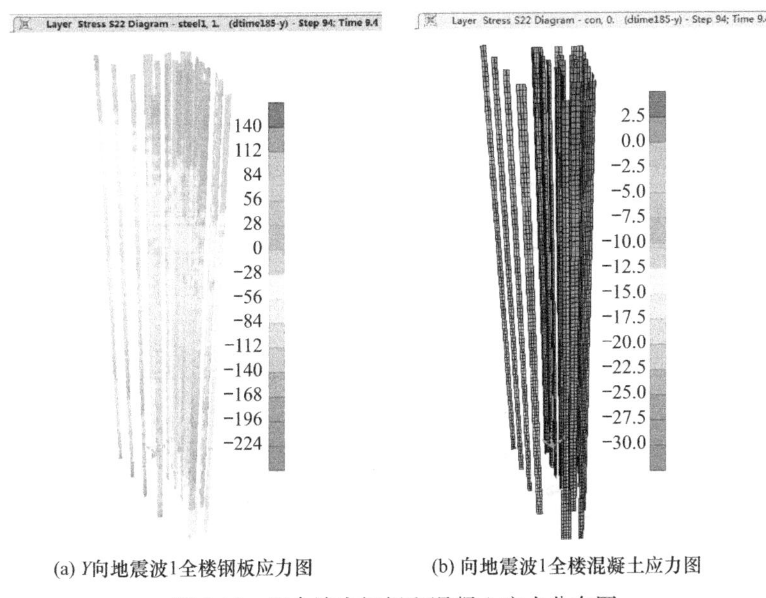

(a) Y向地震波1全楼钢板应力图　(b) 向地震波1全楼混凝土应力图

图 6-47　组合墙中钢板和混凝土应力分布图

6.5　威海创新经济产业园一期

6.5.1　工程概况

威海创新经济产业园一期（A1、A2 商务综合楼）位于威海临港经济技术开发区江苏东路路南、威青一级路西，地下两层停车库，地下室埋深 9.9m。地上包括三层裙房及两栋塔楼，裙房顶标高为 17.100m，塔楼层数为 24 层，主要屋面结构标高为 96.3m，裙房与塔楼之间用防震缝分开，图 6-48 为其效果图。工程结构设计使用年限 50 年，安全等级为二级，塔楼抗震设防类别为丙类，抗震设防烈度为 7 度，设计基本地震加速度为 0.10g，地震分组为第一组，场地类别为Ⅱ类。50 年一遇基本风压为 0.65kN/m^2，地面粗糙度类别为 B 类，10 年一遇风压为 0.45kN/m^2。

6.5.2　结构体系

A1、A2 主塔楼地上 24 层，地下室 2 层。主要屋面顶部另有机房和装饰架，其顶部高 104.3m。A1 塔楼高宽比为 3.9，A2 塔楼高宽比为 2.9，小于《建筑抗震设计规范》GB 50011—2010（2016 年版）第 8.1.2 条及《高层民用建筑钢结构技术规程》JGJ 99—2015 第 3.2.3 条规定的数值 6.5。塔楼采用钢管混凝土框架-组合箱形钢板剪力墙核心筒结构。柱采用矩形钢管混凝土柱，截面尺寸随高度从 700mm×600mm×18mm 逐渐变化至 600mm×400mm×14mm，梁采用 H 型钢梁；组合墙厚 400mm，壁板厚度 10～20mm 之间，楼板采用钢筋桁架楼承板。A1、A2 标准层布置图见图 6-49、图 6-50。

图 6-48　效果图

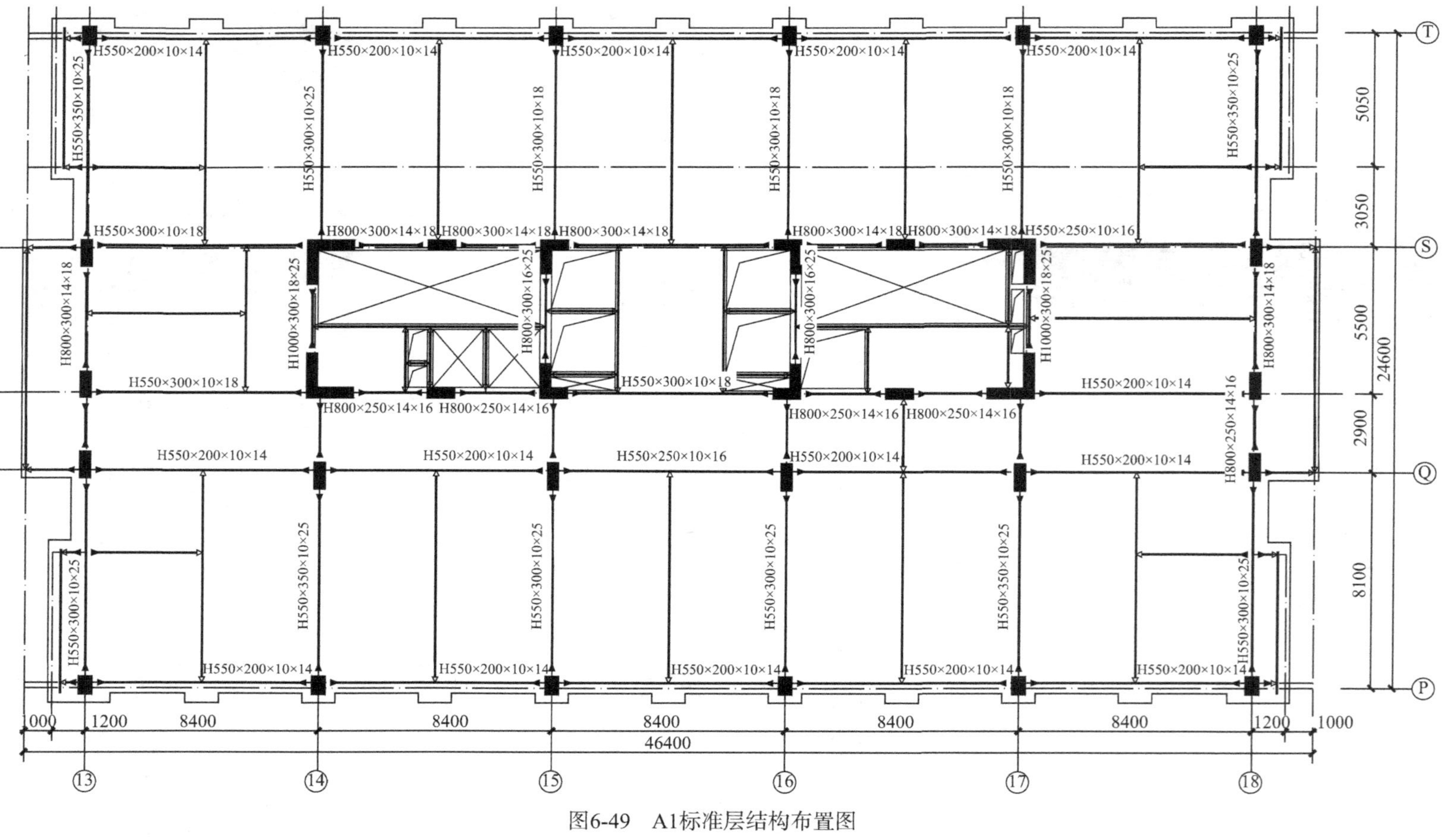

图6-49 A1标准层结构布置图

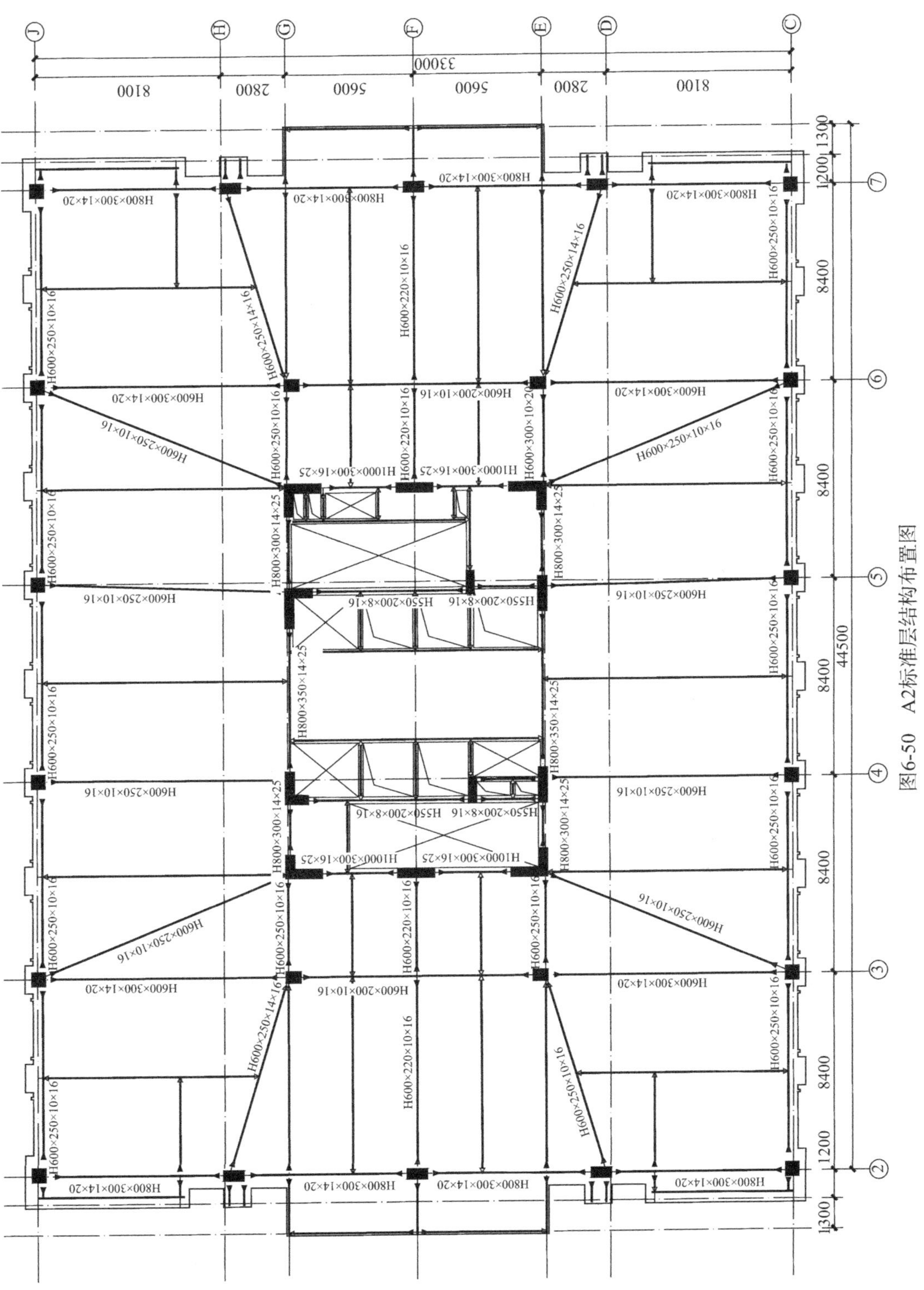

图6-50　A2标准层结构布置图

6.5.3 弹性分析

结构整体计算采用 SATWE 和 SAP2000 两种软件，计算结果见表 6-11 和表 6-12。

A1 楼结构整体分析主要计算结果 **表 6-11**

计算程序			SATWE	SAP2000
地上结构总质量（t）			38641	38469
自振周期（s）	T_1、T_2、T_3		3.99，3.76，3.52	4.18，3.92，3.74
周期比	T_3/T_1		0.882	0.895
基底剪力（kN）	风	X 向/Y 向	5984/10891	5949/10913
	地震	X 向/Y 向	4664/4991	4389/4883
最大层间位移角	风	X 向	1/653	1/626
		Y 向	1/426	1/412
	地震	X 向	1/720	1/702
		Y 向	1/867	1/850

A2 楼结构整体分析主要计算结果 **表 6-12**

计算程序			SATWE	SAP2000
地上结构总质量（t）			53343	53276
自振周期（s）	T_1、T_2、T_3		4.09，3.75，3.57	4.19，3.90，3.71
周期比	T_3/T_1		0.873	0.885
基底剪力（kN）	风	X 向/Y 向	8118/11433	8180/11604
	地震	X 向/Y 向	5677/5807	5655/5754
最大层间位移角	风	X 向	1/582	1/558
		Y 向	1/447	1/448
	地震	X 向	1/785	1/750
		Y 向	1/780	1/800

6.5.4 弹塑性分析

6.5.4.1 杆件描述

1. 钢框架梁

抗弯框架钢梁采用梁单元进行模拟。梁的两端设置弯矩铰，塑性铰参数根据 FEMA 356 表 5-6 选取，典型受力与变形曲线如图 6-51 所示。

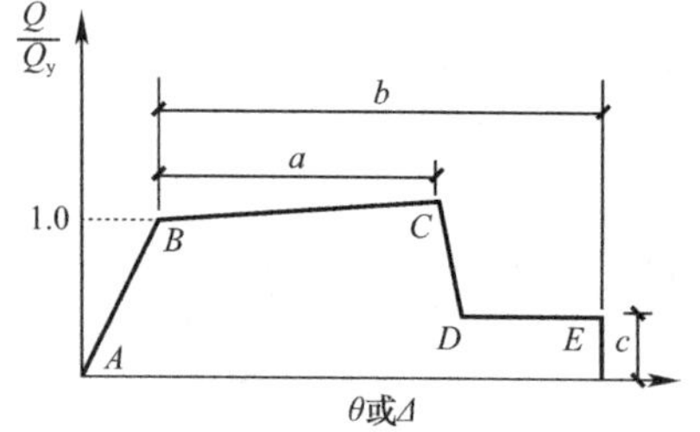

图 6-51 延性行为构件的典型受力与变形曲线（FEMA 356）

这些参数包括：强度显著退化时的塑性角 $a=9y$，最大塑性转角 $b=11y$，以及残余强度 $c=0.6$。

2. 钢连梁

钢连梁两端设弯矩铰的同时，还设有剪力铰。

3. 钢管混凝土柱和型钢钢管混凝土柱

柱采用线杆元进行模拟。塑性铰包含轴力-主弯矩-次弯矩（P-M-M）相互关系，相互关系基于纤维模型得到，计算时钢材应力应变采用理想弹塑性模型，混凝土按《混凝土结构设计规范》GB 50010—2012 附录 C 单轴受拉和受压的应力应变曲线。

4. 箱形钢板剪力墙

箱形钢板剪力墙采用分层壳单元模拟，仅考虑 S22 方向（竖向）的非线性属性。钢材和混凝土的材料属性如图 6-52 所示。

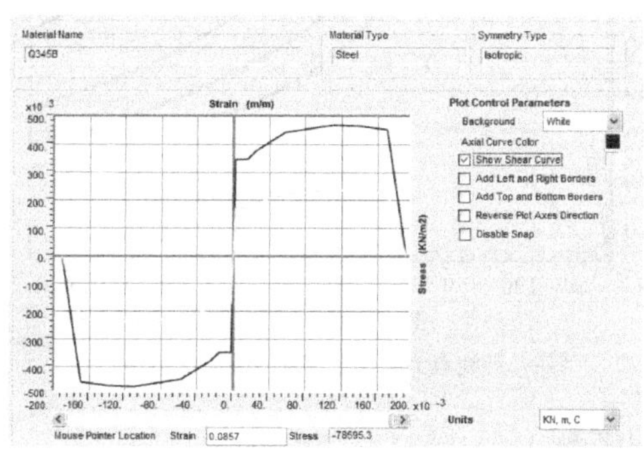

(a)Q345本构关系曲线

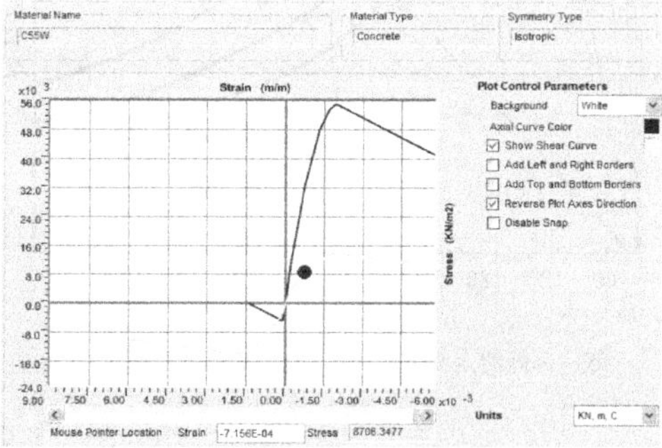

(b)混凝土(以C55为例)

图 6-52　本构关系曲线

6.5.4.2　非线性分析步骤

时程分析：非线性分析采用两个阶段进行，首先施加重力荷载（采用 10 个均匀加载步骤），然后施加地面地震加速度。两个阶段表示如下：

第一步＝1.0DL＋SDL＋0.5LL

第二步＝第一步＋E

其中 DL 为结构自重，SDL 为附加恒荷载，LL 为活荷载，E 为地震输入，静力推覆侧向力分两种模式：振型分布模式和倒三角分布模式。

6.5.4.3　静力推覆结果

本工程采用振型加载模式、倒三角模式两种加载方式进行加载，考虑重力二阶效应，分别沿 X 正负方向、Y 正负方向进行静力弹塑性分析，A1 楼计算结果见图 6-53、图 6-54。

1. X 向静力推覆

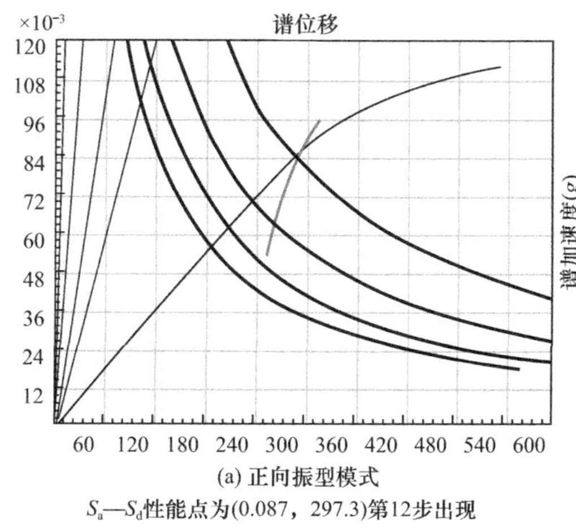

(a) 正向振型模式

S_a—S_d性能点为(0.087，297.3)第12步出现

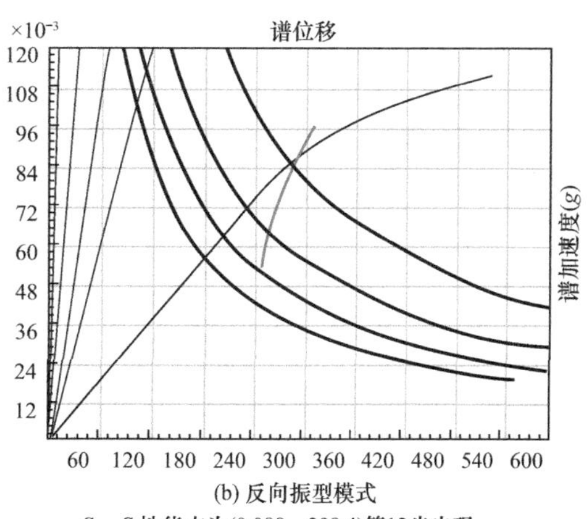

(b) 反向振型模式

S_a—S_d性能点为(0.088，298.4)第12步出现

图 6-53　X 向静力推覆（一）

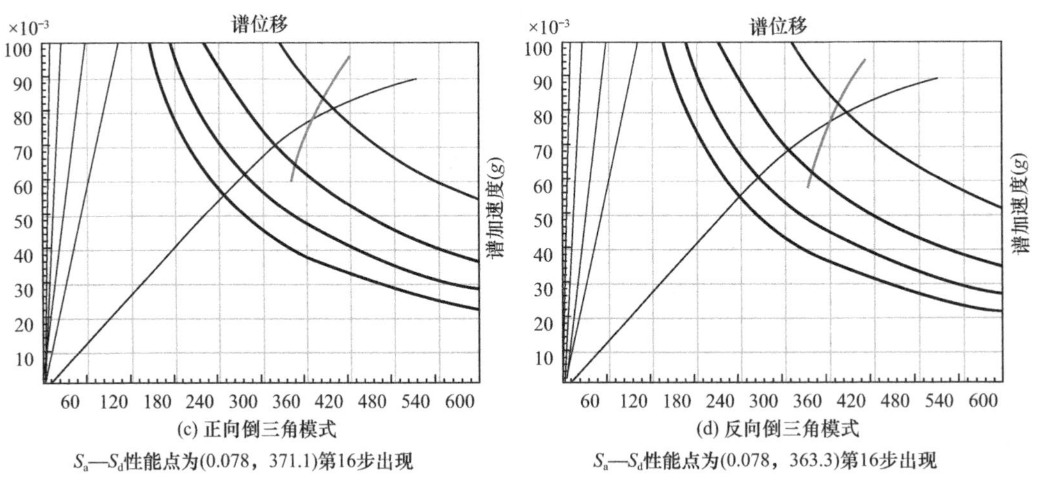

(c) 正向倒三角模式

S_a—S_d性能点为(0.078，371.1)第16步出现

(d) 反向倒三角模式

S_a—S_d性能点为(0.078，363.3)第16步出现

图 6-53　*X* 向静力推覆（二）

2. *Y* 向静力推覆

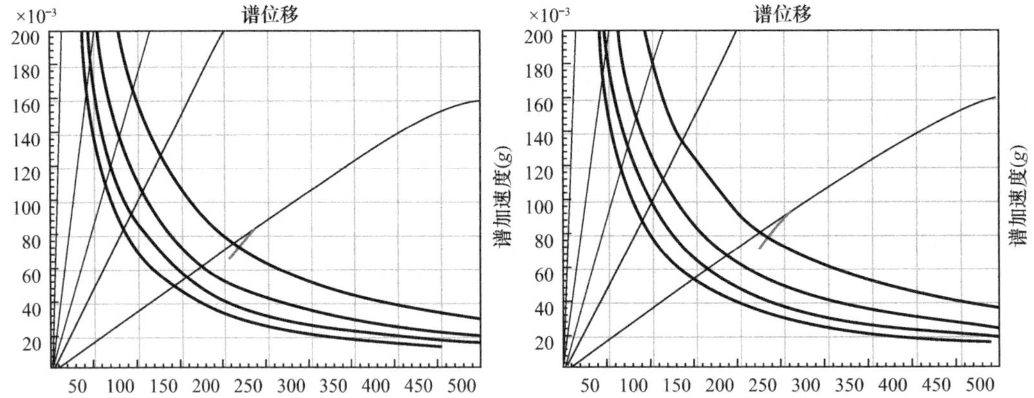

(a) 正向振型模式

S_a—S_d性能点为(0.084，233.5)第11步出现

(b) 反向振型模式

S_a—S_d性能点为(0.089，250.1)第10步出现

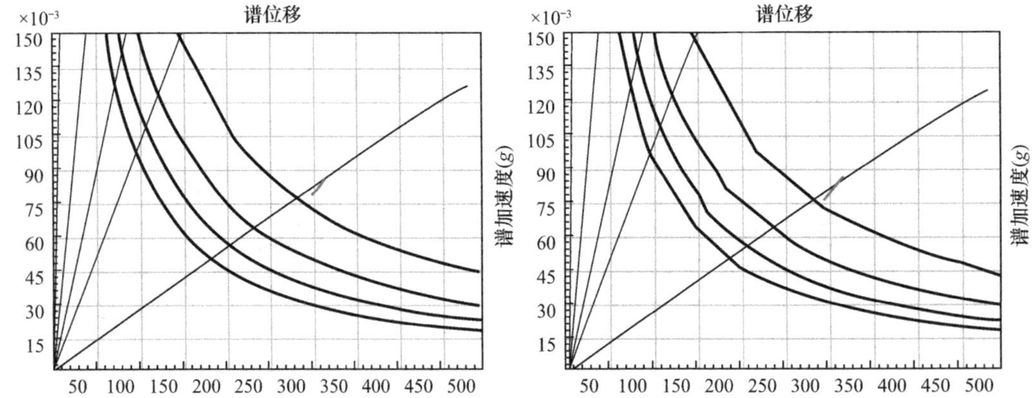

(c) 正向倒三角模式

S_a—S_d性能点为(0.084，315.5)第13步出现

(d) 反向倒三角模式

S_a—S_d性能点为(0.085，312.7)第13步出现

图 6-54　*Y* 向静力推覆

3. 层间位移角

性能点对应的楼层最大层间位移角见表 6-13 和图 6-55。

楼层最大层间位移角　　**表 6-13**

	振型加载模式	倒三角加载模式
X 正向	1/182	1/145
X 反向	1/180	1/149
Y 正向	1/238	1/184
Y 反向	1/234	1/191

大震时最大层间位移角满足 1/80 的要求且有较大富余。

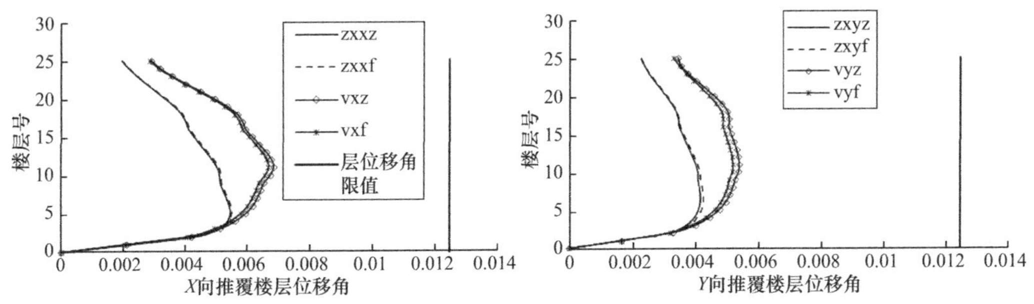

图 6-55　层间位移角

4. 塑性铰位置

图 6-56 和图 6-57 分别显示了 X 向振型加载模式和 Y 向倒三角加载模式下塑性铰分布情况，塑性铰集中在中下部楼层的钢连梁和框架梁端部。

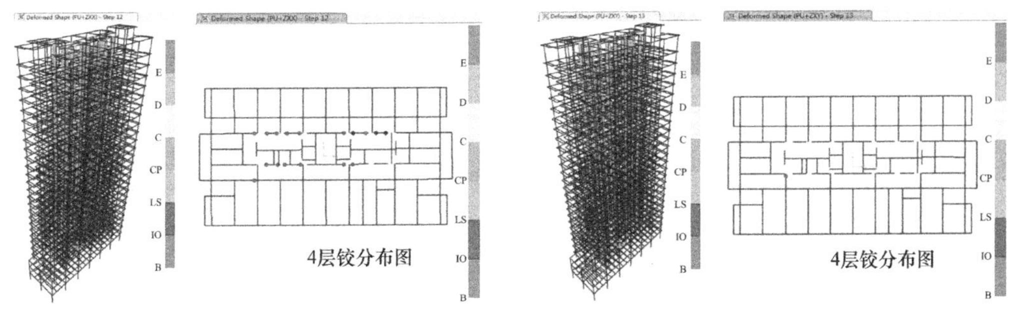

图 6-56　X 向加载塑性铰分布　　　　图 6-57　Y 向加载塑性铰分布

图 6-58 和图 6-59 分别显示了 X 向振型加载模式和 Y 向倒三角加载模式下组合墙内钢板和混凝土的应力分布情况。

X 向加载时性能步对应的钢板最大压应力约为 290MPa，最大拉应力约为 240MPa；混凝土最大压应力约为 32MPa。Y 向加载时性能步对应的钢板最大压应力约为 200MPa，最大拉应力约为 90MPa；混凝土最大压应力约为 25MPa。均未超过材料的标准值。

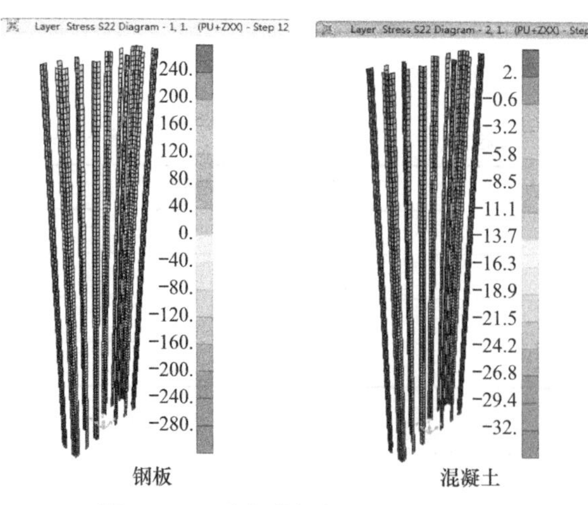

图 6-58　*X* 向加载钢板和混凝土应力图

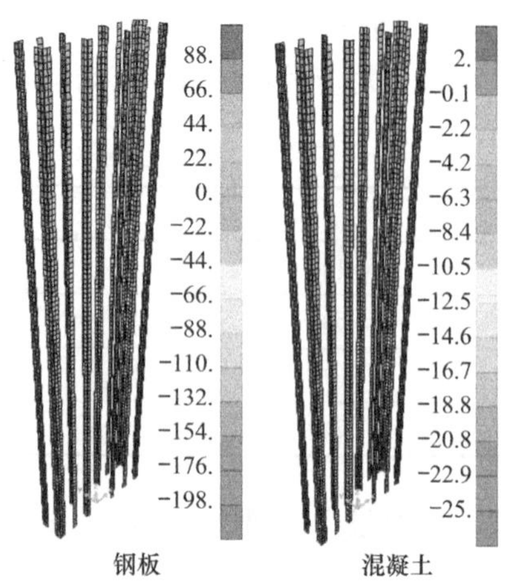

图 6-59　*Y* 向加载钢板和混凝土应力图

6.6　杭州美睿金座

6.6.1　工程概况

本项目用地位于杭州市下城区，宗地东邻长木新村，南接德胜路规划防护绿地，西至珠埠洋规划滨水绿化带，北靠杨六堡路。整个项目由 1～3 号楼共三幢小高层组成，底部为商业或餐饮区，上部为办公区。表 6-14 为各楼栋层数和总高度，建筑效果见图 6-60 和图 6-61。工程结构设计使用年限 50 年，安全等级为二级，塔楼抗震设防类别为丙类，抗震设防烈度为 7 度，设计基本地震加速度为 0.10g，地震分组为第一组，场地类别为Ⅲ类。50 年一遇基本风压为 0.45kN/m^2，地面粗糙度类别为 B 类。后文介绍其中的 1 号楼，图 6-62 和图 6-63 为其主要建筑平面图和立面图。

建筑物层数与总高度　　**表 6-14**

名称	层数	总高度或埋深（m）
1 号楼	3～9 层	36.00
2 号楼	7 层	33.45
3 号楼	7 层	33.45

图 6-60　建筑效果图

图 6-61　俯视图

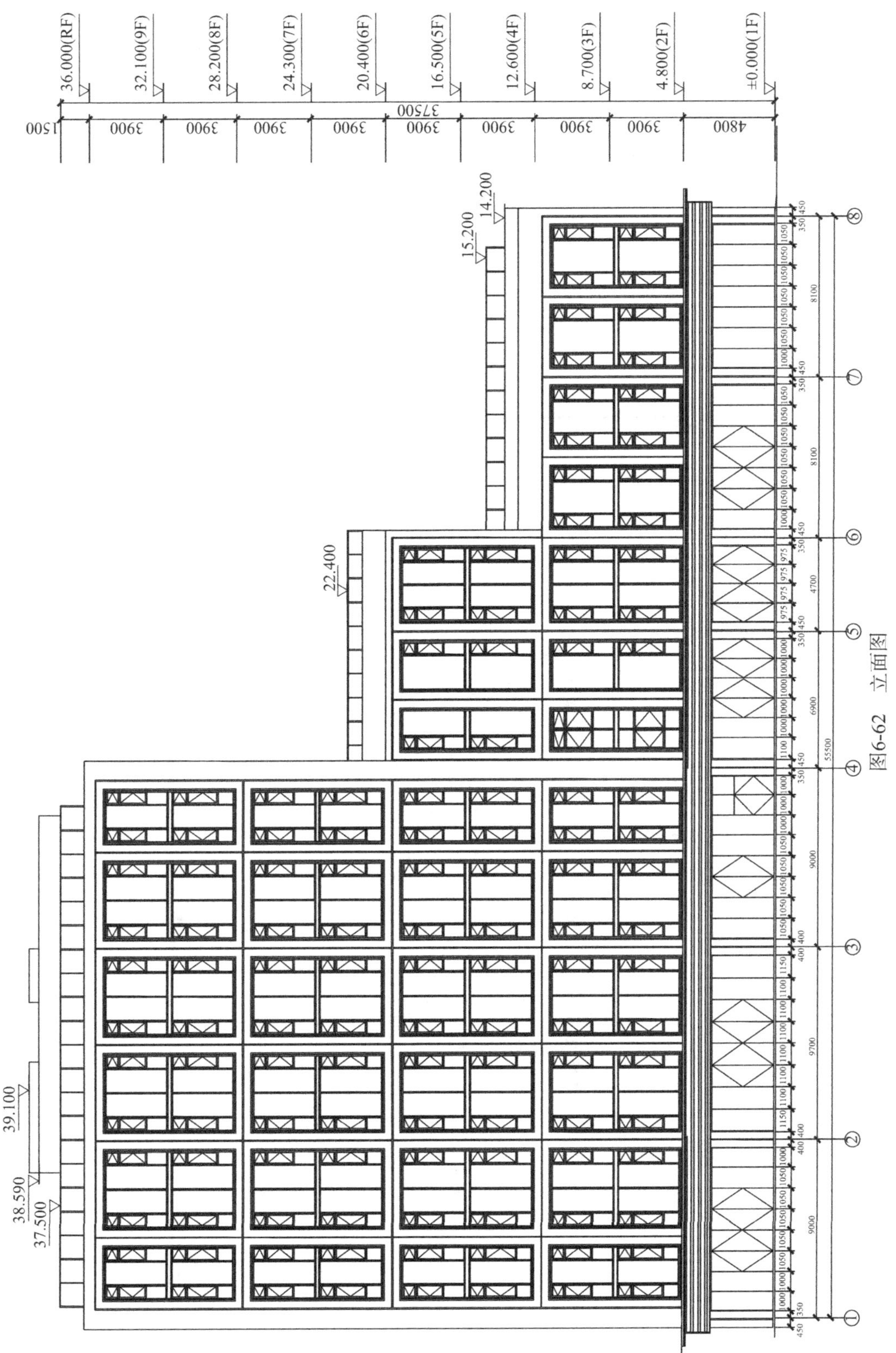

36.000(RF)
32.100(9F)
28.200(8F)
24.300(7F)
20.400(6F)
16.500(5F)
12.600(4F)
8.700(3F)
4.800(2F)
±0.000(1F)
37500
1500
3900
4800
14.200
15.200
22.400
39.100
38.590
37.500
55500
9000
9700
6900
4700
8100

图6-62　立面图

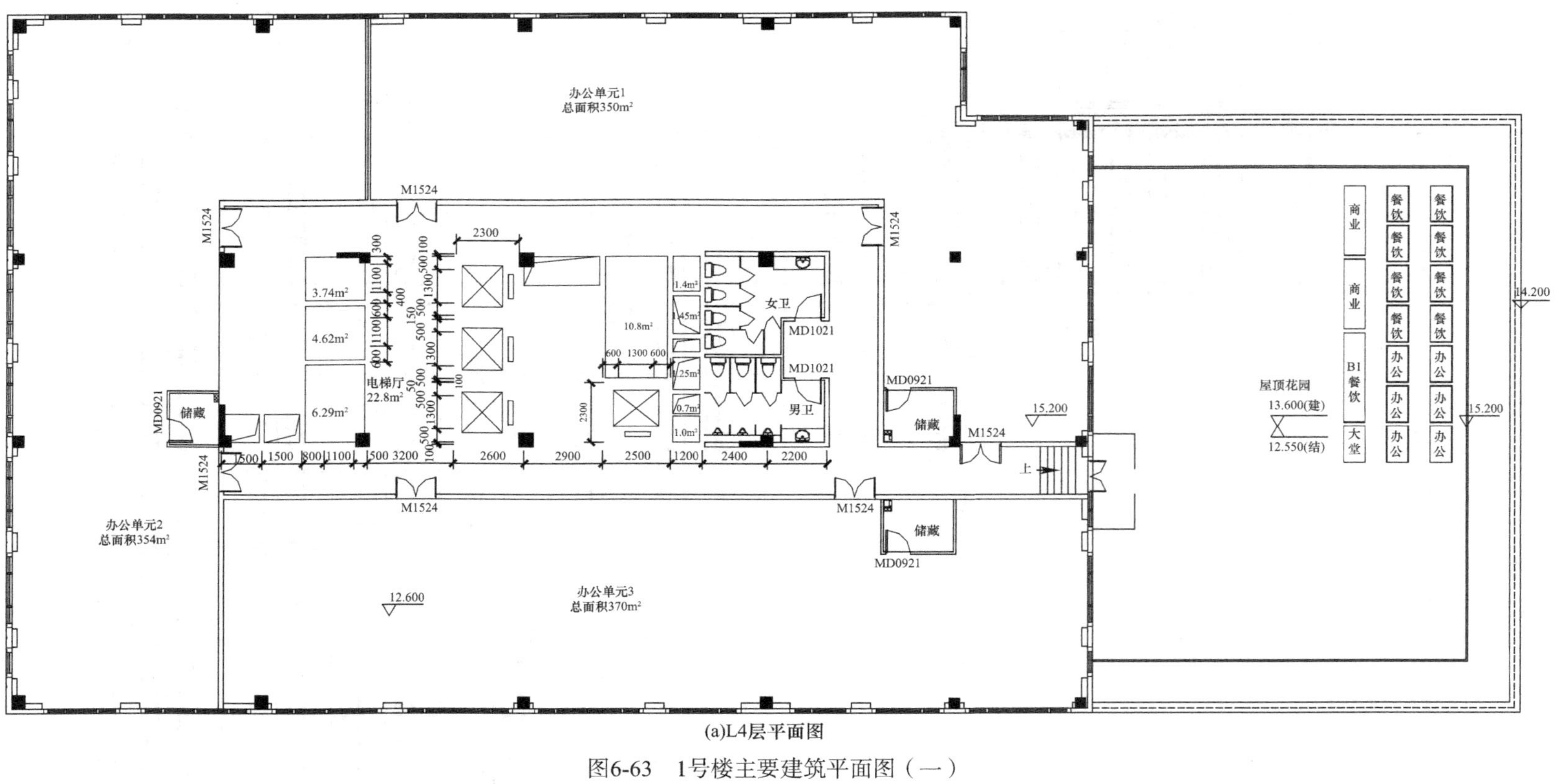

(a)L4层平面图

图6-63　1号楼主要建筑平面图（一）

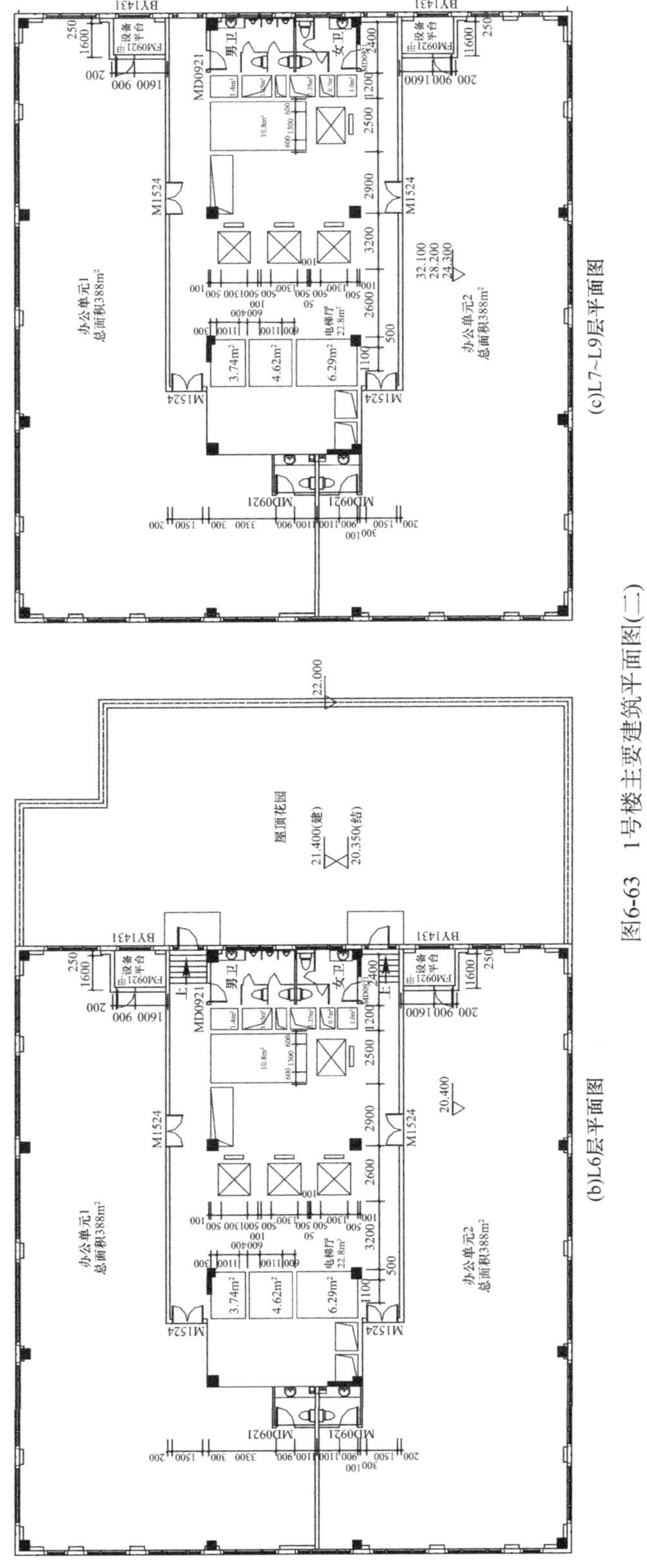

(b)L6层平面图

(c)L7~L9层平面图

图6-63　1号楼主要建筑平面图(二)

6.6.2 结构体系

1 号楼采用钢框架-组合箱形钢板剪力墙结构。地上柱均为矩形钢管混凝土柱，梁均为 H 型钢梁，楼板为现浇混凝土楼板。地下室采用混凝土框架-剪力墙结构。地下一层为过渡层，即上部的钢管柱和组合墙伸入地下一层钢筋混凝土墙柱内，直至地下一层楼面。

1 号楼存在竖向构件收进，收进尺寸大于 25%。为了提高结构的抗侧刚度，减少扭转效应，设置了少量组合箱形钢板剪力墙（图 6-64），形成框架少墙结构。

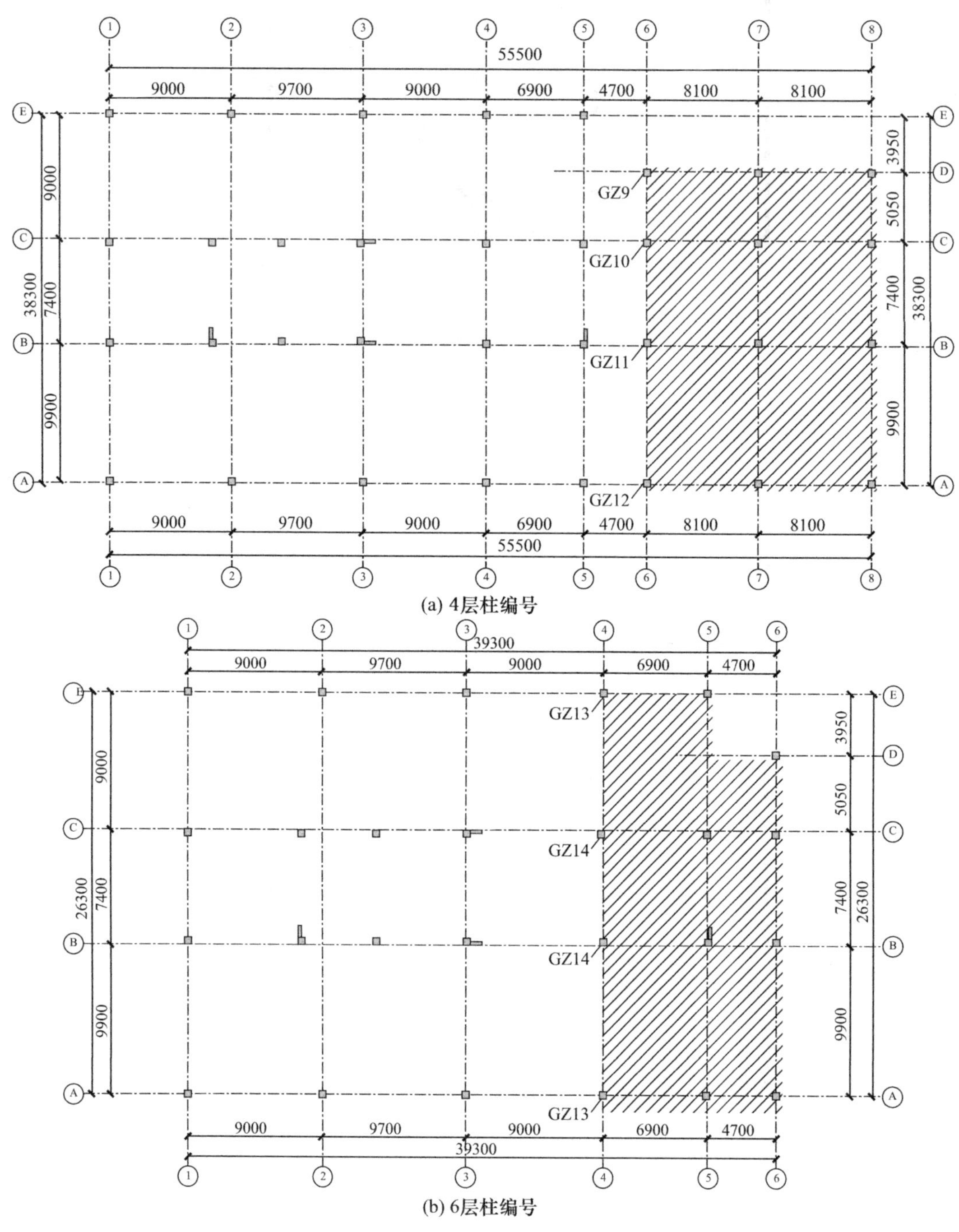

图 6-64 关键构件位置

6.6.3 弹性分析

结构整体计算采用 YJK 和 ETABS 两种软件，结构主要指标见表 6-15。

结构整体分析主要计算结果　　表 6-15

计算程序			SATWE	ETABS
地上结构总质量（t）			29675	30238
自振周期（s）	T_1、T_2、T_3		2.44，2.29，1.95	2.47，2.31，1.98
周期比	T_3/T_1		0.799	0.802
最大层间位移角	风	X 向	1/983	1/1043
		Y 向	1/602	1/595
	地震	X 向	1/621	1/608
		Y 向	1/495	1/499

6.6.4 中大震抗震性能分析

因本项目存在两次收进、梁上起柱和钢板墙布置受建筑限制等因素，补充了中、大震性能分析，计算参数见表 6-16。等效弹性的计算结果列在表 6-17。

中震作用下结构整体参数表　　表 6-16

		多遇地震	中震弹性	中震不屈服	大震不屈服
P-Δ 效应		√	√	√	√
楼层活荷载折减		√	√	√	√
荷载分项系数		√	√	—	—
材料强度		设计值	设计值	标准值	标准值
抗震等级		√	—	—	—
承载力抗震调整系数 γ_{RE}		√	√	—	—
双向地震		√	—	仅验算受拉时考虑	仅验算受拉时考虑
偶然偏心		√	—	—	—
考虑风荷载组合		√	—	—	—
调整项	薄弱层	√	—	—	—
	剪重比	√	—	—	—
	弹性时程	√	—	—	—
	外框剪力	√	—	—	—
构件设计内力调整		√	—	—	—
地震作用影响系数 α_{max}		0.08	0.23	0.23	0.50
周期折减		0.9	1	1	1
特征周期		0.45	0.45	0.45	0.5
阻尼比		3.5%	4.5%	4.5%	5.5%
中梁刚度放大系数		1.5	1.4	1.4	1.2
连梁刚度折减系数		0.7	0.5	0.5	0.3
计算方法		弹性	等效弹性	等效弹性	等效弹性

主要计算指标 **表 6-17**

荷载工况	指标	振型分解反应谱法
X 向地震	最大层间位移角	1/238
	剪重比（同小震比）	1.81%（0.72%）
	基底剪力（kN）	5377.3
	基底倾覆力矩（kN·m）	170000
Y 向地震	最大层间位移角	1/191
	剪重比（同小震比）	1.46%（0.55%）
	基底剪力（kN）	4325.6
	基底倾覆力矩（kN·m）	150000

关键部位框架柱按中震不屈服进行了承载力验算，以收进位置的框架柱 GZ9 和 GZ13（图 6-64）为例，验算结果见图 6-65。结果表明，框架柱能满足既定性能目标要求。

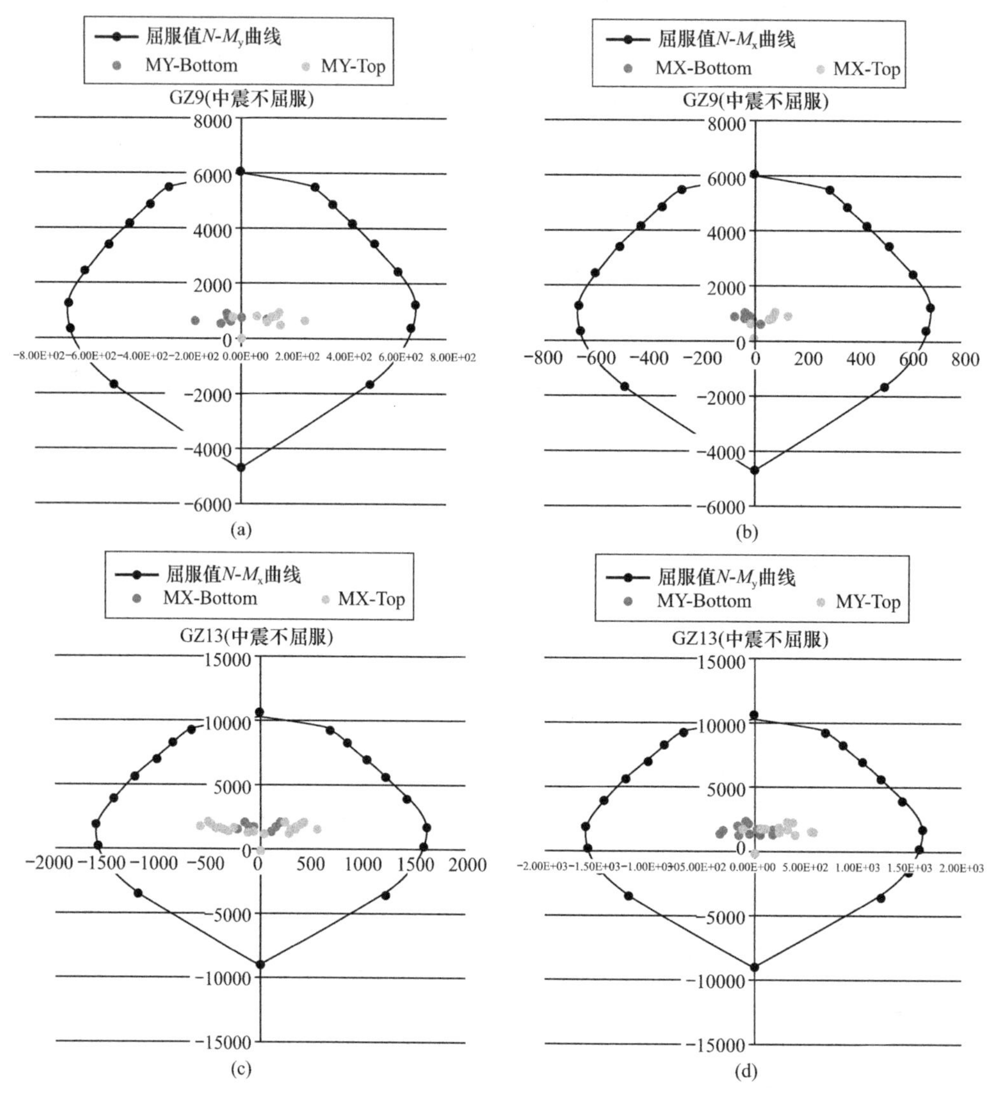

图 6-65 P-M 曲线

6.6.5 弹塑性分析

选取2条天然波和1条人工波进行动力弹塑性分析。结构的弹塑性楼层最大位移角曲线总体较平滑，结构没有明显的软弱层和薄弱层出现，整体性良好。3条地震波作用下，最大层间位移角 X 向分别为1/91、1/118和1/89；Y 向分别为1/103、1/87和1/120，小于1/80的限值要求，能够满足大震不倒的要求。分析表明，底部组合箱形钢板剪力墙进入塑性状态，是此类结构的第一道防线，性能水平和损坏情况见图6-66。

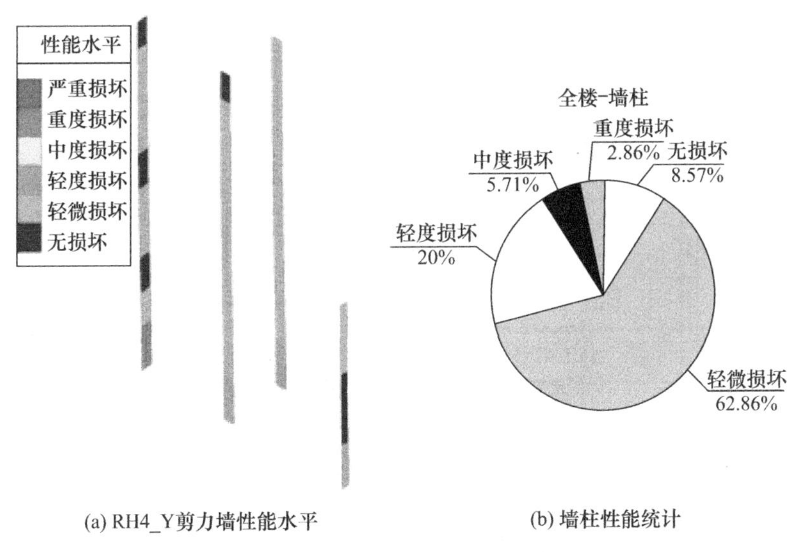

(a) RH4_Y剪力墙性能水平　　(b) 墙柱性能统计

图6-66 大震下组合墙性能

6.7 台安县中医院

6.7.1 工程概况

台安县中医院门诊及病房楼扩建工程位于鞍山市台安县台安镇振兴路9号，是一所综合性医院。本工程地下1层，地上12层。地下1层为变电所、制冷站、水泵房、消防水池、送排风机房、换热站等设备用房。地上1～3层为门诊用房，4～11层为病房，12层为手术部。地下1层层高为4.8m，首层层高为5.4m，2、3层层高为4.5m，4～11层层高为3.9m，12层层高为4.5m。主要柱网尺寸7.2m×7.5m。建筑高度为50.90m。总建筑面积约1.5万 m^2。图6-67～图6-69分别为实景图、平面图和立面图。工程结构设计使用年限50年，安全等级为二级，塔楼抗震设防类别为丙类，抗震设防烈度为7度，设计基本地震加速度为0.10g，地震分组为第一组，场地类别为Ⅲ类。50年一遇基本风压为0.5kN/m^2，地面粗糙度类别为B类。

图6-67 实景图

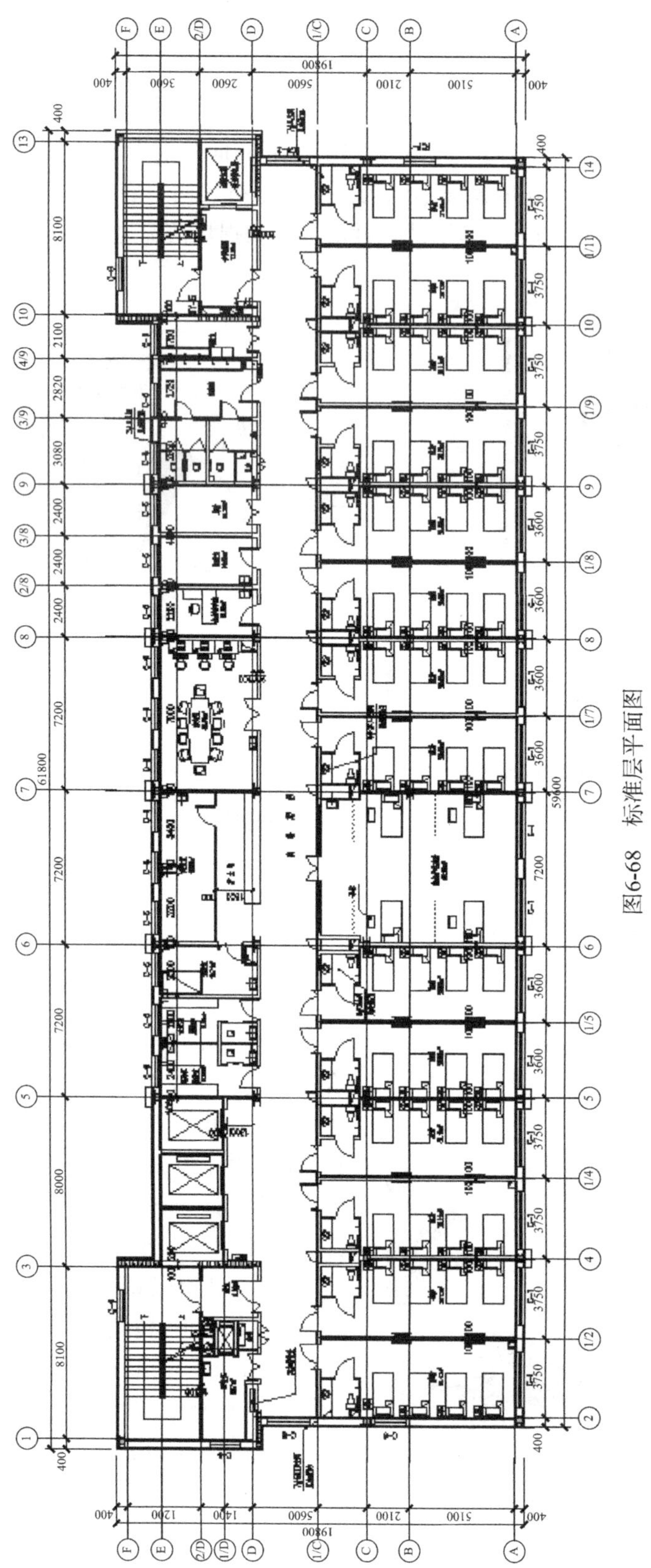

图6-68　标准层平面图

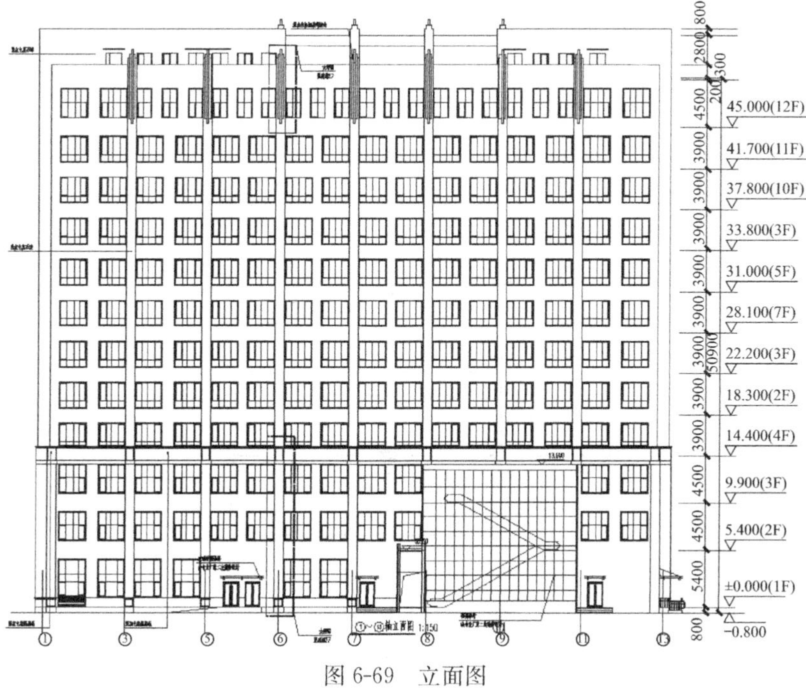

图 6-69　立面图

6.7.2　结构体系

结构平面比较细长，为了减小扭转效应，在楼梯间和电梯井周边设置了 6 片组合箱形剪力墙，形成钢框架-箱形钢板组合剪力墙结构。竖向构件布置见图 6-70。典型框架柱采用两个热轧宽翼缘 HW350×350 型钢拼接而成，截面形式见图 6-71。组合墙由高频 H250×200×6×8 拼接而成，为了方便与框架梁连接，端部为开口型，截面为 H250×200×10×12，墙长 1.4～2.6m，典型截面形式见图 6-72。梁均为 H 型钢梁，主要截面 HN500×200。标准层结构布置见图 6-73。

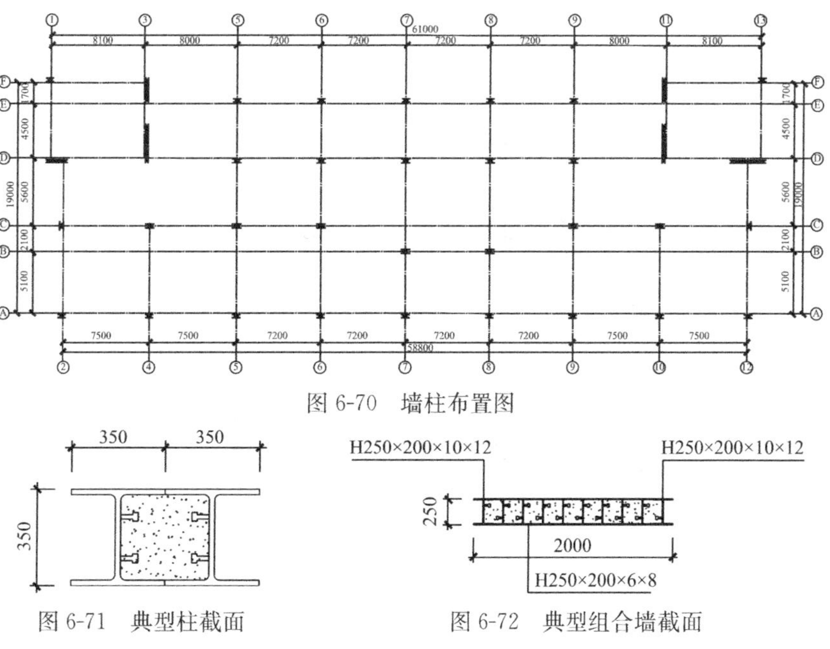

图 6-70　墙柱布置图

图 6-71　典型柱截面

图 6-72　典型组合墙截面

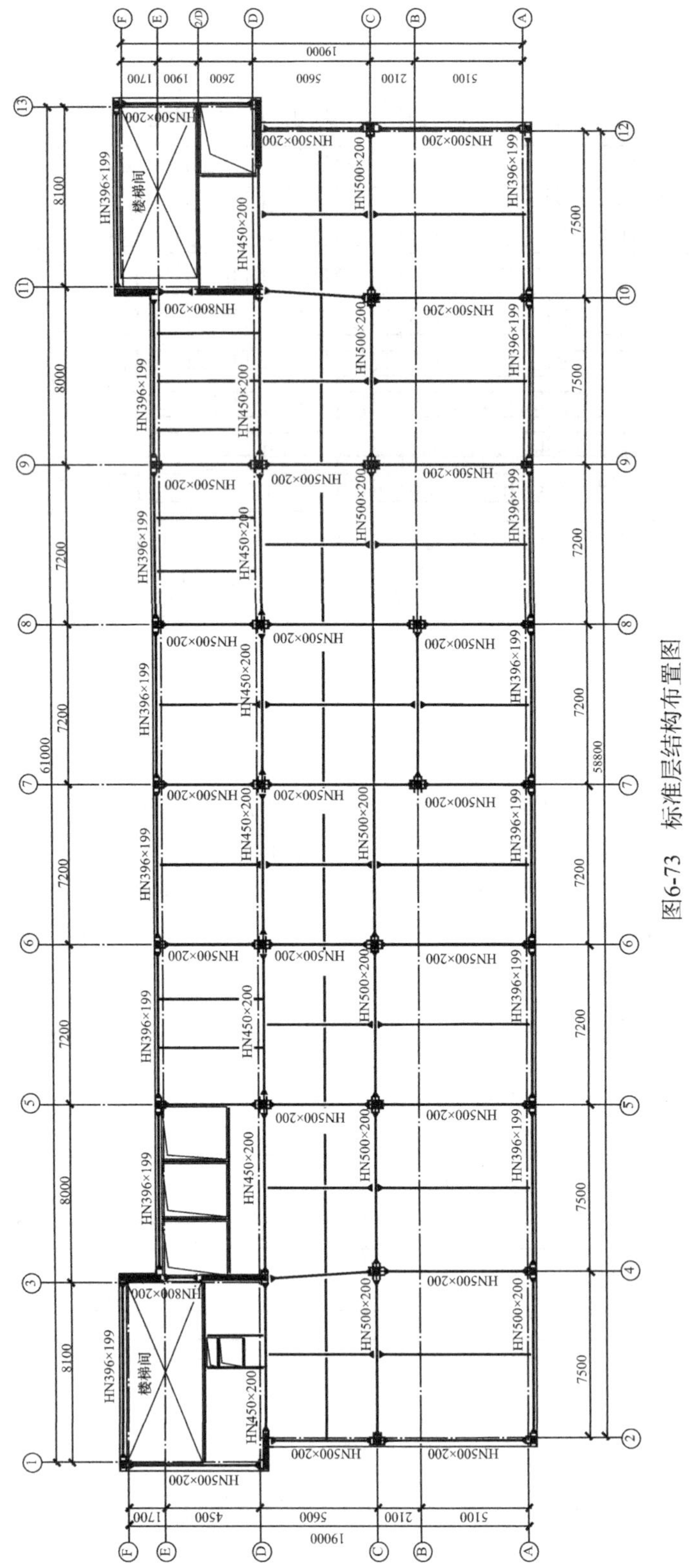

图6-73　标准层结构布置图

6.7.3　结构计算指标

结构整体计算采用 PKPM 软件 SATWE，计算结果见表 6-18。框架柱和组合墙构件承载力验算采用自编软件，见第 6.1.4 节。

结构整体分析主要计算结果　　表 6-18

计算程序			SATWE
地上结构总质量（t）			18892
自振周期（s）	T_1、T_2、T_3		3.8，3.0，2.6
周期比	T_3/T_1		0.684
基底剪力（kN）	X 向/Y 向		2633/2969
最大层间位移角（楼层）	风	X 向	1/815
		Y 向	1/410
	地震	X 向	1/428
		Y 向	1/654
剪重比	X 向/Y 向		1.56%/1.84%
刚重比	X 向/Y 向		1.18/1.84

框架柱和组合墙两端头均为开口形式，详见图 6-71和图 6-72，此构造决定了安装时钢梁只能从节点区上方进入，即从安装节的顶部沿 H 型钢翼缘和腹板形成的凹槽下降到相应的楼层处。墙、柱一般是 2～3 层一节，钢梁下降的距离比较长，因此对墙柱安装的垂直度要求较高。与常规采用连接板方式定位不同，钢梁的定位采用角钢，如图 6-74 所示。定位板焊在墙、柱端部的两个翼缘上，而角钢与钢梁腹板焊接。就位时，角钢落在定位板的上端，从而保证钢梁处于正确的位置，也起到临时固定的作用。需要注意的是，同一安装节，从上到下，定位板的外伸长度应逐渐加长，以免下层框架梁下降过程中卡在上部楼层标高。

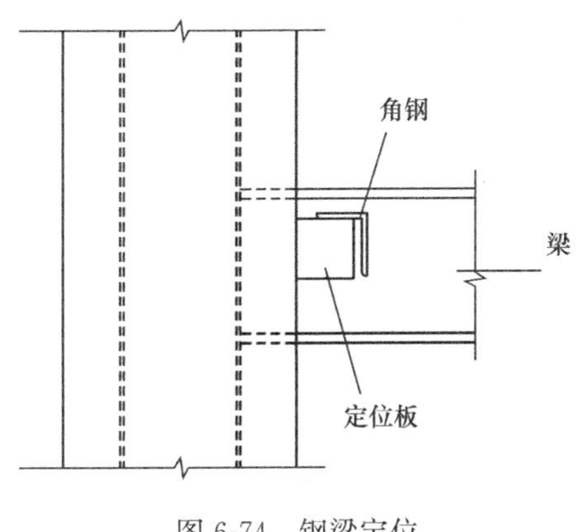

图 6-74　钢梁定位

6.8　中赢云际

6.8.1　工程概况

中赢云际位于浙江省杭州市滨江区，包括一幢 1 号楼 23 层高 100m 的酒店，一幢 2 号楼 20 层高 100m 的公寓，总建筑面积约 8.1 万 m^2。设有 2 层地下室，建筑功能为停车库、库房以及机电设备用房。1 号楼标准层平面尺寸 57.2m×32.8m，2 号楼标准层平面尺寸 65.5m×23.5m。建筑效果图和现场照片见图 6-75 和图 6-76。工程结构设计使用年限 50 年，安全等级为二级，塔楼抗震设防类别为丙类，抗震设防烈度为 6 度，设计基本地震加速度为 0.05g，地震分组为第一组，场地类别为Ⅲ类。50 年一遇基本风压为 0.45kN/m^2，地面粗糙度类别为 B 类。

6.8.2 结构体系和计算结果

1 号、2 号楼的竖向及 2 号楼东、西两个端部设置组合箱形钢板剪力墙，与矩形钢管混凝土框架一起，形成框架-箱形钢板剪力墙结构。组合墙厚度 300mm，矩形钢管混凝土柱 500～800mm。构件形式见图 6-77，标准层结构布置图详见图 6-78 和图 6-79。1 号、2 号楼结构最大层间位移角分别为 1/465 和 1/425；风荷载作用下顶点峰值加速度分别为 0.112m/s^2 和 0.094m/s^2；钢材用量（包括梁、柱和组合墙）分别为 71kg/m^2 和 73kg/m^2。

图 6-75　建筑效果图

图 6-76　现场照片

构件形式	示意图	规格
L形钢板剪力墙		L1100×1100×300、L1500×1100×300、L1250×450×300、L1650×450×300、L2050×450×300、L2200×700×300、L2050×1100×300等
“一”字形钢板剪力墙		I2000×300、I1300×300、I2000×500、I1200×300、I1000×300等

构件形式	示意图	规格
方管柱		□800×20、□800×16、□700×16、□600×700×16、□600×14、□500×14、□400×12400×14、□500×673×14等
圆管柱		D800×16、D700×16、D600×14等
H型钢梁		H500×150×8×12、HN496×199×9×14、HN596×199×10×15、HN600×220×12×20、H700×260×12×16、H750×200×14×20、H800×200×12×16、H1000×350×16×25等

图 6-77　主要构件截面尺寸

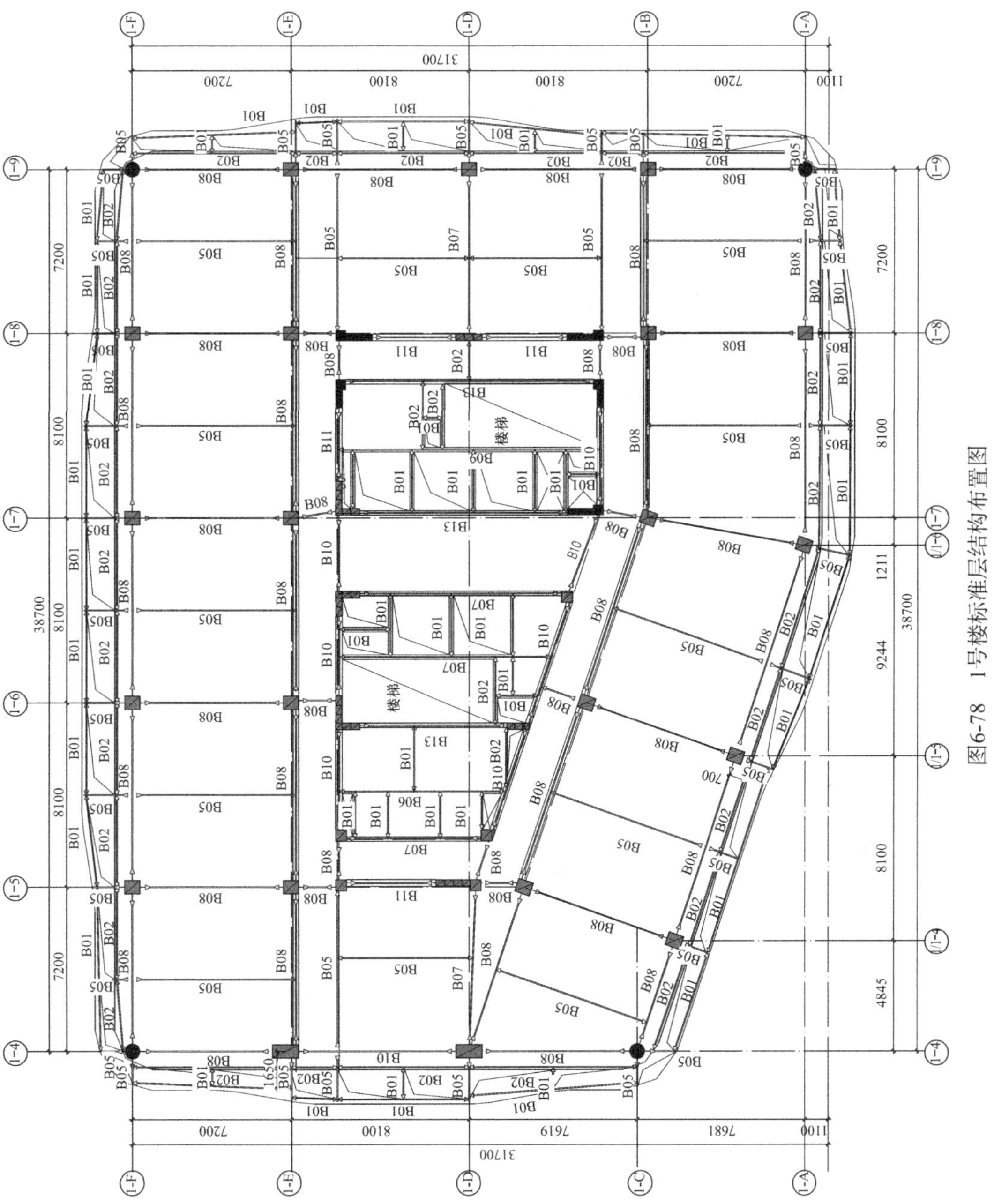

图6-78　1号楼标准层结构布置图

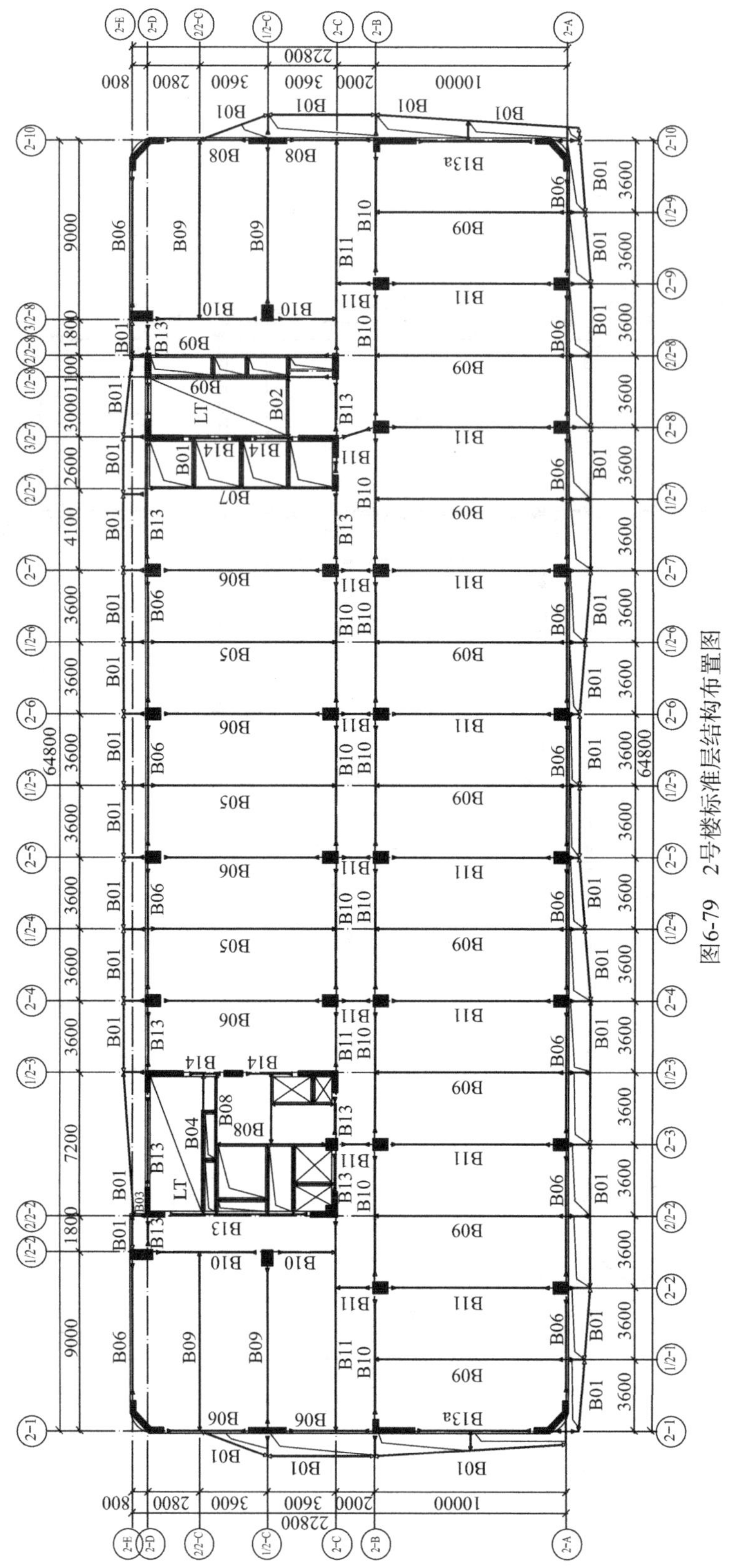

图6-79 2号楼标准层结构布置图

6.9　住宅项目 1——宁波某住宅项目 3 号楼

6.9.1　工程概况

本工程地上 18 层，1 层层高为 3.3m，2 层以上层高为 2.95m。建筑高度为 53.55m，地下 1 层，层高为 4.8m，为钢结构装配式住宅，平、立面和效果图见图 6-80～图 6-82。工程结构设计使用年限 50 年，安全等级为二级，塔楼抗震设防类别为丙类，抗震设防烈度为 6 度，设计基本地震加速度为 0.05g，地震分组为第一组，场地类别为Ⅲ类。50 年一遇基本风压为 0.5kN/m^2，地面粗糙度类别为 B 类，基本雪压 0.30kN/m^2。

图 6-80　建筑效果图

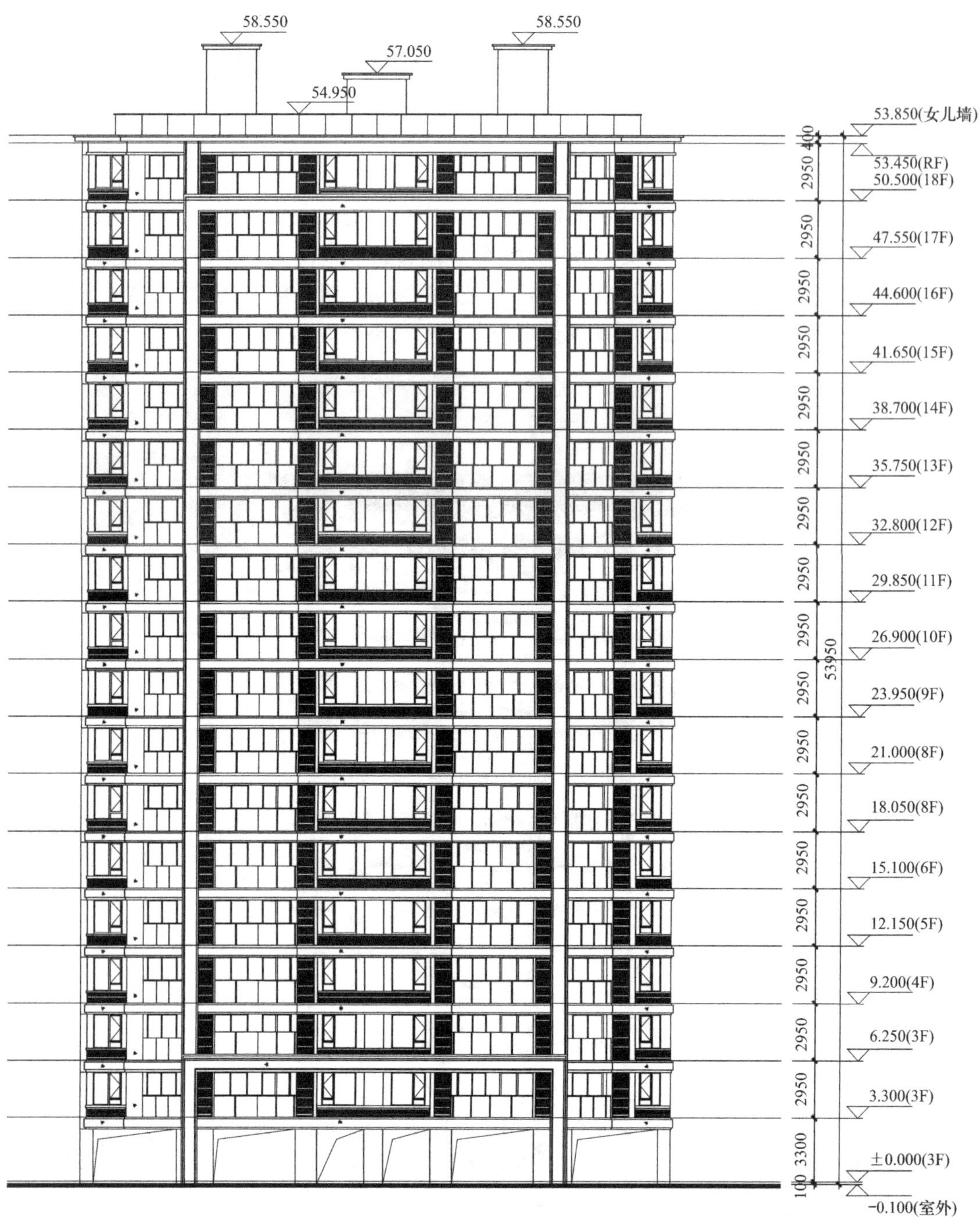

图 6-81 立面图

6.9.2 结构布置

主体结构采用框架-箱形钢板组合剪力墙结构。组合墙为“一”字形，厚度 160mm，长度 800～1200mm，钢板厚度 6～8mm。框架柱为矩形钢管混凝土柱，截面为 350mm×350mm，壁厚 10～12mm。钢梁主要截面高度 HN400×150。结构布置图详见图 6-83 和图 6-84。

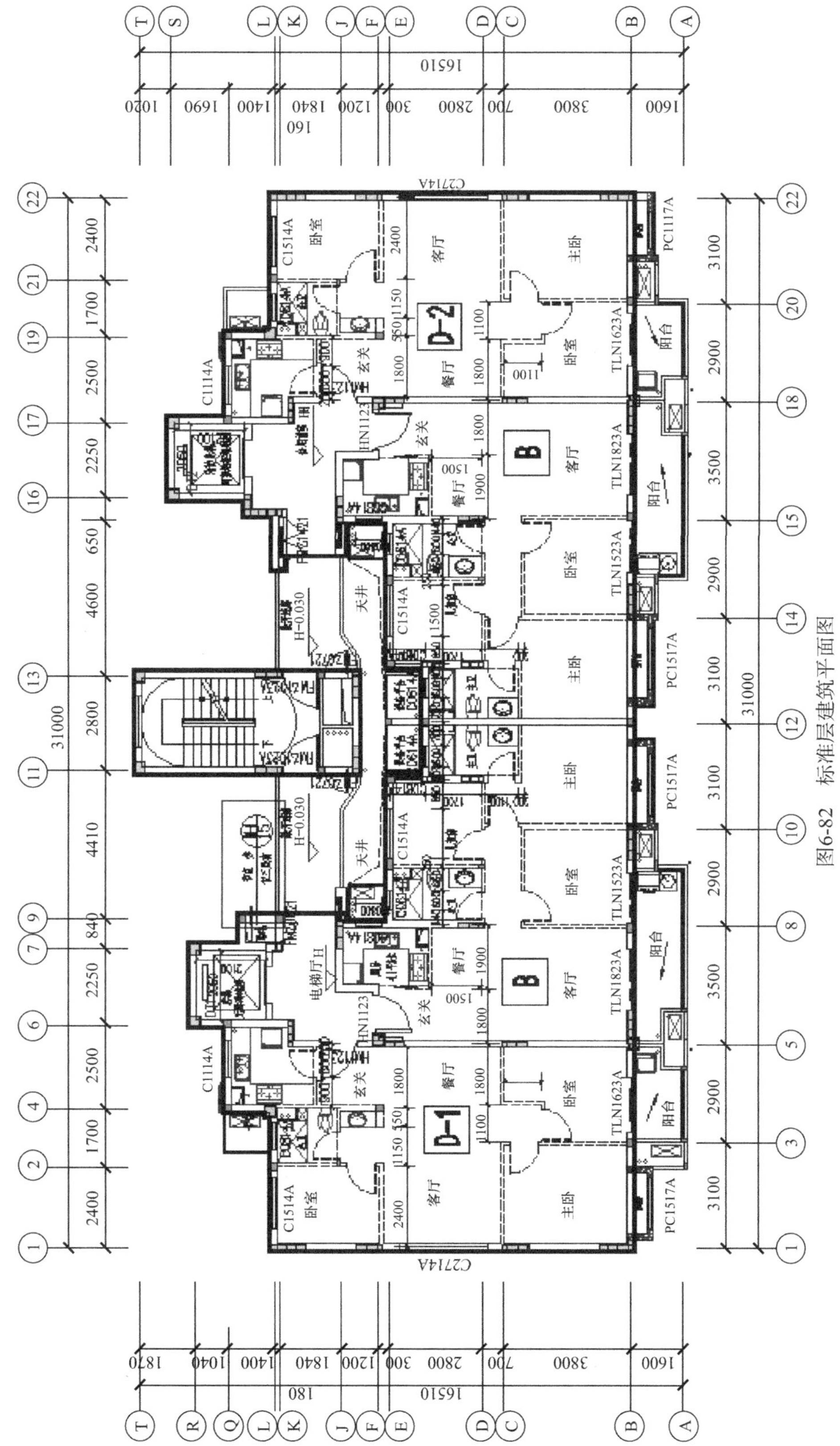

图6-82　标准层建筑平面图

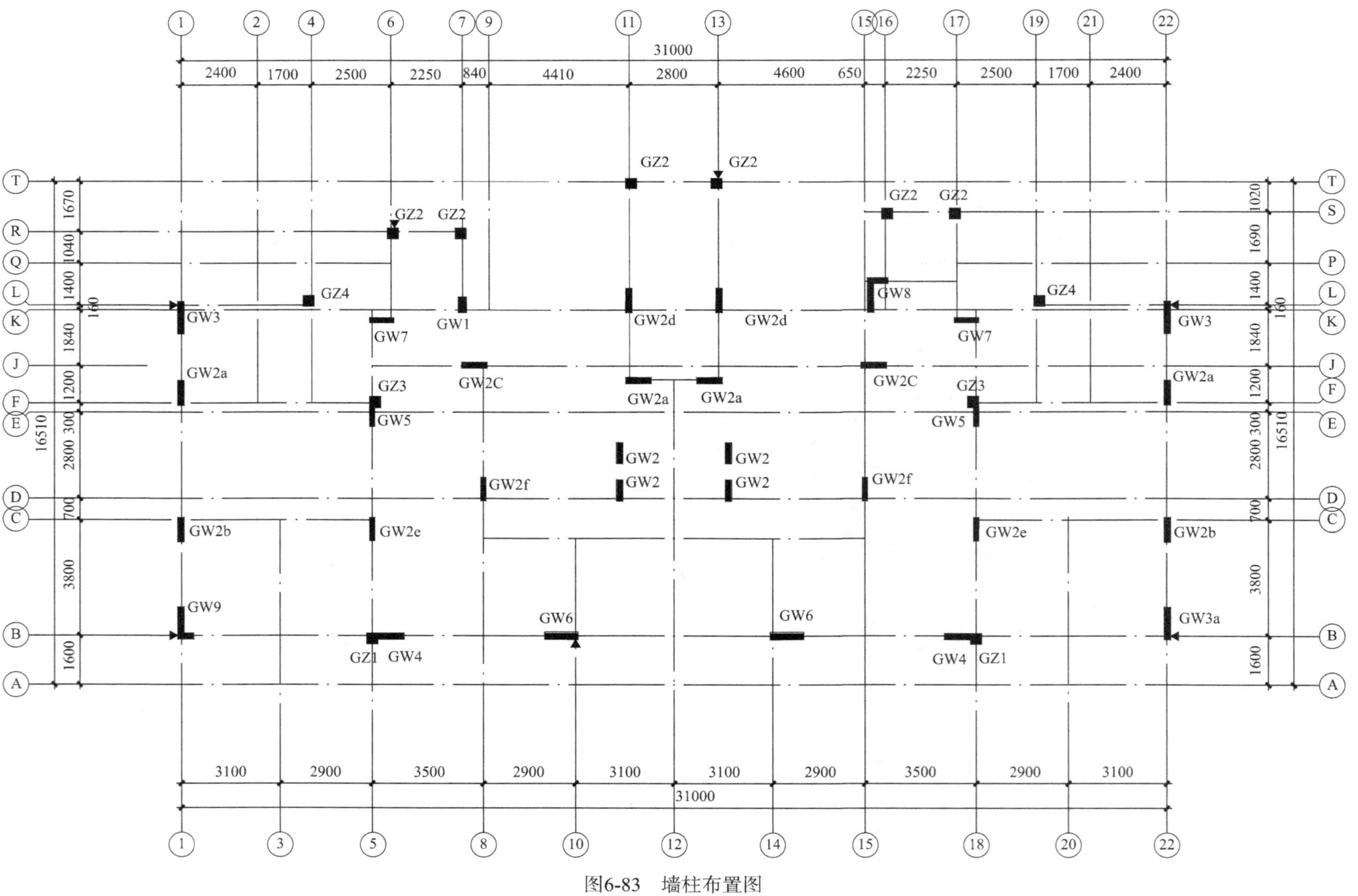

1 2 4 6 7 9 11 13 15 16 17 19 21 22
31000
2400 1700 2500 2250 840 4410 2800 4600 650 2250 2500 1700 2400
T R Q L K J F E D C B A
T S P L K J F E D C B A
1670 1040 1400 160 1840 1200 300 2800 700 3800 1600 16510
1020 1690 1400 160 1840 1200 300 2800 700 3800 1600 16510
GZ2 GZ2 GZ2 GZ2 GZ2 GZ2
GZ4 GZ4
GW3 GW7 GW1 GW2d GW2d GW8 GW7 GW3
GW2a GZ3 GW2C GW2a GW2a GW2C GZ3 GW2a
GW5 GW5
GW2 GW2 GW2 GW2
GW2f GW2f
GW2b GW2e GW2e GW2b
GW9 GW6 GW6 GW3a
GZ1 GW4 GW4 GZ1
3100 2900 3500 2900 3100 3100 2900 3500 2900 3100
31000
1 3 5 8 10 12 14 15 18 20 22

图6-83　墙柱布置图

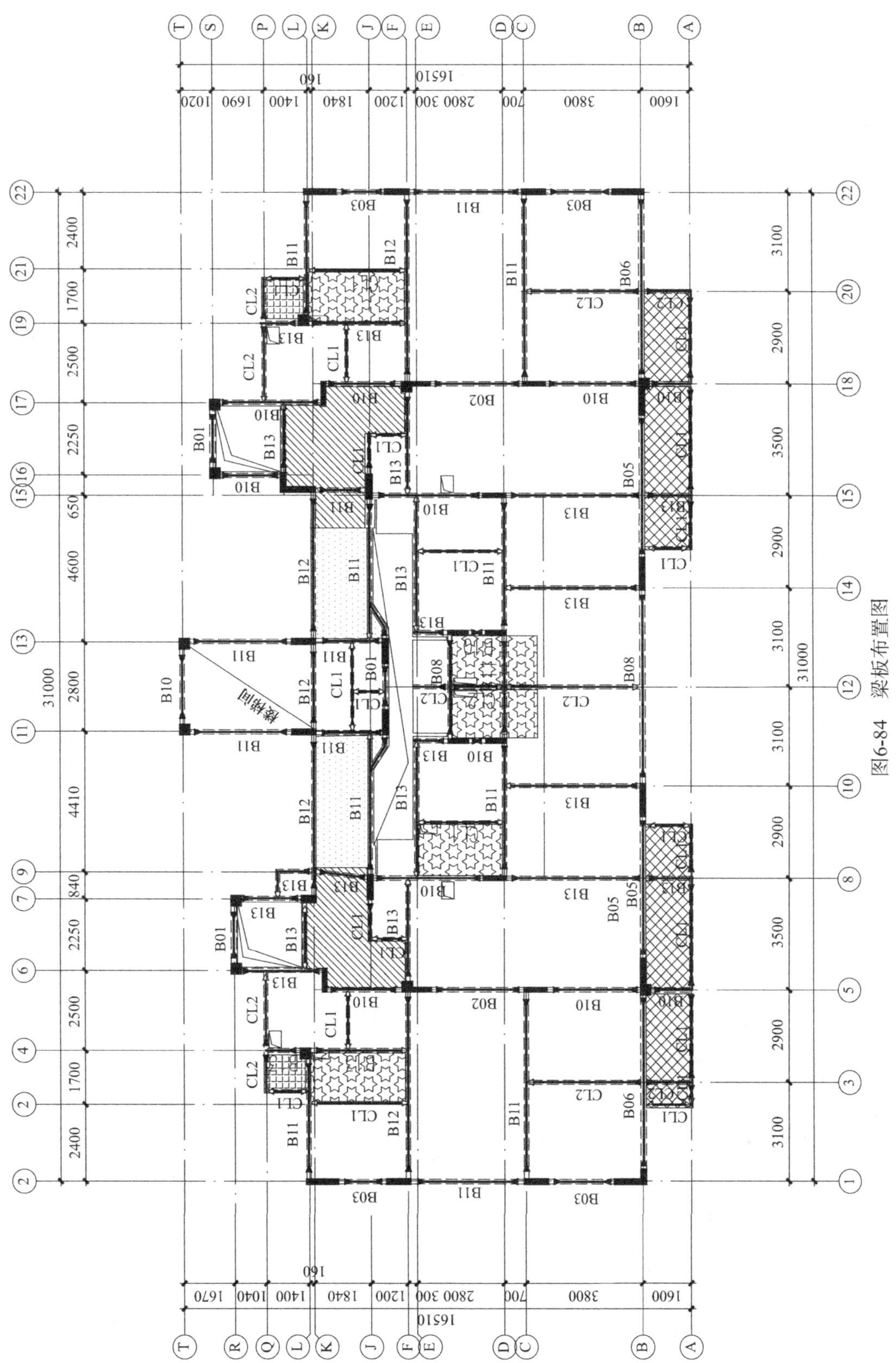

T S P L K J F E D C B A
16510
160
1020 1690 1400 1840 1200 2800 300 700 3800 1600
22 21 19 17 16 15 13 11 9 7 6 4 2 2
2400 1700 2500 2250 650 4600 2800 4410 840 2250 2500 1700 2400
31000
22 20 18 15 14 12 10 8 5 3 1
3100 2900 3500 2900 3100 3100 2900 3500 2900 3100
31000
B01 B02 B03 B05 B06 B08 B10 B11 B12 B13 CL1 CL2
楼梯间
T R Q L K J F E D C B A
1670 1040 1400 1840 1200 2800 300 700 3800 1600
160
16510

图6-84　梁板布置图

结构整体分析结果详见表 6-19。

结构整体分析主要计算结果 **表 6-19**

计算程序			SATWE
地上结构总质量（t）			16020
自振周期（s）	T_1、T_2、T_3		3.98，3.03，2.48
周期比	T_3/T_1		0.623
基底剪力（kN）	X 向/Y 向		2633/2969
最大层间位移角	风	X 向	1/427
		Y 向	1/465
	地震	X 向	1/839
		Y 向	1/1285
剪重比	X 向/Y 向		0.73%/0.81%
刚重比	X 向/Y 向		0.94/1.61

6.10 住宅项目 2——杭州某住宅项目 2 号楼

6.10.1 工程概况

本工程地上 18 层，1 层层高为 3.6m，2 层以上层高为 2.95m。建筑高度为 53.75m，地下 1 层，层高为 4.9m，为钢结构装配式住宅。效果图和平面图见图 6-85、图 6-86。工程结构设计使用年限 50 年，安全等级为二级，塔楼抗震设防类别为丙类，抗震设防烈度为 7 度，设计基本地震加速度为 0.10g，地震分组为第一组，场地类别为Ⅲ类。50 年一遇基本风压为 0.45kN/m^2，地面粗糙度类别为 B 类。

图 6-85 效果图

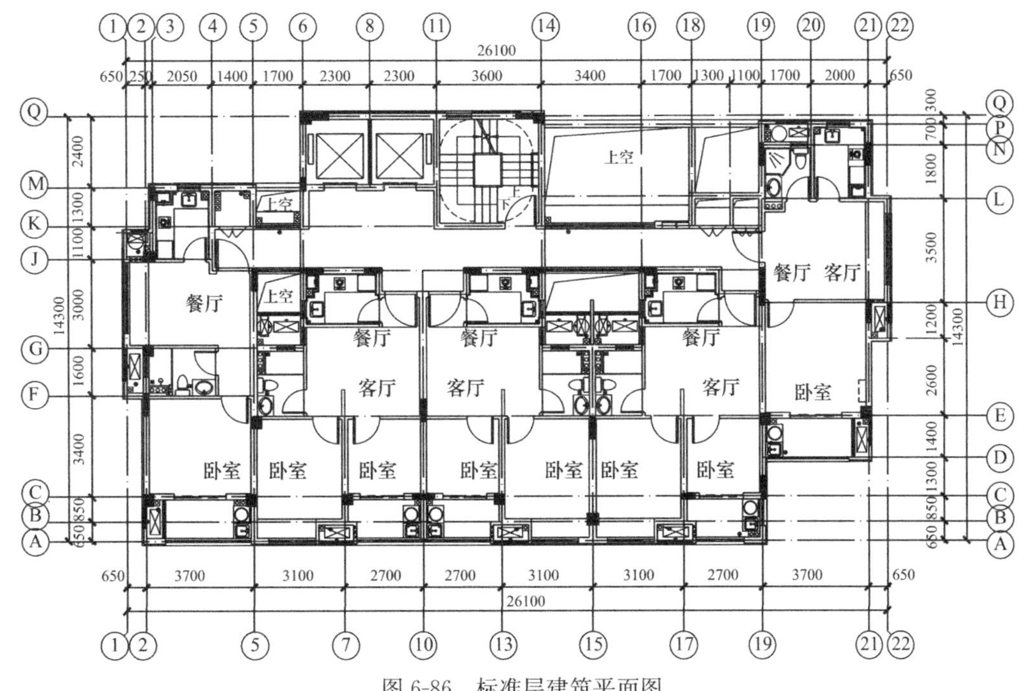

图 6-86　标准层建筑平面图

6.10.2　结构布置

主体结构采用框架-箱形钢板组合剪力墙结构。组合墙为“一”字形，厚度 160mm，钢板厚度 6～8mm。框架柱为矩形钢管混凝土柱，截面为 350mm×350mm，壁厚 10～12mm。钢梁主要截面高度 HN400×150。结构平面布置详见图 6-87。

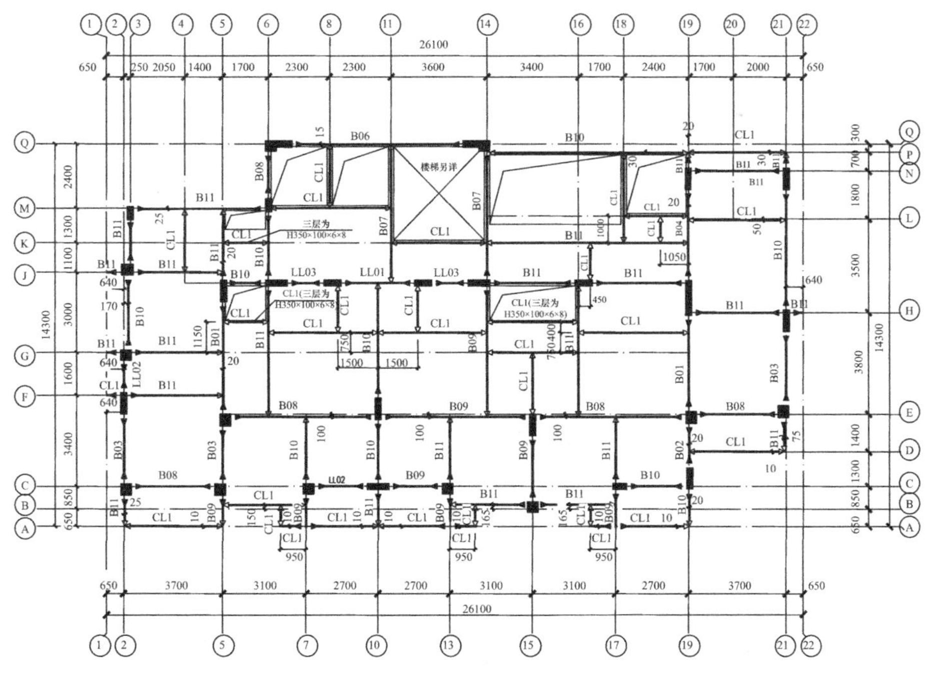

图 6-87　结构平面布置图

根据浙江省《装配式建筑评价标准》DB33/T 1165—2019，本工程的评分情况详见表 6-20。

2 号楼装配式建筑装配率评分表 **表 6-20**

<table>
<tr><th colspan="3">评价项</th><th>评价分值</th><th>本项目占比</th><th>各分项得分</th><th>取分说明</th><th>最终得分</th><th>合计</th></tr>
<tr><td rowspan="4">主体结构（Q_1）（50 分）</td><td rowspan="3">柱、支撑、承重墙、延性墙板等竖向构件</td><td>应用预制部品部件</td><td>20～30①</td><td>100%</td><td>30.0</td><td rowspan="3">装配式钢结构竖向构件取 30 分</td><td rowspan="3">30</td><td rowspan="4">50</td></tr>
<tr><td>现场采用高精度模板</td><td>5～10①</td><td>0.00%</td><td>0.0</td></tr>
<tr><td>现场采用成型钢筋</td><td>4</td><td>—</td><td>0.0</td></tr>
<tr><td>水平构件</td><td>梁、板、阳台、空调板、楼梯构件</td><td>10～20①</td><td>≥80%</td><td>20</td><td>钢梁、钢筋桁架楼承板</td><td>20</td></tr>
<tr><td rowspan="7">围护墙和内隔墙（Q_2）（20 分）</td><td>应用非砌筑墙体</td><td>非承重围护墙非砌筑</td><td>5</td><td>—</td><td>0</td><td></td><td>0</td><td rowspan="7">10</td></tr>
<tr><td rowspan="3">围护墙采用</td><td>围护墙与保温、隔热、装饰一体化</td><td>2～5①</td><td>—</td><td>0</td><td></td><td rowspan="3">2</td></tr>
<tr><td>保温、隔热、装饰一体化</td><td>3.5</td><td>—</td><td>0</td><td></td></tr>
<tr><td>围护墙与保温、隔热一体化</td><td>1.2～3.0①</td><td>≥64%</td><td>2</td><td>采用保温砌体</td></tr>
<tr><td colspan="2">内隔墙非砌筑</td><td>5</td><td>≥50%</td><td>5</td><td>采用 ALC 条板</td><td>5</td></tr>
<tr><td rowspan="2">内隔墙采用</td><td>内隔墙与管线、装修一体化</td><td>2～5①</td><td>—</td><td>0</td><td></td><td rowspan="2">3</td></tr>
<tr><td>内隔墙与管线一体化</td><td>1.2～3.0①</td><td>≥80%</td><td>3</td><td>采用空心条板</td></tr>
<tr><td rowspan="5">装修和设备管线（Q_3）（30 分）</td><td>应用全装修</td><td>全装修</td><td>6</td><td></td><td>6</td><td>—</td><td>6</td><td rowspan="5">6</td></tr>
<tr><td colspan="2">干式工法楼面、地面</td><td>6</td><td>—</td><td>0</td><td></td><td>0</td></tr>
<tr><td colspan="2">集成厨房</td><td>3～6①</td><td>0</td><td>0</td><td></td><td>0</td></tr>
<tr><td rowspan="2">管线分离</td><td>管线竖向与墙体分离</td><td>1～3①</td><td>0</td><td>0</td><td></td><td rowspan="2">0</td></tr>
<tr><td>管线水平与楼板和湿作业楼面垫层分离</td><td>1～3①</td><td>0</td><td>0</td><td></td></tr>
<tr><td>Q_4</td><td colspan="7">评价项目中缺少的评价项目分值总和</td><td>0</td></tr>
<tr><td colspan="8">$P=\frac{Q_1+Q_2+Q_3}{100-Q_4}\times 100\%$</td><td>66.0%</td></tr>
</table>

注：① 该项分值采用内插法计算。

6.11 西昌市春城学校教师周转房

本工程位于四川省西昌市高枧乡西昌市城西示范高中地块内。整个项目主要由一栋 5 层教学综合楼，一栋 2 层体育馆，一栋 3 层学生食堂，两栋 6 层学生宿舍及地下单层机动车库，一栋 18 层教师周转房及地下单层非机动车库构成。项目均采用钢结构装配式建造，其中教师周转房采用箱形钢板剪力墙结构。工程结构设计使用年限 50 年，安全等级为二级，塔楼抗震设防类别为丙类，抗震设防烈度为 9 度，设计基本地震加速度为 0.40g，地震分组为第三组，场地类别为Ⅱ类。50 年一遇基本风压为 0.3kN/m^2，地面粗糙度类别为 B 类，基本雪压 0.30kN/m²。建筑效果和平面图见图 6-88 和图 6-89。

图 6-88　建筑效果图

结构主要计算指标见表 6-21。组合墙和楼层结构布置详见图 6-90 和图 6-91。

结构整体分析主要计算结果　　**表 6-21**

计算程序		PKPM-SATWE 版
嵌固部分		基础顶
自振周期（s）	T_1、T_2、T_3	1.65、1.60、1.47
周期比	T_3/T_1	0.89
最大层间位移角	X 向地震	1/450
	Y 向地震	1/423
位移比	X 向	1.28
	Y 向	1.30
剪重比	X 向	9.67%
	Y 向	9.58%

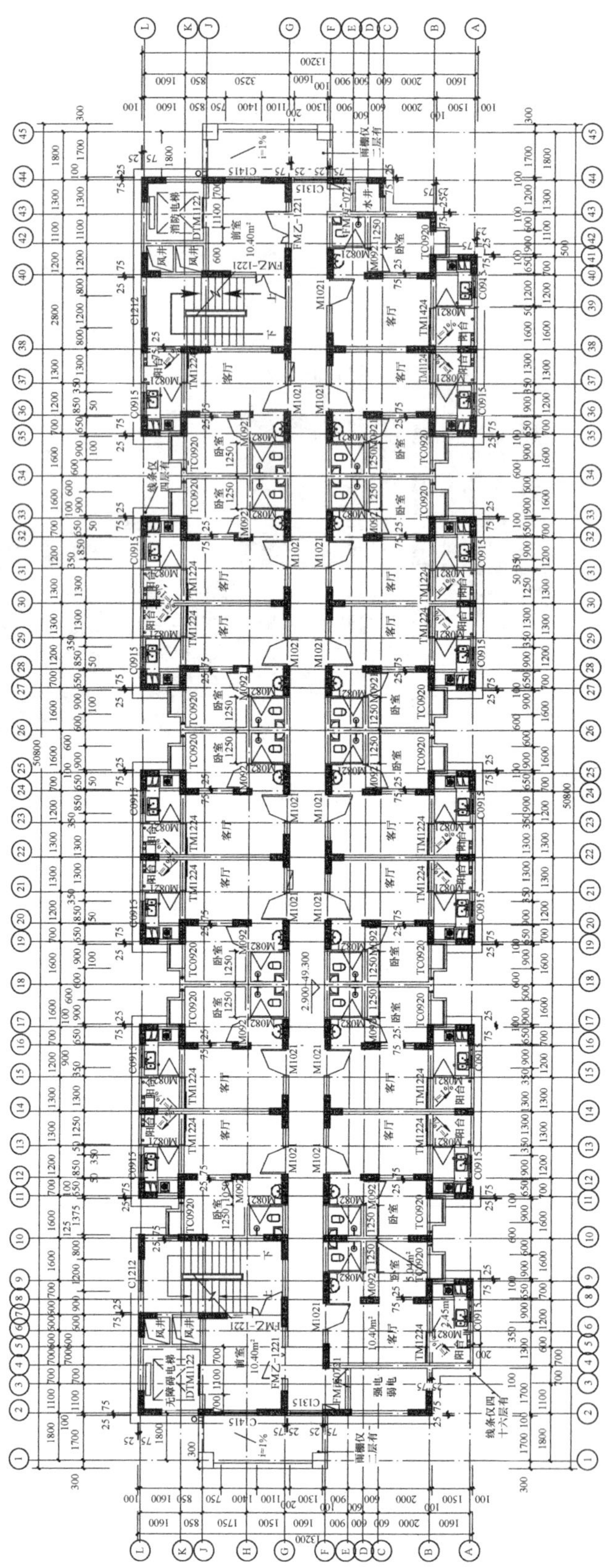

图6-89 建筑平面图

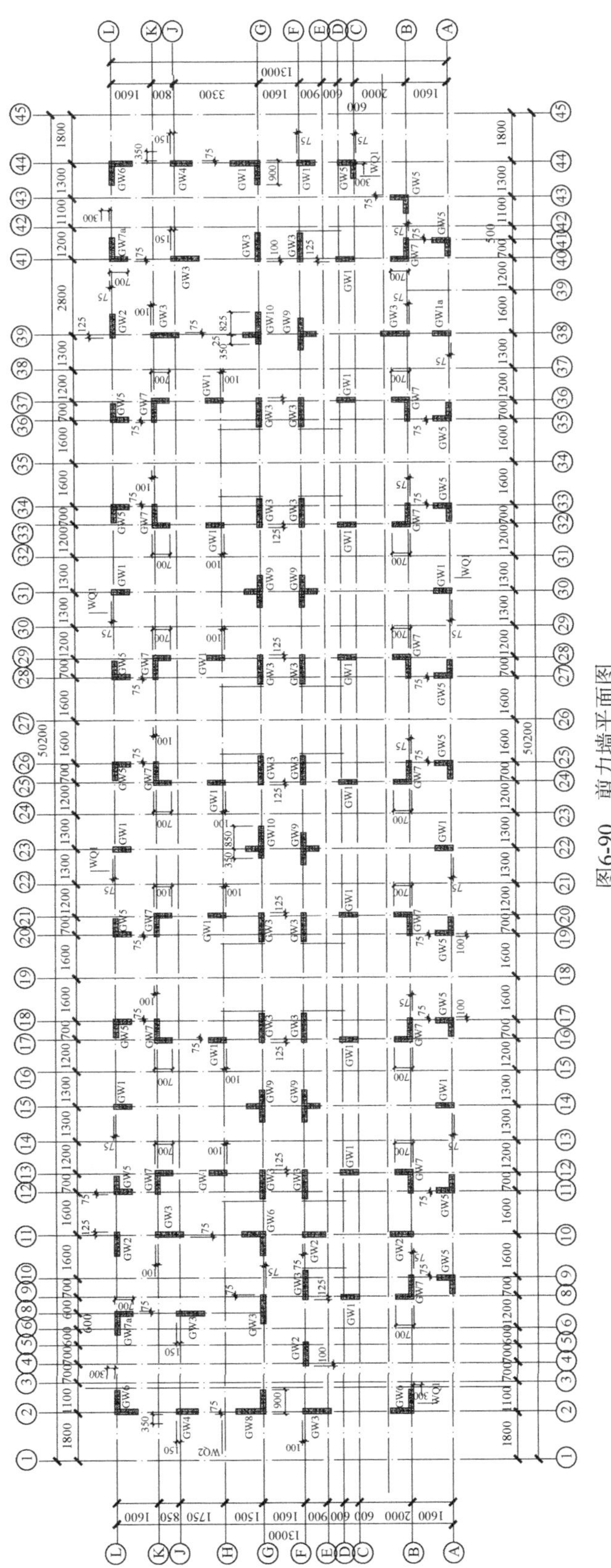

图6-90　剪力墙平面图

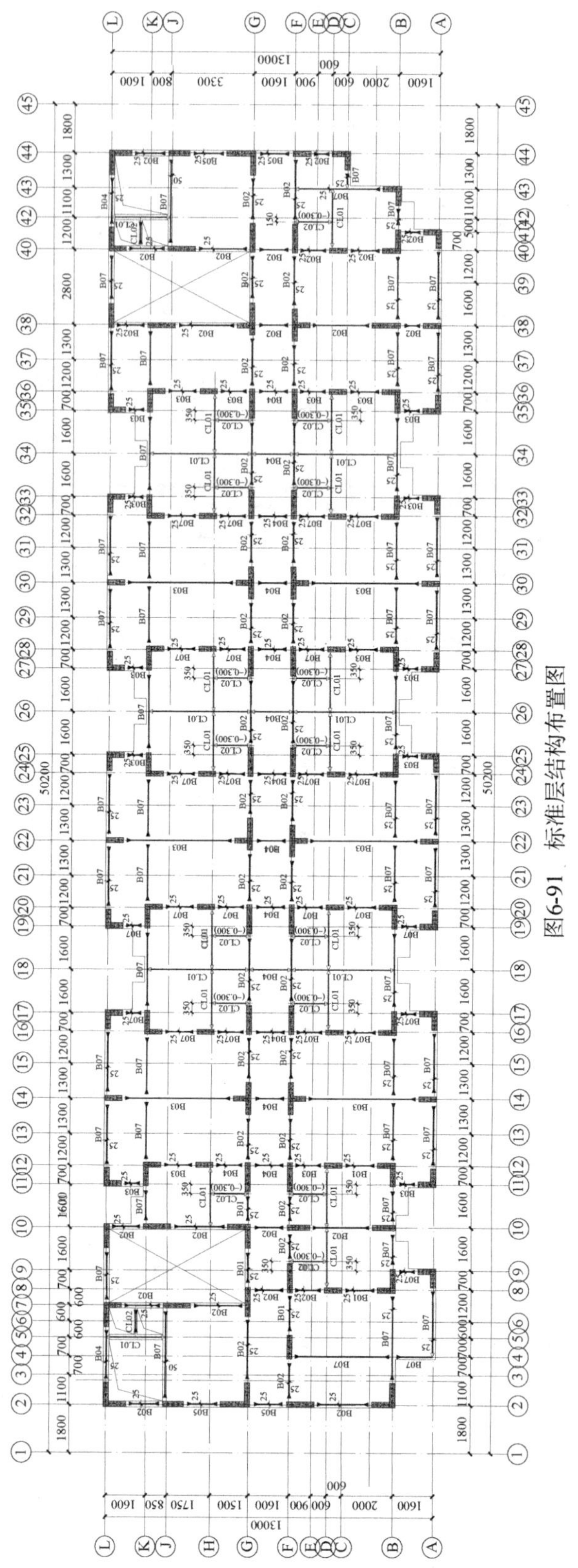

图6-91 标准层结构布置图